高等院校风景园林专业规划教材
武汉大学规划通识教育系列教材

风景园林概论

武　静　主编

中国建材工业出版社

图书在版编目(CIP)数据

风景园林概论/武静主编 . --北京：中国建材工业出版社，2020.7（2023.8重印）
高等院校风景园林专业规划教材
ISBN 978-7-5160-2745-5

Ⅰ.①风… Ⅱ.①武… Ⅲ.①园林设计－高等学校－教材 Ⅳ.①TU986.2

中国版本图书馆 CIP 数据核字（2019）第 269234 号

内容简介

本书包括概述、风景园林史、风景园林构成要素、风景园林的结构、风景园林美学造景、风景园林场地类型、风景园林设计方法与风景园林学研究方法 8 章内容。在编写上，以丰富风景园林知识与维度扩展为基础，以补充与解决国内风景园林教材陈旧问题为方向，以培养新时代综合型创新人才为目标。

本书可作为高等院校风景园林、城乡规划、建筑学、环境艺术等相关专业的核心教材，也可供广大风景园林从业者参考阅读。

风景园林概论
Fengjing Yuanlin Gailun
武 静 主编

出版发行：**中国建材工业出版社**
地　　址：北京市海淀区三里河路 11 号
邮　　编：100831
经　　销：全国各地新华书店
印　　刷：北京雁林吉兆印刷有限公司
开　　本：787mm×1092mm　1/16
印　　张：30.25
字　　数：700 千字
版　　次：2020 年 7 月第 1 版
印　　次：2023 年 8 月第 2 次
定　　价：86.00 元

前言 | Preface

党的十九大，习近平总书记提出"加快生态文明体制改革，建设美丽中国"的国家发展目标。国土空间体系规划、自然资源环境综合治理和美丽中国建设等问题已成为未来国家发展的重要转型目标。作为实现转型目标的核心内容，风景园林学、城乡规划与资源环境等专业正在发挥前所未有的重要作用，同时也面临重大机遇与挑战。

2011年教育部正式批准风景园林学成为一级学科，标志着风景园林学、城乡规划与建筑学"三驾马车"形成齐头并进的学科格局。截止到2019年底，我国已有超过200所高校设立了风景园林专业，这说明风景园林已成为人居环境学科领域的重要发展方向，对风景园林相关知识的学习与储备也应顺应我国新型人才储备与发展的重大需求。目前，我国风景园林行业正处在高速发展时期，本教材顺应当前高等院校风景园林课程教学的紧迫需求而编写，以新时代转型发展为契机，以丰富风景园林知识与维度扩展为基础，以解决国内风景园林教材陈旧问题为方向，以培养新时代综合型创新人才为目标。

《风景园林概论》是风景园林学、城乡规划、建筑学、环境艺术等相关专业的核心教材，也是武汉大学2019年立项规划教材。本教材分为概述（国内外研究前沿动态）、风景园林史、风景园林构成要素、风景园林的结构、风景园林美学造景、风景园林场地类型、风景园林设计方法与风景园林学研究方法8章内容，详细介绍风景园林的前沿知识，可帮助本专业的学生夯实专业基础，也可为相关专业的学生提供知识扩充的机会。

本教材的编写过程，参阅了大量前辈与同行们的著作与文献，在此深表感谢。参与本教材增删、修改与定稿的学生有李梦婷、陈子逸、隋靖怡、李婧雯、罗佳梦、唐宁等，非常感谢他们为本书的编写付出的时间与精力，在此，愿我们师生共享这一出版成果，并预祝本书发行顺利。

武　静
2019年夏于武汉大学

目录 | Contents

第一章

概　述

第一节　风景园林学概念

一、中国"风景园林"的概念

在"风"字出现约 1600 年之后，作为单一词组的"风景"终于出现了，时间大约在 400 年前后，即东晋末年至南朝宋初年。对《四部丛刊》与《四库全书》的检索中发现，事实上，"风景"有两个永恒的要素，即自然和人，这两个要素缺一不可。"风景"是人和自然之间互动关系的显现。"园林"一词，最早见于西晋以后诗文中，如西晋张翰《杂诗》有"暮春和气应，白日照园林"句；北魏杨玄之《洛阳伽蓝记》评述司农张伦的住宅时说："园林山池之美，诸王莫及。"唐宋以后，"园林"一词的应用更加广泛，常用以泛指以上各种游憩境域。"园林"在明末已成为造园活动及其成果的最为重要的核心词汇，在计成的造园理论专著《园冶》中出现的频次最多。之后一直延续到近代，许多造园专著的题名都沿用了"园林"一词。"园林"在不同时代有不同的内涵。中国古代，园林与苑囿、名胜并列，各具内涵，其义清晰。现代，园林与绿化、绿地、城市绿化、城市绿地、风景区、风景名胜区、自然保护区、各类公园等有着密切关系。

二、西方"Landscape Architecture"的概念

"landscape"是一个复合词，其构成部分源于几千年前的古老印欧语系，是所有现代英语（拉丁语、塞尔特语、德语、斯拉夫语和希腊语）的基础，其古英语形式——"lanskipe"和"landscaef"已经具有复合的含义。在中世纪，土地（land）是指"地球表面得到确认的部分，从农场到国土，尽管具有多功能的词义，但都意指由人确定的、可以用法律术语描述的空间"。杰克森认为，"landskipe"本质上是指"一种由人类确定的空间集合或系统，尤指乡村或小城镇环境"；在属印欧语系意大利语族的拉丁语及其更早的语言中，对应"landscape"的拉丁文是"pagus"（汉译"村"），意为确定的乡村区域，并由此产生了法语中的景观用词"pays"和"paysage"；表示景观的其他法语词如"champagne"，也指"乡村的田地"，在英语中的对应词曾为"champion"；通常被当作"landscape"起源的德语词"landschaft"，在德语中仅指一块被受限定的小块的土地、耕地，或封建庄园的一部分，大多是农民眼中的世界。"landschaft"的含义，更接近表示土地本身和客观外部空间的"area"和"region"。

1

"landscape" 的释义体现了人类因生存聚居和生产实践而与土地建立起来的结构性关系，景观的形态源于社会价值、习俗和土地利用的交织作用，景观既具有空间性，也具有社会性和实践性。

综上所述，园林是把人类对理想和理念形象化的最佳场所，因此东西方园林主要功能都发生了从生产生活向审美的转变。但是，由于古代的人类族群处于地域分割和互相很少交流的状态，他们各自所处的自然环境、社会组织以及宗教信仰不同，对理想王国和人与自然的关系就有不同的认识和理解，于是创造出了不同的风景园林。

三、风景园林学释义

（一）风景园林学的发展历史

1. 风景园林学行业的发展历程

（1）1828 年：*On the Landscape Architecture of the Great Painters of Italy* 一书的出版使苏格兰人吉尔伯特·莱恩·梅森（Gilbert Laing Meason）成为创造英文词汇"Landscape Architecture"的第一人。

（2）1830 年：英国社会改革家罗伯特·欧文（Robert Owen）开始推动为底层百姓提供公共室外环境的运动。

（3）1839 年：美国芝加哥举办世界博览会，激起民众对环境改造的向往与意识。

（4）1840 年：苏格兰人约翰·克劳迪乌斯·劳登（John Claudius Loudon）出版了 *The Landscape Gardening and Landscape Architecture of the Late Humphry Repton* 一书，从而使"Landscape Architecture"扩展到艺术理论以外的景观规划和城市规划实践之中。

（5）1899 年：美国成立美国景观建筑师协会（ASLA）。

（6）1945—1965 年：风景园林专业最大转折点与挑战期，提升对于更大尺度景观的开发利用、景观建设与环境结合，提升环境整合性品质。

（7）1966—1974 年：风景园林专业的多元化发展，进一步探讨自然景观的保护与修复，如何提升都市核心区高密度摄取及参与式社区规划与社会相关议题之挑战。

（8）1975—1981 年：此时期有许多小型事务所诞生，发展出各类主题园、植物园、水岸更新发展以及闲置工业区再利用等，更精准设计象度。

（9）1982—1989 年：景观专业事务所开始在规模上、制度上、形式上及职业专业范畴上有精准之市场区隔，并逐渐以整合性团队合作（team work）方式呈现。

（10）1990—2000 年：景观生态学、景观规划、景观修复等成为景观专业关注的核心。

（11）近年来：大数据景观、健康景观、行为景观等直接与人建立联系的主题开始兴起，设计单位与研究院所开始真正从人的尺度切入。

2. 风景园林学专业的发展历程

（1）1858 年：风景园林之父奥姆斯特德（F. L. Olmsted）设计了纽约中央公园，标志着风景园林的开端。

（2）1863 年：奥姆斯特德在一封有关纽约中央公园建设的官方信件中落款"Landscape Architects"，被学者们认为是"风景园林职业（Profession of Landscape Architecture)"的诞生日。

（3）1899—1924 年：1899 年 ASLA 成立，风景园林学的启蒙期，关注于应用科学、植物生态、艺术整合，开创对人类公共福利的关注与专业责任之养成。

（4）1900—1901 年：哈佛大学设立"Landscape Architecture Program"则标志着作为严格意义上风景园林学"学科"和"教育"的开端。

（5）1919—1924 年：挪威建立了欧洲第一个风景园林学专业。之后日本，北美的加拿大，欧洲的德国、英国、法国、荷兰，大洋洲的澳大利亚、新西兰相继设置风景园林专业，并向发展中国家持续扩展。

（6）1930 年：Landscape Architecture 被陈植先生首次翻译为"造园学"，并引入中国，先后更名为造园、城市及居民区绿化、园林。

（7）2005—2012 年：经外交部批准，中国风景园林学会（Chinese Society of Landscape Architecture，CHSLA）正式加入了国际风景园林师联合会（IFLA）。在中国教育部印发的《普通高等学校本科专业目录（2012 年）》中，合并了景观建筑设计和景观学专业，统一设置为"风景园林专业"（可授工学或艺术学学士学位），从此确定了风景园林学专业在中国的学科地位。

（二）风景园林学的定义

1. 中国《高等学校风景园林本科指导性专业规范（2013）》对风景园林学的定义

风景园林学是综合运用科学和艺术手段，研究、规划、设计、管理自然和建成环境的应用性学科，以协调人和自然的关系为宗旨，保护和恢复自然环境，营造健康优美人居环境。

2. 国际风景园林师联合会（IFLA）对风景园林学的定义

风景园林学是将环境和设计结合起来，将艺术和科学结合起来。它关乎户外环境的方方面面，横跨城乡，联结人和自然。

3. 美国风景园林师协会（ASLA）对风景园林学的定义

风景园林学是分析、规划、设计、管理、保护与修复土地的科学与艺术；风景园林专业范畴包括：总体设计、场地规划、园林设计、环境修复、城镇规划、公园与游憩规划、区域规划以及历史保护；风景园林师有责任、有义务实现国家资源的保护、利用与管理的协调发展与平衡。

第二节　风景园林学专业

一、风景园林学科范畴

"风景园林学（Landscape Architecture）"是规划、设计、保护、建设和管理户外自然和人工境域的学科。其核心内容是户外空间营造，根本使命是协调人和自然之间的关系。风景园林与建筑及城市构成图底关系，相辅相成，是人居学科群支柱性学科之一，与建筑学、城乡规划并称为人居环境学科域。

风景园林学涉及的问题广泛存在于两个层面：如何有效保护和恢复人类生存所需的户外自然境域？如何规划设计人类生活所需的户外人工境域？为了解决上述问题，

风景园林学科需要融合工、理、农、文、管理学等不同门类的知识，交替使用逻辑思维和形象思维，综合应用各种科学和艺术手段，因此，也具有典型的交叉学科的特征。

从学科发展层面看，19 世纪中叶以前，园林（Gardens）作为一种知识和训练，与建筑和园艺（Horticulture）联系紧密；奥姆斯特德建立的风景园林学科（Landscape Architecture），使风景园林学成为既独立于建筑、也独立于园艺之外的专门知识体系和专业训练，服务了工业文明下社会新的需求。目前，风景园林学科的研究和实践范围覆盖不同尺度，服务对象覆盖不同人群，甚至扩展到对野生动植物的保护。其学科外延涵盖：

（1）绿色基础设施（城乡绿地系统、大地绿色廊道、生态斑块、防护系统等）的规划、设计、建设与管理；

（2）自然遗产、文化景观、保护性用地（国家公园、风景名胜区、森林公园、自然保护区、地质公园、水利风景区等）的规划、设计、保护、建设与管理；

（3）传统园林的鉴别、评价、保护、修缮与管理；

（4）城市公共空间（公园、广场、街道、林地、湿地、滨水区等）规划、设计、建设与管理，参与"园林城市"的规划、设计、建设与管理；

（5）旅游与游憩空间规划、设计、建设与管理；

（6）各种附属绿地（居住区绿地、庭院、校园、企业园区等）的规划、设计与建设；

（7）风景园林建、构筑物与工程设施的设计与建设；

（8）城市绿地生态功能的研究与评价，医疗康复环境的设计、建设与管理；

（9）园林植物应用。

二、风景园林学科属性

风景园林学（Landscape Architecture）是承载人类文明尤其是生态文明的重要学科，在资源环境保护和人居环境建设中发挥独特而不可替代的作用。

1951 年，清华大学与原北京农业大学联合设立"造园组"，标志我国现代风景园林学教育的开始。至今，中国现代风景园林学科已有 58 年的发展历史，多次获得国际风景园林学规划设计和学生竞赛重要奖项。在本科层面专业设置情况：1963 年、1984 年、1993 年和 1998 年 4 次本科专业目录修订过程中，本学科先后以园林、风景园林学等出现在工学或农学门类中。2003 年增设景观建筑设计专业、2006 年恢复风景园林学专业，同年增设景观学专业。上述 3 个专业均归属工学门类土建类。2011 年 3 月 8 日，"风景园林学"被正式批准为一级学科，成为与城乡规划、建筑学相比肩的一级学科，实现了学科发展新的跨越。目前我国风景园林领域的博士、硕士学位研究生分布在工学门类、农学门类、艺术学门类。

三、风景园林学与相关学科关系

（一）与风景园林学相关的学科

风景园林学是一门涉及生态、建筑、园林、艺术、历史人文以及工程技术等多学科的综合性学科，它涉及以下学科：

（1）林学：如森林植物学、生物技术、森林环境学、森林生态学等；

（2）资源与环境科学：如地理学、生态学、水土保持、土壤学、气象学、地质学等；

（3）建筑学：如建筑学、城市规划等；

（4）工程技术学：如园林工程、园艺技术、环境生态工程、人体工程学等；

（5）设计艺术学：如环境艺术、美学等；

（6）社会与经济学：如环境心理学、哲学、社会学、经济管理等。

（二）与风景园林学相近的一级学科

与风景园林学相近的一级学科有建筑学和林学。

1. 风景园林学与建筑学的不同

风景园林学与建筑学联系紧密，同为人居环境科学学科群中平行设置的支柱性学科。需要强调的是，它们之间是并置关系，不是从属关系。它们在研究中有共同的目标和交叉的研究领域。但从学科的历史、现实以及未来的发展趋势来看，风景园林学科又与建筑学科有着根本性差异：

（1）研究和实践对象和角度明显不同。建筑学研究和实践对象是建筑物个体或群体，成果是建筑空间或建筑群空间。风景园林学研究和实践对象是户外自然或人工境域，包括城市开放空间、郊区、村落、农田、湿地、森林、风景区等，成果是附加环境美学或传统美学价值的户外境域。

（2）服务对象不同。建筑学服务对象是人，风景园林学不仅为人服务，在研究和实践过程中还要充分考虑生态系统和野生动植物的需要。

（3）研究和实践尺度不同。建筑学研究的尺度大多是在建筑单体和城市片区，而风景园林学研究的尺度涵盖了大地景观—国家公园—城乡绿地—城市公园—附属绿地—庭院等广泛尺度。

（4）学科方法明显不同。建筑学更多运用人工要素来解决问题，而风景园林学则是大量运用自然要素解决问题。生态学尤其是景观生态学对风景园林学十分重要。

2. 风景园林学与林学的不同

林学是研究森林资源的培育、经营、管理和综合开发利用的科学，其核心研究对象是森林，着力解决3个方面的问题，即：森林培育问题、森林保护问题和森林高效利用问题。风景园林学科与林学具有根本性差异。

（1）学科范畴不同。林学属于自然科学，而风景园林学是融合自然科学、人文科学和艺术学的交叉学科。

（2）研究对象不同。林学的研究对象是森林；风景园林学的研究和实践对象是户外境域。森林只是构成户外境域众多要素之一。

（3）研究方法不同。林学的研究方法是科学方法，基本采用逻辑思维。风景园林学则需要综合应用科学和艺术的方法，交替使用逻辑思维和形象思维。

风景园林学目前在建筑学和林学一级学科内以不同形态存在。经过58年的持续发展，中国的风景园林学科已经成为以户外空间营造为核心内容，以协调人和自然关系为根本使命，融合工、理、农、文、管理学等不同门类知识和技能的交叉学科。风景园林学的知识框架和专业训练已经远远超出了"建筑学（城市规划）"和"林学"的知识框架和专业训练。自 1998 年以来，风景园林学博士点年均增长约 20%、硕士点年均增长约 20%、本科专业点年均增长约 14%，目前覆盖 175 个学位授予单位，人才需求十分旺盛。

四、风景园林师的职业范围与职业发展

（一）风景园林师职业范围

风景园林学的主要内容包括认知和实践两个层次，具体研究方向包括：风景园林历史理论与遗产保护、大地景观规划与生态修复、园林与景观设计、园林植物应用、风景园林工程与技术。

1. 风景园林历史理论与遗产保护

风景园林历史与理论主要研究中国风景园林史、外国风景园林史、风景园林规划设计理论、风景园林管理理论、风景园林美学理论、风景园林伦理学理论、景观生态理论、景观水文理论、景观地学理论、景观经济学理论、景观社会学理论等；遗产保护主要研究世界自然遗产、文化遗产、混合遗产、遗产文化景观、风景区、传统园林、乡土景观保护等。

2. 大地景观规划与生态修复

主要研究区域景观规划、绿地基础设施规划、城乡绿地系统规划、风景园林生态修复、风景园林规划与管理、工矿废弃地改造、垃圾填埋场改造等。

3. 园林与景观设计

主要研究传统园林设计、城市公共空间设计、城市景观设计、附属绿地设计（居住区绿地、校园、企业园区）、户外游憩空间设计等。

4. 园林植物应用

主要研究园林植物保护、园林植物设计、园林植物的生态效益等。

5. 风景园林工程与技术

主要研究风景园林工程材料、风景园林构造技术、风景园林数字化等。

（二）风景园林师职业发展

1. 社会需求

目前我国拥有 38 处世界遗产地，6000 余处国家文化与自然遗产地，占国土面积近 17%。国家园林城市 139 个，园林县城 40 个。2008 年城市公园 8557 个，人均公园绿地 9.71 平方米，建成区绿地面积 174.7 亿平方米，2030 年预计新增绿地 42 亿平方米。

风景园林保护和建设已经成为国家经济社会发展和生态环境保护的重要力量。根据国务院学位委员会《关于下达〈风景园林专业硕士学位设置方案〉的通知》（学位〔2005〕5 号）资料中的统计数据显示，2005 年，全国风景园林一线从业人员 565.5 万，其中接受过高等教育的仅占约 3.5%，相当于国际平均水平的 1/10 甚至 1/20。高层次风景园林学人才培养和社会需求之间的缺口巨大。

随着中国经济快速成长，人们对高品质户外空间的需求日趋强烈，大规模城镇化也给自然环境带来了前所未有的压力。二者都在呼唤更大规模的、更高质量的风景园林专业人才。时代所需的风景园林学人才应是一种创新型专业人才，具备如下特征：环境伦

理价值取向、多学科知识体系、基于生态和文化的规划设计技能。回应社会对上述风景园林学专业人才的需求，迫切需要建立一个广阔、横跨多个知识门类的一级学科平台，以实现对风景园林学人才的综合、系统和专门化训练。

2. 就业需求

风景园林学毕业生就业渠道多样。毕业后可以进入的就业部门包括各级政府或其派出机构（各级建设主管部门、风景园林学主管部门、城市规划主管部门、自然与文化遗产主管部门、林业部门、国土部门、环保部门等）、规划设计单位（风景园林学专业设计单位、建筑设计单位、城市规划单位等）、高等院校。据不完全统计，全国现有地市级园林管理局 680 个，各级自然与文化遗产保护管理机构 6000 余个，风景园林及景观设计单位 1200 多家，具有城市园林绿化二级以上资质的企业超过 2000 家。同时还有数量庞大的风景园林保护岗位、管理岗位和风景园林工程师岗位。高层次风景园林学人才将长期处于供不应求状态。

第三节　风景园林学理论与研究方法

一、风景园林学基础理论

风景园林学空间与形态营造理论、景观生态理论和风景园林美学理论是风景园林学三大基础理论。它们分别以建筑学、生态学和美学为内核，广泛吸收地理学、林学、地质学、历史学、社会学、艺术学、公共管理、环境科学与工程、土木工程、水利工程、测绘科学与技术等学科的理论成果而形成。

（一）风景园林学空间营造理论

风景园林学空间营造理论（Theory of Landscape Planning and Design）是关于如何规划和设计不同尺度户外环境的理论，是风景园林学的核心基础理论。它又可细分为风景园林学规划理论和风景园林学设计理论。风景园林学规划理论包括表述模型、过程模型、评价模型、变化模型、影响模型和决策模型 6 个模型；风景园林学设计理论包括如下 8 个技术环节：确定范围与目标、数据收集与区域分析、现场踏勘、社会经济文化背景分析、完成现状调研报告、多方案比较、概念设计、项目概算和施工设计。

（二）景观生态理论

景观生态理论（Landscape Ecology）是风景园林学在解决其根本问题——人与自然关系问题时的关键工具。它是以景观结构、功能和动态特征为主要研究对象的一门新兴宏观生态学分支学科，是对人类生态系统进行整体论研究的新兴学科。景观生态学的主要研究内容包括：景观格局的形成及与生态学过程的关系；景观的等级结构、功能特征以及尺度推绎；人类活动与景观结构、功能的相互关系；景观异质性（或多样性）的维持和管理等。

（三）风景园林美学理论

风景园林美学理论（Landscape Aesthetics）是关于风景园林学价值观的基础理论，反映了风景园林学科学与艺术、精神与物质相结合的特点。它融合中国传统自然思想、山水美学和现代环境哲学—环境伦理学—环境美学，提供了风景园林学研究和实践的哲学基础。

二、风景园林学研究方法

（一）学科融贯方法

风景园林学的具体规划设计过程，吸收了"整体论（Holism）""开放复杂巨系统论（Open Complex Giant System）"和"融贯学科（Transdiciplinary Method）"的成果，应用相关科学（自然和社会科学）、技术（构造、材料）和艺术的知识与手段，综合解决风景园林学规划、设计、保护、建设和管理中遇到的开放性、复杂性问题。

（二）实验法

风景园林学的基础理论研究离不开实验，如工程材料与工艺性能、植物抗旱抗寒特性、观赏植物花期控制、新品种繁育、城市街巷气流规律、景观心理规律、园林的康复作用等。

（三）田野调查法

田野调查法适用于收集环境建设与维护工作所需要的大量基础资料，以及对其规律的研究。如场地与环境的基本特征、游人的活动规律、绿地系统的生态作用、民众的各种要求等。

第四节　城市设计

一、城市设计概述

（一）城市设计的定义

城市设计顾名思义就是对城市进行的设计，它虽然几乎与城市的产生和发展一样源远流长，但是城市设计的理论自近代工业革命时期以来才得到了空前发展。然而，由于城市系统的复杂性及城市建设的动态性，"城市设计"到目前为止还没有一个公认的定义，它的内涵也一直随着城市发展而不断发生变化。

根据《中国大百科全书》（建筑、园林、城市规划卷）中的描述，城市设计是对城市形体环境所进行的设计，城市设计的任务是为人们各种活动创造出具有一定空间形式的物质环境内容。包括各种建筑、市政公用设施、园林绿化等方面，必须综合体现社会、经济、城市功能、审美等各方面的要求。

《不列颠百科全书》则认为，城市设计是指为达到人类的社会、经济、审美、技术等方面要求在形体方面所做的构思，它涉及城市环境所采取的形式。就其对象而言，城市设计包括三个层次的内容：一是工程项目的设计，是指在某一特定地段上的形体改造；二是系统设计，即考虑一系列在功能上有联系的项目的形体；三是城市或区域设计，包括了区域土地利用政策、新城建设、旧区更新改造保护等设计。这一定义包括了几乎所有的城市形体环境设计，是典型的"百科全书"式的大汇集。

我国学者王建国认为："城市设计是与其他城镇环境建设学科密切相关的、关于城市建设活动的一个综合性学科方向。它以阐明城镇建筑环境中日趋复杂的空间组织和优化为目的,通过跨学科的途径,对包括人和社会因素在内的城市形体空间对象所进行的设计研究工作。"

1976年,美国规划学会城市设计部出版的《城市设计评论》杂志创刊号对城市设计有较完整的论述:"城市设计是在城市肌理的层面上处理其主要元素之间关系的设计,目的是寻求一种指导空间形态设计的政策框架。它与空间和时间有关并由不同的人建造完成,所以城市设计又是对城市形态发展的管理。然而,由于它有多个甲方,发展计划不是很明确,控制只能是不彻底的,并且没有明确的完成状态,所以这种管理是困难的。城市设计的对象既包含城市人工环境,也包含城市发展中涉及的自然环境。"这个定义强调城市设计既是一种设计又是一种管理:作为一种设计,它是城市形态上的三维设计;作为一种管理,它的目的是制定一套指导城市建设的政策框架,建筑师和风景园林师在此基础上进行建筑单体和环境的设计。

总而言之,城市设计关注的是建筑物的布置和彼此间的关系,以及建筑物之间的公共空间,它与人的认知体验和城市建筑环境有关。在所有关于城市设计的定义中,它们都把城市空间的组织和城市形态的表现作为其核心内容,并将其根本目标定位于改善城市空间质量、提升城市环境品质、促成空间形态的可持续发展。自近代工业革命以来,城市设计从最初的注重空间的艺术处理到综合的空间发展,城市设计的范畴从对物质空间的关注到对人与环境互动的重视,表明了对城市设计的认识在深度和广度上都有了很大的拓展。

(二) 城市设计与其他学科的关系

1. 城市设计与城市规划和建筑设计的关系

城市设计是从城市规划和建筑设计中分离出来的学科,并与它们在知识和技能上相互渗透,但三者涉及的范畴又有所区分。具体地讲,城市规划是战略性的、宏观的,以社会、经济、环境要素为主,主要在广泛的文脉中关注公共领域的组织;建筑设计关心私人领域或单体建筑的形式,并实现、完善和丰富城市设计;而城市设计则是战术性的、微观的,以形体环境为主,通过建筑群体的安排使它们达成一定的秩序,为建筑设计提供指导和框架,并在有限的城市地区内关注公共领域的物质形式,是对城市规划的继续和具体化。

2. 城市设计与风景园林的关系

由于城市设计自身的复杂性,它与风景园林有不少交叠的领域。

随着风景园林与现代艺术、建筑、科学等相关领域的不断渗透与融合,现代风景园林在人与自然的和谐关系以及人类未来的可持续发展中起到了重要的协调作用。同时,风景园林师的工作范围也逐渐从传统的花园、庭院、公园扩展到了城市广场、街道、街头绿地、大学校园和工厂园区,以及国家公园、风景名胜区甚至整个大地景观。而现代城市设计以提高人的生活质量、城市的环境质量、景观艺术水平为目标,以体现社会公平,强调为人服务的目的,这就使城市设计与风景园林有了更多的切入点和交叉点。目前从事城市设计主要是建筑师、城市规划师和风景园林师,而风景园林师的专业背景更有利于城市设计目标的顺利实现。

(三) 城市设计的对象

城市设计的对象是建筑物与建筑物之间的空间组织和城市形态的表现。目前,处理建筑物和城市空间的关系主要有两种不同的态度：第一种态度认为建筑物是"图"而城市空间是"底"，即把城市作为一个开放的景观，而把建筑物作为三维物体如雕塑一般地安置在这种公园式的开放环境中；第二种态度认为具有三维特性的空间是"图"，它构成了城市的主体，而建筑物反过来是城市的背景，界定了城市空间并提供了二维的建筑立面。也就是说，它把城市作为一个完整的实体，街道和广场是从这个实体中挖出的空间。第一种态度就是以建筑为主体甚至把建筑当作纪念碑来创作，这种做法20世纪下半叶在全世界被广泛采用，但它对城市外部空间的忽视产生的问题是有目共睹的。而第二种态度则是以城市空间为主体的设计观念，它源自传统城市形态，在佛罗伦萨、威尼斯、罗马等传统城市中得到体现。这些城市中的城市空间是城市形态的主角，建筑不是作为纪念碑，而是作为实体根植于城市肌理之中，广场和街道是构造城市发展的主要元素，而建筑物仅仅是界定这些城市空间的"外墙"，也就是说城市空间才是设计者应该关注的对象。尽管这两种概念各有所长，适用于不同的场所，但第二种态度显然应在当代城市设计中得到更多的关注。

城市设计的对象范围包括宏观的整个城市、中观的城市区域如中心区以及局部的城市地段如居住社区、步行街、城市广场、公园、建筑组群乃至界定这些公共空间的建筑界面。从城市设计的项目类型而言，常见的城市设计项目包括市政设施设计、新城设计、城市更新（包括滨水区再开发）、园区设计（包括校园、企业园、工业园等）、郊区发展、公园和主题乐园，以及国际性盛会场地的规划设计等。

（四）城市设计基本要素

城市设计的基本要素是在设计中经常被用以构筑城市形态环境的主要素材，一般可分为自然要素、人工要素以及社会要素。从城市设计的宏观、中观、微观三个层次上分析应考虑的最基本方面有：土地使用与交通、建筑实体、街景和外部公共空间、社会经济因素、使用者的感受和行为、历史（包括场所和建筑空间的历史）等方面。以上各方面既考虑到城市各个空间及其之间的相互关系等物质形态层面，又涉及城市的社会问题、精神文化和人的活动等精神层面以及城市设计组织管理机制、法律机制、财政机制等政策管理机制。对这些基本要素的组织与利用，体现在不同层次的城市设计中（表1-4-1）。

表1-4-1　基本要素对各层次城市设计的影响

层次	主要设计内容	基本影响要素				备注
		城市用地	建筑实体	开放空间	使用活动	
宏观城市设计（总体城市设计）	城市格局	●	●	●	○	与城市总体规划相匹配
	城市形象、景观特色	○	●	●	○	
	城市开发空间体系	●	○	●	○	
	历史保护	○	●	●	○	
	旧区改造	●	●	●	○	
	新区开发	●	●	●	○	
	城区环境	●	●	●	●	

层次	主要设计内容	基本影响要素				备注
		城市用地	建筑实体	开放空间	使用活动	
中观城市设计（局部范围或重点片区的城市设计）	城市中心区	●	●	●	○	与城市分区规划、历史保护、绿地系统等专项规划相融合
	城市主轴区	●	●	●	○	
	城市分区、开发区	●	●	●	○	
	滨水区	●	○	●	●	
	历史保护地段	●	●	●	○	
	居住区	●	●	●	●	
	绿地系统	●	○	●	●	
	步行街区	●	●	●	●	
微观城市设计（重点地段或节点城市设计）	城市广场	●	●	●	●	与城市详细规划相协调
	标志性建筑及建筑群	●	●	●	○	
	小型公园绿地	●	○	●	●	
	城市节点	●	●	●	●	
	商业中心	●	●	●	●	

注：○表示影响较小；●表示影响较大。

（五）城市设计的成果

城市设计是一个周期比较长的设计过程，它的成果可以归纳为四个方面：

1. 政策

城市设计的政策反映社会经济条件并对投资设计建设的整个过程进行规范，设计者在其提供的限定性框架的基础上进行具体的设计。

2. 规划

规划仍然是城市设计的主要成果，是城市设计政策在三维上的表述。有效的规划方案应该结合实施的可能性，保持具有一定灵活性的框架，能预见到项目在发展过程中出现变化的可能性并有调整的余地。

3. 准则

准则是政策和规划在实际操作层面的具体化，是指导城市空间形态中具体元素设计的文件，因而是保证城市设计能在实施中得到贯彻的关键步骤。设计准则往往针对某个特定的区域或者某些特定的设计元素进行详细的甚至量化的规定，并配以图表说明。

4. 计划

城市设计中产生的计划是对项目执行过程的安排以及项目完成以后的管理，包含建设资金的安排，建设分期实施的可能性以及建成后居民的组织管理等方面，这是保证城市设计达到预期效果的必要步骤。

（六）城市设计的评价体系

传统的城市设计主要按美学质量评价，后来随着设计实践的不断深入，经济和效率也被充实到美学标准中。现在城市设计成果的评估标准大致分为可测量标准和不可测量标准两类。可测量标准是那些可以量化的指标，包括环境标准和形态标准两组。前者是

11

对自然因素的衡量，如城市气候、城市生态、城市水文等，实现对这些自然因素的控制需要特殊的专业知识的配合。形态标准是对三维城市形态的衡量指标，如高度、体量、容积率、覆盖率、密度等，通过制定这些标准可以对城市形态施加直接的影响。不可测量标准和人们感知环境的特性有直接关系，是针对城市空间视觉质量的评估标准。从广义上表述，城市设计中有关美观、舒适、效率等的定性原则，均属于不可测量的标准范畴。

1977年美国城市系统研究与工程公司发表了一套标准，将不可测量指标分为八类。

1. 与环境相适应

评估所提出的设计是否在位置、密度、颜色、形式和材料方面与它所处的城市或居住区环境相协调，在文化上是否匹配。

2. 表达可识别性

对使用者或社区的个性、地位和形象的视觉表现，使人们能掌握城市的特性。

3. 可达性和方向性

设计的入口，道路，重要的视觉目标是否明确和安全，能否指引使用者到达主要的公共空间，有没有清晰的地标。

4. 行为的支持

空间的划分，尺度，位置以及提供的设施是否对设想的行为提供视觉结构上的支持。

5. 视景

设计是否对现存有价值的景观加以保存和利用，或在建筑物和公共空间中创造新的景观视野。

6. 自然要素

通过地貌、植物、阳光、水和天空景观所赋予的感觉，保存、结合或创造富有意义的自然表现。

7. 视觉的舒适度

使人们避免受到场地内或场地外的不舒适的视觉因素的干扰，如眩光、烟雾、过于耀眼的灯光或标志、疾速行驶的车辆等。

8. 维护

设计是否方便建成后的维护和管理等。

城市建设是社会活动的载体和社会文化的具体表现，具有很强的公共性和政治性。提升城市的物质环境是一个和社会与权力结构紧密相连的过程，因此，除了上述这些可测量标准和不可测量标准外，城市设计也必须反映社会和经济需求。

二、风景园林及风景园林师在城市设计中的地位

（一）从城市设计的概念看风景园林在城市设计中的地位

在第一节关于城市设计概念的论述中，我们知道，所有关于城市设计的定义都把城市空间的组织和城市形态的表现作为其核心内容，并将其根本目标定位于改善城市空间质量，提升城市环境品质，促成空间形态的可持续发展。由于城市设计并不涉及建筑本身的设计，而关注建筑物的布置和彼此间的关系以及建筑物之间的公共空间，所以风景

园林以其在处理各种活动空间、整合人与环境的融合关系等方面的特长必然能在城市设计中找到用武之地，发挥风景园林营造景观的功能。

（二）从城市设计学科构成看风景园林在城市设计中的地位

1956 年哈佛大学在格罗皮乌斯的倡导下召开了第一次城市设计会议，参加会议的人员中就有风景园林师。1900 年美国哈佛大学首次开设"城市设计"课程，其课程以建筑学、风景园林和城市规划 3 个系的课程为基础来培养建筑师、风景园林师或规划师，以使他们在城市及城乡环境设计工作中有更好的协调和领导能力。另外，对美国城市设计教育推动最具影响力的凯文·林奇教授认为城市设计专业应该面向建筑师、风景园林师以及城市规划师来开展，这也反映了风景园林在城市设计中举足轻重的地位。

随着城市的不断发展，城市设计在组织和优化日趋复杂的城市空间时，需要密切结合现实的自然环境、社会经济条件、人的行为活动、心理特征以及历史文化等诸要素进行设计。因此，它必然要与其他相关学科和实践领域有密切的相互关系，也要越来越多地融入其他专业和学科的内容。由于风景园林在进行实践中必然涉及以上诸要素并已经把它们纳入自己的学科理论和实践范围，风景园林与城市设计在实践中的交叉必然影响到其学科构成。

（三）从风景园林理论看风景园林师在城市设计中的地位

风景园林尤其是风景规划的理论不仅对风景园林学科产生了积极的推动作用，有些对城市设计也产生了重大影响，其中最著名的理论应属《设计结合自然》及《大地景观》。

1. 麦克哈格与《设计结合自然》

麦克哈格的理论将风景规划提高到一个科学的高度，他的生态思想促使风景园林师关注这样一种思想：景观不仅仅是艺术性布置的植物和地形，风景园林师需要时刻提醒自己将所有技巧与整个地球生态系统密切联系。

1969 年，麦克哈格写成了《设计结合自然》一书，该书集中体现了他的思想理论。书中运用生态学原理研究大自然的特征，证明了人对大自然的依存关系；提出从自然演进的角度找出土地形态上的差别及各自的价值和限制并由此选出开放空间，进一步提出一个包括大城市地区的开放空间布局和确切的建设用地的布局，要求风景园林师向自然科学家、生态学家学习并与他们协作；提倡自然与社会价值并重，通过建立一种价值体系把社会价值和自然价值放在统一的标尺下衡量，把城市的自然要素和人工要素统一起来；麦克哈格指出城市和建筑等人造形式的评价与创造应以"适应"为标准，形式与过程相结合是对过程有意义的表现。麦克哈格是第一个把生态学应用在风景园林上的人，他的关于利用生态学建立土地利用规划的模式，同时注重保护视觉特征的思想，不仅对后世的风景园林而且对城市设计产生了重大影响。

2. 西蒙兹和《大地景观》

西蒙兹是美国当代受到广泛尊敬的风景园林师，在生态景观规划与城市设计的结合及其实际操作上提出了系统而富有现实意义的建议和主张。

西蒙的学术思想集中反映在《大地景观——一部环境规划手册》一书中，该书思想内涵深刻，全面阐述了生态要素分析方法、环境保护、生活环境质量提高，乃至于生态美学的内涵，从而把景观研究推向了"研究人类生存与视觉总体的高度"。他认为，改善环境的意思不仅仅是指纠正由于技术与城市的发展带来的污染及其灾害，而应该是一个创造的过程。通过这个过程，人与自然和谐地演进。他的风景园林规划方法已经远远超出了一般狭义的景观概念，广泛涉及生态学、工程学乃至环境立法管理、质量监督、公众参与等社会科学知识。随着城市设计的深入发展，风景园林师越来越需要在其中担任重要的角色。

（四）从风景园林实践看风景园林师在城市设计中的地位

城市设计从"开放空间（Open Space）"入手，配合这一空间再把建筑一个个放进去，然后考虑一系列的形象问题。从古代尤其近现代以来风景园林师在城市设计中起到了不可估量的作用。19 世纪后半期，现代风景园林的先驱者在奥姆斯特德等人的倡导下坚持从城市和国土的整体角度出发，一开始便将专业实践范畴定位于包括城市公园和绿地系统、城乡景观道路系统、居住区、校园、地产开发和国家公园的规划设计管理在内广阔的社会和环境背景中。自 1970 年以来，生态的理念越来越深入到城市设计中来，随着风景园林实践领域的不断扩展，诸如废弃地的生态重建、历史场所的复兴、城市公共广场、大地生态规划、区域景观保护与战略规划、国土景观资源的调查评价与保护管理等实践使得风景园林师在更广泛的层面和更公共的尺度上进行实践活动，同时，风景园林也成为一个几乎涉及人类生活中所有尺度和众多实践范畴的基础性学科。

1. 法国古典园林对城市设计的贡献

法国造园大师勒·诺特尔在凡尔赛宫花园设计中，将宫殿、花园、城镇以及周围的自然景观纳入到一个巨大的轴线体系和园林景观中，建筑、园林与城市三位一体，凡尔赛宫的整个园林及周围的环境都被置于一个无边无际、由放射性路径和接点组成的系统网络中。理性、清晰的几何秩序扩展至自然当中，控制着整个园林的形态，突出了人工秩序的规整美。凡尔赛的整体设计对欧洲各国的城市设计产生了深远的影响，巴黎确立的由纪念性地标、广场和景观大道多构成的星型规划在以后几个世纪风行欧美，也成为后来许多殖民地国家城市计的样板。

2. 纽约中央公园

1857 年，美国风景园林之父——奥姆斯特德接受了纽约市中央公园的设计任务，提交了以"绿草地"为题的规划方案并获得头奖。

纽约中央公园位于市中心区——纽约曼哈顿岛，约 344 公顷。它与城市关系密切，改善了城市中心环境，保护了自然，并在公园中间布置了几片大草坪，形成开阔的视野，便于市民来往，纽约中央公园的建成对纽约城市设计起到了重大的影响，成为纽约之"肺"。

此外，奥姆斯特德还为波士顿、芝加哥等一些大城市拟定了成片的公园系统与大型公园，并在后来得以实现。百年后的今天，这些分布在人口密集、高楼林立、车辆喧嚣的城市之中的园林绿地为城市环境的改善起到了不可估量的作用。

3. 合肥城市绿地系统

合肥在中华人民共和国成立初期只是一个县级城市，城墙内保留着新中国成立前的房屋与街道，总面积仅 5.3 平方公里。自 20 世纪 50 年代成为省会以来，城市工业、文教等各方面都有了快速发展，这也构成了合肥城市发展的基本框架，其绿地系统规划由我国早期著名风景园林大师吴翼主持完成，并成为中国城市设计中的典范。

合肥旧城周长 8.3 公里，拆除古城墙后保留护城河形成了环城绿化带，并在旧城环形绿带的东北角和东南角有古迹的地方建立了两个公园，丰富了环旧城河绿化带的景观效果。这既改善了旧城卫生，又为居民创造了休息场所。西部森林水库地区在原有林木的基础上开辟发展森林公园，并在水库周围发展经济林，将开辟郊区风景区与发展经济生产结合在一起，东南巢湖与市区相连形成引风林区，有利于城市的自然通风。在环绕西郊、东南郊绿地的内、外边缘拟建立二、三环绿化带，将郊区绿地联系起来（图1-4-1）。

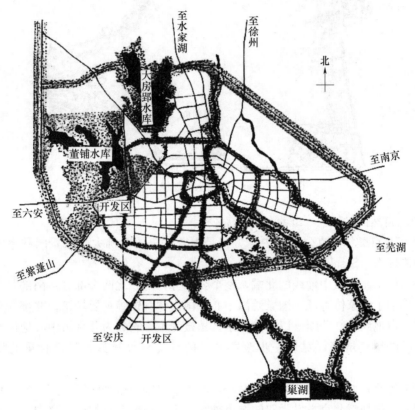

图 1-4-1　合肥城市绿地系统

合肥绿地系统规划不仅改善了原来的城市景观，而且为城市的可持续发展创造了良好的条件。风景园林师在合肥的城市设计中起了主导作用。

4. 金鸡湖滨水景观规划

金鸡湖处于苏州古城东部苏州工业园内，占地约7平方公里。整个金鸡湖区域的城市设计围绕着两条轴线展开：一条东西向轴线是原来苏州市轴线的自然延伸，另一条是南北向的绿化轴。景观规划沿金鸡湖岸线设置了城市广场、湖滨大道、水巷邻里、望湖角、金姬墩、文化水廊、玲珑湾和波心岛8个景观区，分别赋予了不同的功能，并通过绿地系统和步行系统连接为一体。这样，湖畔景区向四周的地块辐射，将景观和四周的建筑活动融合起来（图1-4-2）。

金鸡湖本身具有无与伦比的风景资源，其滨水景观规划的定位为一个城市湖泊公园并向全市乃至周边地区的居民和旅游开放，其环湖地区开发成为一个现代的临水区域性休闲场所，同时提升了城市的文化品位，它的建成对苏州工业区的环境、文化和旅游等都具有不可估量的作用。

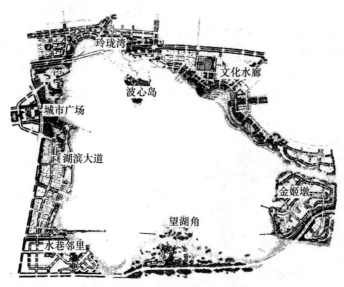

图 1-4-2　金鸡湖滨水景观规划平面图

5. 通向自然的轴线——北京奥林匹克公园

2008 年北京奥林匹克公园的中标方案是由曾任美国哈佛大学风景园林系主任的风景园林师佐佐木（Sasaki）主持完成的。

该公园位于北京市中轴线的北端，整个公园分为南、北两个部分：南部是奥林匹克中心区，集中了国家体育场、国家游泳中心、国家体育馆等重要场馆；北部为奥林匹克森林公园，占地约 680 公顷，以自然山水、植被为主，它成为北京市中心地区与外围边缘组团之间的绿色屏障，对进一步改善城市的环境和气候具有举足轻重的生态战略意义。

历史上的北京城以其南北轴线为基础，城市发展围绕这个轴线展开，北京奥林匹克森林公园总体规划将北京举世无双的城市轴线完美地消融在自然山林之中。奥林匹克森林公园以城市的绿肺和生态屏障、奥运会的中国山水休闲后花园、市民的健康大森林、休憩大自然作为规划目标，以丰富的生态系统、壮丽的自然景观终结这条举世无双的城市轴线，达到了中国传统园林意境、现代景观建造技术、环境生态科学的完美结合，为市民百姓营造生态休闲乐土。

（五）从城市设计的成功案例看风景园林在城市设计中的地位

在当代很多成功的城市设计案例中，公共空间的处理都是它们成功的关键之一，这些公共空间的处理手法很多都运用或借鉴了风景园林的设计原理和方法，有些本身就是由风景园林师完成的。

1. 柏林索尼中心

索尼中心位于柏林市核心区，占地 26442 平方米，呈楔形（图 1-4-3），东面尖角正对波茨坦广场。它遵守了波茨坦广场城市设计的一些基本原则，如临街面的限高和平整严谨的界面，但在内部极力发挥了空间上的创造力：利用一系列不同形态的单体组成一个连续的建筑体量，然后在其中央设计了一个巨大的椭圆形公共空间——罗马广场（图1-4-4），它的面积达 4000 平方米，并在广场之上覆盖着一个巨型扇形采光屋顶，形成了一个内聚式的公共空间，这样就把人的各种活动集中在一个内在场所以激发出更多的活力。罗马广场的景观设计由极简主义风景园林大师彼得·沃克设计，中心广场从若干方向与街道建立联系，不但整合了索尼中心的景观环境，也集中式的大空间可以最大限度地发挥信息时代的特点。

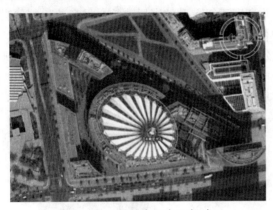
图 1-4-3　柏林索尼中心鸟瞰

图 1-4-4　柏林索尼中心中庭

2. 芝加哥千年公园

千年公园位于芝加哥在 1909 年大芝加哥规划中建立的大公园（Grand Park）的西北角，占地 16.5 英亩（图 1-4-5）。大公园是美国城市美化运动时期的作品，有严谨的构图、清晰的轴线和古典园林的元素如大喷泉等。千年公园的整个方案基本延续了大公园的传统布局，以矩形分区和轴线为特征，并呈现了"园中有园"的特色（图 1-4-6）。公园中各部分由不同设计师设计，风格迥异，同时统一于网格中，因而也形成了另一种特色。

图 1-4-5　千年公园所在的位置

图 1-4-6　千年公园平面图

总体上来说，千年公园延续了大公园的古典风格和芝加哥的文脉，是芝加哥又一次重要的城市变迁，成为新世纪的一次"城市美化"运动。它的建成带动了周边的发展，并吸引了更多的游客慕名前来，新的大型地下停车场解决了周围中心商务区和游客的停车问题。尽管只是一个公园，它却具备了与城市发展和开发相同的特点，即城市作为一个逐渐演变的有机体，同时经济环境和人文因素的介入也使其更多地展示了城市开发与发展的复杂性和多元性。

3. 世界贸易中心重建

2001 年 9 月 11 日世界贸易大楼被毁后，美国决定重建世界贸易中心。李布斯金设计组的方案在世界贸易中心重建的诸多方案中最后胜出。该方案提出，修复历史上曾经存在的两条街道，并以街道为中心强调街道在联系该项目和周边环境中的作用。在双塔原址上建造的纪念碑被安排在地平线之下，这既可以使原来建造的挡水墙暴露出来，又能把参观者从周围喧闹的街道活动中分离开来。

该方案还包括五座呈螺旋形分布并高度逐级上升的高层建筑，最高的建筑"自由塔"造型模仿隔纽约海港相望的自由女神像的形态和动势（图1-4-7）。纪念碑的方案"Reflecting Absence"（图1-4-8）由迈克尔·阿拉德设计，它包括了一个地面广场和地下的博物馆，并保留双塔遗留下来的两个空间。这虽然在许多方面和原来的规划方案不同，但是它仍然在城市设计提供的可能性基础上做出了创造性的诠释。

图1-4-7 从自由女神像遥看世界贸易中心　　图1-4-8 Reflecting Absence

李布斯金设计组的方案的一个吸引力在于实施的灵活性：它可以分解成多个小地块分期设计，并在市场允许的时候建造；该方案也为纪念性空间提供了多种可能性。总之，它可以让不同的设计师和开发商在一个共同的框架下进行操作。

第二章

风景园林史

第一节　中国古典园林史

一、中国古典园林发展阶段

园林是指在一定地域内，利用并改造天然山水地貌或人为开辟山水地貌，结合植物栽植和建筑布置，从而构成一个供人们观赏、游憩、居住的环境。中国古典园林按时间的发展脉络可以大致分为狩猎社会的园林、农业社会的园林、工业社会的园林以及现代社会的园林四个阶段。

（一）狩猎社会时期

狩猎社会属于自然从属型社会，这一时期人与自然处于感性适应的状态，人与环境之间为亲和关系，开始了园林的萌芽状态。

（二）农业社会时期

农业社会属于自然顺应型社会，这一时期人与自然环境从感性适应状态变为理性适应状态，但人与自然仍保持着亲和关系。绝大多数园林直接为统治者服务，或归他们所私有。园林的主流是封闭内向型，园林营造以追求视觉的景观之美和精神的寄托为主要目的，并没有自觉体现所谓的社会和环境效益。造园的工作主要由工匠、文人和艺术家来完成。

（三）工业社会时期

工业社会属于自然征服型社会，这一时期理性适应状态更为深入，人与环境之间从早先的亲和关系逐渐变为对立、敌斥关系。除私人园林外，还出现属于政府所有、向公众开放的公共园林。园林规划设计从封闭内向型转向开放外向型，园林营造不仅为了获得视觉景观之美和精神陶冶，同时着重发挥环境效益和社会效益。造园工作主要由现代型职业造园师主持规划设计。

（四）现代社会时期

现代社会属于自然共生型社会，这一时期人与自然的理性适应状态逐渐升华到一个更高的境界，二者由之前敌斥、对立关系又逐渐回归到亲和关系。私人不占主导，城市公共园林、绿化开放空间及户外娱乐交往场所扩大，"园林城市"开始出现。园林营造在改善环境质量，创造合理生态基础上构思审美。同时，建筑、城市规划、园林密不可分，跨学科的综合性和公共参与性成为园林艺术创作的主要特点。

二、中国古典园林类型

中国古典园林是指世界园林发展的第二阶段上的中国园林体系，与同一阶段上的其他园林体系相比，历史最久、持续时间最长、分布范围最广，这是一个博大精深而又源远流长的风景式园林体系。中国古典园林类型的划分，因标准不同而有不同的形式，此处主要介绍两种划分形式。

（一）按照园林基址的选择和开发方式

按照园林基址的选择和开发方式，中国古典园林可以分为人工山水园、天然山水园两大类型。

1. 人工山水园

人工山水园又称为城市山林，是指在平地上开凿水体、堆筑假山，人为地创设山水地貌，配以花木栽植和建筑营构，把天然山水风景缩移摹拟在一个小范围之内。人工山水园是最能代表中国古典园林艺术成就的一个类型。

2. 天然山水园

天然山水园建在城市近郊或远郊的山野风景地带，包括山水园、山地园和水景园。

（二）按照园林的隶属关系

按照园林的隶属关系，中国古典园林可以分为皇家园林、私家园林和寺观园林。

1. 皇家园林

皇家园林属于皇帝个人和皇室私有，也被称为苑、苑囿、宫苑、御苑和御园等。皇家园林又分为大内御苑、行宫御苑和离宫御苑。大内御苑是指建置在皇城和宫城之内，紧邻皇居或距皇居很近，便于皇帝日常临幸游憩的场所。行宫御苑是指建置在都城近郊、远郊风景幽美的地方，或者远离都城的风景地带，供皇帝偶一游憩或短期驻跸之用。而离宫御苑是作为皇帝长期居住、处理朝政的地方。

2. 私家园林

私家园林属于民间的贵族、官僚、缙绅所私有，也被称为园、园亭、园墅、池馆、山池、山庄、别业、草堂。私家园林包括宅园、游憩园和别墅园。宅园是指依附于邸宅作为园主人日常游憩、宴乐、会友和读书的场所，规模不大，建在城镇里面的私家园林绝大多数称为宅园；游憩园作为单独建置，不依附于邸宅；别墅园是供园主人避暑、修养或短期居住之用，规模一般比宅园大，建在郊外的山林风景地带。

3. 寺观园林

寺观园林是指佛寺和道观的附属园林，也包括寺观内部庭院和外围地段的园林化环境。

皇家园林、私家园林和寺观园林这三大类型是中国古典园林的主体，造园活动的主流。其他非主流园林类型有衙署园林、祠堂园林、书院园林和公共园林等。

三、中国古典园林历史分期

中国古典园林按照朝代的更迭可以分为五个阶段：生成期（商周秦汉）、转折期（魏晋南北朝）、全盛期（隋唐）、成熟期（两宋到清初）以及成熟后期（清中叶到清末）。

（一）生成期——商、周、秦、汉（公元前 11 世纪—公元 220 年）

1. 时代背景

中国古典园林的三个源头是囿、台和园圃。最早见于文字记载的园林形式是"囿"。园林里的主要建筑物是"台"，中国古典园林产生于囿与台的结合（在公元前 11 世纪，即奴隶社会后期的殷末周初）。影响园林向风景式发展的三个重要意识形态方面的因素包括天人合一思想、君子比德思想以及神仙思想。

2. 园林实例

（1）楚国章华台

方形台基长 300 米，宽 100 米，其上为四台相连。最大的一号台长 45 米，分三层。昔日人们登临此台，需要休息三次，故俗称"三休台"。台的三面水池环抱，临水而成景，水源引自汉水。这是模仿舜在九嶷山的墓葬的山环水抱的做法，也是在园林里面开凿大型水体工程见于史书记载之首例。

（2）吴国姑苏台

姑苏台位于姑苏山上，这座宫苑全部建筑在山上，因山成台，联台为宫，规模极其宏大。姑苏台也是一座山地园林，居高临下，观览太湖之景，最为赏心悦目。

章华台和姑苏台是春秋战国时期贵族园林的两个实例。它们的选址和建筑经营都能够利用大自然山水环境的优势，并发挥其成景的作用。园林里面的建筑物比较多，能满足游赏、娱乐、居住乃至朝会等多方面的功能需要。除了栽培树木之外，姑苏台还有专门栽植花卉的地段。章华台所在的云梦泽也是楚王的田猎区，因而园林很可能有动物圈养。园林里面人工开凿的水体既满足了交通或供水的需要，同时也提供水上游乐的场所，创设了因水成景的条件——理水。所以说，这两座著名的贵族园林代表着古代囿与台相结合的进一步发展，为过渡到生成期后期的秦汉宫苑的先型。

3. 园林特点

商、周是园林生成期的初始阶段，贵族奴隶主所拥有的"贵族庄园"相当于皇家园林的前身，但尚不是真正意义上的皇家园林。秦、西汉为生成期园林发展的重要阶段，此时出现了皇家园林，"宫""苑"两个类型影响深远。东汉则是园林由生成期发展到魏晋南北朝时期的过渡阶段。

总体来说，生成期持续时间很长，但园林演进变化极其缓慢，始终在初级阶段。其特点如下：

（1）尚不具备中国古典园林的全部类型，造园活动的主流是皇家园林；

（2）园林功能由早先的狩猎、通神、求仙、生产为主，逐渐转化为后期的游憩、观赏为主；

（3）审美意识处于低级阶段，造园活动并未达到艺术创作的境地，本于自然却未高于自然。由于原始的自然崇拜、山川崇拜、帝王的封禅活动，再加上神仙思想的影响，大自然在人们的心目中尚保持着一种浓重的神秘性。

（二）转折期——魏晋南北朝（公元 220—589 年）

1. 时代背景

魏晋南北朝是中国历史上最动荡的时期，常年的战争使原来的社会体系逐步瓦解，新的意识形态不断冲击着人们的思维、行动，导致这一时期人们的思想空前活跃自由。

儒、道、释、玄各领风骚，尤其是玄学用老庄思想糅合儒家经义，提倡"贵无"，认为"天地万物皆以无为为本"，主张君主"无为而治"，这些思潮顺应了这一时期的社会状况，并成为当时社会思潮的主流。而佛教的传入打破了中国接受外域文化的障碍，也使玄学不再孤零。

东晋以后，玄学与佛学趋于合流。玄学中的"清淡"与佛教的"虚无"相结合，促使魏晋的门阀士族和士大夫远离政治、亲近自然、寄情山水，以期在明净的大自然中得到精神慰藉。

这一时期的园林经营转向以满足作为人的本性的物质享受和精神享受为主，并升华到艺术创作的新境界。这是中国古典园林发展史的转折时期。这一时期，中国古典园林开始形成皇家、私家、寺观这三大类型并行发展的局面，园林体系略具雏形。

2. 园林类型

1）皇家园林

皇家园林主要集中在北方的邺城（图 2-1-1）、洛阳，南方的建康。

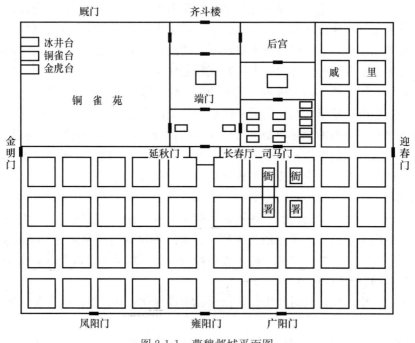

图 2-1-1 曹魏邺城平面图

（1）邺城（今河北省临漳县的漳水北岸）。大内御苑：铜雀园、华林园、仙都苑。

铜雀园：又名"铜爵园"，毗邻于宫城之西，紧邻宫城，具"大内御苑"性质，是一座具有军事防御功能的皇家园林。城之西北有三台，皆因城为之基，中曰铜雀台，南曰金虎台，北曰冰井台。冰井台是存储冰块、粮食、食盐、煤炭等物资的场所，实具战备意义。长明沟之水由铜爵（雀）台与金虎台之间引入园内。

华林园：在皇家园林中规模最大。

仙都苑：位于邺城之西，总体布局象征五岳、四海、四渎，乃是继秦汉仙苑式皇家园林之后的象征手法的发展，在皇家园林历史上具有一定开创性意义。

（2）洛阳：芳林园、华林园。

北魏洛阳（图 2-1-2）在中国城市建设史上具有划时代的意义，它的功能分区较之汉、魏时期更为准确，规划格局更为完备。干道—衙署—宫城—御苑自南而北构成城市中轴线，是政治活动的中心。这个城市完全成熟的中轴线规划体制，奠定了中国封建时代都城规划的基础，确立了此后的皇都格局的模式。

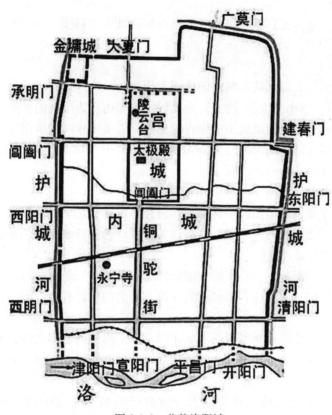

图 2-1-2　北魏洛阳城

（3）建康（今南京）。大内御苑：华林园、芳乐苑；行宫御苑：乐游苑。

华林园：早在东吴即已引玄武湖之水入华林园，东晋在此基础上开凿天渊池，堆筑景阳山，修建景阳楼。除大内御苑之外，南朝历代还在建康城郊以及玄武湖周围兴建行宫御苑多达二十余处，著名的有（南朝）宋代的乐游苑、上林苑，齐代的青溪宫（芳林苑）、博望苑，梁代的江潭苑、建新苑等处。

总体来看，魏晋南北朝时期皇家园林特点主要体现在以下几个方面：

（1）园林的规模比较小，也未见有生产、经济运作方面的记载，但其规划设计趋于精密细致；个别规模较大的，如邺城的仙都苑，短期内建成质量不高，但筑山理水技艺达到一定水准；

（2）由山、水、植物、建筑等造园要素的综合构成景观，其重点已从摹拟神仙境界转化为世俗题材的创作，更多以人间现实取代仙界虚幻，追求皇家园林仍是主流；

（3）皇家园林开始受到民间私家园林的影响，南朝的个别御苑甚至由当时的著名文

23

人参与经营；

（4）以筑山、理水构成地貌基础的人工园林造景，已经较多地运用一些写意的手法，把秦汉以来的着重写实的创作方法转化为写实与写意相结合；

（5）皇家园林的称谓，除了沿袭上代的"宫""苑"之外，称之为"园"的也比较多。"宫"已具备"大内御苑"的格局。

2）私家园林

私家园林主要包括建在城市里面或城市近郊的城市型私园——宅园、游憩园，以及建在郊外的庄园别墅。

（1）城市私园。

①北方城市私园：以北魏都城洛阳诸园为代表。

张伦的宅园："以小见大"，决石通泉大假山景阳山作为园林的主景，已能够把天然山岳形象的主要特征比较精炼而集中地表现出来。人工山水园的筑山理水不再运用汉代私园那样大幅度排比铺陈的单纯写实摹拟的方法，而从写实过渡到写意与写实相结合。这是造园艺术创作方法的一个飞跃。

②南方城市私园：玄圃、湘东苑、茹园。

城市私园大多数追求华丽的园林景观，讲究声色娱乐之享受，显示其偏于绮靡的格调，但亦不乏有天然清纯的立意者。其特点为：设计趋向精致化，规模趋向小型化。

（2）庄园、别墅。

庄园一般包括四部分：一是庄园主家族的居住聚落；二是农业耕作的田园；三是副业生产的场地和设施；四是庄客、部曲的住地。著名的庄园有金谷园、潘岳庄园、谢灵运庄园。

金谷园：西晋大官僚石崇经营的一处庄园，位于洛阳西北郊的金谷涧。

潘岳庄园：这个庄园大体上与金谷园的规模和性质相似，均属于生产性的经济实体的范畴。

谢灵运庄园：东晋士族大官僚谢玄经营自己的别墅谢氏庄园，其孙谢灵运继续开拓。

《山居赋》是当时山水诗文的代表作品之一，它反映了士人们对大自然山水风景之美的深刻领悟和一往情深的热爱。文中所谓的"山宅""岩居""园"等，大抵都是别墅的别称。园林化的庄园、别墅代表着南朝的私家造园活动的一股潮流，开启了后世别墅园林之先河。从此以后，"别墅"一词便由原来生产组织、经济实体的概念，转化为园林的概念了。

对庄园的经营一定程度上体现了他们的文化素养和审美情趣，把普遍流行于知识界的以自然美为核心的时代美学思潮融糅于庄园生产、生活的功能规划，创造"天人和谐"的人居环境。

3）寺观园林

魏晋佛教传入，佛道盛行，名山寺观的园林经营与世俗的园林化别墅有异曲同工之妙，东林禅寺是庐山的第一座佛寺，简寂观是庐山第一所道观。白马寺是中国公认最早的佛寺。

寺观园林包含三种情况：（1）毗邻于寺观而单独建置的园林，犹如宅园之于宅邸；

（2）寺、观内部各殿堂庭园的绿化或园林化；（3）郊野地带的寺、观外围的园林化环境。

在荒无人烟的山野地带营建寺观又必须满足三个基本条件：（1）靠近水源以便获得生活用水；（2）靠近树林以便采薪；（3）地势向阳背风，易于排洪，小气候良好。

4）其他园林

魏晋南北朝时期的公共园林：新亭。首次见于史书记载的公共园林：兰亭。

3. 园林特点

魏晋南北朝时期园林特点如下：

（1）园林规模由大变小；

（2）园林造景由过多的神异色彩转化为浓郁的自然气氛；

（3）创作方法由写实趋于写实写意相结合；

（4）园林的规划设计由此前的粗放转变为较细致的、更自觉的经营，造园活动完全升华到艺术创作的境界；

（5）皇家园林游赏活动成为主导的甚至唯一的功能；

（6）私家园林作为一个独立的类型异军突起，反映了这个时期造园活动的成就；

（7）寺观园林拓展了造园活动的领域，一开始便向着世俗化的方向发展；

（8）中国古典园林开始形成皇家、私家、寺观这三大类型并行发展的局面和略具雏形的园林体系。

（三）全盛期——隋、唐（公元 589—960 年）

1. 时代背景

合久必分，分久必合，中国历史的发展正体现着这种客观规律，在曲折中不断向前。公元 581 年，杨坚以禅让制伐北周，建立隋朝，结束了南北朝近三百年的分裂局面，中国复归统一。唐代国力强盛，政治、经济、文化艺术繁荣，贞观之治和开元之治把中国封建社会推向一个发展的高峰，成为继秦汉之后又一个昌盛时代。

隋、唐两个朝代在中国封建社会发展中占有重要地位，而其雄厚的经济实力、安定的政治局面、灿烂辉煌的文化艺术等诸多的社会因素推动了中国园林快速地发展成长，使园林艺术在继承前代特点的同时酝酿着新风格的出现。隋唐园林作为一个完整的园林体系已经成型，并且在世界上崭露头角，影响遍及亚洲文化圈的广大地域。

2. 园林类型

1）皇家园林

隋唐时期的皇家园林集中建置在两京——长安、洛阳。皇家园林分为大内御苑、行宫御苑、离宫御苑。

（1）大内御苑。

太极宫（隋大兴宫）：前部为宫廷区，后部为苑林区，宫廷区又包括朝区和寝区。太极宫面积 1.92 平方公里，是明清北京紫禁城的 2.7 倍。太极宫的苑林区以三个大水池——东海池、南海池、北海池为主体构成水系。有一处园中之园为"山水池"。

大明宫：位于长安禁苑东南之龙首原高地上，又称"东内"，相对于长安城之"西内（太极宫）"而言。大明宫是一座相对独立的宫城，也是太极宫以外的另一处大内宫城，面积大约 3.42 平方公里，是明清北京紫禁城的 4.8 倍。南半部为宫廷区，北半部为苑林区

25

也就是大内御苑，呈典型的宫苑分置的格局。大明宫内的含元殿以龙首原做殿基。

洛阳宫（隋东都宫）：北侧即大内御苑"陶光园"。陶光园平面呈长条形，园内横贯东西向的水渠，池中有二岛，分别建登春、丽绮二阁。宫城西北角有一处以九洲池为主体的园林区，位于宫城内而不是陶光园内，宫苑一体。

禁苑（隋大兴苑）：禁苑在长安宫城之北，即隋代的大兴苑。包括禁苑、西内苑、东内苑三部分，又名三苑。禁苑占地大，树林茂密，建筑疏朗，十分空旷，因而除供游憩和娱乐活动之外，还兼作驯养野兽、驯马的场所，供应宫廷果蔬禽鱼的生产基地，皇帝狩猎的猎场。

兴庆宫：又叫"南内"，在长安城外郭城东北、皇城东南面之兴庆坊，占一坊半。为了因就龙池的位置和坊里的建筑现状，以北半部为宫廷区，南半部为苑林区，呈北宫南苑的格局。苑林区相当于大内御苑的性质。"花萼相辉楼""勤政务本楼"是苑林区两座主要的殿宇。

（2）行宫御苑。

东都苑（隋西苑）：隋之西苑即显仁宫，又称会通苑。这是历史上仅次于西汉上林苑的一座特大型皇家园林。西苑是一座人工山水园，园内的理水、筑山、植物配置和建筑营造的工程极其浩大，都是按既定的规划进行。总体布局以人工开凿的最大水域"北海"为中心。北海周长十余里，海中筑蓬莱、方丈、瀛洲三座岛山，高出水面百余尺。

隋西苑特点如下：

①隋西苑仍继承着一池三山的传统，但山、海、宫殿景观及组合方式更为丰富；

②全园分为山海区、渠院区、宫廷区和山景区几个部分；

③西苑中水网发达，水体形态变化迂曲；

④水体在西苑中从单纯的观赏对象发展成为组织空间布局、营造整体效果的重要因素；

⑤有着创新的规划方式，即园中有园的小园林建筑集群；

⑥是一项庞大的土木工程和绿化工程，在规划方面具有里程碑的意义，它的建成标志着中国古典园林全盛期的到来。

（3）离宫御苑。

翠微宫：避暑离宫。后来废宫为寺，改名翠微寺。

华清宫：位于西安城以东35公里的临潼县，南倚骊山之北坡，北向渭河。秦始皇始建温泉宫室"骊山汤"。唐玄宗长期在此居住，处理朝政，接见臣僚，这里遂成为与长安大内相联系着的政治中心。宫廷区与苑林区结合，形成了北宫南苑格局的离宫御苑。规划布局基本上以首都长安城作为蓝本，华清宫是长安城的缩影。朝元阁是苑林区主体建筑。

九成宫：一处与华清宫齐名的离宫御苑。有内外两重宫墙，内垣之内为宫廷区。九成宫作为皇帝避暑的离宫御苑，它的规划设计能够谐和于自然风景而又不失宫廷的皇家气派。唐代以九成宫为主题的诗文绘画对后世影响很大，九成宫几乎成为从宋代到清代怀古抒今之作的永恒题材，如《九成宫醴泉铭》。

2）私家园林

唐代确立的官僚政治，逐渐在私家园林中催生出一种特殊的风格——士流园林。按园主人不同分为贵族园林、士人园林；按所处位置不同分为城市私园、郊野别墅园。

（1）城市私园：长安城内的大部分居住坊里均有宅园或游憩园，叫作"山池院"。规模大者占据半坊左右，多为皇亲和大官僚所建。宅园多分布在城北靠近皇城的各坊，因为园主人只是偶尔到此。游憩园多半建在城南比较偏僻的坊里。所谓"山池院""山亭院"，即是唐代人对城市私园的普遍称谓。

洛阳城内的私园纤丽与清雅两种格调并存。

纤丽——宰相牛僧孺的归仁里宅园，白居易为之撰写《太湖石记》。

清雅——白居易的履道坊宅园。同光二年（公元 924 年），宅园改为佛寺。白居易为之写了一篇韵文《池上篇》。园和宅共占地 17 亩，其中"屋室三之一，水五之一，竹九之一，而岛树桥道间之"。水池面积很大，为园林的主体，池中有三个岛屿，整体呈前宅后园的格局。

（2）郊野别墅园：即建在郊野地带的私家园林，它源于魏晋南北朝时期的别墅庄园。这种别墅园在唐代统称之为别业、山庄、庄，规模较大者也叫作山亭、水亭、田居、草堂等。

唐代别墅园的建置可分为三种情况：

①单独建置在离城不远、交通往返方便以及风景比较优美的地带。例如：李德裕的平泉庄、杜甫的浣花溪草堂。

平泉庄（平泉山居）：位于洛阳城南三十里，园主人李德裕（唐代）。平泉庄无异于一个收藏各种花木和奇石的大花园。

浣花溪草堂（杜甫草堂）：杜甫择城西之浣花溪畔充分利用天然水景建置的草堂。

②单独建置在风景名胜区内。例如：李沁的衡山别业、白居易的庐山草堂等。

庐山草堂：白居易在庐山修建的一处别墅园林，草堂建筑和陈设极为简朴。白居易专门为其撰写《草堂记》。

③依附于庄园而建置。例如：王维的辋川别业、卢鸿一的嵩山别业。

辋川别业：原为初唐诗人宋之问修建的一处规模不小的庄园别墅，王维重新加以整治修建，以天然风景取胜，建筑朴素疏朗。《辋川集》与《辋川图》分别对辋川别业的天然风景做了描述和描绘。其中孟城坳是王维隐居辋川时的住处，华子冈是辋川的最高点，文杏馆是园内的主体建筑物。

嵩山别业：卢鸿一归隐嵩山之后刻意经营的庄园别业。

私家园林中的文人园林在这一时期兴起，李德裕和牛僧孺是当时敌对的两个政治集团的首领，也是当时著名的园石鉴赏家。牛僧孺的归仁里宅园和李德裕的平泉庄别墅园，被誉为洛阳的"怪木奇石"的精品荟萃之地。文人园林乃是士流园林中更侧重于以赏心悦目而寄托理想、陶冶性情、表现隐逸者，推而广之，则不仅是指文人经营的或者文人所有的园林，也泛指那些受到文人趣味浸润而"文人化"的园林。文人园林的渊源可上溯到两晋南北朝时期，在唐代已呈兴起状态，辋川别业、嵩山别业、庐山草堂、浣花溪草堂等是典型。

白居易非常喜爱园林，他曾先后主持营建自己的四处私园，包括洛阳履道坊宅园、庐山草堂、长安新昌坊宅园、渭水之滨别墅园。

白居易造园特点：力求园林与自然环境契合，营园的主旨并非仅仅为了生活上的享受，而在于以泉石养心怡性、培育高尚情操；十分重视园林的植物配置成景，推崇牡丹之国色天香，在众多园林植物中，白居易对竹子情有独钟，其中履道坊宅园的植物配置以竹林为主；白居易是最早肯定"置石"之美学意义的人，他对履道坊宅园内以置石配合流水所构成的小品十分喜爱，认为太湖石是第一等的园林石材。综上所述，白居易是一位造诣颇深的园林理论家，也是历史上第一个文人造园家。

文人参与营造园林，意味着文人的造园思想——"道"与工匠的造园记忆——"器"开始有了初步的结合。文人的立意通过工匠的具体操作而得以实现，"意"与"匠"的联系更为紧密。所以说，以白居易为代表的一部分文人承担了造园家的部分职能，"文人造园家"的雏形在唐代即已出现。

3）寺观园林

这一时期寺观园林的特点：寺观建筑制度趋于完善；寺观成为城市公共交往的中心，更加重视庭院的绿化和园林的经营；寺观不仅在城市兴建，而且遍及郊野。

4）其他园林

绛州衙署园：山西绛州州衙的园林，位于城西北隅的高地上，始建于隋开皇年间，历经数度改建、增饰，到唐代已成为晋中的一处名园。

公共园林滥觞于东晋，名士们经常聚会的地方，如"新亭""兰亭"是其雏形。

唐代公共园林建筑的三种情况：（1）利用城南一些坊里的岗阜——"原"，如乐游原；（2）利用水渠转折部位的两岸而创造以水景为主的游览地，如著名的曲江；（3）街道的绿化。

曲江：曲江池又名芙蓉池，位于长安城东南隅，是一处大型公共园林，也是第一个城市公共园林，同时兼有御苑的功能。

城市园林体系之一：长安的街道和渠道景观。

3. 园林特点

隋唐时期园林特点如下：

（1）皇家园林的"皇家气派"已经形成，出现了像西苑、华清宫、九成宫等一些具有划时代意义的作品。就园林的性质而言，形成大内御苑、行宫御苑、离宫御苑三个类别。

（2）私家园林的艺术性较之上代又有所升华，着意于刻画园林景物的典型性格以及局部的细致处理。文人参与造园活动，把士流园林推向文人化的境地，促进了文人园林的兴起。

（3）寺观园林的普及是宗教世俗化的结果，同时也反过来促进了宗教和宗教建筑的进一步世俗化，寺观园林亦相应地发挥了城市公共园林的职能。

（4）公共园林已更多见于文献记载。作为政治、文化中心的"两京"，尤其重视城市的绿化建设。

（5）风景式园林创作技巧和手法的运用，较之上代有所提高。造园用石的美学价值得到了充分的肯定，园林中的"置石"比较普遍。"假山"一词开始用作园林筑山的称谓。

（6）山水画、山水诗文、山水园林这三个艺术门类已有互相渗透的迹象。中国古典园林的第三个特点——诗画的情趣开始形成，虽然第四个特点——意境的含蕴尚处在朦胧状态，但隋唐园林作为一个完善的园林体系已经成型。

（四）成熟期初期Ⅰ——宋代（公元960—1271年）

1. 时代背景

宋代政治上日益昏聩腐化，统治阶级沉溺于享乐，但造园之风反而更盛。这一时期，皇家园林、私家园林、寺观园林等开始大量修建，其数量之多、分布之广，较之隋唐时期有过之而无不及。宋代的中国虽远不是一个强盛的国家，但经济、文化的发展却有长足的进步。与唐代相比，文化艺术在内容和风格上都产生了明显的变化，各种艺术由唐朝时期的波澜壮阔逐渐转为内向封闭、精微细腻。而晚唐至宋代期间禅宗的流行，使得各种艺术创作开始轻形式、重精神，注重对意境的追求。宋代的政治、经济、文化的发展把园林推向了成熟的境地，同时也促成了造园的繁荣局面。作为一个园林体系，它的内容和形式均趋于定型，造园的技术和艺术达到了历来的最高水平，成为中国古典园林发展史上的一个高潮阶段。

2. 园林类型

1) 皇家园林

宋代的皇家园林主要集中在东京和临安两地。东京的皇家园林只有大内御苑和行宫御苑。临安的皇家园林也像北宋东京一样，均为大内御苑和行宫御苑。大内御苑只有一处，即宫城的苑林区——后苑。

（1）东京。

大内御苑：后苑、延福宫、艮岳。

后苑：原为后周之旧苑，位于宫城之西北。

延福宫：宫城之北，构成城市中轴线上前宫后苑的格局。

艮岳：又称"华阳宫"，由梁师成主持修建，宋徽宗亲自参与，是历史上最著名皇家园林之一（图2-1-3）。规模不算太大，但在造园艺术方面的成就却远超前人，具有划时代的意义。艮岳具有浓郁的文人园林意趣，建园先经过周详的规划设计，然后制成图纸。

艮岳造园特点：

①筑山：万岁山居于整个假山山系的主位，其西的万松岭为侧岭，其东南的芙蓉城则是延绵的余脉。南面的寿山居于山系的宾位，隔着水体与万岁山遥相呼应。这是一个宾主分明、有远近呼应、余脉延展的完整山系，既对天然山岳作了典型化的概括，又体现了山水画论"先立宾主之位，决定远近之形""众山拱伏，主山始尊"的构图规律。

②置石：经过优选的石料千姿百态，大量运用单块石的"特置"，艮岳石的特置或者叠石为山的规模均为当时之最大者，而且反映了相当高的艺术水平。

③理水：园内形成一套完整的水系，它几乎包罗了内陆天然水体的全部形态。水系与山系配合而形成山嵌水抱的态势。大方沼西南为雁池，为园内最大一个水池。

④植物配置：植物的配置方式有孤植、丛植、混交，大量的则是成片栽植，到处都郁郁葱葱、花繁林茂。

⑤建筑：几乎包罗了当时的全部建筑形式，充分发挥其"点景"和"观景"的作用。山顶制高点多建亭，水畔多建台、榭，山坡及平地多建楼阁。

综上所述，艮岳称得上是一座叠山、理水、花木、建筑完美结合的具有浓郁诗情画

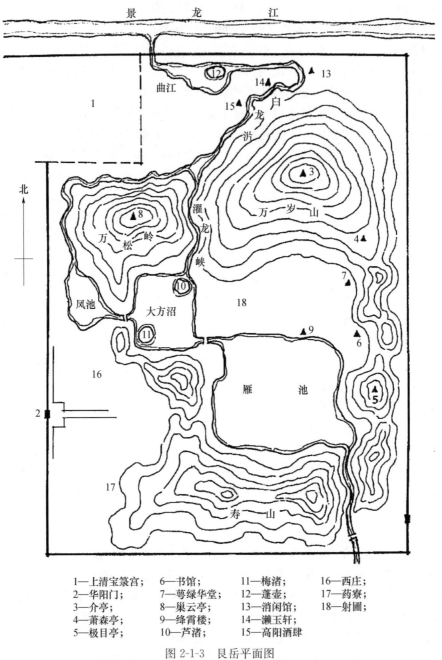

1—上清宝箓宫；　　6—书馆；　　　　11—梅渚；　　　16—西庄；
2—华阳门；　　　　7—萼绿华堂；　　12—蓬壶；　　　17—药寮；
3—介亭；　　　　　8—巢云亭；　　　13—消闲馆；　　18—射圃；
4—萧森亭；　　　　9—绛霄楼；　　　14—濑玉轩；
5—极目亭；　　　　10—芦渚；　　　　15—高阳酒肆

图 2-1-3　艮岳平面图

意而较少皇家气派的人工山水园，它代表着宋代皇家园林的风格特征和宫廷造园艺术的最高水平。它把大自然生态环境和各地的山水风景加以高度的概括、提炼、典型化而缩移摹拟。

　　行宫御苑：城内有景华苑，城外有琼林苑、宜春苑、玉津园、金明池（东京四苑）。

　　琼林苑（也称西青城）：植物为主体的园林，是宫廷宴进士之所，仿唐代皇家于长安曲江赐宴。

金明池：一座以略近方形的大水池为主体的皇家园林。初建的目的是训练水军，后经北宋的多次营建，功能逐渐完善，成为以水上娱乐表演为主的都市园林。宋代画家张择端有名画《金明池夺标图》。

金明池、琼林苑是北宋历史上最著名的市民郊游园林。

玉津园（俗称青城）：观麦、刈麦，环境幽静、树木繁茂。

宜春苑（迎春苑）：以栽培花卉之盛闻名京师，相当于皇室"花圃"。

（2）临安。

①大内御苑：后苑、德寿宫。

后苑：仿艮岳，位于宫城北半部苑林区，拥有山地景观之美以及花木之盛。

德寿宫（北大内）：行宫御苑却称之为北大内，足见其规模与身份。

②行宫御苑：以西湖为重心分布集芳园、玉壶园、聚景园、屏山园、延祥园、琼华园、玉津园、南园。

聚景园：南宋临安规模最大，也是最重要的行宫别苑。其以园林为主，是单纯供游赏的宫苑。它也是柳浪闻莺景点的所在地。

皇家园林特点：从东京、临安的情况看，宋代皇家园林的规模既远不如唐代之大，也没有唐代那样远离都城的离宫御苑，在规划设计上则更精密细致，比起中国历史上任何一个朝代都最少皇家气派，更接近民间私家园林；南宋时期形成西湖风景区的公共游览格局；以"南宋西湖十景"为重要标志，"写意"演变为艺术表现的主流风格。

2）私家园林

私家园林主要分布：中原有洛阳、东京（开封）两地，江南有临安（杭州）、吴兴、平江（苏州）等地。

（1）中原地区：以洛阳名园为代表。

宋人李格非写了一篇《洛阳名园记》，记述他所亲历的比较名重于当时的园林 19 处。其中 18 处为私家园林，属于宅园性质的有 6 处：富郑公园、环溪、湖园、苗帅园、赵韩王园、大字寺园；属于单独建置的游憩园性质的有 10 处：董氏西园、董氏东园、独乐园、刘氏园、丛春园、松岛、水北胡氏园、东园、紫金台张氏园、吕文穆园；属于以培植花卉为主的花园性质的有 2 处：归仁园、李氏仁丰园。

《洛阳名园记》是有关北宋私家园林的一篇重要文献，对所记诸园的总体布局及以山池、花木、建筑所构成的园林景观描写具体而翔实，可视为北宋中原私家园林的代表。

富郑公园：富弼的宅园。池之北岸为全园的主体建筑物"四景堂"，池之南岸为"卧云堂"，与"四景堂"隔水呼应成对景，大致形成园林的南北轴线。全园大致分为北、南两个景区。北区包括具有四个山洞的土山及其北的竹林，南区包括大水池、池东的平地和池南的土山。北区比较幽静，南区景观开朗。

环溪：王拱辰宅园。特点是以水景和园外借景取胜。

湖园：主体为大湖，湖中有大洲"百花洲"，洲上建堂，湖北岸又有"四并堂"。"虽四时不同而景物皆好"。

大字寺园：原唐代白居易的履道坊宅园，园废后改建为佛寺。

独乐园：司马光的游憩园，规模不大而又非常朴素。中央部位建"读书堂"，读书堂之南为"弄水轩"，室内有一小水池。读书堂之北为一个大水池，中央有岛。园林的名称含有某种哲理的寓意，园内各处建筑物的命名也与古代的哲人、名士、隐士有关。

刘氏园：以园林建筑取胜，最突出的是建筑高低比例构筑非常适合人的尺度。《洛阳名园记》着重叙述此园的建筑之比例、尺度合宜，以及其与周围花木配置之完美结合。

丛春园：此园以植物造景取胜。特点：树木皆成行排列种植；借景与闻声。

水北胡氏园：依地就势，沿渭水河岸掘屋室，开窗临水。以建筑与环境相结合而突出其观景和点景的效果是此园一大特色。

东园：动观为主，以水景取胜。

紫金台张氏园：以水景取胜，引水入园，建园亭。

吕文穆园："三亭一桥"的建筑布局成为后世园林常用手法。以水景取胜。

归仁园：原为唐代宰相牛僧孺的宅园，是洛阳城内最大的一座私家园林。

李氏仁丰园：花木品种最齐全的一座大花园。

私家园林景观特点：①除依附于邸宅的宅园之外，单独建置的游憩园占大多数；②洛阳的私家园林都以莳栽花木著称，有大片树林成景的林景，尤以竹林为多；③所记诸园都没有谈到用石堆叠假山的情况，足见当时中原私家园林的筑山仍以土山为主；④园内建筑形象丰富，但数量不多，布局疏朗。

（2）江南地区：大多分布在西湖一带，其余在临安城内和城东南郊的钱塘江畔。

《吴兴园林记》记述了吴兴园林 36 处，最有代表的是南、北沈尚书园，即南宋绍兴年间尚书沈德和的一座宅园和一座别墅园。

南、北沈尚书园：南园以山石之类见长，北园以水景之秀取胜，两者为同一园主人因地制宜而出之以不同的造园立意。

俞氏园："假山之奇，假于天下"。

沧浪亭：园主苏舜钦。沧浪亭不仅以水石取胜，且因人而名，成为东南之名园。欧阳修长诗中描绘沧浪亭"清风明月本无价，可惜只卖四万钱"。

文人园林在这一时期十分兴盛，文人园林萌芽于魏晋南北朝，兴起于唐代，到宋代，它已成为私家造园活动中的一股巨大潮流，占着士流园林的主导地位，同时还影响着皇家园林和寺观园林。

宋代文人园林风格特点如下。

①简远：即景象简约而意境深远，这是对大自然风致的提炼与概括，也是创作方法趋向写意的表征。

②疏朗：园内景物的数量不求其多，因而园林的整体性强，不流于琐碎。建筑的密度低，数量少。

③雅致：抒发文人士大夫的脱俗和孤芳自赏的情趣。

④天然：宋代私园所具有的天然之趣表现在两个方面：一是力求园林本身与外部自然环境的契合；二是园林内部的成景以植物为主要内容。

上述四个特点是文人的艺术趣味在园林中的集中表现，也是中国古典园林体系的四个基本特点的外延。文人园林在宋代的兴盛促成了中国园林艺术继两晋南北朝之后的又一次重大深化。

3）其他园林

西湖相当于一座特大型公共园林——开放性的天然山水园林。西湖的园林布局为三段式处理，大体上分为南段、中段和北段。

（1）南段的园林大部分集中在湖南岸及南屏山、方家峪一带，以行宫御苑居多；

（2）中段的起点为长桥，借远山及苏堤作对应，继而沿湖西转，顺白堤引出孤山，是中段造园的重点和高潮；

（3）北段多为山地小园。复借西泠桥畔之水竹院落衔接孤山，又使得北段之园林高潮与中段之园林高潮凝为一体。

总观三段园林之布置，各园基质的选择均能着眼于全局，因而形成总体结构上疏密有致的起承转合和轻重急徐的韵律，长桥和西泠桥则是三段之间衔接转折的重要环节。西湖北岸宝石山顶和保俶塔则是湖山整体的构图中心，起到了总绾全局的作用。"西湖十景"在南宋时形成。

浙江楠溪江苍坡村是迄今发现的唯一一处宋代农村公共园林。

4）辽金园林

中都八苑：芳园、南园、北园、熙春园、琼林苑、同乐园、广乐园、东园。

西苑：金代最主要的一座大内御苑，也是金帝日常宴请臣下的地方。金章宗时燕京八景中，大宁宫占两景，包括琼岛春荫、太液秋风。

玉泉山行宫是金代"西山八院"之一，也是燕京八景之一的"玉泉垂虹"之所在。玉泉山行宫和大宁宫同为金代中都城郊的两处主要的御苑，后来北京的历代皇家园林建设都与这两处御苑有着密切的关系。

京中都燕京八景：居庸叠翠、玉泉垂虹、太液秋风、琼岛春荫、蓟门飞雨、西山晴雪、卢沟晓月、金台夕照。

3. 园林特点

两宋造园活动的主要成就：

（1）在三大园林类型中，私家的造园活动最为突出，士流园林"文人化"。文人园林的兴盛，成为中国古典园林达到成熟境地的一个重要标志。

（2）皇家园林较多地受到文人园林的影响，出现了比任何时期都更借景私家园林的倾向。寺观园林由世俗化而进一步文人化。公共园林虽不是造园活动的主流，但比之上代更为活跃。

（3）叠石、置石均显示其高超技艺，理水已能够摹拟大自然界全部的水体形象，与石山、土石山、土山的经营相配合而构成园林的地貌骨架。

（4）唐代园林创作的写实与写意相结合的传统，到南宋时大体已完成向写意的转化。所以说，"写意山水园"的塑造到宋代最终完成。

总之，以皇家园林、私家园林、寺观园林为主体的两宋园林，其所显示的蓬勃进取的艺术生命力和创造力，达到了中国古典园林史上登峰造极的境地。

（五）成熟期初期Ⅱ——元、明、清初（1271—1736 年）

1. 时代背景

1271 年，蒙古族的元王朝灭金、宋，统一全国，建都大都（北京）。在元代蒙古族政权不到一百年的短暂统治中，民族矛盾尖锐，造园活动基本上处于停滞的低潮状态。至元四年（1627 年），以大宁宫为中心建新都城"大都"，这是北京的前身。琼华岛及其周围的湖泊再加开拓后命名为"太液池"。

1368 年，明王朝灭元建都南京，永乐十九年（1421 年）迁都北京，1644 年为满族的清王朝所取代。明朝文字狱造成文人思想压抑，明中期以后资本主义因素的成长和相应的市民文化的勃兴则要求个性解放。所以在知识界出现了一股人本主义的浪漫思潮：以快乐代替克己，以感性冲突突破理性压抑，促进了私家园林风格的深化。

明、清改朝换代之际，北京城未遭重大破坏，清王朝入关定都北京，全部沿用明代的宫殿、坛庙和苑林，仅有个别的改建、增损和易名。清初时期的园林始终保持着一种向上进取的发展倾向。

2. 园林类型

1）皇家园林（元、明时期）

（1）明朝。

明代御苑建设的重点在大内御苑，与宋代有所不同，规模趋于宏大，突出皇家气派，着上更多宫廷色彩。

大内御苑：园林的主体为开拓后的太液池，池中三个岛屿呈南北一线布列，沿袭历来皇家园林的"一池三山"的传统模式。最大的岛屿即金代的琼华岛，改名万岁山。山的地貌形象仍保持着金代摹拟艮岳万岁山的旧貌。太液池中的其余二岛较小，一名"圆坻"，一名"犀山"。圆坻为夯土筑成的圆形高台。犀山最小，在圆坻之南。隆福宫之西另有一处小园林，叫作"西御苑"。

明代皇家园林建设的重点在大内御苑（图 2-1-4）。其中少数建置在紫禁城的寝区，大多数则建置在紫禁城以外、皇城以内的地段，有的毗邻紫禁城，有的与之保持较近的距离，以便于皇帝经常游憩。大内御苑共有六处：位于紫禁城寝区中路、中轴线北端的御花园；位于紫禁城寝区西路的慈宁宫花园；位于皇城北部中轴线上的万岁山（景山）；位于皇城西部的西苑；位于西苑之西的兔园；位于皇城东南部的东苑。

西苑：元代太液池的旧址，明代大内御苑中规模最大的一处，占去皇城面积的三分之一。西苑第一次扩建包括：

①填平圆坻与东岸之间的水面，圆坻由水中的岛屿变成突出于西岸的半岛，把原来的土筑高台改为砖砌城墙的"团城"；横跨团城与西岸之间的水面上的木吊桥，改建为大型的石拱桥"玉河桥"。

②往南开凿南海，扩大太液池的水面，奠定了北、中、南三海的布局。

③在琼华岛和北海北岸增建若干建筑物，改变了这一带的景观。西苑的水面大约占园林总面积的二分之一。团城的西面，大型石桥玉河桥跨湖而建，桥之东、西两端各建牌楼"金鳌""玉蝀"，故又名"金鳌玉蝀桥"。团城的北面，过石拱桥"太液桥"即为北海中之大岛琼华岛，也就是元代的万岁山。桥之南、北两端各建牌楼"堆云""积翠"，故又名"堆云积翠桥"。五龙亭由五座亭子组成，居中的名龙潭，左边依次为澄祥、滋香，右边依次为涌瑞、浮翠。总的来看，明代的西苑建筑疏朗，树木翁郁，既有仙山琼阁之境界，又富水乡田园之野趣，无异于城市中保留的一大片自然生态的环境。

御花园：又名后苑，在内廷中路坤宁宫之后，这个位置也是紫禁城中轴线的尽端，体现了封建都城规划的"前宫后苑"的传统格局。

御花园的特点：①建筑密度极高；②园路纵横几何式；③山池花木作为建筑陪衬和庭院点缀；④位于紫禁城中轴线尽端，体现前宫后苑的格局；⑤建筑紧贴围墙建置，让

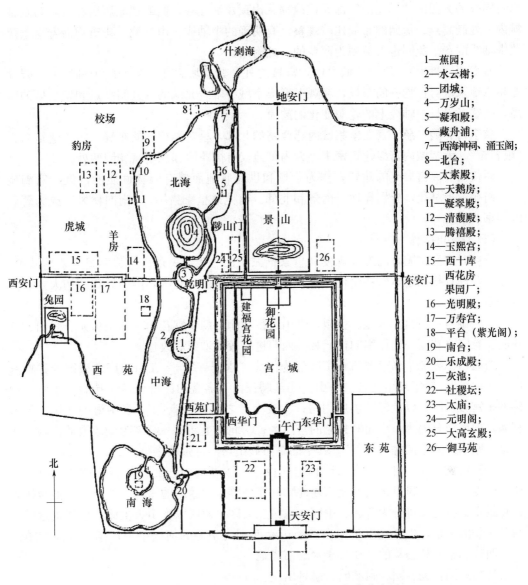

图 2-1-4　明北京皇城的西苑及其他大内御苑分布图

出园中比较开朗的空间；⑥建筑于庄严之中力求变化，主次相辅，左右对称，山池花木配置自由，于庄严中又富有园林气氛。全园的建筑物按中、东、西三路布置。中路居中偏北为体量最大的钦安殿。万春亭与西路对称位置上的千秋亭，同为园内形象最丰富、别致的一双姊妹建筑。除万春亭和千秋亭、浮碧亭和澄瑞亭之外，园内建筑几乎没有雷同。

东苑（又名南内）：是一处富于天然野趣、以水景取胜的园林。建重质宫一组宫殿，谓之"小南城"。规划仿照紫禁城内廷的中、东、西三路多进院落之制，成为皇城内的另一处具有完整格局的宫廷区——"南城"。正殿之后为苑林区，前宫后苑的模式。

兔园：位于西苑之西、皇城的东南隅，是在元代的"西御苑"的基础上改建而成。

用石堆叠的大假山"兔儿山"即元代故物。山顶建清虚殿，俯瞰都城历历在目，乃是皇城内一处制高点。兔园的布局比较规整，有明确的中轴线，山、池、建筑均沿着这条南北中轴线配置。兔园也可被视为西苑的一处附园。

万岁山（景山）：位于皇城之内，宫城之外，紫禁城之北，皇城的中轴线上。园林亦相应地采取对称均齐的布局，客观上形成京城中轴线北端的一处制高点和紫禁城的屏障，丰富了漫长中轴线上的轮廓变化的韵律。

慈宁宫花园：慈宁宫在紫禁城内廷西路的北部，呈对称规整的布局，主体建筑名为"咸若馆"。紫禁城内宫殿建筑密集，大内御苑仅有御花园和慈宁宫花园两处。

明代没有离宫御苑的建置，作为猎场和供应基地而兼有园林性质的两处行宫御苑——南苑、上林苑，分别择地于南郊和北郊。南苑是皇家猎场。"南囿秋风"成为著名的燕京八景之一。

（2）清初时期。

清初时期皇家园林的宏大规模和皇家气派，比之明代表现得更为明显。紫禁城内，其建筑及规划格局基本保持明代原貌。皇城的情况则变动较大，因而导致清初大内御苑的许多变化。

大内御苑：西苑、东苑、兔园、景山、御花园、慈宁宫花园。其中兔园、景山、御花园、慈宁宫花园，仍保留明代旧观，西苑进行较大增建和改建。

西苑：①毁琼华岛南坡诸殿宇改建为佛寺"永安寺"；②在山顶广寒殿旧址建喇嘛塔"小白塔"，琼华岛因又名白塔山；③延聘江南著名叠山匠师张然主持叠山工程，增建许多宫殿、园林以及辅助供应用房；④改南台之名为"瀛台"，在南海的北堤上加筑宫墙，把南海分隔为一个相对独立的宫苑区；⑤北堤上新建一组名为勤政殿的宫殿。西路是一座精致的小园林"静谷"，其中的叠石假山均出自张然之手。

行宫御苑和离宫御苑：皇家园林的建设重点逐渐转向西北郊的行宫御苑和离宫御苑。康熙帝着手在风景优美的北京西北郊和塞外等地营建新的宫苑。这个广大地域按其地貌景观的特色又可分为西区、中区、东区三大区。西区以香山为主体，包括附近的山系及东麓的平地；中区是以玉泉山、翁山和西湖为中心的河湖平原；东区即海淀镇以北、明代私家园林荟萃的大片多泉水的沼泽地。

清初三园：畅春园、圆明园、避暑山庄。

康熙在原香山寺旧址扩建香山行宫，作为临时驻跸的一处行宫御苑。玉泉山小山岗平地突起，南坡建成一座行宫御苑"澄心园"，后改名"静明园"。香山行宫和静明园的建筑和设施都比较简单，仅仅是皇帝偶一游憩驻跸或短期居住的地方。真正能够作为皇帝"避喧听政"、长期居住的，则是稍后建成的明清以来的第一座离宫御苑——畅春园。

畅春园：在明代皇帝李伟的别墅"清华园"的废址上，修建了这座大型的人工山水园。由供奉内廷的江南籍山水画家叶洮参与规划，延聘江南叠山名家张然主持叠山工程。所以说，畅春园也是明清以来首次较全面地引进江南造园艺术的一座皇家园林（图 2-1-5）。

畅春园特点：园址东西宽约 600 米、南北长约 1000 米，面积大约 60 公顷，设园门五座。园林景观崇尚俭约，建筑及景点安排按纵深三路布置。①理水：苑林区前身清华园，是一个以水面为主体的水景园。利用清华园原有资源丰富水面，创建水景园，水面

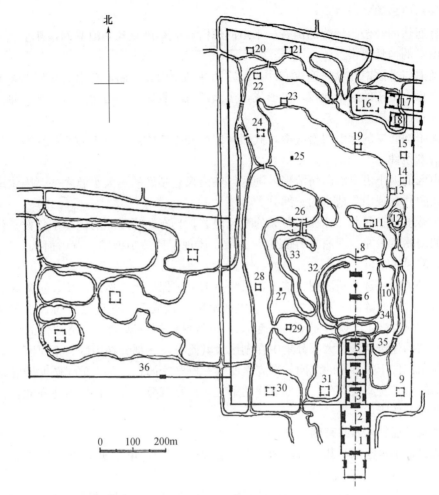

北

1—大宫门；　　　7—延爽楼；　　　13—佩文斋；　　　19—太仆轩；　　　25—蕊珠院；　　　31—玩芳斋；
2—九经三事殿；　8—鸢飞鱼跃亭；　14—藏拙斋；　　　20—雅玩斋；　　　26—凝春堂；　　　32—兰芝堤；
3—春晖堂；　　　9—澹宁居；　　　15—疏峰轩；　　　21—天馥斋；　　　27—娘娘庙；　　　33—桃花堤；
4—寿萱春永；　　10—藏辉阁；　　　16—清溪书屋；　　22—紫云堂；　　　28—关帝庙；　　　34—丁香堤；
5—云涯馆；　　　11—渊鉴斋；　　　17—恩慕寺；　　　23—观澜榭；　　　29—韵松轩；　　　35—剑山；
6—瑞景轩；　　　12—龙王庙；　　　18—恩佑寺；　　　24—集凤轩；　　　30—无逸斋；　　　36—西花园

图 2-1-5　畅春园平面图

以岛堤划分为前湖和后湖，外围环绕漾洄的河道。②建筑：建筑疏朗，外观朴素，多为小式卷棚瓦顶建筑，不施彩绘。园墙由虎皮石砌筑，堆山土阜平冈，不用珍贵湖石。③植物：园林景观以植物为主调，遗留古木，增植花木，散布动物，景色清幽。洲上的三大建筑群共三进院落：瑞景轩、林香山翠、延爽楼（全园最高大主体建筑物）。恩慕寺是畅春园硕果仅存的遗迹。

避暑山庄：康熙四十二年（1703 年）在承德兴建规模更大的第二座离宫御苑避暑山庄。较之畅春园更具备"避暑宫城"的性质。由于当地优越的风景、水源和气候条件，园址选在塞外的承德，也与当时清廷重要的政治活动"北巡"有着直接关系。

避暑山庄占地 564 公顷，人烟稀少，无坟墓、蚊虫、蝎子，树林草地繁茂，泉水水质好。但缺少比较大的水面，需要经人工开辟湖泊和水系。

避暑山庄地貌环境特点：

①有起伏的峰峦、幽静的山谷、平坦的原野，大小溪流和湖泊罗列，几乎包含了全部天然山水的构景要素。

②湖泊与平原南北纵深连成一片，山岭则并列于西、北面，自南而北稍向东兜转略成环抱之势，山庄的这个地貌环境形成了全园的三大景区——山岳景区、平原景区、湖泊景区鼎列的格局。

③狮子沟北岸的远山层峦叠翠，武烈河东岸和山庄的南面一带多奇峰异石，提供了良好的借景条件。

④山区的大小山泉沿山峪汇聚入湖区，热河泉是湖区的三大水源之一。因水成景是避暑山庄园林景观中最精彩的一部分。

⑤山岭屏障于西北，挡住了冬天的寒风侵袭，具有冬暖夏凉的优越小气候条件。避暑山庄的山岭、平原、湖泊三者的位置关系，体现了"负阴抱阳、背山面水"的原则，符合上好的风水条件。

⑥避暑山庄从选址到规划、施工，始终贯彻力求保持大自然的原始、粗犷风貌的原则，建筑比较少而疏朗，着重大片的绿化和植物配置成景，把自然美与人工美结合起来，以自然风景融汇于园林景观，开创了一种特殊的园林规划——园林化的风景名胜区。山庄内的建筑和景点大部分集中在湖区及其附近，一部分在山区、平原区。

圆明园：位于畅春园的北面，早先是明代一座私家园林。雍正扩建圆明园，这是北京西北郊的第二座离宫御苑，也是清代的第三座离宫御苑。雍正长期居住在此，畅春园改为皇太后的住所。

圆明园扩建的内容共有四部分：

①新建一个宫廷区，共三进院落：第一进为大宫门；第二进为二宫门"出入贤良门"；第三进为正殿正大光明殿。

②就原赐园的北、东、西三面往外拓展，利用多泉的沼泽地改造为河渠串缀着许多小型水体的水网地带。

③把原赐园东面的东湖开拓为福海，沿福海周围开凿河道。

④沿北宫墙的一条狭长地带，从地形和理水的情况看来，扩建的时间可能晚于前三部分。

园林整体布局：圆明园整个山形水系的布列，固然出于对建园基址自然地形的顺应，同时也在一定程度上反映了堪舆风水学的影响。堪舆家认为：天下山脉发于昆仑，以西北为首，东南为尾，大小河川的总流向趋势亦随山势自西北流向东南而归于大海。就园林水系而言，历史上许多著名的皇家园林如魏晋的华林园、北宋的艮岳乃至乾隆时的清漪园，也都有类似的情况——水系自西北向东南的流向。

总体来看，明代的重点在大内御苑，清初的重点在离宫御苑，这种变化与统治阶级生活风尚和国家的政治形势有直接关系。畅春园、避暑山庄、圆明园是清初的三座大型离宫御苑，也是中国古典园林成熟时期的三座著名皇家园林。它们代表着清初宫廷造园活动的成就，集中反映了清初宫廷园林艺术的水平和特征。

清初的离宫御苑所取得的主要成就在于，融糅江南民间园林的意味、皇家宫廷的气派、大自然生态环境的美三者为一体。

2）私家园林

江南的私家园林成为中国古典园林后期发展史上的一个高峰，代表着中国风景式园林艺术的最高水平。明末扬州望族郑氏兄弟的四座园林——郑元勋的影园、郑元侠的休园、郑元嗣的嘉树园、郑元化的五亩之园，被誉为当时的江南名园之四。其中，规模较大、艺术水平较高的当推休园和影园。

休园： 地处扬州城东北，东靠城墙。整体呈北高南低的走势，北面最高来鹤台。休园分东、中、西三部分，全园用长廊串联；以山水之景取胜，山水断续贯穿全园，保存着宋园简远、疏朗的特点。

影园： 由造园家计成主持设计和施工，是明代扬州文人园林的代表作品，"略成小筑，足征大观"。影园是以一个水池为中心的水景园，呈湖中有岛、岛中有池的格局。

《扬州画舫录》评价苏、杭、扬三地，认为"杭州以湖山胜，苏州以市肆胜，扬州以名园胜，名园以叠石胜"。在扬州众多的私家园林中，既有士流园林和市民园林，也有大量的两者混合的变体。康熙时之扬州八大名园为王洗马园、卞园、员园、贺园、冶春园、南园、郑御史园、筱园。

苏州： 叠石取材容易，园林之盛不输扬州。著名的沧浪亭始建于北宋。狮子林始建于元代。艺圃、拙政园、五峰园、留园、西园、芳草园、洽隐园建于明代后期。

拙政园： 园主人王献臣，字敬止。园名来自潘岳《闲居赋》。著名文人画家文征明撰《王氏拙政园记》记述园内景物，又绘《拙政园图》传世。足见当年的拙政园以植物之景为主，以水石之景取胜，充满浓郁的天然野趣。当年园内建筑物仅一楼、一堂、六亭、二轩，极其稀疏，大大低于今日园内之建筑密度，且多为茅草屋顶，一派简远、疏朗、雅致、天然的格调。

除了城内的宅园，苏州近郊的别墅园林也不少，吴时雅的"芎畦小筑"，后改名为南村草堂，又截取杜甫的"名园依绿水"的名句改题园名为"依绿园"。苏州附近的城市园林中最著名的是无锡"寄畅园"，这是江南地区唯一一座保存较完好的明末清初时期的文人园林。

寄畅园： 位于锡山和惠山间的平坦地段上，属于中型别墅园林（图 2-1-6）。初名"凤谷行窝"，后改名为寄畅园，当地俗称"秦园"。延聘著名叠山家张南垣之侄张钺重新堆筑假山，又引惠山的"天下第二泉"之泉水流注园中。

寄畅园布局特点：

①园林总体布局，水池偏东，池西聚土石为假山，两者构成山水骨架。主体部分以狭长形水池"锦汇漪"为中心，池的西、南岸为山林自然景色，东、北岸则以建筑为主。

②首迎锡山、尾向惠山，似与锡、惠二山一脉相连。把假山做成犹如真山的余脉，这是此园叠山的匠心独运之笔。嘉树堂是园内重点建筑物。知鱼槛凸出于水面，形成东岸建筑的构图中心，它与对面西岸凸出的石滩"鹤步滩"相峙，把水池中部加以收束，划分水池为南北两个水域，适当地减弱水池形状过分狭长的感觉。北水域的北端又利用平桥"七星桥"及其后的廊桥，再分划为两个层次。于是，北水域又呈现为四个层次，从而加大了景深，南水域以聚为主，北水域则着重于散。水池南北长而东西窄，于东北角做出水尾，以显示水体之有源有流。

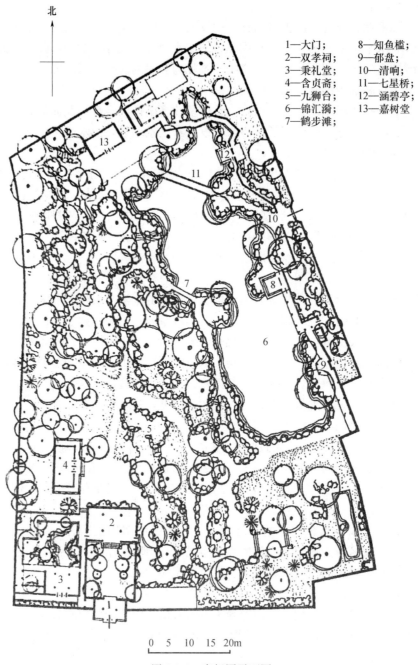

北

1—大门;　　　8—知鱼槛;
2—双孝祠;　　9—郁盘;
3—秉礼堂;　　10—清响;
4—含贞斋;　　11—七星桥;
5—九狮台;　　12—涵碧亭;
6—锦汇漪;　　13—嘉树堂
7—鹤步滩;

0　5　10　15　20m

图 2-1-6　寄畅园平面图

③此园借景之佳在于其园址选择，能够充分收摄周围远近环境的美好景色，使得视野得以最大限度地拓展到园外。锡山及其顶上的龙光塔均被借入园内，衬托着近处的临水廊子和亭榭，又是一幅以建筑物为主景的天然山水画卷。

④寄畅园的假山约占全园面积的 23%，水面占 17%，山水一共占去全园面积的三分之一以上。建筑布置比较疏朗，相对于山水而言数量较少，是一座以山为重点、以水

为中心、以山水林木为主的人工山水园。

寓园：绍兴名园，是一座利用天然山丘和水道稍加整治而成的天然山水园。

弇山园：园主人王世贞。弇山园是一座规模较大的人工山水园，园中有三山：中弇、西弇、东弇。此园胜在宜花、宜月、宜雨、宜风、宜暑。勺园与弇山园为一南一北。

在北京，海淀及其附近成为西北郊园林最集中的地区，有"勺园"和"清华园"。

清华园：园主李伟，畅春园的前身。清华园是一座以水面为主体的水景园，水面以岛、堤分隔为前湖、后湖两部分。前、后湖之间为主要建筑群"挹海棠"之所在，这也是全园风景构图中心。堂北为"清雅亭"，大概与前者互为对景或犄角之势。

勺园：园主人是明末著名诗人、画家和书法家米万钟。米万钟另有两处私园——湛园、漫园。勺园也是一座水景园。

勺园与清华园的对比：

①勺园比清华园小，建筑也比较朴素疏朗，但它的造园艺术较之后者略胜一筹。当时有"李园壮丽，米园曲折；米园不俗，李园不酸"的说法；

②勺园与清华园，一个雅致简远，一个豪华钜丽，两者在园林艺术上均达到很高的造诣，但前者有更浓郁的文人意趣，所以有"京国林园趋海淀，游人多集米家园"之说。

清初文人园林：纪晓岚的阅微草堂、李渔的芥子园、贾膠侯的半亩园、王熙的怡园、冯溥的万柳堂。

3）文人园林

文人画进入明代完全成熟。著名文人造园家李渔在《一家言》中说"宁雅勿俗"。文震亨的《长物志》把文人的雅逸作为园林从总体规划到细部处理的最高指导原则。扬州的影园、休园，苏州的拙政园，无锡的寄畅园，北京的梁园、勺园，都是当时文人园林的代表作。

3. 造园名家与造园理论著作

张南垣：名涟，明代人，叠山造园家。截取大山一角而让人联想大山整体形象的做法，开创了叠山艺术的一个新流派。

张然：继承父亲造园手法，营建万柳堂，改建怡园，先后参与了重修西苑瀛台、新建玉泉山行宫以及畅春园的叠山等规划事宜。成为北京著名的叠山世家——"山子张"。

张南阳：字山人，著名叠山造园家。豫园、日涉园、弇山园中的假山堆叠均出自他手。其堆叠手法，乃是传统的缩移摹拟真山整体形象的路数，与张涟父子的平岗小坂不同。

《园冶》《一家言》《长物志》是比较全面而有代表性的三部著作。

《园冶》作者计成，是一部全面论述江南地区私家园林的规划、设计、施工以及各种局部、细部处理的综合性著作。全书分三卷，第一卷包括"兴造论"一篇、"园说"四篇；第二卷专论栏杆；第三卷分论门窗、墙垣、铺地、掇山、选石、借景。文中提到好的园林标准：巧于因借，精在体宜，因、借是手段，体、宜是目的。

两个规划原则：①"景到随机"；②"虽由人作，宛自天开"。计成非常重视园外之借景，认为它是"林园之最要者"。他提出"俗则摒之，嘉则收之"的原则，还列举了五种借景的方式：远借、邻借、仰借、俯借、应时而借。

《一家言》又名《闲情偶寄》，作者李渔。全书共有九卷，其中八卷讲述词曲、戏剧、声容、器玩。第四卷"居室部"是建筑和造园的理论，分为房舍、窗栏、墙壁、联匾、山石五节。借景之法乃"四面皆实，独虚其中，而为便面之形"，就是所谓"框景"的做法，李渔称之为"尺幅窗"与"无心画"。

《长物志》作者文震亨，文征明的曾孙，全书共十二卷，其中与造园有直接关系的为室庐、花木、水石、禽鱼四卷。室庐卷中提出设计和评价的标准——雅、古；水石卷提出水石是园林骨架，"石令人古，水令人远。园林水石，最不可无"；提出叠山理水的原则："要须回环峭拔，安插得宜。一峰则太华千寻，一勺则江湖万里。"

4. 园林特点

元、明、清初是中国古典园林成熟期的第二阶段。这一时期园林特点如下。

（1）士流园林全面"文人化"，文人园林涵盖了民间的造园活动，导致私家园林达到了艺术成就的高峰；

（2）明末清初，在经济文化发达、民间造园活动频繁的江南地区，涌现出一大批优秀的造园家，有的出身于文人阶层，有的出身于叠山工匠；

（3）元、明文人画盛极一时，影响及于园林，而相应地巩固了写作创作的主导地位，同时，精湛的叠山技艺、造园普遍使用叠石假山，也为写意山水园的进一步发展开辟了更有利的技术条件；

（4）建筑有了较大的发展，形成了比较鲜明的地方特色，园林建筑的地方特色便呈现为园林地方特色的重要标志；

（5）皇家园林的规模趋于宏大，皇家气派又见浓郁；

（6）在某些发达地区，城市、农村聚落的公共园林已经比较普遍。

（六）成熟后期——清中叶到清末

1. 时代背景

乾、嘉的园林作为中国古典园林的最后一个繁荣时期，既承袭了过去的全部辉煌成就，也预示着末世的衰落迹象的到来。

2. 园林类型

1）皇家园林

（1）大内御苑：西苑、慈宁宫花园、建福宫花园、宁寿宫花园。

西苑的最大一次改建是在乾隆时期完成的，改建的重点在北海。

①乾隆年间，皇城范围内的居民逐渐多起来，三海以西原属西苑的大片地段已被占用，因此西苑的范围不得不收缩到三海西岸，仅保留了沿岸的一条狭长地带，并且加筑了宫墙。西苑的面积缩小了，水面占三分之二。北海与中海之间亦加筑宫墙，西苑更明确地划分为北海、中海、南海三个相对独立的苑林区。

②团城之上，在承光殿的南面建石亭，内置元代的玉瓮"渎山大御海"。

③团城与琼华岛之间跨水的堆云积翠桥，桥南端与团城的中轴线对位，但桥北端则偏离琼华岛的中轴线少许。改建新桥成折线形，使得桥之南北端分别与团城、琼华岛对中，从而加强了岛、桥、城之间的轴线关系。

④琼华岛上新的建置主要集中在东坡、北坡和西坡，南坡为顺治年间建成的永安寺。

⑤琼华岛的四面因地制宜创造为各不相同的景观，规划设计的构思匠心独运，总体形象婉约而端庄。通体的比例匀称，色彩对比强烈，倒影天光上下辉映。这里仍保持着元、明时的"海上仙山"的创作意图，而且升华到更高的境界。

濠濮涧—画舫斋（图2-1-7）：景区包括自南而北的四个部分：

①水系南端的第一部分筑土为山，山上建云岫、崇椒二室以爬山廊串联；

②北面的第二部分是以水池为主体的小园林濠濮涧，水池用青石驳岸，纵跨九曲石平桥；

③石坊以北为第三部分，平地筑土山如岗坞丘陵状；

④第四部分即画舫斋，这是一组多进院落的建筑群。

这个景区的四部分自南而北依次构成山、水、丘陵、建筑的序列。这是一个富于变化之趣、有起结开合韵律的空间序列，把自然界山水风景的典型缩移与人工建置交替地展现在三百余米的地段上，构思巧妙别致，可谓深得造园的步移景异之三昧。

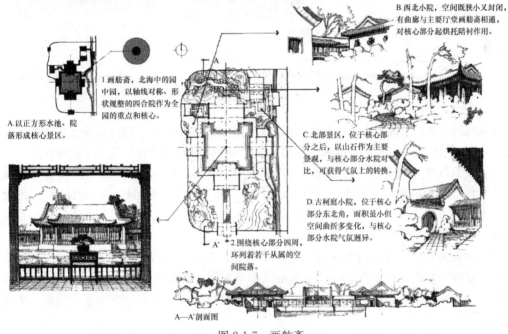

图 2-1-7　画舫斋

镜清斋（图2-1-8）：典型的"园中之园"，光绪年间改名"静心斋"。

①园林的主要部分靠北，这是一个以假山和水池为主的山池空间，也是全园的主景区。

②南面和东南面分别布列着四个相对独立的小庭院空间。这四个空间以建筑、小品分隔，但分隔之中有贯通，障抑之下有渗透，游廊、爬山廊把它们串联成整体。山池空间最大，但绝大多数建筑物则集中在园南部的四个小庭院，作为山池空间主景的烘托。足见造园的立意是以山池为主体，建筑虽多，却并无喧宾夺主之感。

③私家园林典型的"凡园圃立基，定厅堂为主"的布局方式。跨水建水榭"沁泉廊"将水池分为两个层次，与正厅、园门构成一条南北中轴线。池北的假山也分为南北并列的

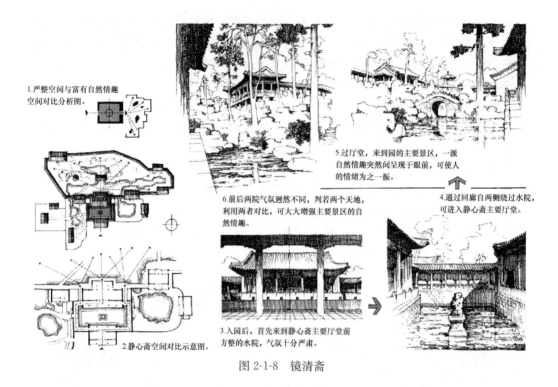

1.严整空间与富有自然情趣空间对比分析图。

5.过厅堂，来到园的主要景区，一派自然情趣突然间呈现于眼前，可使人的情绪为之一振。

6.前后两院气氛迥然不同，判若两个天地，利用两者对比，可大大增强主要景区的自然情趣。

4.通过回廊自两侧绕过水院，可进入静心斋主要厅堂。

2.静心斋空间对比示意图。

3.入园后，首先来到静心斋主要厅堂前方整的水池，气氛十分严肃。

图 2-1-8　镜清斋

北高南低的两重，形成了水池的两个层次之外的山脉的两个层次。通过这种多层次既隔又透的处理，景区的南北进深看起来就比实际深远得多，这是此园设计最成功的地方。

④主景区内建筑不多，沁泉廊作为景区的构图中心，与正厅静心斋对应构成南北向的主轴线。从爬山廊登叠翠楼，极目远眺园外什刹海和北海的借景，"应时而借"。西南岗峦上建八方小亭"枕峦亭"。枕峦亭与叠翠楼成掎角之势，又与东面的汉白玉小石拱桥成对景，从而构成东西向的次轴线。

⑤园内另外三个小庭院罨画轩、抱素书屋、画峰室，均以水池为中心，山石驳岸，厅堂、游廊、墙垣围合，但大小、布局形式都不雷同。各抱地势，不拘一格。它们既有相对独立的私密性，又以游廊彼此联通。院内水池与主景区的大水池沟通，形成一个完整的水系。

⑥静心斋以建筑庭院烘托山石景区，山池景观突出，具有多层次、多空间变化的特点。园内林木翁郁，古树参天，体现了小中见大、咫尺山林的境界，确是一座设计出色、闹中取静的精致小园林。

慈宁宫花园： 明代的旧苑，位于慈宁宫的东邻，是后者的附园，颇有寺庙园林的色彩，主体建筑为咸若馆。

建福宫花园： 建福宫的附园，又名西花园。居中偏北的延春阁为主体建筑物。这座园林没有水景，是以山石取胜的旱园，建筑密度比较高。全部楼房均沿宫墙建置，为的是把高大的宫墙稍加掩障，减少园林的封闭感。大量使用空廊联系各殿宇，既便于交通，又能把园林划分为许多既隔又通透的大小院落空间，以增加层次和景深。总体布局比较灵活，虽非均齐对称，但亦主辅分明，中轴线突出，以显示一定程度的宫廷严谨气氛。

宁寿宫花园： 又名乾隆花园。前后分为五进院落，第一进园门衍祺门以北，正厅古华轩；第二进是北京典型的三合式住宅院落，正厅遂初堂；第三进院落以一座叠石大假山为主体；第四进院落的主体是两层的符望阁，符望阁也是全园体量最大、外观最华丽的建筑物；第五进的正房也就是整座园林的后照房倦勤斋。第四、五进院落的布局完全仿照建福宫花园，符望阁相当于延辉阁，倦勤斋相当于敬胜楼。总体规划采取横向分隔为院落的办法，弥补了地段过于狭长的缺陷。五进院落各有特色，"错中"的做法，形成一条引人入胜、步移景异的纵深观赏路线。

（2）行宫御苑：静宜园、静明园、南苑。

前两者为天然山水园，在北京西北郊；后者为人工山水园，在北京南郊。

①静宜园。

静宜园位于香山东坡，是一座具有"幽燕沉雄之气"的大型山地园，也相当于一处园林化的山岳风景名胜区（图 2-1-9）。全园分为"内垣"、"外垣"和"别垣"三部分，共有大小景点五十余处。

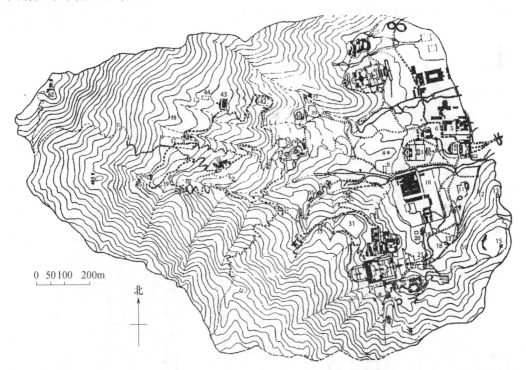

1—东宫门；8—多云亭；15—看云起时；22—鹿园；29—半山亭；36—雨香馆；43—梯云山馆；50—朝阳阿；
2—勤政殿；9—绿云舫；16—驯鹿坡；23—欢喜园；30—万松深处；37—阆风亭；44—洁素厯；51—研乐亭；
3—横云馆；10—中宫；17—清音亭；24—蟾蜍峰；31—洪光寺；38—玉华寺；45—栖月岩；52—重阳亭；
4—丽瞩楼；11—屏山带水；18—买卖街；25—松坞云庄；32—霞标磴；39—静含太芒；46—森玉笏；53—昭庙；
5—致远斋；12—翠微亭；19—璎珞岩；26—唳霜皋；33—绚秋林；40—芙蓉坪；47—静室；54—见心斋
6—韵琴楼；13—青未了；20—绿云深处；27—香山寺；34—罗汉影；41—观音阁；48—西山晴雪；
7—听雪轩；14—云径苔菲；21—知乐濠；28—来青轩；35—玉乳泉；42—重翠亭；49—晞阳阿；

图 2-1-9　静宜园平面图

内垣在园的东南部，是静宜园内主要景点和建筑荟萃之地，其中包括宫廷区和著名的古刹香山寺、洪光寺。香山寺是著名的古刹，也是静宜园内最宏大的一座寺院。东邻

"来青轩"是西山最著名处。

外垣是香山静宜园的高山区，景点绝大多数属于纯自然景观的性质。因此，外垣更具有山岳风景名胜区的意味。芙蓉坪的西南面为园内位置最高的一处建筑群"香雾窟"之所在，也是一处景界最为开阔的景点。其北岩间建置石碑，上刻乾隆御书"西山晴雪"，为燕京八景之一。外垣最大的一组建筑群是玉华寺。

别垣一区，建置稍晚，垣内有两组大建筑群——昭庙和正凝堂。昭庙与承德须弥福寿庙属于同一形制，为一对姊妹作品。正凝堂是典型的"园中之园"（见心斋）。

见心斋（图 2-1-10）。倚别垣之东坡，地势西高东低。园外的东、南、北三面都有山涧环绕。园林的总体布局顺应地形，划分为东、西两部分。东半部以水面为中心，以建筑围合的水景为主体，西半部地势较高，以建筑结合山石的庭院山景为主体。一山一水形成对比，建筑物绝大部分坐西朝东。正厅"正凝堂"面阔五间，与东面的见心斋和西面的方亭构成一条东西向的中轴线。三合院的北侧为两层的畅风楼，既是全园建筑构图的制高点，也是俯瞰园景和园外借景的观景点。

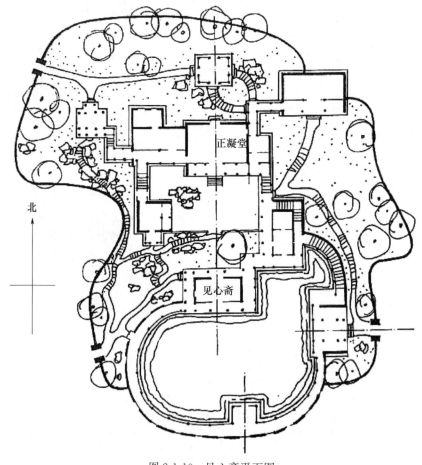

图 2-1-10 见心斋平面图

② 静明园（图 2-1-11）。

以山景为主、水景为辅。前者突出天然风致，后者着重园林经营。在总体上不仅山嵌水抱，而且创造了以五个小型水景园——含漪湖、玉泉湖、裂帛湖、镜影湖、宝珠湖环绕、烘托一处天然山景的别具一格的规划格局。这一条连续的环山水景带也是环山的水上游览线。

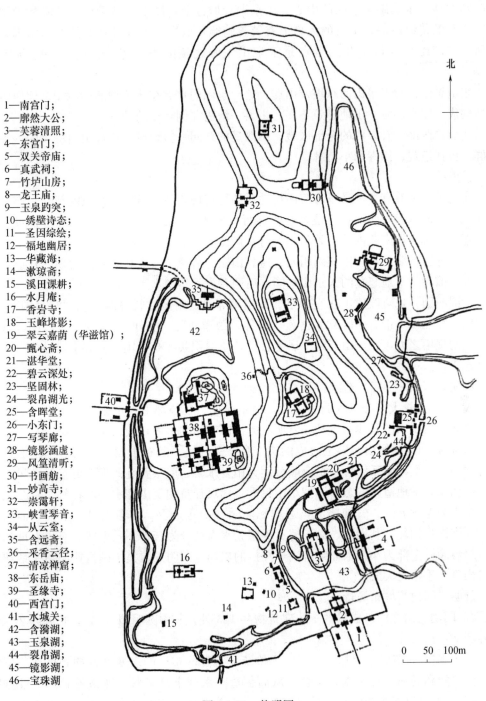

1—南宫门；
2—廓然大公；
3—芙蓉清照；
4—东宫门；
5—双关帝庙；
6—真武祠；
7—竹炉山房；
8—龙王庙；
9—玉泉趵突；
10—绣壁诗态；
11—圣因综绘；
12—福地幽居；
13—华藏海；
14—漱琼斋；
15—溪田课耕；
16—水月庵；
17—香岩寺；
18—玉峰塔影；
19—翠云嘉荫（华滋馆）；
20—甄心斋；
21—湛华堂；
22—碧云深处；
23—坚固林；
24—裂帛湖光；
25—含晖堂；
26—小东门；
27—写琴廊；
28—镜影涵虚；
29—风篁清听；
30—书画舫；
31—妙高寺；
32—崇霭轩；
33—峡雪琴音；
34—从云室；
35—含远斋；
36—采香云径；
37—清凉禅窟；
38—东岳庙；
39—圣缘寺；
40—西宫门；
41—水城关；
42—含漪湖；
43—玉泉湖；
44—裂帛湖；
45—镜影湖；
46—宝珠湖

北

0   50   100m

图 2-1-11　静明园

47

建园规划思想在于摹拟中国历史上名山藏古刹的传统而创造一个具体而微的园林化的山水风景名胜区。全园大致分为南山景区、东山景区和西山景区。

南山景区挡住了西北风的侵袭，形成冬暖夏凉的小气候。这个景区是全园建筑精华荟萃之地，玉泉湖是景区的中心。玉泉湖近似方形，湖中三岛沿袭皇家园林中"一池三山"的传统格局。中央的大岛上有芙蓉晴照，西岸景点玉泉垂虹是著名的玉泉泉眼所在。南山景区最主要的景点是玉泉山主峰之顶的香岩寺、普门观一组佛寺建筑群。

东山景区包括玉泉山的东坡及山麓，这个景区的重点在狭长型的影镜湖。建筑沿湖环列构成一座水景园。山地建筑不多，主要一组为北侧峰顶的妙高寺。

西山景区即山脊以西的全部区域。山西麓的开阔平坦地段上建置园内最大的一组建筑群，包括道观、佛寺和小园林。

③南苑。

南苑是一座兼有皇家猎场和演武场性质的行宫御苑。乾隆年间在苑内新建一座精致园林——团河行宫。团河行宫是南苑四座行宫中规模最大的一座，自成宫苑分置的格局，可视为包含在南苑内的一处独立的行宫御苑。

（3）离宫御苑。离宫御苑圆明园、避暑山庄、清漪园（颐和园）是后期宫廷造园三大杰作。前者为平地起造的人工山水园，后两者为天然山水园。

①圆明园：乾隆改建，在它的东邻和东南邻另建附园"长春园"和"绮春园"。长春园内，靠北墙一带有一区欧式宫苑，俗称"西洋楼"。乾嘉两朝是圆明三园的全盛时期，它的规模之大，在三山五园中居于首位，总面积共350公顷，内容丰富亦为三山五园之冠。

圆明园（图2-1-12）造园特点：

A. 园林造景大部分以水面为主题，因水成趣。三园都由人工创设的山水地貌作为园林骨架，但山水的具体布置却又有所不同。圆明园的水面，大、中、小结合。

B. 叠石而成的假山，聚土而成的岗、阜、岛、堤，散布于园内，约占全园面积的三分之一。它们与水系结合，把全园分划为山复水转、层层叠叠的近百处自然空间。

圆明园是平地造园的杰作，把小中见大、咫尺丘壑的筑山理水手法在约二百公顷的广大范围内连续展开，气魄之大，远非私家园林所能企及。长春园以一个大水面为主体，周围岗阜回环，利用洲、岛、桥、堤将大水面划分为若干不同形状、有聚有散的水域。绮春园则全部为小型水面结合岗阜穿插的集锦。圆明三园集中国古典园林平地造园的筑山理水手法之大成。

圆明三园建筑群布局特点：

A. 圆明三园之内，成景的个体建筑物共123处，其中圆明园69处，长春园24处，绮春园30处。

B. 以院落的布局作为基调，把中国传统建筑院落布局的多变性发挥到极致。分别与自然空间和局部山水地貌相结合，从而创造一系列丰富多彩、性格各异的"景点"。"景点"一般都以建筑为中心，是建筑美与自然美融糅一体的艺术创作，相当于小型的景区。

C. 一百二十多个景点中的大部分都是具有相对独立性的体形环境，无论设置墙垣

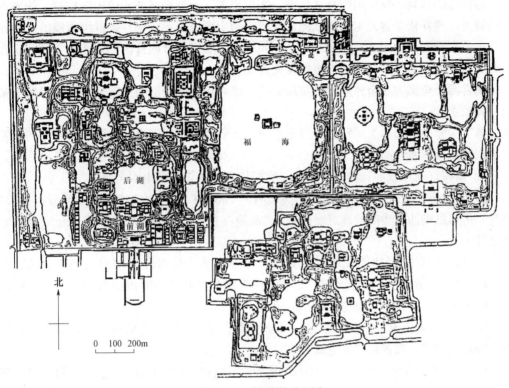

图 2-1-12　圆明园平面图

与否，都可以视为独立的小型园林，即"园中之园"。因此形成圆明三园的大园含小园、园中又有园的独特"集锦式"总体规划。这些小园林利用叠山理水所构成的局部地貌与建筑的院落空间穿插嵌合，而求得多样变化的形式。

圆明园理水特点：

A. 造园匠师将环绕于后湖的北、东、西三面的沼泽地开辟为许多互相连缀的小型水体，为建置小园林创造条件，烘托后湖作为中心水面的突出地位。最大的水面福海却偏处侧翼反而居于从属地位，使得全园的中心保持在宫廷区——后湖的南北中轴线上。这样的总体规划不仅在广阔的平坦地段上创设了丰富多变的园林景观，而且于多样化之中又寓有足够的严谨性，以显示其有别于私家园林的皇家宫廷气派。

B. 万泉庄水系与昆仑山水系汇于园的西南角，合北而流，至西南角附近分为两股。靠南的一股东流注入"万方安和"再汇于前、后湖，靠北的一股流经"濂溪乐处"直往东从西北方注入"福海"，再从福海分出若干支流向南，自东南方流出园外。这个水系亦与山形相呼应，呈自西北而东南的流向，正合于堪舆家所确认的天下山川之大势。

长春园：分南、北两个景区。南景区占全园的绝大部分，大水面以岛堤划分为若干水域。位于中央大岛上的淳化轩是全园的主体建筑群。北景区即"西洋楼"，包括六幢西洋建筑物、三组大型喷泉、若干庭园和点景小品，沿着长春园的北宫墙成带状展开。六幢建筑物即谐奇趣、蓄水楼、养雀笼、方外观、海晏堂和远瀛观，都是欧洲 18 世纪中叶盛行的巴洛克风格宫殿式样。

西洋楼的规划一反中国园林之传统，突出表现了欧洲勒诺特式的轴线控制、均齐对称的特点。西洋楼是自元末明初欧洲建筑传播到中国以来第一个具备群组规模的完整作品，也是把欧洲和中国这两个建筑体系和园林体系加以结合的首次创造性的尝试。这在中西文化交流方面，具有一定的历史意义。

绮春园：全部为小园林点缀，布局灵活。佛寺正觉寺是圆明三园唯一完整保留下来的一处景点。

圆明三园中小园林造景特点：圆明三园，在清代皇家诸园中是"园中有园"的集锦式规划的最具代表性的作品。

A. 摹拟江南风景的意趣，有的甚至直接仿写某些著名的山水名胜。

B. 借用前人的诗、画意境，如"夹镜鸣琴"取李白"两水夹明镜"的诗意；"蓬岛瑶台"仿李思训仙山楼阁的画意而构景；"武陵春色"根据陶渊明《桃花源记》的内容而设计。

C. 移植江南的园林景观加以变异，有些小园林直接以江南某园为创作蓝本，如"四宜书屋"模仿海宁"安澜园"；"小有天园"模仿杭州"小有田园"；"狮子林"模仿苏州"狮子林"；"如园"模仿南京"瞻园"。

D. 再现道家传说中的仙山琼阁、佛经所描绘的梵天乐土的形象，前者如"方壶胜境""海岳开襟"，后者如"舍卫城"。

E. 运用象征和寓意的方式来宣扬有利于帝王封建统治的意识形态，"九州清晏"寓意"普天之下莫非王土"；"鸿慈永祜"标榜孝行；"涵虚朗鉴"标榜豁达品德；"澹泊宁静"标榜清心寡欲；"濂溪乐处"象征对哲人君子之仰慕；"多稼如云"象征帝王之重农桑。

F. 以植物造景为主要内容，或者突出某种观赏植物的形象、寓意。

②避暑山庄：乾隆时期的避暑山庄，在清代皇家园林诸园中仍然是规模最大的一座。园墙不同于一般园林的虎皮石墙，而采用有雉堞的城墙形式，以显示"塞外宫城"的意思（图 2-1-13）。

避暑山庄造园特点：分为苑林区和宫廷区，总体布局按"前宫后苑"的规制，宫廷区设在南面，其后即为广大的苑林区。宫廷区包括三组平行的院落建筑群：正宫、松鹤斋、东宫。广大的苑林区包括湖泊景区、平原景区、山岳景区三大景区，三者成鼎足而立的布列（图 2-1-14）。

湖泊景区建筑布局特点：湖泊景区内的建筑布局能够恰当而巧妙地与水域的开合聚散、洲岛桥堤和绿化种植的障隔通透结合起来，不仅构成许多风景画面作为定观的对象，而且还创造了循着一定路线的动观的效果。这种以步移景异的时间上的连续观赏过程来加强园林艺术感染力的做法，常见之于其他大型园林，而避暑山庄的湖泊景区的规划，着重在创设明确的游览线，通过它的起、承、开、合以及对比、透景、障景等的经营，来构成各个景点之间的渐进序列，是为园林规划的定观组景与动观组景相结合，以及点、线、面相结合的杰出的一例。避暑山庄的三大景区，湖泊景区具有浓郁的江南情调，平原景区宛若塞外景观，山岳景区象征北方的名山，乃是移天缩地、融冶荟萃南北风景于一园之内。

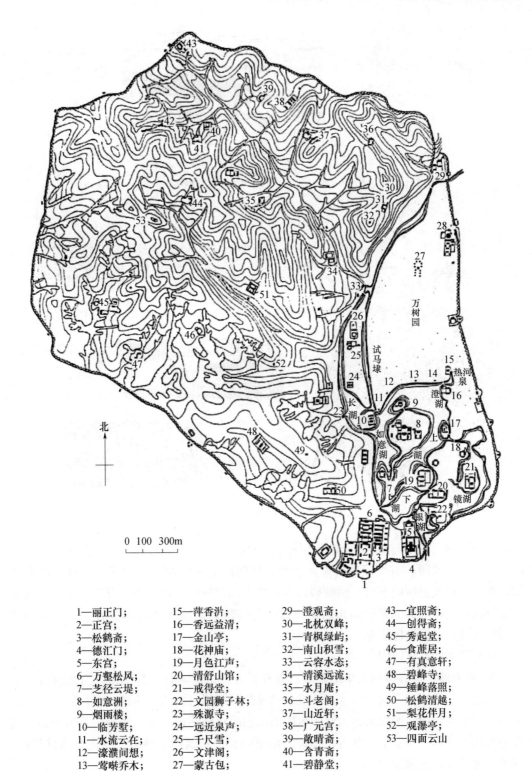

图 2-1-13 避暑山庄

1—丽正门；	15—萍香泮；	29—澄观斋；	43—宜照斋；
2—正宫；	16—香远益清；	30—北枕双峰；	44—创得斋；
3—松鹤斋；	17—金山亭；	31—青枫绿屿；	45—秀起堂；
4—德汇门；	18—花神庙；	32—南山积雪；	46—食蔗居；
5—东宫；	19—月色江声；	33—云容水态；	47—有真意轩；
6—万壑松风；	20—清舒山馆；	34—清溪远流；	48—碧峰寺；
7—芝径云堤；	21—戒得堂；	35—水月庵；	49—锤峰落照；
8—如意洲；	22—文园狮子林；	36—斗老阁；	50—松鹤清越；
9—烟雨楼；	23—殊源寺；	37—山近轩；	51—梨花伴月；
10—临芳墅；	24—远近泉声；	38—广元宫；	52—观瀑亭；
11—水流云在；	25—千尺雪；	39—敞晴斋；	53—四面云山
12—濠濮间想；	26—文津阁；	40—含青斋；	
13—莺啭乔木；	27—蒙古包；	41—碧静堂；	
14—莆田丛樾；	28—永佑寺；	42—玉岑精舍；	

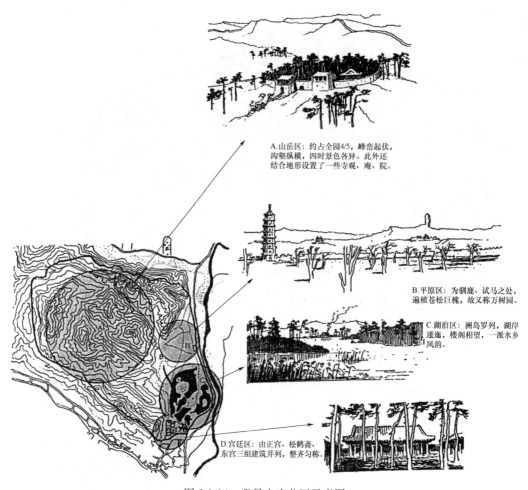

A.山岳区：约占全园4/5，峰峦起伏，沟壑纵横，四时景色各异。此外还结合地形设置了一些寺观、庵、院。

B.平原区：为驯鹿、试马之处，遍植苍松巨槐，故又称万树园。

C.湖泊区：洲岛罗列，湖岸逶迤，楼阁相望，一派水乡风韵。

D.宫廷区：由正宫、松鹤斋、东宫三组建筑并列，整齐匀称。

图 2-1-14 避暑山庄分区示意图

③清漪园（图 2-1-15）：清漪园是颐和园的前身，是一座以万寿山、昆明湖为主体的大型天然山水园。明代万寿山原名翁山，昆明湖原名西湖。宫廷区建置在园的东北端，东宫门也就是园的正门。勤政殿以西是广大的苑林区，以万寿山脊为界又分为南北两个景区：前山前湖景区、后山后湖景区。前山前湖景区占全园面积的88%，前山即万寿山南坡，前湖即昆明湖。

建清漪园的真正原因：

A. 圆明园、畅春园均为平地起造；静宜园纯为山地园林，静明园以山景而兼有小型水景之胜，但缺少开阔的大水面。唯独西湖是西北郊最大的天然湖，它与翁山形成北山南湖的地貌结构，可以成为天然山水园的理想的建园基址。此三者若在总体规划上贯连起来成为整体——一个包含着平地园、山地园、山水园的多种形式的庞大园林集群，可谓一园建成，全园皆活。

B. 西湖从元、明以来已是京郊的一处风景名胜区。

C. 圆明、畅春、静宜、静明诸园大抵都是因就于上代的基础而扩建，园林规划难免受到以往既定格局的限制。而翁山西湖的原始地貌几乎一片空白，可以完全按照乾隆

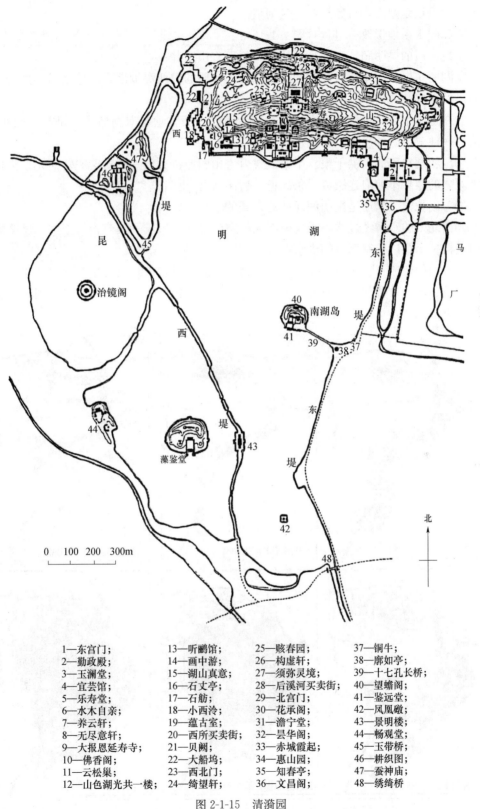

图 2-1-15　清漪园

1—东宫门；
2—勤政殿；
3—玉澜堂；
4—宜芸馆；
5—乐寿堂；
6—水木自亲；
7—养云轩；
8—无尽意轩；
9—大报恩延寿寺；
10—佛香阁；
11—云松巢；
12—山色湖光共一楼；

13—听鹂馆；
14—画中游；
15—湖山真意；
16—石丈亭；
17—石舫；
18—小西泠；
19—蕴古室；
20—西所买卖街；
21—贝阙；
22—大船坞；
23—西北门；
24—绮望轩；

25—赅春园；
26—构虚轩；
27—须弥灵境；
28—后溪河买卖街；
29—北宫门；
30—花承阁；
31—澹宁堂；
32—昙华阁；
33—赤城霞起；
34—惠山园；
35—知春亭；
36—文昌阁；

37—铜牛；
38—廓如亭；
39—十七孔长桥；
40—望蟾阁；
41—鉴远堂；
42—凤凰礅；
43—景明楼；
44—畅观堂；
45—玉带桥；
46—耕织图；
47—蚕神庙；
48—绣绮桥

的意图加以规划建设，自始至终一气呵成。

颐和园水系地形改造过程（图 2-1-16）：

①疏浚后的昆明湖，湖面往北拓展直抵万寿山南麓；

②湖的东岸利用康熙时修建的西堤以及元、明的旧西堤加固、改造之后，成为昆明湖东岸的大堤，改名"东堤"；

③在这个水域之中堆筑两个大岛——治镜阁、藻鉴堂与南湖岛成三足鼎立的布列，构成"一池三山"的皇家园林理水的传统模式；

④昆明湖水库的溢洪干渠。干渠绕过万寿山西麓再分出一条支渠兜转而东，沿山北麓把原先的零星小河泡连缀成一条河道"后溪河"，也叫作"后湖"；

⑤疏浚长河（长河是昆明湖通往北京城的输水干渠）；

⑥西北郊的水系经过这一番规模浩大的整治之后，形成了玉泉山—玉河—昆明湖—长河这样一个可以控制调节的供水系统；

清漪园的建成意味着西北郊水系的枢纽部位的建成和最终完善化，它取得了巨大的经济效益、环境效益和社会效益，无愧为艺术与工程相结合、造园与兴建水利相结合的一个出色范例。

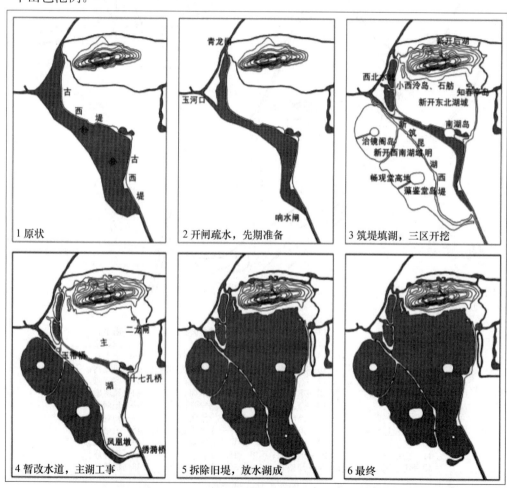

图 2-1-16　清漪园（颐和园）水系地形改造

以杭州西湖为蓝本,昆明湖的水域划分、万寿山与昆明湖的位置关系、西堤在湖中的走向以及周围的环境都很像杭州西湖(图 2-1-17)。

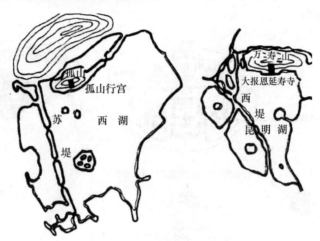

图 2-1-17　西湖与清漪园对比

清漪园摹拟杭州西湖,不仅表现在园林的山水地形的整治上面,还表现在前山前湖景区的景点建筑总体布局和局部设计之中。贵在神似而不拘泥于形式,"略师其意,不舍己之所长"。

杭州西湖景观之精华在于环湖一周的建筑点染而成的风景画面,清漪园前湖的规划亦"略师其意",着重在环湖景点的布局。杭州西湖的环湖景观与前湖的环湖景观对比,前者的景点建筑自由随意地半藏半露于疏柳淡烟之中,显示人工意匠与天成自然之混为一体;而后者的景点建筑以一系列的显露形象和格律秩序,于天成的自然中更突出人工的意匠经营。

杭州西湖湖面辽阔,但三面近山环抱,一面是城市屏障,因而总的地貌景观呈现为以湖面为中心的一定程度的内聚性和较强的封闭度,较少"园"外借景的可能。清漪园的前山前湖景区则不然,景观的开阔度很大,外向性很强,为园外借景创设了极优的条件。

从上述两方面的情况来看,清漪园园林造景"略师其意"地汲取杭州西湖风景之精粹,再结合本身的特点而又"不舍己之所长"。如果把杭州西湖风景名胜区的总体当作一座历经千年而自发形成的大型天然山水园,那么清漪园可以视为一处经过自觉规划而一气呵成的风景名胜区,或一处园林化的风景名胜区。

中央建筑群的特点(图 2-1-18):

①中轴线两侧由近及远逐渐减少建筑物的密度和分量,同时运用"正变虚实"的手法逐渐减弱左右均齐的效果。

②以自中心而左右的"退晕式"的渐变过程来烘托中轴线的突出地位,强调建筑群体的严谨中寓变化的意趣。五条轴线的安排,也控制住了整个前山建筑布局从严谨到自由、从浓密到疏朗的过渡、衔接和展开,把散布在前山的所有建筑物统一为一个有机的整体。

③中央建筑群之于前山景观,犹如浓墨重彩的建筑点染,意在弥补、掩饰前山山形

过于呆板、较少起伏的缺陷，同时也起到了作为前山总建筑布局的构图主体和中心的作用。中央建筑群是前山前湖景区最主要的观赏对象，不仅发挥其点景的作用，也充分利用了它的观景的条件。

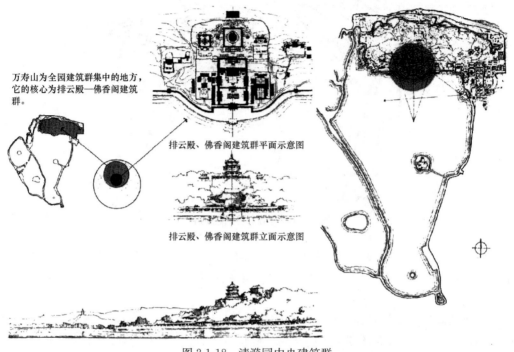

万寿山为全园建筑群集中的地方，它的核心为排云殿—佛香阁建筑群。

排云殿、佛香阁建筑群平面示意图

排云殿、佛香阁建筑群立面示意图

图 2-1-18　清漪园中央建筑群

昆明湖广阔的水面，由西堤及其支堤划分为三个水域。东水域最大，它的中心岛屿南湖岛以十七孔桥连接东岸，桥东端偏南建大型八方重檐亭廊如亭。岛上建三层高阁望蟾阁摹拟武昌的黄鹤楼，与前山的佛香阁隔水遥相呼应成对景。西堤上建六座桥梁摹拟杭州西湖的"苏堤六桥"。一座为石拱桥即著名的玉带桥。水面三大岛鼎列的布局很明显地表现皇家园林"一池三山"的传统模式。两千多年前西汉的建章宫是中国历史上的第一座具备一池三山的仙苑式皇家园林，那么，颐和园便是最后一座、也是硕果仅存的一座了。

位于后山东麓平坦地段上的惠山园和霁清轩是两座典型的园中之园，惠山园以寄畅园为蓝本建成，后改成谐趣园。

惠山园（图 2-1-19）仿寄畅园主要体现在以下两方面：

①选址：惠山园仿寄畅园，首先是"肖其意于万寿山之东麓"选择一处地貌、环境均与寄畅园相似的建园基址。借景于西面的万寿山，类似寄畅园借景锡山。

②景点手法：a. 其侧有类似寄畅园八音涧的那样逐层跌落的流泉"玉琴峡"；b. 水池东岸的载时堂是惠山园的主体建筑物，它所处的位置和局部环境像寄畅园的嘉树堂；c. 寄畅园内的土石假山宛若园外真山的余脉，惠山园也有类似的情况；d. 园林的理水手法也很相似，都以水面作为园林的中心；e. 横跨水面的知鱼桥与七星桥的位置、走向亦大致相同；f. 水池的四个角位都以跨水的廊、桥分出水湾与水口，增加了水面的层次，意图与寄畅园相同。池北以山石林泉取胜，池南以建筑为主景的对比态势。

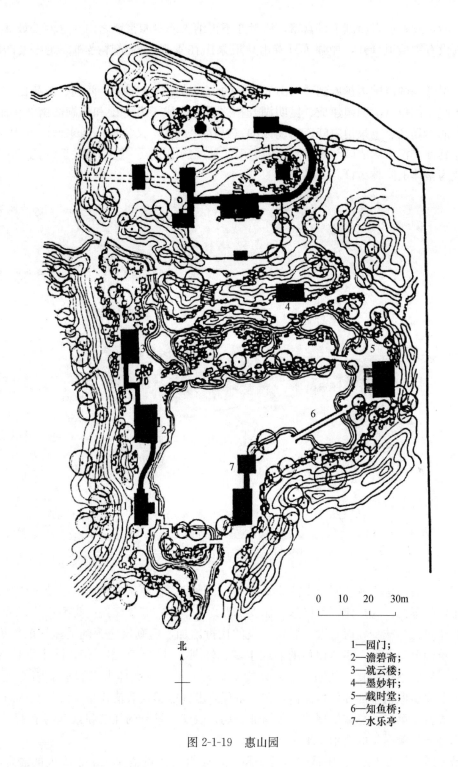

0　10　20　30m

1—园门；
2—澹碧斋；
3—就云楼；
4—墨妙轩；
5—载时堂；
6—知鱼桥；
7—水乐亭

北

图 2-1-19　惠山园

　　清漪园的总体规划并不局限在园林本身，还着眼于西北郊全局，以"三山五园"为主体的大环境进行通盘考虑（图 2-1-20）。

　　①考虑与西邻静明园的关系。昆明湖往西开凿外湖，稍后又在静明园的东南接拓高

水湖于养水湖；前者沿湖不设宫墙，后者亦不再纳入静明园宫墙之内。这两处彼此接近的水面没有被墙垣分开，加强了万寿山与玉泉山在景观上的整体感和一定程度的联属关系。

②把考虑的范围再扩展到"三山五园"的大环境整体。翁山、西湖、玉泉山三足鼎立居于腹心部位。清漪园建成、昆明湖开拓之后，构成了万寿山和西湖的南北中轴线。静宜园的宫廷区、玉泉山主峰、清漪园的宫廷区此三者，又构成一条东西向的中轴线，再往东延伸交汇于圆明园与畅春园之间的南北轴线的中心点。这个轴线系统把三山五园串缀成为整体的园林集群。

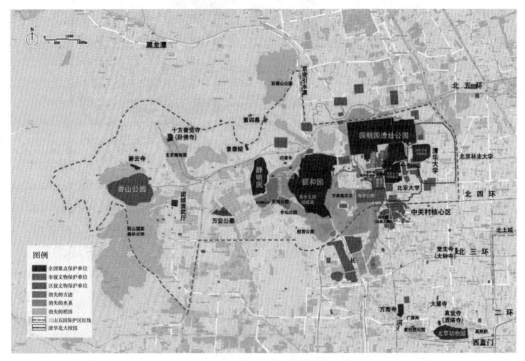

图 2-1-20 三山五园关系图

清漪园后改建为颐和园：①按原状恢复；②改建，在原来的基础上改变个体建筑和群体布置的形式；③扩建，就原基址加以扩大；④增建；⑤就建筑的类型而言，颐和园的寺庙建筑大为减少，而宫殿、居住建筑的比重增加，后勤供应等辅助建筑增加更多；⑥就建筑的分布而言，西堤以西的西北水域、外湖、后山、后湖一带，除个别情况外，仅保留遗址而不作恢复。从园林的总体规划而言，第一，大体上沿袭清漪园的规划格局，虽不完整但精华部分仍然保存，在一定程度上尚能够代表清代皇家园林鼎盛时期的特点和成就；第二，总体规划的某些局部变动、改建后景点的经营和景观的组织，大部分都远逊于乾隆当年的艺术水平。

谐趣园（图 2-1-21）：①重建后的谐趣园，建筑的比重增大。由于庞大的涵远堂的建成，建筑的中心转移到池的北岸。对比之下，水体和园林空间的尺度感都变小了。②在园的西南角加建方亭"知春亭"和水榭"引镜"，环池一周以弧形和曲尺形游廊联系围合，改变成为建筑密度较大、比较封闭的人工气氛过浓的建筑庭院空间，足以说明清中叶到清末的造园风格演变的一般趋势。③谐趣园的建筑群体布局也有其独到之处：建筑群有正、变的秩序感，建筑物数量虽多却不流于散乱。两条对景轴线把它们有秩序地组织在一起，统一为一个有机的整体。一条是纵贯南北、自涵远堂至饮绿亭的主轴线，这条轴线往北延伸到小园林"霁清轩"；另一条是入口宫门与洗秋轩对景的次轴线。园林建筑的形式及其组合手法丰富多彩。

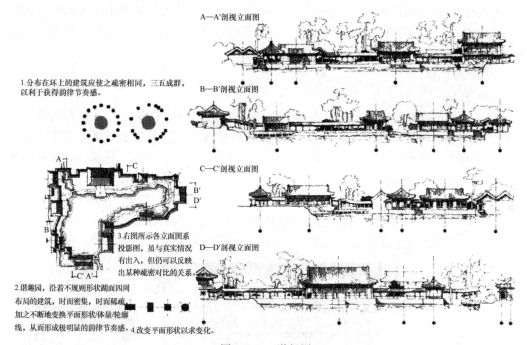

图 2-1-21　谐趣园

清中叶、清末皇家园林的主要特点：

①独具壮观的总体规划。大型人工山水园的总体规划运用化整为零、集零成整的方式，形成了大园含小园、园中又有园的"集锦式"的规划方式，圆明园便是典型一例。主持新建、扩建大型的天然山水园不仅数量多、规模大，而且刻意经营，突出地貌景观的幽邃、开旷的穿插对比，保持并发扬自然生态环境特征。力求把我国传统风景名胜区意趣再现到大型天然山水园林中，是清代皇家园林开创的另一种规划方式——园林化的风景名胜区。例如，避暑山庄无异于一处兼具南北特色的风景名胜区；香山静宜园是一处具有"幽燕沉雄之气"的典型北方山岳风景名胜；玉泉山静明园摹拟苏州的灵岩山；清漪园的万寿山、昆明湖则以著名的杭州西湖作为规划蓝本。

②突出建筑形象的造景作用。建筑形象的造景作用，主要是通过建筑个体和群体的外观、群体的平面和空间组合而显示出来。清代皇家园林几乎包罗了中国古典建筑的全部个体、群体的形式。建筑布局重视选址、相地。建筑群一般显示比较严谨的构图。

③全面引进江南园林的技艺。a. 引进江南园林的造园手法。在保持北方建筑传统风格的基础上大量使用游廊、水廊、爬山廊、拱桥等江南常见的园林建筑形式，大量运用江南各流派的堆叠假山技法。水体的开合变化，以平桥划分水面空间等，都借鉴于江南园林。但是其并不是简单的抄袭，而是结合北方的自然条件，适应北方鉴赏习惯的一

种艺术在创造。b. 再现江南园林的主题。把江南园林的主题在北方再现出来，也可以说是某些江南名园在皇家御苑内的变体。c. 具体仿建名园。以某些江南著名的园林作为蓝本，大致按其规划布局而仿建于御苑之内，例如圆明园内的安澜园仿海宁陈氏园，长春园内茹园仿江宁瞻园，避暑山庄内的文津阁仿宁波天一阁，最出色的一例是清漪园内惠山园仿无锡寄畅园。d. 复杂多样的象征寓意。圆明园后湖景区的九岛环列象征"禹贡九州"，从而间接表达了"普天之下，莫非王土"的寓意；避暑山庄连同其外围的环园建筑布局，作为多民族封建大帝国——天朝的象征，此类象征寓意都伴随着一定的政治目的而构成了皇家园林的意境的核心。

　　2）私家园林

　　（1）江南。

　　乾、嘉年间江南私家园林中心在扬州，同、光年间转移到苏州。《扬州画舫录》中提到"扬州以名园胜，名园以叠石胜"。乾隆时期是扬州园林的黄金时代。扬州园林比较有代表性的有片石山房、个园、寄啸山庄、小盘古、余园、怡庐、蔚圃等。苏州园林的代表有网师园、拙政园、留园等。

　　①网师园（图 2-1-22）：始建于南宋淳熙年间，园名"渔隐"，后改名"网师园"。占地 0.4 公顷，是一座紧邻于邸宅西侧的中型宅园。邸宅共有四进院落，第一进轿厅和第二进大客厅为外宅，第三进"撷秀楼"和第四进"五峰书屋"为内宅。

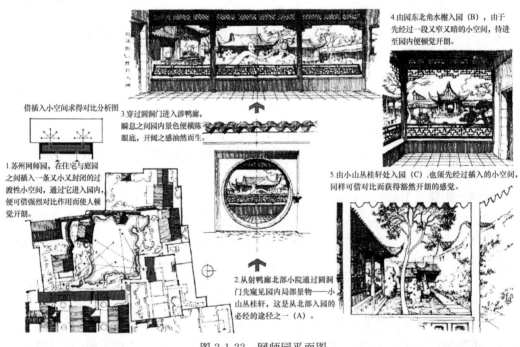

图 2-1-22　网师园平面图

　　整个园林的空间安排采取主、辅对比的手法，形成众星拱月的格局。

　　网师园的规划设计在尺度处理上也颇有独到之处。如水池东南水尾上的小拱桥，故意缩小尺寸以反衬两旁假山的气势；水池东岸堆叠小巧玲珑的黄石假山，意在适当减弱其后过于高大的白粉墙垣所造成的尺度失调；在楼房前面建置一组单层小体量、玲珑剔透的廊、榭，使之与楼房相结合而构成一组高低参差、错落有致的建筑群，从而解决了尺度失调的问题。

人工建筑过多势必影响园林的自然天成之趣，但网师园却能把这一影响减到最低。置身主景区内，并无囿于建筑空间之感，反而能体会到一派大自然水景的益然生机。

②拙政园（图 2-1-23）：始建于明初，园主御史王献臣。

全园包括三部分，西部的补园、中部的拙政园，呈前宅后园的格局，东部修建新园，全园总面积 4.1 公顷，是一座大型宅园。

中部的拙政园是全园的主体和精华所在，主景区以大水池为中心，水面有聚有散，聚处以辽阔见长，散处则以曲折为胜。靠北的主景区以大水面为中心形成一个开阔的山水环境，再利用山池、树木及少量的建筑物划分为若干互相穿插、处处沟通的空间层次，因而游人所领略到的景域范围仿佛比实际大。主景区的建筑比较疏朗，意在稍事点缀、烘托山水花木的自然景观。靠南的若干个景区多是建筑围合的内聚和较内聚的空间，建筑的密度比较大，提供园主人生活和园居活动的需要。中部的拙政园是典型的多景区、多空间复合的大型宅园。有山水为主的开敞空间，有山水与建筑相间的半开敞空间，也有建筑围合的封闭空间。表现大园以"动观"为主，"定观"为辅的组景韵律感，最大限度地发挥其空间组织上的开合变幻的趣味和小中见大的特色。

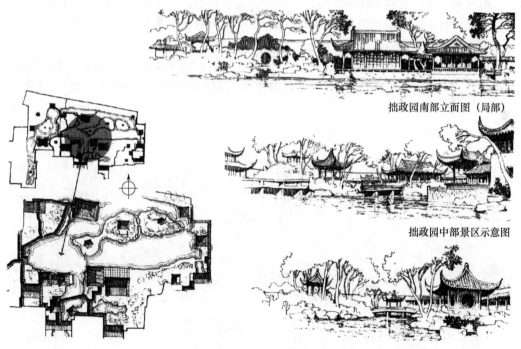

拙政园南部立面图（局部）

拙政园中部景区示意图

图 2-1-23　拙政园

西部的补园以水池为中心，水面呈曲尺形，以散为主、聚为辅，理水处理与中部不同。

东部原为"归园田居"的废址。

③留园（图 2-1-24）：原为明代"东园"废址。

　　园林紧邻于邸宅之后，分为西、中、东三区。三区各具特色，西区以山景为主，中区以山、水兼长，东区以建筑取胜。中区和东区为全园之精华所在。

　　中区的东南大部分开凿水池、西北堆筑假山，形成以水池为中心，西、北两面为山体，东、南两面为建筑的布局，这是留园中的一个较大的山水景区。池南岸建筑群主体是"明瑟楼"和"涵碧山房"成船厅的形象。它与北岸山顶的可亭隔水呼应成对景，形成"南厅北山、隔水相望"的模式。池东岸的建筑群平面略成曲尺形转折而南，立面组合的构图形象极为精美；"清风池馆"西墙全部开放，可观赏中区山水之景。"西楼"与"曲溪楼"皆重楼叠出，它们的较为敦实的墙面与清风池馆成虚实对比。

　　西楼、清风池馆以东为留园的东区。东区又分为西、东两部分，"五峰仙馆"和"林泉耆硕之馆"分别为这两部分的主体建筑物。东区西部，五峰仙馆梁柱全用楠木，又称"楠木厅"。东区西部仅占全园面积的二十分之一左右，却是园内建筑物最集中、建筑密度最高的地方。灵活多变的一系列院落空间创造出一个安静恬适、仿佛深邃无穷的园林建筑环境，满足园主人园居生活的多样性功能要求。东区东部，正厅"林泉耆硕之馆"为鸳鸯厅的做法。厅北是一个较大而开敞的庭院，院中特置巨型太湖石"冠云峰"。庭北的五间楼房名"冠云楼"，均因峰石而得名。冠云楼东侧假山登楼，可北望虎丘景色，是留园借景的最佳处。

　　留园的景观，有两个最突出特点：一是丰富的石景，二是多样变化的空间之景，建筑密度以密托疏。留园建筑布局特点：园内既有以山池花木为主的自然山水空间，也有各式各样以建筑为主或者建筑、山水相间的大小空间——庭园、庭院、天井等。它称得上是多样空间的复合体，集园林空间之大成者。留园的建筑布局，把建筑物尽可能地相对集中，以"密"托"疏"，一方面保证自然生态的山水环境在园内所占的一定比重，

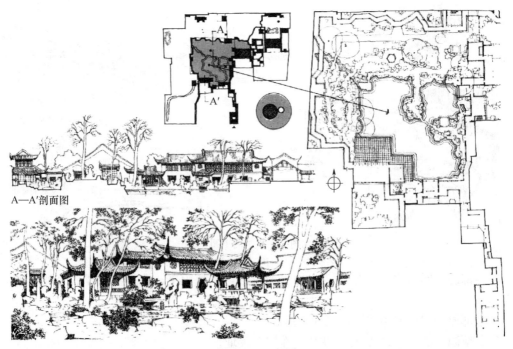

A—A'剖面图

图 2-1-24　留园

另一方面则运用高超的技艺把密集的建筑群体创作为一系列的空间的复合。

留园入口备弄的巷道长达 50 余米，夹于高墙之间，匠师们采取了收放相间的序列渐进变幻的手法，运用建筑空间的大小、方向、明暗的对比，圆满地解决了这个难题。甫入园门便是一个比较宽敞的前厅，从厅的东侧进入狭长的曲尺形走道，再进一个面向天井的敞厅，最后以一个半开敞的小空间作为结束。过此转至"古木交柯"，它的北墙上开漏窗一排，隐约窥见中区的山池楼阁。折而西至"绿荫"，北望中区之景豁然开朗，则已置身园中了。

（2）北方。

半亩园：著名文人造园家李渔曾参与规划，是一座普通宅园。

萃锦园：即恭王府后花园。

十笏园：位于山东潍坊，是最负盛名，也是目前硕果尽存的一座，为鲁中一座名园。

（3）岭南。

粤中四大名园：顺德的清晖园、东莞的可园、番禺的余荫山房、佛山的梁园。

梁园：总体规划的特色在于住宅、祠堂、园林三者巧妙合理的组合，不落一般宅园的俗套。园林设计以置身石景和水景见长。

可园：庭院内堆叠珊瑚石假山一组，名"狮子上楼台"。

余荫山房：总体布局很有特色，两个规整形状的水池并列组成水庭，水池的几何形状受到西方园林的影响。

私家园林特点：成熟后期的私家园林，就全国范围而言，形成了江南、北方、岭南三大风格鼎峙的局面。

江南园林、北方园林、岭南园林这三大地方风格主要表现在各自造园要素的用材、形象和技法上，园林的总体规划也多少有所体现。

江南园林叠山石料的品种很多，以太湖石和黄石两大类为主；园林植物以落叶树为主，配合若干常绿树；花木往往是某些景点的观赏主题，园林建筑常以周围花木命名；园林建筑以高度成熟的江南民间乡土建筑作为创作源泉，建筑的形式极其多样丰富。江南园林建筑的个体形象玲珑轻盈。总体说来，江南园林深厚的文化积淀、高雅的艺术格调和精湛的造园技巧，均居于三大地方风格之首席。

北方园林，建筑的形象稳重、敦实；水池面积比较小，甚至采用"旱园"的做法；北方园林叠山多为就地取材，运用当地北太湖石和青石；观赏树种比江南少，尤缺阔叶常绿树和冬季花木；规划布局，中轴线、对景线的运用较多，赋予园林凝重、严谨的格调。

岭南园林的规模比较小，多为宅园，一般为庭园和庭院的组合，建筑的比重较大；建筑物的通透开敞胜于江南，其外观形象更富于轻快活泼的意趣；叠山而成的石景分"壁型"与"峰型"两大类，前者逶迤平阔，由几组峰石连接而成，没有显著突出的主峰，后者顶峰突出；理水手法多样丰富，不拘一格，少数水池为方正几何形式，受到西方园林影响；岭南地处亚热带，观赏植物品种繁多，除了亚热带花木之外，还大量引进外来植物。

3）寺观园林

扬州颇有名气的园林：天宁寺的西园、敬慧寺的敬慧园、大明寺的西园。

清末寺观园林特点：

（1）作为独立的小园林，功能比较单纯，园内的建筑物比一般私家园林少一些，山水花木的分量重一些，因而也就更多保持着宋、明文人园林的疏朗、天然特色的传承。

（2）城镇的寺观，小园林与庭院绿化相结合而赋予寺观以世俗的美和浓郁的生活气氛，使得寺观作为宗教活动的中心而又在一定程度上具备公共园林的职能。

4）其他园林

明代以来公共园林的形成可归纳为三种情况：

（1）依托于城市的水系，或利用河流、湖沼、水泡以及水利设施而因水成景。清中叶以后的什刹海，是内城最大的一处公共园林。

（2）在寺观、祠堂、纪念性建筑旧址，或者与历史人物有关的名胜古迹的基础上，在一定范围内稍加园林化的处理而开辟成为公共园林，如杜甫草堂、桂湖、百泉。

（3）农村聚落的公共园林。

3. 园林特点

（1）皇家园林经历了大起大落的波折，从一个侧面反映了中国封建王朝末世的盛衰消长。全面地引进江南民间的造园技艺，形成南北园林艺术的大融糅。

（2）民间私家园林一直承袭上代的发展水平，形成江南、北方、岭南三大风格鼎峙的局面。

（3）宫廷和民间的园居活动频繁，"娱于园"的倾向显著。

（4）公共园林在上代的基础上又有长足的发展。几分接近现代的城市园林。

（5）造园的理论探索停滞不前，再没有出现像明末清初那样的有关园林和艺术的略具雏形的理论著作。

（6）随着国际、国内形势变化，西方的园林文化开始进入中国。

四、中国古典园林特点

（一）本于自然且高于自然

中国古典园林绝非一般地利用或者简单模仿构景要素的原始状态，而是有意识地改造、调整、加工，从而表现一个精炼概括的自然、典型化的自然。

（二）建筑美与自然美的融糅

中国古典园林建筑无论多寡，也无论其性质、功能如何，都力求与山、水、花木这三个造园要素有机地组织在一系列风景画面之中，突出彼此协调、互相补充的积极的一面，限制彼此对立、互相排斥的消极的一面，甚至能够把后者转化为前者，从而达到一种天人和谐的境界。

（三）诗画的情趣

诗情，不仅是把前人诗文的某些境界、场景在园林中以具体的形象复现，或者运用景名、匾额、楹联等文学手段对园景作直接的点题，而且还在于借鉴文学艺术的章法、手法使得规划设计类似文学艺术的结构。

（四）意境的含蕴

中国古典园林意境的含蕴包括三种不同的情况：①借助于人工的叠山理水把广阔的

大自然山水风景缩移摹拟于咫尺之间；②预先设定一个意境的主题，然后借助于山、水、花木、建筑所构配成的物境表述出来，从而传达给观赏者以意境的信息；③意境并非预先设定，而是在园林建成之后再根据现成物境的特征做出文字的"点题"——景题、匾额、联、刻石等。

这四大特点及其衍生的四大美学范畴——园林的自然美、建筑美、诗画美、意境美，乃是中国古典园林在世界上独树一帜的主要标志。这四大特点本身正是中国哲理和思维方式在园林艺术领域内的具体表现。中国古典园林的全部发展历史反映了这四大特点的形成过程，园林的成熟也意味着这四大特点的最终形成。

五、中国古典园林概述

（一）中国古典园林发展脉络

宋代是中国古典园林全部历史进程的分水岭。宋之前历经生成期、转折期、全盛期，造园思想活跃、造园技术同步发展。宋之后历经成熟期、成熟后期，造园技术长足发展而造园思想日益萎缩。同时，政治、经济是制约园林发展的根本因素，经济结构、政治体制运作也相应成为园林演进的主要推动力量。

可以从五个方面来看中国古典园林演进脉络：

（1）园林规模由大而小。上林苑是中国历史上规模最大的古典园林。两晋南北朝时期，园林规模明显趋于缩小，明、清初再次缩小。

（2）园林景观由粗放宏观逐渐发展为精致微观。秦汉时期园林景观较为粗犷。两晋南北朝、隋、唐、宋时期对园林要素加以提炼概括，缩移摹拟，通过透视、借景的处理手法来营造景观。到明末清初，以建筑分隔园林空间或庭园庭院，小中见大，咫尺山林。

（3）创造方法经历了由单纯写实到采用写实写意相结合，最后以写意为主的发展历程。

（4）园林的范山模水从再现大自然山水风景（早期）——直观表现大自然山水风景（两晋南北朝、隋唐宋）——借助意境联想表现大自然山水风景（元明以后）。

（5）园林人工要素与自然要素的关系发生了变化。早期园林要素简单散置在山水环境之中，魏晋南北朝时期建筑布局与山水环境相互经营联系，隋、唐、宋、元、明、清初建筑处于完整山水中，元、明以后，建筑物围合划分山水环境、建筑环境中经营山水风景，人工要素增加，妙造自然主旨有所削减。

（二）中国古典园林发展略表（表2-1-1）

表 2-1-1　中国古典园林发展略表

朝代	特色与主要成就	实例（括号内者为苑囿）
黄帝	为世界造园史最早有记载者	（玄圃）
尧舜	始设专官掌山泽苑囿田猎之事	
夏	帝王苑囿由自然美趋于建筑美	
殷商	建都市，有高墙围绕之，并筑高台为游乐及眺望之用。开近世公园之滥觞	（灵囿、灵沼、灵台）
周	文王为囿与民同乐	

续表

朝代	特色与主要成就	实例（括号内者为苑囿）
春秋战国 （前770—前222）	思想百家争鸣，各诸侯多有囿圃 以孔孟（儒家）思想、黄老思想为主流，宇宙人生基本课题受重视 人与自然的关系，由敬畏到崇尚	郑之原圃，秦之具圃，吴之梧桐园、会景园、姑苏台
秦 （前221—前206）	为专制政体，大兴土木，宫廷规模大 建驰道，于旁树以青松，为我国及世界行道树的开始	阿房宫
汉（前206—220）	帝王贵族权臣建苑庭者多 私人造园渐兴起 黄老思想深植人心，人与自然关系密切，自然式庭园成为风尚，如哀广汉之茂陵园	（上林苑、甘泉苑、思贤苑） 未央宫、东苑
三国（220—280） 晋（265—420） 南北朝 南朝（430—589） 北朝（386—581）	园较少，多为自然式造园，规模气象虽衰落，惟韵味颇长 江南美术水准日高，造园渐盛。文人造园源于避世，后则转于隐居托性 佛教日益流行，古刹中多名园，私园渐以利用自然为主，南朝所在地风景秀丽，自然条件天成，名士竞尚风流，诸园皆为一时之绝作 北朝亦有所营构，苑囿规模仍大	魏之铜爵园，东吴芳林苑 （华林园）石崇之金谷园，谢安、王道子、谢灵运等为慧远于庐山筑台造池 （宋之乐游原、青林苑，梁之兰亭苑、江潭苑） （后赵之桑梓苑，后燕之龙腾苑，北齐之仙都苑）
隋（581—618） 唐（618—960）	重奇巧富丽，可说是布景式造园 国富力强，长安城、曲江为公共游乐之地；园林发展极盛，多在山林中，占地大，奇石盆景之观赏开始	（天苑、西苑） （禁苑、翠微宫、骊山） 李德裕之平泉庄，王维之辋川别业，白居易之庐山草堂，宋之问之蓝田别业，斐晋湖园
五代（907—960） 宋（960—1279）	江南湖、杭、苏、扬四州繁荣 园林成熟期，加入性情兴赋之意，作风细腻精到，洒脱轻快；奇石盆景之应用已很普遍。南宋迁都临安，江南园林大盛，成为中国庭园的主流 山水画发展，寓诗于山水画中，更建庭融诗情画意于园中，因此形成三度空间的自然山水庭园	（芳林苑、金明池、宜春苑、玉津园、艮岳）洛阳诸园如富郑公园、湖园、司马光独乐园、环溪、松岛、董氏二园，如叶式石林、沈尚书园等 临安诸园如真珠园、南园、甘园、梅坡园、水月园等
元（1260—1368）	重情味与写意，庭园发展仍盛 异族统治，精神上追求庭园更能表现人格，抒发胸怀	（御苑、南苑） 倪瓒清閟阁、云林堂、狮子林、沈氏东园（今留园）、常熟曹氏陆庄狮子林：园中之叠石，如云林之画，逸笔草草，精神俱出
明（1368—1644）	庭园规模不大，缺乏创意，有秀润之风，造园理论及专业造园家出现	（太苑、上林苑等） 金陵诸园如太傅园、风台园、魏公南园、徐远园邸（清改瞻园）、上海潘氏豫园、陈氏日涉园、苏州王氏拙政园、徐参议园

续表

朝代	特色与主要成就	实例（括号内者为苑圃）
明（1368—1644）	造园理论 ——计成《园冶》 ——陆从珩《醉古堂剑扫》 ——文震亨《长物志》 此时为文人庭园 明末朱舜水，东走日本，布置后乐园（参照庐山及西湖风景）为日本旧有庭园中之擘，影响日本造园甚大	燕京米仲诏湛园、漫园、勺园 绍兴青藤书屋（徐文长宅） 王世贞太仓州园（今汪氏园） 计成所治吴又予园 苏州四大名园： （宋）沧浪亭 （元）狮子林 （明）拙政园 （清）留园
清（1644—1911）	康熙、雍正、乾隆为盛期，有离宫多处，民间造园已很普遍 李渔《一家言》 沈复《浮生六记》	（北海宫苑、圆明、畅春、万春三园、御花园、乾隆花园、热河避暑山庄、颐和园） 南京袁枚随园 扬州八家花园 李渔半亩园、芥子园，（苏州留园）、网师园、怡园、西园

第二节　西方古典园林史

一、古代及中世纪园林

（一）古埃及园林

1. 背景与起源

（1）自然条件：干燥炎热、沙漠地带，遮荫成为主要功能。

（2）文化背景：对自然的认识发展，科学、数学、测量学、几何学的发展，相关技术运用到生活中，并对园林的形态有决定性影响；宗教的影响。

（3）起源：当地气候条件使人们对树木非常珍视并使得园艺兴起。

2. 园林类型

（1）宅园，在王公贵族的宅邸旁建有游乐性的水池，四周围以花草树木，其中掩映着廊架亭台，借助水体和树木形成相对宜人的小气候环境，如奈巴蒙花园。

（2）墓园，又称灵园，在陵墓周围为死者开辟宛如其生前所需的游乐空间。

（3）宫苑，庄园在布局上与宅园类似，但在规模和装饰物上有所不同，显示出皇家的权力和地位，如底比斯法老庄园。

（4）圣苑，以大片林地围合着雄伟而有神秘感的庙宇建筑，形成附属于神庙的圣苑，如巴哈利神庙。

3. 园林特征

古埃及园林特征是古埃及自然条件、社会发展状况、宗教思想与人们的生活习俗的综合反映。

（1）相地选址：古埃及园林大多分布在低洼的河谷和三角洲附近，地形平缓，少有高差变化。

（2）园林布局：规则式的整体布局，园林空间、水体、几何形园地都是对称布局，有明显的中轴线。

（3）造园要素：植物和水体是营造小环境至关重要的因素。

（4）影响因素：浓厚的宗教迷信思想及对永恒生命的追求，促使相应的神苑及墓园的产生。

（二）古巴比伦园林

1. 背景与起源

产生于西亚两河流域（幼发拉底河与底格里斯河）。

（1）自然条件：天然森林资源丰富，以森林为主体，以自然风格取胜，树木、森林、河流等。

（2）文化背景：文化贸易中心，文化发达，人口达 10 万人。

（3）起源：雨量充沛，气候温和。

2. 园林类型

（1）猎苑：利用天然林地经过人为加工改造形成的游乐场所。与中国古代的囿相似。

（2）圣苑：在寺庙周围大量植树造林形成圣苑。与古埃及圣苑相似。

（3）宫苑：被誉为"空中花园"，又叫"悬园"，是建在数层平台上层层叠叠的花园。

3. 园林特征

（1）相地选址：森林是猎苑的景观主体，自然气息浓厚。神庙多建在不易被洪水淹没的高地上。

（2）园林布局：猎苑多利用自然条件稍加改造而成，圣苑和宫苑的布局则以规则的形式体现人工特性。

（3）造园要素：种植大量的树木和果树并放养动物。宫苑和宅园最显著的特点就是采取类似现在屋顶花园的形式，空中花园开始出现。

（三）古希腊园林

1. 背景与起源

（1）自然条件：古希腊位于巴尔干半岛南部，气候温暖，雨量充沛，有大量的石灰岩、花岗岩作为建筑石材。

（2）文化背景：政治、经济上都有过辉煌的时期，注重科学理智思考，在园林表现上发现了空间与比例的关系，为西方古典主义美学思想打下坚实的基础，并发展了抽象的几何图形。剧场最早出现在希腊。

2. 园林类型

（1）宫廷庭院：以种植果木和蔬菜为主要目的实用园，绿篱起隔离作用，如米诺斯王将宫殿。

（2）住宅庭院：包括柱廊园（列柱廊式中庭）和屋顶庭园（阿多尼斯花园）两种形式。

（3）公共园林：包括圣林、竞技场、文人园。

圣林：草地、树林、生产用地以及供野餐和狩猎的小山丘，与中世纪的寺院相似，多用冠大荫浓的树木，树下活动空间可形成神秘的空间氛围。

古希腊园林按园林形式又可分为柱廊园、屋顶花园、圣林、竞技场。

3. 园林特征

（1）古希腊园林类型多种多样，虽然在形式上还处于比较简单的初级阶段，但仍可以将它们看作后世一些欧洲国家园林类型的雏形，并对其发展与成熟具有深远影响。从古希腊开始奠定了西方规则式园林基础。

（2）园林的布局形式采用规则式样以与建筑相协调。

（3）强调均衡稳定的规则式园林，确保美感产生。

（4）花卉栽培开始盛行，但种类不多。

（5）悬铃木作为行道树，是欧洲历史上最早见于记载的行道树。

（四）古罗马园林

1. 背景与起源

（1）自然条件：位于亚平宁半岛，境内是多山的丘陵地区。冬季温暖湿润，夏季闷热，而坡地凉爽。

（2）文化背景：古罗马帝国初期尚武，对艺术和科学不甚重视，公元前190年征服古希腊后全盘接受了古希腊文化。古罗马在学习古希腊的建筑、雕塑和园林之后，才逐渐有真正的造园事业，同时，也继承和发展了古希腊园林艺术。

2. 园林类型

（1）庄园：包括宫苑和贵族庄园。宫苑为文艺复兴时期意大利台地园的形成奠定基础。

（2）宅园—柱廊园：罗马的宅园通常由三进院落构成，分别为用于接待宾客的前庭，供家庭成员活动的列柱廊式中庭以及真正的露坛式花园。潘萨住宅是典型宅园布局。

（3）公共园林：罗马人在城市规划方面创造了前所未有的业绩。罗马的公共建筑前都布置有集会广场，是城市设计的产物，可以看作后世城市广场的前身。

3. 园林实例

哈德良山庄：（1）中心是一座巨大的列柱廊式庭园，采用双廊的形式；（2）设有三处综合性浴场；（3）山庄中有一处独特的环形建筑—海上剧场；（4）尽管在整体布局上不够完美统一，还缺少意大利文艺复兴时期建筑与园林构成的和谐整体，但是在园林单体布局和装饰上，已具备许多文艺复兴盛期意大利庄园的特点了。

4. 园林特点

（1）相地选址：庄园别墅多依山而建，规则式的台地布局，奠定了文艺复兴时期意大利台地园的基础。

（2）园林布局：在功能上，花园是府邸和住宅在自然中的延续，是户外的厅堂。庄园运用建筑的手法来处理自然地形，在山坡上开辟出水平的台层。采用规则的形式来体现人工美。

（3）影响因素：植物、水系、风景等用于人的修身养性，赋予浓厚的宗教、哲学和文学含义。

（4）造园因素：植物和水体是造园艺术的两大要素。开始有月季专类园。雕塑成为重要的装饰，开雕塑花园先河。

罗马花园别墅的基本特点：（1）优美的自然风光是建造花园别墅的必要条件；（2）建筑主体是外向的，尽量将四周的自然风景引入建筑空间；（3）建筑与花园及自然密切联系，空间相互渗透；（4）壁画将自然气息带入室内，扩大空间感；（5）花园本身是封闭内向的，将人们的视觉焦点留在园内；（6）布局是几何对称的。

（五）中世纪园林（西欧）（5—14、15 世纪）

1. 历史背景

基督教文化、宗教色彩浓厚。古罗马到意大利文艺复兴之间近千年时间内，长期文化衰落，禁欲主义束缚。

园林历史遗存不多，两本相关的园林文献，分别是阿尔拜都斯·玛尼乌斯的《论园圃》（1260 年）、克里申吉的《田园考》（《农事便览》1505 年）。

2. 园林类型

（1）寺院庭园。

建筑物前面有连拱廊围成的露天庭院，院中央有喷泉或水井，供人们进入教堂时取水净身之用，这种露天庭院称为前庭。如瑞士的圣高尔教堂（自给自足的寺院特征）和英国的坎特伯雷教堂。

（2）城堡庭园。

结构简单，造园要素有限，面积不大却相当精致。庭园由栅栏或矮墙围护，与外界缺乏联系。树木注重遮阴效果，泉池是不可或缺的因素。

3. 园林特点

（1）造园要素：植物是中世纪乃至后世欧洲园林最重要的元素。结园和迷园的广泛应用，使庭园的观赏性和游乐性增强。结园是以低矮绿篱组成装饰性图案的花坛。结园分为开放型结园和封闭型结园。开放型结园是用低矮的绿篱组成图案的花坛，空隙不种植物。封闭型结园是在图案中种植花卉。结园和花圃成为后世欧洲花坛的雏形。迷园是用大理石或草坪铺路，以修剪整齐的绿篱在道路两侧形成图案复杂的通道。水体是另一个造园要素，多以水池和喷泉的形式出现，成为庭园的视觉中心。

（2）园林空间的分隔元素。围墙是中世纪庭园中最常见的元素。凉亭和棚架是庭园中最主要的建筑小品。

二、伊斯兰园林

（一）波斯伊斯兰园林

波斯伊斯兰园林的特点主要体现在水体运用、空间布局、植物配置、装饰风格等方面。

（1）水是波斯伊斯兰园林的灵魂。特殊的引水系统和灌溉方式，成为波斯伊斯兰园林的一大特点。水景采用盘式涌泉的方式。

（2）植物材料的选择运用上，波斯人对庭荫树情有独钟。

（3）庭园装饰上，不允许以人或动物形象作为装饰图案，因此各种几何图案成为构成建筑和园林装饰的主要题材。

（4）彩色陶瓷马赛克的运用广泛。

（5）在庭园空间布局上，以十字形园路，将庭园分成面积相等的四块。园路略高于种植地，路中央有灌溉用的小水渠，并在园路交叉处汇集成较大的浅水池。

（二）西班牙伊斯兰园林

西班牙伊斯兰园林的特点体现在庭园的空间布局、装饰风格、水的运用和植物配置等造园手法方面。

（1）建筑围合庭园。庭园大多隐藏在高大的院墙之后，封闭性空间。

（2）在庭园装饰方面，繁复的几何形图案和艳丽的马赛克瓷砖是最常见的主题和材料。

（3）水系成为划分并组织空间的主要手段之一，运河、水渠或水池往往成为庭园的主景。

（4）在植物材料的运用上，受气候条件的影响，造园非常注重树木的遮阴效果。大量运用芳香植物。

（三）印度伊斯兰园林

园林特点：

1. 伊斯兰园林通常用多花低矮的植物营造绿洲的感觉，而莫卧尔伊斯兰园林中则有多种较高大的植物，常绿少花。此外，兼具装饰和实用的凉亭也是必不可少的。印度伊斯兰园林主要分陵园和游乐园两大类。

2. 印度伊斯兰园林在一定程度上避免了传统伊斯兰园林的重复和单调感，建造更为新颖，更具视觉冲击。

三、意大利文艺复兴园林

（一）历史背景

在14—15世纪，意大利"文艺复兴"运动兴起，城市中新兴资产阶级为了动摇封建统治、突破宗教的思想枷锁和确立自己的社会地位，高举"复兴古典主义——古希腊、古罗马"文化的旗帜，在上层建筑领域掀起一场思想解放运动，这就是文艺复兴。这一时期经济繁荣、文化高涨。

这一时期产生许多著作，小普林尼的书信及诗人维吉尔的《田园诗》成为人们造园的蓝本。中世纪的庭园论著对意大利园林的发展产生一定影响。博洛尼亚的法学家克雷申齐写了《乡村艺术之书》。人文主义启蒙思想家但丁、薄伽丘、彼特拉克都热衷于花园别墅的生活。著名建筑师和建筑理论家阿尔贝蒂（L. B. Alberti，约1404—1472）在《论建筑》一书中，以小普林尼书信为蓝本，对庭园建造进行了系统论述。阿尔贝蒂被看作是园林理论的先驱者，对文艺复兴时期意大利园林的发展具有十分重大的影响。

（二）园林类型

1. 初期园林

卡雷吉奥庄园：美第奇家族建造的第一座庄园。花园布置在别墅建筑正面，采用几何对称式布局，庄园中设有果园。

菲耶索勒美第奇庄园：（1）选址巧妙，坐落在一处天然陡坡上，庄园由三级台地构成。入口设在上层台地东端，进门后有广场，西侧是半扇八角形水池，背景是树木和绿篱组成的植坛；（2）通过广场水池、树木植坛、草坪前庭这三个局部的布置，巧妙地利用空间虚实、色彩明暗、高低错落等对比手法，形成既相对独立，又富有变化的庭园整体；（3）中层绿廊；（4）下层台地布置图案式植坛。

2. 中期园林

望景楼花园：布拉曼特在罗马建造的第一个台地式花园。（1）设计依托原有地势，在山坡上开辟三层露台，顶层露台布置成装饰性花园，十字形园路将露台分为四块，中心饰以喷泉；（2）底层露台作为竞技场；（3）底层与中层露台之间是宽阔的台阶，也可作为观众席。

玛达玛庄园：该庄园由拉斐尔设计，在变化中寻求统一的构图。（1）三个台层，上层为方形，中央有亭，周围以绿廊分区；（2）中层是与上层面积相等的方形，内套圆形构图，中央有喷泉，设计成柑橘园；（3）下层面积稍大，椭圆形，中间是圆形喷泉。

美第奇庄园：因优良的选址、精心的布局和王宫般的府邸建筑而著称，是意大利文艺复兴盛期的著名园林之一。（1）花园构图极其简洁，两层主要台地上均以矩形和方形植坛为主，顶层台地呈带状，布局更加简单；（2）造园要素简单，尺度大；（3）极佳的园景、巧妙的借景（布尔盖斯花园）、简洁的元素、精美的雕像、宏伟的建筑和极具个性的松树。

法尔奈斯庄园（图 2-2-1）：维尼奥拉设计，法尔奈斯是他第一个大型庄园作品。该庄园特点：

（1）依地势辟为四个台层及坡道。入口小广场处理十分简单，方形草地中央有圆形泉池，中轴两侧各有一座洞府。中轴线上是宽大的缓坡，伸向小楼。缓坡中间是蜈蚣形的石砌水台阶。

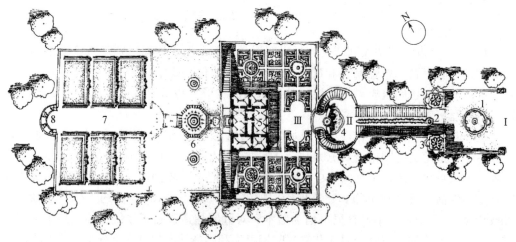

Ⅰ—第一层台地；Ⅱ—第二层台地；Ⅲ—第三层台地；
1—入口广场及圆形泉池；2—坡道及蜈蚣形跌水；3—洞府；4—第二层台地椭圆形广场及贝壳形水盘；
5—主建筑；6—八角形大理石喷泉；7—马赛克甬道；8—半圆形柱廊

图 2-2-1 法尔奈斯庄园平面图

（2）第二层台地上，两座弧形台阶环抱着椭圆形小广场，中央是贝壳型水盘。

（3）第三层台地布置成游乐性花园，以小楼为中心，周围四块树丛植坛。

（4）小楼两侧有台阶伸向顶层台地。

（5）从布局上看，法尔奈斯庄园已开始采用贯穿全园的中轴线；庭园建筑设在较高的台层上，借景园外；各个空间比例和谐、尺度宜人；大量精美的雕刻、石作，既丰富了景致，又活跃了气氛，使花园的节奏更加明确。

埃斯特庄园（图 2-2-2）：利戈里奥设计。庄园特点如下：

（1）共有 6 个台层，上下高差近 50m。入口设在底层台地上。矩形园地以三纵一横的园路划分为 8 个方块，在中央布置圆形喷泉。

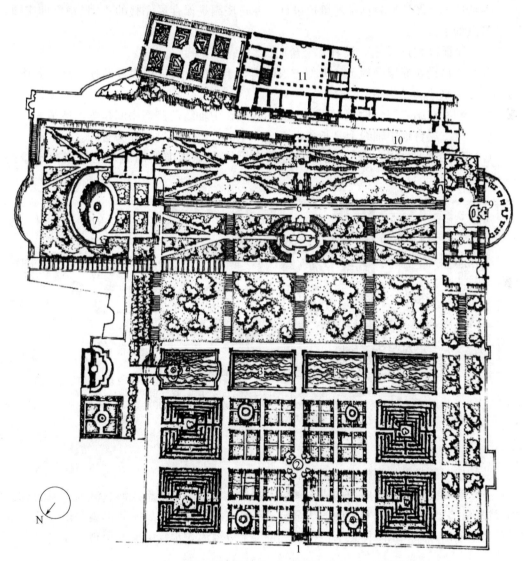

1—主入口；2—底层台地上的圆形喷泉；3—矩形水池（鱼池）；4—水风琴；5—龙喷泉；
6—百泉台；7—水剧场；8—洞窟；9—馆舍；10—顶层台地；11—府邸建筑

图 2-2-2　埃斯特庄园平面图

（2）别墅往往建在庄园的最高处，控制着庄园的中轴线。底层花园从中心部分的树丛植坛，至周边的阔叶丛林，再至园外的茂密山林，由强烈的人工化处理融于自然之中。

（3）水风琴的轰鸣声使庄园气氛更加热烈，这与中国园林中追求自然细腻的声音效果的做法大相径庭。

（4）由百泉台构成的第二条横轴，与鱼池构成的第一条横轴产生动与静、闭合与开敞的对比。

（5）突出的中轴线，加强了全园的统一感。视线焦点上有重点处理。因丰富多彩的水景和音响效果而闻名于世。

兰特庄园（图 2-2-3）：维尼奥拉设计。兰特庄园是保存最完整的 16 世纪中期庄园。庄园特点如下：

（1）全园高差近 5 米，设有 4 个台层。

（2）入口设在底层台地上，近似方形的露台上有 12 块黄杨模纹花坛，环绕着中央石砌的方形水池。

（3）别墅在第二层台地上，两座相同的建筑在中轴线两侧，中间是菱形坡道。

（4）第三层台地中轴线上是长条形石台，中央有水渠通过，称为餐园。

（5）顶层台地的中央有八角形泉池。全园终点是居中的洞府，也是全园水景的源头。

Ⅰ—底层台地；Ⅱ—第二层台地；Ⅲ—第三层台地；Ⅳ—顶层台地；
1—入口；2—底层台地上的中心水池；3—黄杨模纹花坛；4—圆形喷泉；5—水渠；
6—龙虾状水阶梯；7—八角形水池

图 2-2-3 兰特庄园平面图

兰特庄园的水景处理特点如下：

（1）兰特庄园以水景序列构成中轴线上的焦点，将山泉汇聚成河、流入大海的过程加以提炼，艺术性地再现于园中。从全园的制高点上的洞府开始，将汇集的山泉从八角形泉池中喷出，并顺水阶梯急下，在第三台层上以溢流式水盘的形式出现，流进半圆形水池。

（2）餐园中的水渠在第三台层边缘呈帘式瀑布跌落而下，再出现在第二层台地的圆形水池中；最后，在底层台地上以大海的形式出现，并以圆岛上的喷泉作为高潮而结束。

（3）各种形态的水景动静有致、变化多端，又相互呼应，结合阶梯及坡道的变化，使得中轴线上的景色既丰富多彩，又和谐统一，水源和水景被利用得淋漓尽致。别墅建筑分立两侧，也保证了中轴线上水景的完整与连贯。

波波里花园：由东西两园组成，是美第奇家族拥有的最大、保存最完整的庄园。用地整体上呈楔形。洞府成为意大利园林中必不可少的景物。波波里花园中的岩洞建筑是这一时期的代表性作品。

3. 巴洛克园林

巴洛克时期风格反对墨守成规的僵化形式，追求自由奔放的格调，出现追新求异，表现手法夸张的倾向。

阿尔多布兰迪尼庄园：以强烈的中轴线贯穿全园。府邸建筑作为贯穿全园的核心，前半段以林荫大道为主，开敞而平淡，作为府邸前景的喷泉广场成为中轴线上一个景观高潮，在林荫道与府邸建筑之间起转承过渡作用。水剧场位于全园纵横轴交汇点，构成全园景色高潮。随后由人工渐自然化。

伊索拉—贝拉庄园：意大利唯一的湖上庄园，展示了人工性花园台地和雕像装饰的技艺。以建筑和雕塑为主的绿色宫殿，大量的装饰物体现出巴洛克艺术的时代特征。在大量植物掩映下，该庄园仿佛一座漂浮在湖中的空中花园。

加尔佐尼庄园：构图不再强调严格对称，更加注重植物装饰的色彩和形态对比效果。庄园设计将四周的乡村景色、吕卡式花园风格及巴洛克风格融汇，结构简洁，空间质朴。

冈贝里亚庄园：规模不大，以布局巧妙、尺度宜人、气氛亲切、光影变幻的效果为特色。手法含蓄而富有象征性。它是托斯卡纳地区最具有代表性的花园之一。模纹花坛是以色彩鲜艳的各种矮生性、多花性的草花或观叶草本为主，在平面上栽种出图案，犹如地毯，又称毛毡花坛。

（三）园林特点

1. 前期特征

人文主义园林：①选址时注意周围环境，可远眺前景；②多个台层相对独立，设有贯穿各台层的中轴线；③建筑风格保留一些中世纪的痕迹；④建筑与庭园比例简朴大方，有很好的比例尺度；⑤喷泉水池为局部中心；⑥绿丛植坛为常见的装饰，图案花纹简单。

2. 中期特征

（1）多建在郊外的山坡上，依山就势，辟成若干台层，形成独具特色的台地园；

（2）园林布局严谨，有明确的中轴线贯穿全园，联系各个台层，使之成为统一的整体；

（3）中轴线上则以水池喷泉、雕塑及造型各异的台阶坡度等加强透视效果。园中的理水技艺已十分娴熟，不仅强调水景与其背景在明暗色彩上的对比，而且注重水的光影效果和音响效果，甚至以水为主体，形成丰富多彩的水景。

3. 后期特征（巴洛克园林）

（1）愈加矫揉造作，大量繁杂的园林小品充斥园林；

（2）滥用造型树木，对植物进行夸张修剪，作为猎奇的手段，形态越来越不自然；

（3）线条复杂，多用曲线。

4. 意大利文艺复兴园林特征

意大利台地园的产生受到其独特的气候条件、地理景观、文化艺术和生活方式等方面的影响。

1）相地选择

（1）意大利庄园多建在郊外的丘陵坡地上，园林顺山开辟多个台层，称为意大利台地园；

（2）巨大的地形变化，将平面布局与竖向设计结合起来。

2）庄园布局

（1）花园是由别墅建筑的室外延续部分建造的，是户外的厅堂；

（2）总体布局上，意大利庄园多采取中轴对称的形式，显得均衡稳定、主次分明、变化统一、尺度和谐，体现出古典美学原则；

（3）主体建筑作为全园构图核心，也是观赏四周景色的制高点；

（4）花园的总体布局自上而下地展开逐个景点，引人入胜；

（5）借景是意大利园林重要的布局手法之一，不仅扩大了空间，而且将园外的自然景色引入庄园。

3）造园要素

意大利庄园中，植物、水体和石作是造园三大要素。

（1）植物：一是生产，二是造景，三是作为建筑材料；

（2）水体：动水是意大利园林水景的主要形态，喷泉是意大利式园林的象征；

（3）石作：园林小品除了洞府、雕塑、喷泉、水池外，还包括台阶、平台、挡土墙、花盆、栏杆、廊或亭子等，统称为石作。石作分三类，包括园中构筑物、点景小品、游乐性建筑。

意大利园林景观轴线的处理方法：不同类型的景点构成不同景观轴线，使花园具有多层次的变化效果。埃斯特庄园有两条平行的横轴与中轴线相垂直，底层花坛台地的横轴以平静的水池构成，百泉台构成以喷泉为主的另一条水景轴，两者既变化又统一，丰富了庄园的层次；兰特庄园以一条轴线纵观全园，景点完全集中在中轴线上；相反，罗马的美第奇庄园建筑轴线与花园的轴线是相互独立的，纵横各有三条轴线相互交织，缺乏明显的主轴线，显得比较平淡。

四、法国园林

（一）法国文艺复兴园林

1. 历史背景

15世纪的文艺复兴之后，日益成长的资本主义迫切需要一个和平的国内环境和统一的市场，这种需求与此时君主们扩大王权、统一国家的愿望一致。于是，国王与新贵族暂时结合起来，共同反对封建割据和教会势力。在这种背景下，16—19世纪中叶，欧洲先后建立了一批中央集权的绝对君权国家，其中，尤以法国的绝对君权最为鼎盛。

2. 园林类型

（1）谢农索庄园：独特的廊桥形式，被认为是法国最美丽的城堡建筑之一。谢农索城堡花园有着很浓的法国味，其中水景起到巨大作用。采用水渠包围府邸前庭、花坛的布局，以及跨越河流的廊桥建筑，不仅突出了园址的自然特征，而且创造出令人亲近的空间气氛。

（2）枫丹白露宫苑：湖泊、岩石和森林构成枫丹白露独特的自然景观，宫苑就建造在密林深处一片沼泽地上。不同时期兴建的水景，包括大运河、鲤鱼池以及一系列泉池等是枫丹白露宫苑中最突出的景色。

（3）维兰德里庄园：以黄杨和鲜花组成四个图案，隐含着四个爱情故事。表现情侣在化妆舞会上的相遇，以心形和面具为图案的花坛——温柔的爱；激动的心形构图——疯狂的爱；图案为笔架和信笺形状的花坛，隐喻鸿雁传书—不忠的爱；匕首与红花组成的花坛，表示爱情以鲜血为代价——悲惨的爱。

（4）卢森堡花园：按照意大利花园风格兴建，与波波里花园有许多相似之处。花园中部最接近意大利文艺复兴时期大型庄园的风格。

（二）法国古典园林

1. 历史背景

法国古典主义园林的产生历经两个阶段。第一阶段：17世纪上半叶至中叶，早期古典主义，受唯理主义哲学影响，反映当时的资产阶级向往有理性的社会秩序，希望国家统一专制集权，利于发展。第二阶段：17世纪下半叶，成熟阶段，哲学思想成熟，国王的君权统治确立，要求园林建筑的精确性和逻辑性，提倡个性（人工美高于自然美是古典美学思想）。

2. 园林类型

1）沃勒维贡特庄园（图2-2-4）

勒·诺特尔最具有代表性的设计作品之一，标志着法国古典主义园林艺术走向成熟。

园林特点：三段式的处理。

（1）建筑四周环绕水壕沟，围以石栏杆，庄园出入口在府邸北面。

（2）花园在府邸南面展开，并由北向南逐渐延伸。中轴线是一条长约1公里的透视线。

（3）花园在中轴线上划分成三个段落：①第一段花园的中心是一对刺绣花坛，有三座喷泉，以圆形水池为结束。②第二段原设计是顺向布置小水渠，现以两条草地代替水渠。以称为"水镜面"方形水池结束。以大运河作为全园主轴之一的做法，是勒·诺特尔的首创，并成为法国古典主义园林中最典型的水景要素。③第三段在洞府背后的山坡上展开。树林草地为主，点缀喷泉雕像，自然情趣浓郁，隐喻水源头。④花园的三大段落各具鲜明的特征，既统一又富于变化。第一段围绕着府邸，以刺绣花坛为主，强调景物的人工性与装饰性；第二段以草坪花坛结合水景，重点是喷泉与水镜面等水景；第三段以树林草地为主，点缀喷泉与雕像，自然情趣浓郁，使花园得以延伸。

庄园的独到之处：

（1）处处显得宽敞辽阔，又并非巨大无垠。空间划分和各个花园的变化统一，精确得当，使庄园成为一个不可分割的整体。

（2）造园要素的布置井然有序，避免了互相冲突与对抗。

（3）水景起联系和贯穿全园的作用。

（4）序列尺度规则，这些伟大时代形成的特征，经过勒·诺特尔的处理达到不可逾

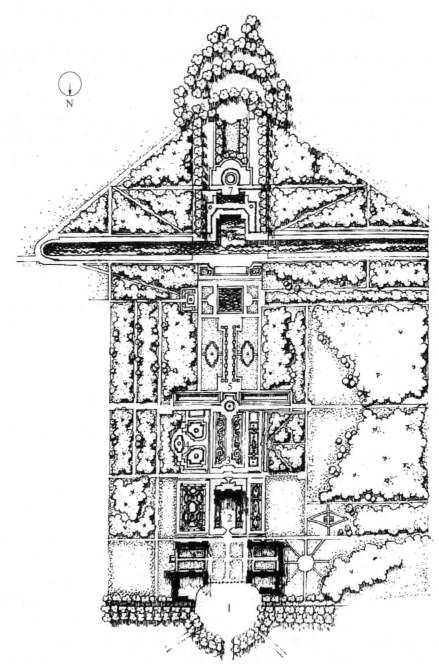

1—入口广场；2—府邸建筑及平台；3—刺绣花坛；4—王冠喷泉；
5—花坛群台地；6—大运河；7—内卧河神像的洞府

图 2-2-4　沃勒维贡特庄园平面图

越的高度。

　　总结特点：三段式突出。

　　（1）统一的轴线：轴线突出，各造园要素沿轴线依次展开。

　　（2）设计与环境：竖向处理精致，与原地形关系和谐。

（3）段落与节点：南中北三个部分统一中富有变化，越靠近府邸的部分装饰性越强，各个段落均以水景作为结束，三个部分形成了从人工到自然的过渡。

2）凡尔赛宫苑（图 2-2-5）

真正使勒·诺特尔名垂青史的作品是路易十四的凡尔赛宫苑。

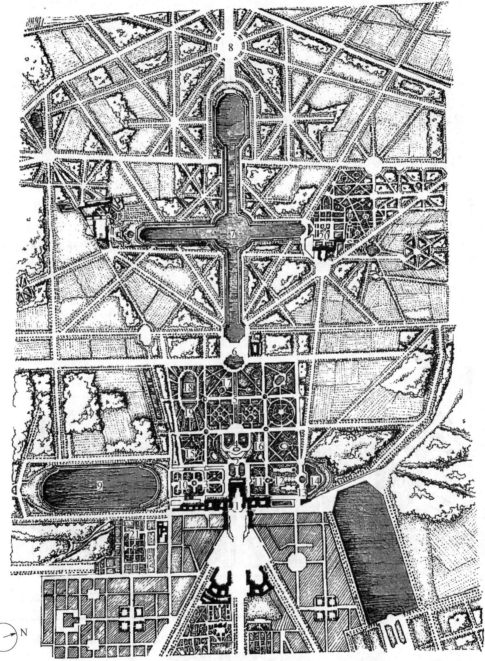

1—宫殿建筑；2—水花坛；3—南花坛；4—拉通娜泉池及"拉通娜"花坛；5—国王林荫道；6—阿波罗泉池；
7—大运河；8—皇家广场；9—瑞士人湖；10—柑橘园；11—北花坛；12—水光林荫道；13—龙泉池；
14—尼普顿泉池；15—迷宫丛林；16—阿波罗浴场丛林；17—柱廊丛林；18—帝王岛丛林；
19—水镜丛林；20—特里阿农区；21—国王菜地

图 2-2-5 凡尔赛宫苑平面图

（1）东西向中轴线形成统领全园的主线。①中轴线处理：从宫殿向西发出的中轴线上依次有水花坛、拉通娜泉池、国王林荫道、阿波罗泉池、大运河，大运河西岸的皇家广场作为宫殿的尽端放射十条林荫道；②宫殿西侧南北向横轴水花坛两边有一对花坛：南花坛和北花坛。南花坛以柑橘园和瑞士人工湖形成外向型开放空间，北花坛有建筑丛林，包围刺绣花坛和泉池。

（2）规模宏大，风格突出，手法多变，完美的体现了古典艺术的造园原则。

（3）凡尔赛宫苑有露天客厅和娱乐场所的功能，是宫殿的延续。

（4）小林园是凡尔赛宫苑最独特、最可爱的部分，是真正的娱乐场所。

凡尔赛宫苑的缺点：宏伟有余，丰富不足，高度统一却缺少变化。

3）特里阿农宫苑

勒布都采取中国元素，模仿中国瓷器特征。

4）尚蒂伊庄园

勒·诺特尔尚蒂伊庄园改造/水景改造：设计一条南北向的纵贯花园的主轴线。在庄园的总体布局上，城堡并非控制花园的实体，相反成为花园景色的构成要素之一。

（1）营造出以水景为特色的花园风格。他将名为"农奈特"的河流引到园中，并汇聚成一条横向的大运河。接一个圆形泉池为结束，在花园中轴线上又形成一段纵向的运河。

（2）中轴两侧是一对与泉池结合的花坛，称为"水花坛"，其既是花园的构图中心，又与大运河相呼应。花园的中轴线一直延伸到运河的对岸，并以巨大的绿茵剧场作结束。

（3）经过勒·诺特尔改建后的花园，完全体现出法式园林的布局特点。

5）丢勒里宫苑（图 2-2-6）

勒·诺特尔历史上第一个"公共园林"。

丢勒里宫苑改造：

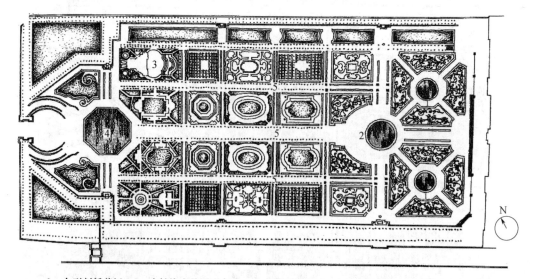

1—大型刺绣花坛；2—中轴线上的圆形水池；3—绿茵剧场；4—中轴线上的八角形水池；5—林荫道

图 2-2-6　丢勒里宫苑平面图

（1）构图上将花园与宫殿统一起来，宫殿前原有的八块花坛整合成一对大型刺绣花坛，图案更加丰富细致，在建筑前方营造出一个开敞空间。

（2）勒·诺特尔建造了一些泉池，重点是中轴线两端的圆形和八角形大水池。他根据距离变化产生的变形效果，将中轴线东侧的圆形水池加以调整，使尺度只有中轴西侧八角形水池的一半，但从宫殿一侧看去，这两座泉池体量几乎相等，视觉效果更加稳定。

（3）在竖向变化上，勒·诺特尔将花园的南北两侧的散步道抬高，形成两条林荫大道。高台地在花园西端汇合，并在中轴线上的端点上围合成环形坡度，进一步强调了中轴景观的重要性，并增加了视点在高度上的变化。

经过勒·诺特尔改造的丢勒里宫苑，在统一性、丰富性和序列性上，都得到很大改善，成为古典主义园林的优秀作品之一。

6）索园

（1）勒·诺特尔采取数条轴线纵横交织、依次出现的布局手法。他以坐东朝西的府邸建筑为中心，引伸出一条东西向贯穿城市与花园的主轴线。

（2）从东西向轴线中部的圆形大水池中，又引伸出一条南北向的主轴线，它将全园一分为二，分为东西两部分。

（3）大运河两端扩大成池，使其构图上有所变化。大运河中部也向两边凸出，形成椭圆形水面，从中引伸出全园第二条东西向轴线。

（4）从八角形泉池的中心，引伸出第二条南北向轴线，通向府邸建筑，利用地形形成跌水。索园最突出的是各种尺度水景的处理，尤其利用低洼地形开辟的大运河以及巨大的水镜面，两岸列植意大利杨，与水平的大运河形成强烈的对比。

3. 园林特征

（1）以园林艺术的形式，表现了皇权至上的主题思想。

（2）在勒·诺特尔式园林的总体布局上，府邸总是全园的中心，通常建造在地势的最高处，起着统率作用，贯穿全园的中轴线，是全园的艺术中心。

（3）法国古典主义园林要着重表现的，是君主统治下严谨的社会秩序，是庄重典雅的贵族气势，是人定胜天的艺术风格。

（4）在使用功能上，法国古典主义园林作为府邸的"露天客厅"来建造。

（5）在造园要素的运用方面，艺术地再现了法国国土典型的领土景观。在水景创作上，形成以水镜面般的效果为主的园林水景。园林以辽阔、平静、深远的气势取胜，尤其是大运河的运用。

（6）在植物方面，大量采用本土落叶阔叶乔木，集中种植在林园中，形成茂密的丛林。丛林的尺度与法国花园中巨大的宫殿和花坛协调。

（7）由于法国园林中地形比较平缓，因此布置在府邸前的刺绣花坛有重要的作用，成为全园构图的核心。

（8）在园路景观处理上，通常以水池、喷泉、雕塑及小品等装饰在路边或园路的交叉口。

（9）规模宏大，中轴线秩序空间，中轴线是全园的艺术中心，体现庄重典雅的艺术风格。

五、英国自然风景园林

（一）历史背景

1. 自然风景园的产生

英国的自然条件、政治经济和文化艺术等本土因素促使了英国自然风景式园林的形成。（1）哲学思想的影响；（2）政治体制的转变：君主立宪制的建立；（3）民族主义艺术观、民主主义思想日益高涨；（4）社会经济的影响：圈地运动；（5）回归自然的思想：坦普尔以中国园林无秩序的美，来对抗规则式造园的秩序美，被后人誉为"英国自然风景式造园的先驱"；（6）追求更大的自由；（7）视野观念的扩大：在规则式造园时期，英国的大型园林四周设有高大的围墙，后来人们运用成为"哈—哈"的界沟来代替围墙，这是对规则式园林的致命一击，因为它使得造园家的眼界前所未有的扩大了，使人们的兴奋点转向园外开阔的自然风景；（8）文学绘画的影响：风景画成为英国诗人和造园家学习的楷模。

2. 自然风景园的发展

1）不规则造园时期（洛可可园林时期）

这一时期是自然式园林的孕育阶段。

沙夫茨伯里伯爵三世是最早对自然风景园的产生形成直接影响的理论家。他将对自然美的歌颂与对园林的欣赏和评论相结合，有利于造园趣味和样式的变革。

约瑟夫·艾迪生发表《论庭园的愉悦》，提出园林越接近自然越美的观点。他的造园应以自然作为理想目标的观点，为自然风景园在英国的兴起打下坚实的理论基础。

斯蒂芬·斯威泽尔和贝蒂·兰利是率先响应艾迪生有关自然造园理论的实践者，出版的《贵族、绅士及园林师的娱乐》被看作是为规则式园林敲响的丧钟。

约翰·范布勒设计了霍华德庄园和布伦海姆宫苑。范布勒开始从风景画的角度出发考虑园林造景。

查尔斯·布里奇曼的斯陀园首次在园中运用了非行列式、不对称的植树方式，抛弃了当时还很盛行的绿色雕刻。斯陀园作为当时整形式园林向自然式过渡的代表作品，被称为不规则式园林。他首创界沟。

他们开创的不规则造园手法和要素，为真正风景式园林的出现开辟了道路。

2）自然式风景园时期

这一时期是自然风景园真正形成的时期，最重要的造园理论家是亚历山大·波普，最活跃的造园家是威廉·肯特。

威廉·肯特造园手法：（1）彻底抛弃了规则式园林的观点与手法，成为真正的自然式风景园林的创始人；（2）摒弃绿篱、笔直的园路、行列树和喷泉等规则式造园要素，"自然厌恶直线"；（3）以洛兰、普桑等人的风景画为蓝本，十分重视富有野趣的自然风景的营造；（4）擅长以十分细腻的手法来处理地形；（5）欣赏树冠平展、树姿优雅的孤植树和小树丛；（6）造园核心思想就是要完全模仿自然并再现自然，模仿得越像越好；（7）喜欢运用各种小型建筑，赋予园林浓厚的哲理和文化气息。（但常因建筑太多，显得杂乱，斯陀园中至少有38座小建筑，受到很多理论家造园家的批评。）他既受到风景画家的影响，也为后世绘画式风景园出现做了铺垫。

威廉·肯特作品有斯陀园、卢谢姆宅园、海德公园中的纪念塔、邱园中的邱宫。

3）牧场式风景园时期

这一时期是英国自然风景式造园的成熟时期。

风景画家描绘的自然和田园风光，以及英国本土还很荒野的自然和乡村风貌，成为肯特等造园家的造园蓝本。这一时期的代表人物是造园家朗斯洛特·布朗，他的作品标志着自然风景式园林的成熟，他本人被誉为"自然风景式造园之王"。

　　布朗是斯陀园的最终完成者。其主要作品有布伦海姆宫、斯陀园、查兹沃斯园、克鲁姆府邸花园。前三个是旧园改造项目，布朗被称为"潜能布朗"。

　　布朗造园手法：

　　（1）彻底抛弃了规则式造园手法，完全消除了花园与林园的区别，认为自然风景园应与周围自然风景毫无过渡地融合；

　　（2）主入口不再是正对府邸大门的笔直大道，而是采用弧形巨大的园路与建筑相切；

　　（3）利用自然起伏的地形，以大片缓和的疏林草地作为风景园林的主体，将"草地铺到门前"；

　　（4）擅长处理水景，以蜿蜒的蛇形湖面和非常自然的护岸而独具特色；

　　（5）植物种植方面：借鉴肯特和申思通处理成片树丛手法，巨大的树团与开敞的草地相得益彰，并形成从草地、孤植树、树丛到树林的自然层次变化；

　　（6）造园风格上，布朗追求极度纯净的园林景色，甚至不惜牺牲功能。

　　4）绘画式风景园时期

　　威廉·钱伯斯开辟了英国绘画式风景造园时期（与布朗同时代）。

　　布朗的造园风格在英国盛行时，钱伯斯出版了《东方造园论》，把批评的矛头直指布朗。钱伯斯的造园思想和作品为"英中式园林"在法国的兴起及在欧洲的流行作了铺垫。

　　自然派追随布朗的造园思想，也叫布朗派，代表人物雷普顿。绘画派继承了钱伯斯的绘画式造园思想，代表人物普赖斯、奈特。

　　自然派与绘画派之间争论的焦点之一是造园与绘画之间的关系。对于造园家是否要模仿画家的问题，自然派主张造园家不应模仿画家的作品，因为辽阔的自然和多变的光影是造园家难以比拟的；另一个争论焦点在于究竟是使用功能重要，还是造园画意重要。自然派倾向于使用功能，认为实用、方便、舒适的园林空间才是最重要的，而绘画派主张造园要以追求画意为主，富有感情色彩和浪漫情调。

　　雷普顿是继布朗之后，18世纪后期英国最著名的风景造园家。

　　雷普顿造园风格：

　　（1）在自然式园林中，既要避免直线型园路，又要反对毫无目的、任意弯曲的线型，在建筑与周围的自然式园林之间形成和谐的过渡；

　　（2）在植物种植方面，惯于采用散点式布置；

　　（3）园林与绘画一样，应注重光影变化而产生的效果。

　　雷普顿认为绘画与造园之间存在着四点差异：

　　（1）绘画的视点是固定的，而造园则要使人在活动中纵观全园，应设计不同的视点和视角，也就是要强调动态构图；

　　（2）园林中的视野远比绘画中更为开阔；

　　（3）绘画反映的光影和色彩是固定的，是瞬间留下的印象；而园林则随着季节和天气、时间的不同，景象变化万千；

　　（4）画家可以根据构图的需要，对风景进行任意取舍，而造园家面对的却是现实的自然，同时，园林不仅是一种艺术欣赏，还要满足实用功能。

　　雷普顿留下的作品主要有白金汉郡的西怀科姆比园。雷普顿的著作与实践中，明显反映出他将实用与美观相结合的造园思想。雷普顿的造园思想已经不像他的前辈肯特和布朗那样，追求纯净的风景式园林，而是带有明显的折中主义观点和实用主义倾向。

雷普顿是自然风景园的完成者。布里奇曼和钱伯斯等人也对自然风景园的发展起到一定推动作用。

5）园艺式风景园时期

这一时期英国自然风景园林基本定型，造园家不再追求形式的变革，而是转向了花草树木的培植上，园林布局强调植物造景所起的作用，随着海外贸易和殖民地的扩大，大量海外的树木花草被引种，使英国的植物种类大大增加，温室技术的成熟也为奇花异草的展示创造了条件。园林成为陈列各种名贵树木花草的场所。自然风景园的基本风格和大体布局经过半个多世纪的发展，已经走向成熟并基本定型。

（二）园林实例

1．霍华德城堡园林（图 2-2-7）

该园林由风景式造园理论家斯威泽尔设计。它和斯陀园一样，都是 17 世纪末规则式园林向风景式园林演变的代表性作品。范布勒、斯威泽尔是追求园林崇高美的造园先驱，寻求更加灵活自由、却不是毫无章法的园林样式。"放射丛林"被看作是英国风景造园史上具有决定意义的转变。

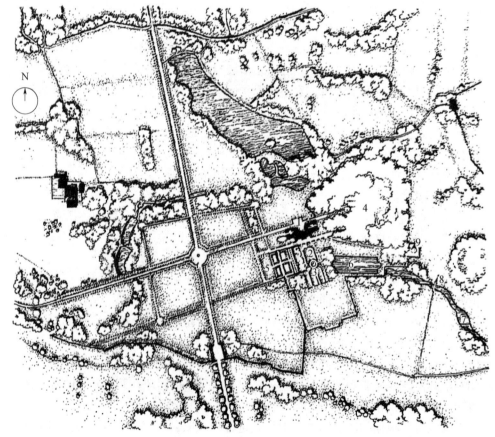

1—霍华德城堡；2—南花坛；3—"阿特拉斯"喷泉；4—树林；5—几何式花坛；
6—人工湖；7—河流；8—罗马桥；9—"四风神"庙宇

图 2-2-7　霍华德城堡园林平面图

2. 斯陀园（图 2-2-8）的改造过程

（1）造园家布里奇曼最初负责园林的建设工程，他在园地周边布置了一条界沟，使人们的视线能够延伸到园外的风景之中。这一举措使布里奇曼成为英国园林艺术由规则式园林向风景式园林转变的开创者之一。

（2）威廉·肯特代替布里奇曼，成为斯陀园的总设计师。他逐渐改造了原先的规则式园路和甬道，并在主轴线的东侧，以洛兰和普桑的风景画为蓝本，兴建了称为"爱丽舍田园"的小山谷。从山谷中流淌出一条河流，肯特还在河流边兴建了几座庙宇。肯特还建造了一座废墟式的建筑，称为"新道德之庙"。

（3）斯陀园中原有一座巨大的八角形水池，后经肯特改造成流线型护岸。

（4）肯特将直线形的界沟改成曲线形的水沟，同时将水沟旁的行列式种植改造成自然植物群落，使水沟与园林周围的自然风景更好地融合在一起。

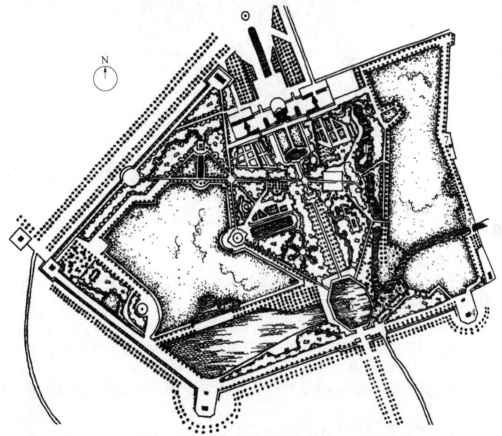

1—斯狄克斯河；2—古代道德之庙；3—英国贵族光荣之庙；4—友谊之庙；5—帕拉第奥式桥梁；
6—八边形水池；7—哥特式庙宇

图 2-2-8　斯陀园平面图

3. 斯图海德园（图 2-2-9）的改造

（1）小亨利·霍尔首先将流经庄园的斯图尔河截流，并在园中形成一连串的湖泊；

（2）湖心岛和堤坝划分出丰富的空间层次，周围是小山丘和舒缓的山坡；

（3）沿岸的植被或是茂密的树丛，或是伸入水中的草地；

　　(4) 环湖布置的园路与湖面若即若离；

　　(5) 水系或宽或窄，或从假山洞中缓缓流出；

　　(6) 水面动静结合，变化万千；

　　(7) 沿岸设置了各类园林建筑。

　　斯图海德园借鉴了圆明园的布局手法，采用环形园路和建筑景点题铭等。沿湖开辟的一系列风景画面，产生步移景异的动态景观效果。

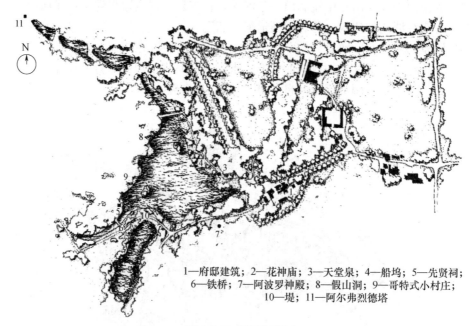

1—府邸建筑；2—花神庙；3—天堂泉；4—船坞；5—先贤祠；
6—铁桥；7—阿波罗神殿；8—假山洞；9—哥特式小村庄；
10—堤；11—阿尔弗烈德塔

图 2-2-9　斯图海德园

　　4. 查兹沃斯园（图 2-2-10）

　　该园以丰富的园景和长达四个世纪的造园变迁史而著称。人们可以同时欣赏到"最奇妙的山谷和最令人愉悦的花园"。

　　查兹沃斯园的改造：

　　(1) 改造重点是花园四周的沼泽地，布朗重新塑造了自然地形，铺上草地。他最关心的是将河流融入风景构图中。

　　(2) 布朗首先采取隐蔽的堤坝，将称为"德尔温特"的河流截断，汇聚成一段自然式湖泊。

　　5. 布伦海姆宫苑（图 2-2-11）的改造

　　(1) 首先改造了花坛台地的地形，并在园中广泛种植草坪，将草地一直延伸到巴洛克式宫殿的前面；

　　(2) 布朗重点改造了范布勒建造的桥梁两侧的格里姆河河段，在桥梁的东西两侧形成开阔的水面；

　　(3) 借鉴了肯特处理树丛的手法，形成舒缓优美的疏林草地；

　　(4) 创建的风景园总是以蜿蜒曲折的蛇形湖泊和完全自然的驳岸为特色。

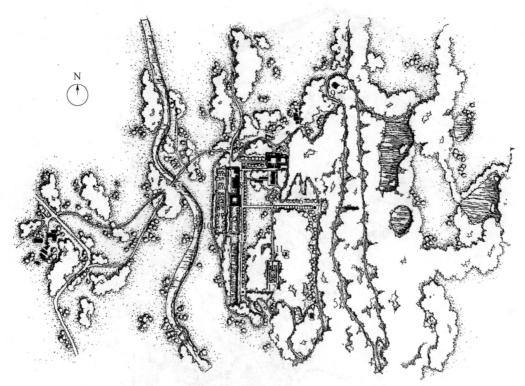

1—林荫道；2—玛丽王后凉亭；3—海马喷泉；4—德尔温特河流；5—帕拉第奥式桥梁；6—大瀑布；7—浴室；
8—府邸建筑；9—亨廷塔；10—西侧花园；11—威灵通岩石山；12—迷园

图 2-2-10　查兹沃斯园

6. 邱园（图 2-2-12）

邱园现在又称"皇家植物园"。钱伯斯在邱园中建造了一些"中国式"建筑物，以"中国塔""孔子之家"最为著名。

（三）园林特征

英国自然风景式园林的重要特征是借助自然的形式美，加深人们对自然的喜爱之情，将表现自然美作为造园的最高境界。

1. 相地选择

英国自然风景式园林大多是由过去皇家园林或贵族的规则式园林改造而成，造园家将整形的台地、林荫道、树丛、水池，改造成自然式缓坡地形、树团、池塘等。园林四周的自然风貌或田园风光，成为造园的基础。

2. 园林布局

在园林布局上，尽可能避免与自然冲突。（1）大片的缓坡草地成为园林的主体，延伸到府邸的周围；（2）利用自然起伏的地形，一方面阻隔视线，另一方面形成各具特色的景区；（3）建筑不再起主导作用，而是与自然风景相融合；（4）全园没有明显的轴线或规则对称的构图，重视亲切宜人的自然气息；（5）水体设计自然式驳岸；（6）园路设计以平缓的蛇形路为主；（7）种植形成孤植树、树团、树林等渐变层次。

3. 造园要素

（1）"哈—哈"墙又称隐垣或界沟，以环绕园林的宽壕深沟代替了环绕花园的高大

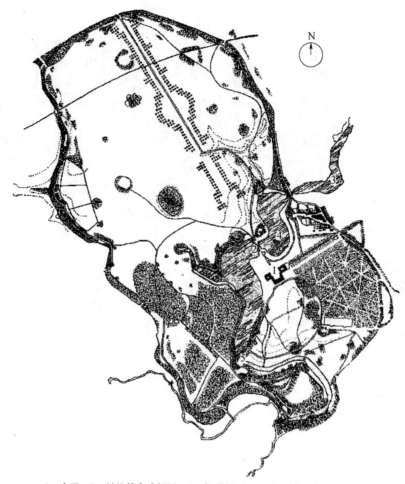

1—宫殿；2—帕拉第奥式桥梁；3—格利姆河；4—伊丽莎白岛；5—堤坝

图 2-2-11　布伦海姆宫苑平面图

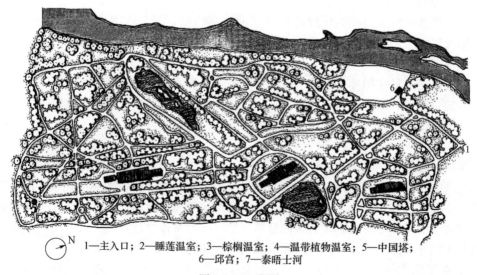

1—主入口；2—睡莲温室；3—棕榈温室；4—温带植物温室；5—中国塔；
6—邱宫；7—泰晤士河

图 2-2-12　邱园

围墙。除了界定园林范围、区别园林内外、防止牲畜进入园内造成破坏之外，还使得园林的视野前所未有地扩大，使园林与周围广袤的自然风景融为一体。

（2）植物要素：疏林草地成为英国自然风景园中最具特色的植物景观。树木采取不规则的孤植、丛植、片植等形式，乔木、灌木与草地的结合及自由的林缘线，使整个园林如同一幅优美的自然风景画。除了作为建筑的前景或背景外，植物还起到隔离、障景的作用，以增加景色的层次与变化。利用彩叶树和花木创造欢快的园林气氛。花卉的运用主要有两种形式，一是在府邸周围建有小型花园，二是在小径两侧，饰以带状种植的花卉。

（3）水体要素：少有动水景观，而是以自然形态的水池，构成镜面般的静水效果。蜿蜒流淌的小溪也给园林增添了变化与灵性。在府邸周围比较醒目的位置，运用一些几何式水池、喷泉做装饰，并没有完全摒弃规则式水景的应用。

4. 建筑要素

将点缀性建筑物引入园林，代替了规则式园林中常见的雕像作为园林景点的主题。帕拉第奥式和哥特式建筑风格，也是风景园中常见的建筑样式。常用岩石假山代替规则式园林中常见的洞府，内置雕像。园桥也是自然风景式园林中常见的构筑物。园林中还常设有园门、壁龛等建筑小品。

六、欧洲其他国家园林

（一）荷兰园林

荷兰勒·诺特尔式园林：小范围模仿法式园林的营造活动。《荷兰造园家》一书被看作是最通俗的造园理论书籍。

1. 园林实例

赫特·洛宫苑（惊奇喷泉）、海牙皇宫花园。

2. 荷兰勒·诺特尔式园林特征

（1）规模不大，布局紧凑，园路狭窄，园亭尺度较小，与人尺度和谐；

（2）水景充沛，水渠构成荷兰勒·诺特尔式园林的典型特征之一；

（3）造型植物的运用；

（4）漏景墙：（与中国漏窗相似）布置在林荫道尽头，借景园外；

（5）郁金香、柑橘树的栽培。

（二）德国园林

1. 勒·诺特尔式园林

1）园林实例

海伦赫森宫苑、维肖凯姆花园。

2）园林特征

（1）布局构图上，圆形或半圆形成为德国园林偏好的构图形式之一；

（2）造园技法和要素方面，严谨细腻。

2. 自然风景式园林

慕尼黑的"英国园"和宁芬堡风景园，不仅是斯科尔的代表作品，也是德国风景式造园鼎盛时期的代表。

1) 园林实例

无忧宫、沃尔利兹园、威廉山园、霍恩海姆风景园。

2) 园林特征

将荒弃的城堡作为园林景点的手法十分流行，甚至在园中营造"废墟"。

(三) 奥地利园林

1. 园林实例

宣布隆宫花园：奥地利最重要的勒·诺特尔式园林作品。

2. 勒·诺特尔式园林特征

尽可能开辟平缓而开阔的台地，在园内制高点上兴建作为观景台的宫殿或亭台，通过借景园外而扩大园林的空间感，由此构成了奥地利勒·诺特尔式园林的主要特征。

(四) 俄罗斯园林

俄罗斯勒·诺特尔式园林实例：彼得堡夏宫花园。

第三节　日本古典园林史

日本历史分为古代、中世、近世和现代四个时代，每个时代又分成若干朝代。园林历史亦据此而分成古代园林、中世园林、近世园林和现代园林四个阶段。古代园林指大和时代、飞鸟时代、奈良时代和平安时代的园林（日本国都经常搬迁，每个朝代都是以国都所在地命名，如奈良时代的京城在奈良）；中世园林指镰仓时代、室町时代和南北朝的园林；近世园林指桃山时代和江户时代的园林；现代园林指的是明治时代以后的园林，包括明治、大正、昭和及大成时代的园林。

总体上看，日本园林源于中国，从汉末开始，日本不断向中国派出汉使，到平安时期宇多天皇宽平六年（公元894年）之间共655年，全方位学习中国文化。平安时代后期，停止派出汉使，以后又有恢复，但大不如前，日本人开始把中国文化进行日本化（也称和化）。随着航海技术的提高，民间来往有所增加，中国学者和艺人的东渡，使日本造园技术又进一步提高。

一、古代园林

(一) 大和时代（公元300—592年）

大和时代正值中国的魏晋南北朝时代（公元220—581年），故园林在带有中国殷商时代苑囿特点的同时，也带有该时期的自然山水园风格，属于池泉山水园系列。园中有游船，表明日本园林一开始就与舟游结下了不解之缘。从源流上看，日本园林并未经过像中国那样长久的苑囿阶段。园中活动丰富，进一步表明日本园林源于中国的史实。从技术上看，当时园林就有池、矶，而且是纯游赏性的，可谓技术先进。从活动上看，曲水宴的举行和欣赏皆是文人雅士所为，显出当时上层阶级的文化层次之高足以达到审美的境界。

该时期园林为皇家园林，属于池泉山水园系列，特点是宫馆环池、环墙或环篱，苑内更有池、泉、游、岛及各种动植物。

这一时期的园林实例有掖上池心宫、矶城瑞篱宫、泊濑列城宫等。

（二）飞鸟时代（公元 593—710 年）

1. 历史背景

公元 6 世纪中叶，日本社会由奴隶制向封建制过渡，为巩固封建制度和专制国家，日本大量吸收中国封建朝廷的典章制度和文化。佛教便从中国经百济传入日本，中国佛教的传入，同时也给日本带去了高度繁荣的中国文化，造园艺术即为其一。取法中国的园林形式，日本造园得以迅速发展，中国以池、岛为骨干的庭园形式，在飞鸟时代的日本已基本确立。这种以池泉代表大海，池中设置小岛代表海上漂浮着的神仙岛的池泉式庭园的形式开始成为日本上流社会推崇的庭园形式，这一时期是日本庭院文化的起步时期。

2. 园林特征

（1）从技术源流上看，来源于中国，经朝鲜传入。

（2）从内容上看，依旧是以池为中心，增设岛屿、桥梁建筑，环池的滨楼是借景之所，也是池泉园的标志之一。

（3）从文化上看，在池中设岛，与《怀风藻》中所描述的蓬莱仙山是一致的，表明园林景观受到中国神仙思想的影响，在水边建造佛寺及须弥山都表明佛教开始渗入园林。

（4）从类型上看，不仅皇家有园林，私家园林也出现了。不仅在城内有园林，在城外的离宫之制亦初见端倪。

（5）从传承上看，池泉式和曲水流觞与前朝一脉相承。

（6）从手法上看，该时代首创了洲浜的做法，成为后世的宗祖。橘子和灵龟作为吉祥和长寿的象征而登堂入室。

（三）奈良时期（公元 710—794 年）

1. 历史背景

公元 710 年，日本首都迁到平城京（现奈良），奈良时代是日本全面吸收盛唐文化并在此基础上形成日本灿烂古典文化的繁盛时期，整个平城京（图 2-3-1）就是仿照当时中国的首都长安而建。奈良城周围兴建了大量中国式园林，以水为中心，有水源，水中有岛，也是一种池泉式庭园，但规模、法则更加规范化，比飞鸟时代更进一步。水池一面有厅堂，其余三面绿化，规模不大，水不可泛舟，代表作品是奈良城中心三条二坊大坪宅园。史载园林有平城宫南苑、西池宫、松林苑、鸟池塘和城北苑等，另外还有平城京以外的郊野离宫，如称德天皇（公元 718—770 年）在西大寺后院的离宫。城外私家园林还有橘诸兄（公元 684—757 年）的井手别业、长屋王（公元 684—729 年）的佐保殿和藤原丰成的紫香别业等。

2. 园林特征

（1）从造园数量上看，奈良时代建园远超过前朝。

（2）从喜好上看，热衷于曲水建制。

（3）从做法上看，神山之岛和出水洲浜并未改变。

（4）从私园上看，朝廷贵族是建园的主力军。

（四）平安时期（公元 794—1185 年）

1. 历史背景

公元 784 年，为了避免奈良日益强大的佛教势力对政治的干涉；同时，奈良地区水源缺乏，而京都地区有加茂川和高野川，水源丰富。恒武天皇决定迁都平安京（现京都城）。

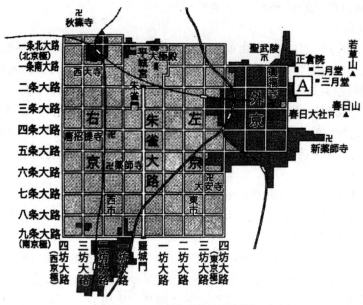

图 2-3-1　平城京条坊复原图

　　像奈良的平城京一样，平安京的格局也模仿唐代长安，规模与平城京相近而略大一些。

　　这一时期是日本园林史上的辉煌时期，园林较发达，舟游式池泉庭园为一个重要类型。文化上，吸收中国唐文化和汉代佛教，摆脱了完全模仿，完成了汉风文化向和风文化的过渡，而形成复合、变异的阶段。反映在园林中，出现了类型、形式上的差异。日本最古老造园书《作庭记》（梦窗国师）也出现在此时，书中描述了寝殿造园林的构筑方法。平安时代后期，日本社会风行佛教的净土教，开始出现了具有极乐净土思想含义的庭园形式，如平等院凤凰堂（图 2-3-2）。

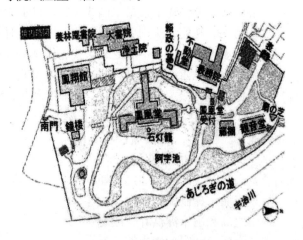

图 2-3-2　平等院凤凰堂平面图

　　2. 园林类型

　　（1）私家园林：日本出现了寝殿造建筑，园林对应而成为寝殿造庭园，从池泉庭园和寝殿建筑结合来分成三个部分，即寝殿造建筑—露地—池岛。代表："东三原殿"园林（中岛和露地以拱桥联系；露地上进行礼仪社交活动）。

（2）皇家园林：水面较大，可行舟。代表：神泉苑、朱雀院、淳和院、嵯峨院。

（3）寺庙园林：受中国道家神仙思想的影响和中国汉代佛教的净土宗的影响而形成的"净土宗"庭园，带有宗教意义，以自然式风景庭园为主体，不仅有池、泉、岛、树、桥，还有亭台、楼阁等，寺院中大门、桥、中岛、金堂、三尊石共处一轴线。

3. 园林特征

平安时代的园林总体上受唐文化影响十分深刻，中轴、对称、中池、中岛等概念都是唐代皇家园林的特征，在平安初的唐风时期表现更为明显，在平安中后的国风时期表现较弱，主要变化就是轴线渐弱，不对称地布局建筑，自由地伸展水池平面。所以说，由唐风庭园发展为寝殿造庭园和净土庭园是平安时代的最大特征。

二、中世园林

中世纪的镰仓时代和室町时代，日本社会进入了幕府时期，整个社会武士当权，社会文化也反映出武士的特征。同时，这个时期的日本社会的基本方面已在中国文化的影响下逐渐发展起来，具有日本特色的日本庭园文化也在这样的背景下产生。具体来说就是在庭园的设计上开始强调禅宗思想，并在此基础之上出现了禅宗庭园，掀起了在庭园形式和风格上追求禅意和精神世界的风潮。

（一）镰仓时期（1185—1333 年）

1. 历史背景

镰仓时代是以镰仓为全国政治中心的武家政权时代，同时也是日本社会政治、经济、文化、艺术等各个方面大力吸取和发展中国经验的阶段。从 12 世纪末起，武士们掌握了各级政府，政治上由贵族专权转为武士当权，社会仍然动荡不安，佛家思想深入人心，其影响也遍及社会生活的每一个方面，日本园林从此走向宗教园林。

2. 园林特点

纵观镰仓时代，园林作品多，遗存也多，整个朝代的武家政治和动荡社会使人们试图远离尘世的不安，遁入佛家世界。寺院园林大盛，依然维持前朝的净土园林格局，具体做法上还是中心水池、卵石铺地、立石群、石组、瀑布等，景点布局也从舟游式向回游式发展，舍舟登陆，依路而行，大大增加了游览乐趣。后期流行的禅宗思想，使一大部分寺院改换门庭，归入禅林。在寺园改造和新建的过程中，用心字形水池表示心定专一、力求顿悟，同时产生了禅宗及其影响之下的枯山水创始人梦窗疏石。

枯山水特点：利用石组、白砂铺地表达一种山水式庭园，其中立石表现群山，石间有叠水和小溪，并留过山谷间汇入大海（情景描写）。也有通过一片白砂来表现宽广的大海，其间散置几处石组来反映海岛等象征的表现。

（二）室町时期（1333—1573 年）

1. 历史背景

传统贵族文化与新兴的武家文化及市民文化融为一体，同时完成了对唐、宋、元文化的吸收和消化，形成独立的日本文化。这一时期，禅宗日益流行，禅宗的崇尚虚无、追求静心顿悟的精神与生活在危机四伏中的日本人的内心渴求十分契合，许多武家都皈依于禅宗，为此，禅宗寺院大兴。而禅宗的哲理和同期传入的南宋山水画的写意技法，对寺院庭园产生了重大影响，"枯山水"成为一种最具象征性的庭园模式。室町时期是日本庭园的黄金时代，自这一时代开始，日本园林风尚发生了本质的变化。

2. 园林实例

（1）大德寺大仙院（图2-3-3），1513年左右设计建成。园分两庭，皆为独立式枯山水，南庭无石组，皆为白沙，东庭则按中国立式山水画模式设计成二段枯瀑布，以沙代水，瀑布经水潭过石桥弯曲缓缓流去。

（2）龙安寺方丈院（图2-3-4），1488年由梦窗国师的弟子设计，由15块石头造成，分成五组，象征5个岛群，摹拟海中之岛，沙象征海景。

图2-3-3 大德寺大仙院

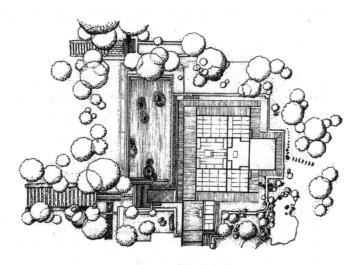

图2-3-4 龙安寺方丈院

3. 园林特点

（1）从造园主人上看，武家和僧家造园远远超过皇家。

（2）从类型上看，南北朝产生的枯山水在此得到广泛地应用，独立枯山水出现；室町末期，茶道与庭园结合，初次走入园林，成为茶庭的开始；书院在武家园林中崭露头角，为即将来临的书院造庭园揭开序幕。

（3）从手法上看，园林日本化成熟，主要表现在：轴线式消失，中心式为主，以水池为中心成为时尚；枯山水独立成园；枯山水立石组群的岩岛式、主胁石成为定局。

（4）从传承上看，枯山水与池泉并存式，或池泉为主、只设一组枯瀑布石组的多种园林形式都存在，表明枯山水风格形成，而且独立出来。特别是枯山水本身式样由前期的受中国两宋山水画影响到本国岛屿模仿和富士山模仿都是日本化的表现。

（5）从景点形态上看，池泉园的临水楼阁和巨大立石显出武者风范。

（6）从游览方式上看，舟游渐渐被回游取代，园路、铺石成为此朝景区划分与景点联系的主要手段。

（7）从人物上看，这一朝代涌出的造园家如善阿弥祖孙三人、狩野元信、子健、雪舟等杨、古岳宗亘等都是禅学深厚、画技高超的人物，有些人还曾留学中国。

（8）从理论上看，增园僧正写了《山水并野形图》，该书与《作庭记》一起被称为日本最早的庭园书；另外，中院康平和藤原为明合著了《嵯峨流庭古法秘传之书》。

枯山水创始人——梦窗疏石的作品京都西方寺、梦窗国师的弟子相弥阿的作品京都龙安寺都是镰仓末期、室町初期枯山水的代表作，也是日本传统园林的传世之作。在日本造园史上，西方寺标志着一个明确的转变。从此，禅宗进入园林之中，园林开始向抽象化方向发展。

三、近世园林

(一) 桃山时期 (1573—1603 年)

1. 园林背景

这一时期，战国时代结束，国家重新统一。经过长期战乱后的日本，在社会改革中采取了强有力的措施，中央政权空前强大，手工业和商业蓬勃发展，社会趋向稳定。室町时期出现的茶道，到桃山时期逐渐盛行，并从精神落实到实践，以简约朴素、枯寂清幽的园林意境与大将军庭园的壮观辉煌、绚丽多彩和飞扬跋扈相抗衡。

2. 园林特征

(1) 从园林类型上看，有传统的池庭、豪华的平庭、枯寂的石庭、朴素的茶庭。桃山时代不长，武家园林中人力的表现有所加强，书院造建筑与园林结合使得园林的文人味渐浓。

(2) 从茶室露地 (图 2-3-5) 的形态看来，园林的枯味和寂味仍旧弥漫在园林之中，与中国明朝的以建筑为主的诗画园林相比，显而易见地是自然意味和枯寂意味更重。

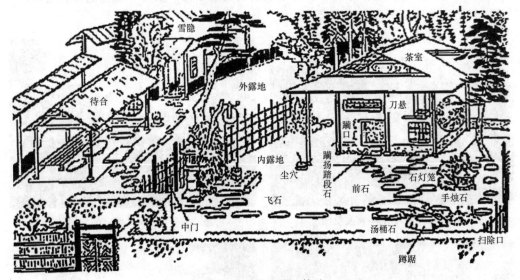

图 2-3-5　茶室露地构造

著名造园名家贤庭、千利休、古田织部等都产生于这一时代。

从园林理论著作来看，这一时期有矶部甫元的《钓雪堂庭图卷》和菱河吉兵卫的《诸国茶庭名迹图会》。

(二) 江户时期 (1603—1867 年)

1. 园林背景

江户时期的日本，政治稳定，社会逐渐安定和繁荣，封建文化在近三百年的发展历程中达到了顶峰。儒家取代佛家在思想上居于统治地位，儒家的中庸思想将园林的综合性进一步提高，江户中期以后的庭园，也逐渐失去了室町时代的禅位。

这一时期是日本园林的黄金时期，日本庭园在中世纪萌芽的日本庭院文化的基础上，进入了新的发展时期。造园技术和造园风气开始在日本社会中普及和盛行，出现了集多种庭园形式于一身的庭园形式和风格，这个时期池泉回游式庭园、大名庭等庭园形式形成。

2. 园林类型

（1）皇家园林。代表：修学院离宫（图2-3-6）、仙洞御所庭园（图2-3-7）、京都御所庭园（图2-3-8）等。

（2）武家园林。代表：金泽兼六园（图2-3-9）、小石川后乐园、六义园、冈山后乐园等。其中保留至今的桂离宫（图2-3-10）、仙洞御所、修学院离宫、京都御所，号称"京都四大名园"，代表了日本传统庭园的主要风格和特征。

（3）寺观园林。代表：金地院庭园、大德寺方丈庭园、孤蓬庵庭园、东海庵庭园、曼殊院庭园等。

（4）茶庭。代表：不审庵庭园、今日庵庭园、燕庵庭园等。

3. 园林特征

（1）从园主来看，表现为皇家、武家、僧家三足鼎立的状态，尤以武家造园为盛，佛家造园有所收敛，大型池泉园较少，小型的枯山水多见，反映了思想他移、流行时尚转变、经济实力下降等几方面因素。

图2-3-6　修学院离宫实景图

图2-3-7　仙洞御所庭院实景图

图2-3-8　京都御所庭园实景图

图2-3-9　金泽兼六园实景图

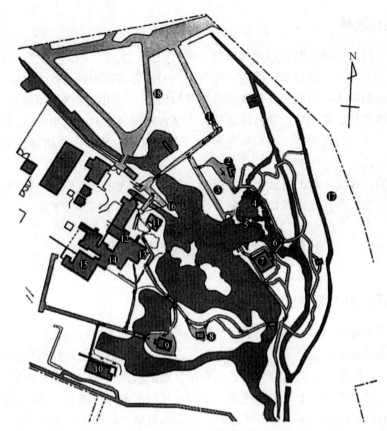

1—御幸门；2—外腰掛；3—苏铁山；4—洲浜；5—天之桥立；6—石桥；7—松琴亭；8—赏花亭；
9—园林堂；10—笑意轩；11—月波楼；12—古书院；13—月见台；14—中书院；15—新御殿；
16—住吉之松；17—桂垣；18—穗垣

图 2-3-10 桂离宫平面图

（2）从思想上看，儒家思想和诗情画意得以抬头，在桂离宫及后乐园、兼六园等名园中显见。

（3）从仿景来看，不仅有中国景观，也有日本景观。

（4）从园林类型上看，茶庭、池泉园、枯山水三驾马车齐头并进，互相交汇融合，茶庭渗透到池泉园和枯山水，呈现出胶着状态。

（5）从游览方式上看，随着枯山水和茶庭的大量建造，坐观式庭园出现，虽有池泉但观者不动，但因茶庭在后期游览性的加强，以及武家池泉园规模广大和内容丰富等诸多原因，回游式样在武家园林中一直未衰，只是增添坐观式茶室或枯山水而已。

（6）从技法上看，枯山水的几种样式定型，如纯沙石的石庭、沙石与草木结合的枯山水。

这一时期，小堀远州、东睦和尚、贤庭、片桐石州等造园家取得了令人瞩目的成就，尤以小堀远州为最。

在园林理论方面，有北村援琴的《筑山庭造传》前篇，东睦和尚的《筑山染指录》，离岛轩秋里的《筑山庭造传》后篇等。数量之多、涉及之广远超前代。

四、现代园林

现代园林指的是明治时代以后的园林，包括明治、大正、昭和及大成时代的园林。

明治时代在政治上提倡与民同乐，迎合了当时世界范围内的资本主义民主革命。伴随着民主思想的抬头，面向公众开放的公园开始出现。运用西洋造园法营建的公园，大量地使用缓坡草地、花坛喷泉及西洋建筑。许多古典园林在改造时也加入缓坡草地，开放成为公园。这一时代的造园家以植冶最为著名，他把古典和西洋两种风格进行折中，创造了新的形式。

明治以后，在尝试新的造园手法的同时，仍营建了许多传统形式的庭园，其中出现了代表明治、大正年代庭园特征的草庭，代表昭和时期新风格的杂木庭。

第四节 不同风格古典园林比较

一、世界东西方园林比较

由于文化传统不同，世界各民族的造园艺术必然各具其独特的风格。概括地讲，有两种园林风格最典型，也最引人注目：在西方，以法国古典主义园林为代表的几何形式园林；在东方，以中国古典园林为代表的再现自然山水式园林。前者主要是在理性主义的哲学和美学思想的支配下更多地注重人工美，其特点是强调整齐一律、均衡对称，并极力推崇几何形式的图案美。后者所走的则是崇尚自然美的路子，强调"虽由人作，宛自天开"，以再现自然的方法来谋求诗情画意般的意境美，这显然是另一种哲理和审美趣味的产物（图 2-4-1）。

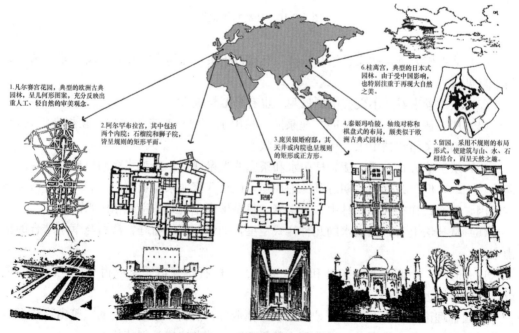

图 2-4-1 东西方园林实例图

二、中国与各国园林比较

(一) 中日园林对比

中国园林与日本园林的比较见表 2-4-1。

表 2-4-1　中国园林与日本园林的比较

		中国	日本
自然环境	国土面积	幅员辽阔，一定程度上形成了中国人的大尺度观念，在园林规模上有所体现	国土面积较小，由于受到土地面积的限制，造园面积利用率低，园林规模相对较小
	地形	幅员辽阔，地形复杂，园林水景营造中多以引自然河水而成	日本的真山普遍低于中国真山的高度，用以摹拟真山的假山中，就能明显形成高度及体量上的差别。日本园林水景是因泉而积池
	建筑	北方园林建筑风格端庄厚重，功能上以防寒为主；江南园林建筑风格小巧玲珑，功能上以采光为主；岭南园林建筑风格疏朗俊秀，功能上以通风为主	由于气候炎热，雨量充沛，盛产木材，木质结构住宅成为日本建筑的传统形式。建筑尺度较小，一般不用实墙，以推拉门窗替代，以此来创造通风、舒适的环境空间。随着时代的发展，建筑风格也呈现出不同的形式
	植物	中国园林植物因南北地理气候的差异，植物配置形式多样，在植物的选择及运用方式上都出现了较大差别	日本温度较高，雨量充足，植物长势良好，形式多样化
园林类型	类型	分为皇家园林、私家园林和寺观园林三大类，偏重于皇家园林和私家园林。皇家园林规模大，气势雄厚，结构上，轴线明晰，对称明显；私家园林规模相对较小，诗情画意，文人意味浓厚；寺观园林则风格不明显，依附于文人园林，普遍与私家园林相似	分为皇家园林、私家园林和寺院园林三大类，其中更偏向于私家园林和寺院园林。皇家园林规模小，气势弱，装饰素雅；私家园林表现为武家园林，规模大，装饰华丽，在气势和风格上表现最明显；寺院园林风格明显，宗教氛围浓厚
	布局	追求山水并存，园林强调幽深曲折、疏密有致、灵活多变的布局形式，追求步移景异的魅力，极具强烈的艺术内涵气息	在营造过程中，避免人工斧凿的原则，强调体现自然、象征自然
文化思想		"儒家""道教"两大思想并存，重礼制的皇家园林重儒学，隐逸和出世的文人园林偏重道教	佛教与儒家思想成为社会的主流意识，禅宗思想对日本文化影响最为深远，也迎合了当时社会文化水平较低的日本武士阶层的精神需求
造园手法	空间	中轴式和中心式并存；划分偏于实隔和园中园的形式	中轴式向中心式发展；划分偏于虚隔，无园中园
	造园材料	真山真水，建筑华丽，楼廊多	枯山枯水，建筑朴实，茶室多

(二) 中英园林对比

中国自然山水园林与英国自然风景式园林的比较见表 2-4-2。

表 2-4-2　中国自然山水园林与英国自然风景式园林的比较

	中国	英国
空间组织	幽深、隐逸，表现为内向的自然	没有围墙，更加开阔，表现为外向的自然
园林功能	精神功能为主	物质功能与审美愉悦相结合
造园手法	侧重于表现主体对物象的审美感受和因之而起的审美情感。通过对大自然及构景要素的典型化、抽象化，不受地段限制，能小中见大，师法自然而高于自然	侧重于再现大自然风景的具体实感，把大自然的构景要素经过艺术组合，相应于用地大小而呈现在人们眼前，审美情感蕴含于被再现的景观总体之中
场所原型	场所实质是"内部"和"私有"	场所实质更接近于"外部"和"公共"
相同点	同为风景式园林，以大自然为创作本源；园林强调情感的表达；中国园林艺术对英国学派产生深远的影响，18 世纪中叶，"中国热"达到高潮，许多评论和介绍中国园林的书籍和图册大量出现，中国式的元素成为英国园林中一时的风尚	

（三）中法园林对比

法国园林与中国园林的比较见表 2-4-3。

表 2-4-3　法国园林与中国园林的比较

	法国	中国
城市背景	城市形态自由，花园形成于封建晚期，掌握政权后开敞。要求建立统一集中、有秩序的严谨布局。城市是中世纪的产物	城市为方整布局，花园产生于中央集权，皇帝希望在花园中摆脱日常严谨的生活。城市是固有的，园林与主权有关系
文化思想	禅宗思想，推崇意蕴，以小见大、见微知著	人文主义精神，突出人的地位和人对自然的驾驭能力。强调理性至上，为王权服务的倾向愈来愈鲜明
布局形式	对称均衡，几何式构图	自然式，曲折
造园要素	建筑统领园林，不与园林相互渗透；欣赏树木花卉的多种颜色及表面材料的表象，不欣赏其单株形态	建筑不统领园林，建筑开敞、园林化，与园林相互渗透；欣赏树木花草本身美，不仅欣赏其形，还欣赏其质
园林功能	休憩、观赏、种植生产功能，审美与实用性结合在一起	园林除具有观赏游憩功能，还具有文人墨客自省和寄托情怀的功能
造园师	建筑师附带设计园林，建筑师地位高	诗人、画家等文人墨客成为造园师，建筑师不等同于匠人

三、中国南北方园林比较

1. 从处理手法上看（图 2-4-2）

南、北园林所遵循的原则大体上是一致的。但毕竟由于各自服务的对象不同，所处地区的气候条件不同，传统和风俗习惯不同，因而使得南、北园林又都保留着各自的特点和不同的艺术风格。这种特点和差异首先表现在平面布局上，总的讲来，北方皇家园林的布局较严整；南方私家园林则较自由活泼。

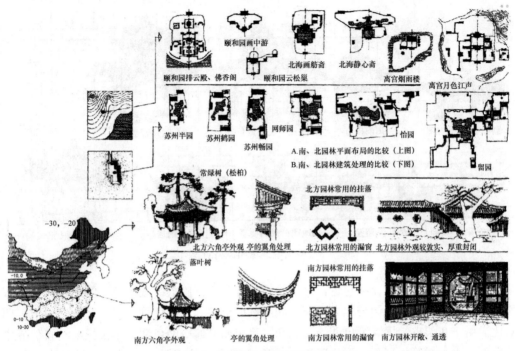

图 2-4-2　中国南北造园风格对比（一）

2. 从建筑体形方面看

无论从建筑的整体或细部处理方面看，北方园林都比较敦实、厚重、封闭；而南方园林则极其轻巧、玲珑、通透、开敞。

3. 从建筑尺度上看

除平面布局及建筑处理外，南、北园林建筑在尺度方面的差异也是十分明显的。北方皇家园林建筑如果与宫殿建筑相比，其尺度确属较小的一类，按营造则例规定，后者属于大式做法，前者属于小式做法。但尽管如此，如果拿它和南方私家园林建筑作比较，它的尺度依然要大得多。由此可见，江南园林建筑其尺度之小巧，实在是到了无以复减的地步。这里以厅堂、楼阁、亭等三类建筑分别作比较，从比较中可以看出，同类的建筑，在江南园林中属最大者，但在北方园林中仅属中等甚至是较小者（图 2-4-3）。

4. 从建筑色彩上看

南、北园林建筑的色彩处理也有极其明显的差别，即北方园林较富丽，南方园林较淡雅。总体讲来，与宫殿、寺院建筑相比，园林建筑的色彩处理还是比较朴素淡雅的，例如承德离宫中的澹泊敬诚殿，不仅没有运用琉璃瓦作为屋顶装饰，而且木作部分也一律不施油漆彩画，而使楠木本色显露于外，从而给人以朴素淡雅的感觉。但某些北方皇家苑囿如颐和园、北海等，虽然有些建筑也是采用青瓦屋顶、苏式彩画等比较调和、稳定的色调来装饰，但其主要部分的建筑群如排云殿、佛香阁等，其色彩处理依然十分富丽堂皇。这样，建筑与自然山水、树木之间从色彩方面构成一种极为强烈的对比关系。

与北方园林建筑相比，江南私家园林建筑的色彩处理则是十分朴素淡雅的。在这里，构成建筑的基本色调不外是有限的几种：第一，以灰色的小青瓦作为屋顶；第二，

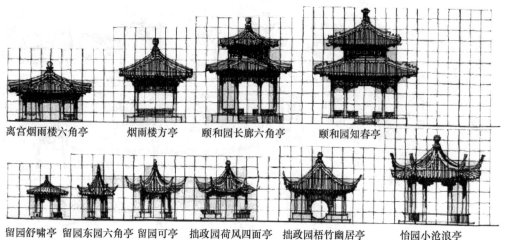

离宫烟雨楼六角亭　　烟雨楼方亭　　颐和园长廊六角亭　　颐和园知春亭

留园舒啸亭　留园东园六角亭　留园可亭　拙政园荷风四面亭　拙政园梧竹幽居亭　　怡园小沧浪亭

图 2-4-3　中国南北造园风格对比（二）

全部木作一律呈栗皮色或深棕色，个别建筑的部分构件施墨绿或黑色；第三，所有院墙均为白粉墙，这样的色调与北方皇家苑囿那种以金碧辉煌而炫耀富贵、至尊，形成鲜明对比。由于灰栗皮、墨绿等色调均属调和、稳定而又偏冷的色调，不仅极易与自然界中的山石、水、树等相调和，而且还能给人以幽雅宁静的感觉。白粉墙在园林中虽较突出，但本身却很高洁，正可以借色调对比以破除可能出现的沉闷感。

第五节　近现代国际风景园林发展动态

一、近代国际风景园林

（一）分期

近代国际风景园林时期的时间界限不很明显，囿于资料，本书对近代风景园林的时间划分不作深入讨论。工业文明兴起，带来了科学技术的飞跃进步和大规模的机器生产方式，为人们开发大自然提供了更有效的手段。"人定胜天"，人们理解自然，也逐步地在控制大自然，两者的理性适应状态更为深入广泛。然而，人们对大自然的掠夺性索取过多，必然要遭受到它的惩罚，两者从早先的亲和关系转变为对立排斥的关系。

（二）近代国际风景园林的发展

作为古典园林和现代园林的中间环节，近代风景园林有着承前启后的作用。本书对18世纪至19世纪末这一期间的风景园林的发展作一概括，权且作为近代风景园林的历史。

18世纪是一个理性思想大发展的时代，这一时期有三种思潮：西方古典主义、中国风和英国学派。这三种思潮在艺术与文学领域中有很大影响，也体现在了风景园林的规划设计中。在18世纪，法国和意大利的几何式的景观规划起着决定性的影响。由于哲学和艺术的独立发展，法国的园林规划设计较为多样化，具有相应的独创性。英国自然主义倾向在18世纪才逐渐从盛行的法国、意大利古典主义中突显出来，表现出其自身的独特性和艺术价值。

二、现代国际风景园林

(一) 分期

(1) 20 世纪初至 20 世纪 60 年代是现代园林时期,其典型特征是功能至上;

(2) 20 世纪 60 年代以后进入了当代园林时期,其特征与建筑学相似,进入到一个探索、反叛、多元化发展的时代。

(二) 现代园林的诞生

现代园林发端于 1925 年的巴黎"国际现代工艺美术展"(Exposition des Arts Decoratifs et Industrials Modems)。20 世纪 30 年代由罗斯、凯利、爱克勃等人发起的"哈佛革命",则给了现代园林一次强有力的推动,并使之朝着适合时代精神的方向发展。

(三) 现代园林的时代特征与发展趋势

1. 时代特征

(1) 把过去孤立的、内向的园转变为开敞的、外向的整个城市环境。从城市中的花园转变为花园城市,就是现代园林的特点之一。

(2) 园林中建筑密度减少了,以植物为主组织的景观取代了以建筑为主的景观。建立丘陵起伏的地形和草坪,代替大面积的挖湖堆山,减少土方工程和增加环境容量。

(3) 传统材料的继承与扬弃。

(4) 新材料、新技术、新的园林机械,在园林中应用越来越广泛。

(5) 增加生产内容、养鱼、种藕以及栽种药用和芳香植物等。

(6) 强调功能性、科学性与艺术性结合,用生态学的观点去进行植物配置。

(7) 体现时代精神的雕塑,在园林中的应用日益增多。

2. 发展趋势

(1) 强调开放性与外向性,与城市景观相互协调并融为一体,便于公众游览,使形式适合于现代人的生活、行为和心理,体现鲜明的时代感。

(2) 以简洁流畅的曲线为主,但也不排斥直线与折线。它从西方规则式园林中汲取其简洁明快的画面,又从中国传统园林中提炼出流畅的曲线,在整体上灵活多变,轻松活泼。

(3) 强调抽象性、寓意性,具有意境,求神似而不求形似。它不脱离具体物象,也不脱离群众的审美情趣,把中国园林中的山石、瀑布、流水等自然界景物抽象化,使它带有较强的规律性和较浓的装饰性,在寓意性方面延续中国古典园林的传统。

(4) 讲究大效果,注重大块空间、大块色彩的对比,从而形成简洁明快的风格,施工完毕后即可取得立竿见影的效果。

(5) 重视植物造景,充分利用自然形和几何形的植物进行构图,通过平面与立面的变化,形成抽象的图形美与色彩美,使作品具有精致的舞台效果。

(6) 形体的变化富于人工装饰美,既善于变化又协调统一,不流于程式化。为提高施工的精度和严密性,基本形体应有规律可循。

(7) 形式新颖,构思独特,具有独创性,与传统园林绝无雷同。

三、多元化趋势中风景园林的流派与思潮

（一）后现代主义园林

后现代主义又称为历史主义，是当代西方建筑思潮向多元化发展的一个新流派。它起源于 20 世纪 60 年代中期的美国，活跃于七八十年代。这种思潮是出自对现代主义建筑的厌恶，认为战后的建筑太贫乏、太单调、太老套、思想僵化、缺乏艺术感染力，因而必须从理论上予以根本革新。

后现代主义注重地方传统，强调借鉴历史，同时对装饰感兴趣，认为只有从历史样式中去寻求灵感，抱有怀古情调，结合当地环境，才能使建筑为群众所喜闻乐见。他们把建筑看作是面的组合、片段构件的编织，而不是对某种抽象形体的追求。在他们的作品中往往可以看到建筑造型表现为各部件或平面片段的拼凑，有意夸张结合的裂缝。

（二）解构主义园林

解构主义是从结构主义演化而来，因此，它的形式实质是对结构主义的破坏和分解。解构主义大胆向古典主义、现代主义和后现代主义提出质疑，认为应当将一切既定的规律加以颠倒，提倡分解、片段、不完整、无中心、持续的变化。解构主义的裂解、悬浮、消失、分裂、拆散、移位、斜轴、拼接等手法，也确实产生了一种特殊的不安感。

（三）高技派园林

20 世纪 70 年代后，出现了利用带孔的金属薄板、带曲线图案的墙纸和织物、多彩的橡胶地板、塑料、玻璃、金属网等材料，以高精度工程技术作为设计手法的高技派园林，其方式有：高技派的地面堆砌；高技派的景观小品；模仿管道设施结构；暴露结构构造。

（四）生态设计思潮中的园林

西方风景园林的生态学思想可以追溯到 18 世纪的英国自然风景园，其主要原则是"自然是最好的园林设计师"。

1. 生态设计理念

（1）生态恢复与促进；

（2）生态补偿与适应。

2. 生态设计手法

（1）保留与再利用：体现文脉并节约源风景园林；

（2）生态优先：少对原生态系统干扰的风景园林；

（3）变废为宝：对材料进行再生利用的风景园林；

（4）借助科技：选择高技术的风景园林。

（五）城市废弃地更新

城市废弃地是指城市空间在扩展的过程中，由于土地置换、区位突破、经济衰落以及本身自然条件等因素所引起的环境衰落、对周边环境产生负面影响的城市局部用地。它包括工业废弃地、垃圾填埋地、军事废弃地等。

常见的城市废弃地更新的手法有：（1）对场所精神的尊重；（2）新景观与传统园林的关系；（3）场地遗留的处理；（4）生态技术和高科技的应用。

（六）极简主义园林

"极简主义"是把视觉经验的对象减少到最低程度，力求以简化的、符号的形式表现深刻而丰富的内容，通过精炼集中的形式和易于理解的秩序传达预想的意义。极简主义在空间造型上注重光线的处理、空间的渗透，讲求概括的线条、单纯的色块和简洁的形式，强调各相关元素间的相互关系和合理布局。极简主义园林始于极简主义艺术，强调以少胜多，追求抽象、简化、几何秩序，是 20 世纪 60 年代以来西方园林中的一个典型代表。

（七）大地艺术

大地艺术是 20 世纪 60 年代末出现于欧美的美术思潮，由最少派艺术的简单、无细节形式发展而来。大地艺术家普遍厌倦现代都市生活和高度标准化的工业文明，主张返回自然，对曾经热恋过的最少派艺术表示强烈的不满，以之为现代文明堕落的标志，并认为埃及的金字塔、史前的巨石建筑、美洲的古墓、禅宗石寺塔才是人类文明的精华，才具有人与自然亲密无间的联系。大地艺术家们以大地作为艺术创作的对象，如在沙漠上挖坑造型，或移山湮海、垒筑堤岸，或泼溅颜料遍染荒山，故又有土方工程、地景艺术之称。早期大地艺术多现场施工、现场完成，其作品无意给观者欣赏。1968 年，德万画廊将大地艺术的一些图片及部分实物展览，故后期的大地艺术家很少进行大规模挖掘工程，更多借助摄影完成。

（八）园林展/花园展/花卉展/园艺展

花卉展、园艺展等各种展览多由知名的园林设计家设计，其思想独特，风格各异，手法多样，反映了当今园林设计的前沿水平，对今后的园林发展起着重要的推动作用。在展览会上人们可以观摩新颖的园林作品和新选育的植物品种，从而看到风景园林、园艺发展的新趋势，如世界园艺博览会、英国切尔西花展、德国慕尼黑国际园艺展等。

（九）其他

20 世纪 40 年代，在美国西海岸，一种不同以往的私人花园风格逐渐兴起，不仅受到渴望拥有自己的花园的中产阶层的喜爱，也在美国风景园林行业中引起强烈的反响，成为当时现代园林的代表。这种带有露天木制平台、游泳池、不规则种植区域和动态平面的小花园为人们创造了户外生活的新方式，被称为"加州花园"。

第三章

风景园林构成要素

第一节 地　　形

一、概要

地形是风景园林设计的基础，是构成园林景观的骨架。地形不仅会影响到环境外貌、空间构成、排水、小气候和土地的功能作用，还对景观中其他自然设计要素（植物、铺地、水体和建筑）起支配作用，是连接景观中所有要素的主线。

二、地形的功能作用

（一）美学功能

地形是最明显的视觉特征之一，对任何规模景观的韵律和美学特征都有着直接的影响。例如，意大利文艺复兴时期的台地园（图 3-1-1）为了顺应意大利的丘陵地形，便将整个园林景观建造在一系列界限分明、高程不同的台地上，以此构成清晰的景观层次；法国文艺复兴时期的园林则直接顺应了法国平坦中略有起伏的地形（图 3-1-2），利用长而笔直的轴线和透视线、大面积的静水、错综复杂的花坛图案等表现平坦的地形特征。

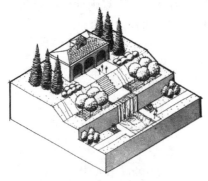 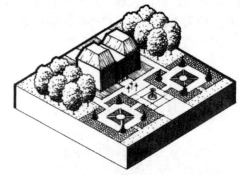

图 3-1-1　台地上的意大利文艺复兴　　　　图 3-1-2　水平地形上的法国文艺复兴
　　　　花园示意图　　　　　　　　　　　　　　花园示意图

（二）地形空间感

地形有着限制和封闭空间的作用，能影响人们对户外空间气氛的感受。平坦、起伏平缓的地形给人以轻松感；而陡峭、崎岖的地形易给人以兴奋和恣纵的感受。一个人站在平坦的地面上比站在斜坡上要更容易感到轻松、安全（图 3-1-3）。

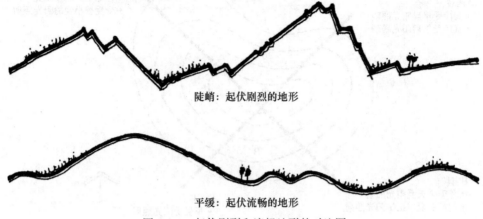

陡峭：起伏剧烈的地形

平缓：起伏流畅的地形

图 3-1-3 起伏剧烈和流畅地形的对比图

（三）控制视线

地形影响着可视目标和可视程度，它既可以构成吸引目光的透视线，创造出景观序列，也可以屏蔽不悦目的要素（图 3-1-4）。此外，地形还决定了观赏者与景观之间的高低关系，而不同的高低关系会带来不同的观感。

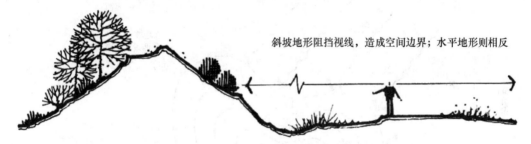

斜坡地形阻挡视线，造成空间边界；水平地形则相反

图 3-1-4 在视线和空间中地形的效果图

（四）排水

地表径流的径流量、径流方向以及径流速度均与地形有关。一般来说（不考虑确切的土壤类型）地面越陡，径流量越大，流速越快，过陡会因流速太快而引起水土流失。而几乎没有坡度的地面又因不能排水而易积水。因此，种植灌木的斜坡为防止水土流失，必须控制 10％的最大坡度；而植草的平坦地区为避免出现积水就需要不小于 1％的坡度。在园址地形设计中，调节地表排水和引导水流方向是重要又不可分割的部分。

（五）利用地形创造小气候条件

（1）地形的差异影响光照。在温带地区的冬季，朝南向的坡比其他任何方位的坡受到的直接日照更多，而朝北向的坡在冬季几乎得不到日照。在夏季，西坡受午后太阳的暴晒而辐射最强（图 3-1-5）。

（2）地形的差异影响风。在冬季西北坡完全暴露在寒风之中，而东南坡却几乎不受风的吹袭。在整个夏季，东南坡则常受凉爽的东南风的吹拂。由此看来，温带地区的东南坡向由于不受冬季风的侵袭，而受夏季微风的吹拂，成为最受欢迎的开发地段（图 3-1-6）。

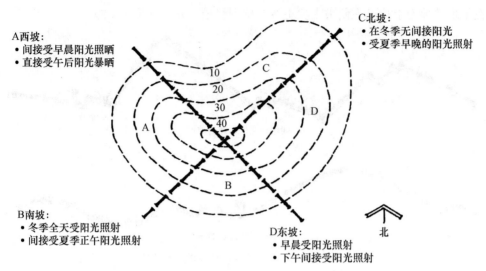

图 3-1-5 坡向受光照的效果图

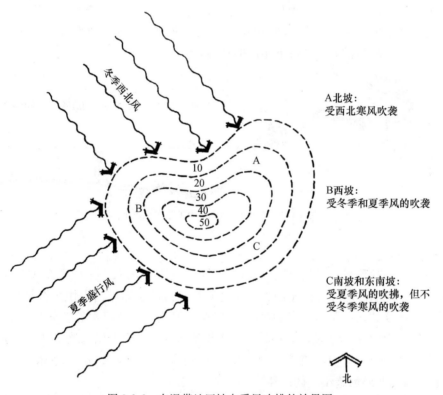

图 3-1-6 在温带地区坡向受风吹拂的效果图

（3）地形的差异影响降水量。我国台湾山脉的北、东、南都迎风，降水均较多，年降雨量 2000mm 以上，台北火烧寮达 8408mm，成为我国降水量最多的地方，而西侧就成为雨影地区，降水量减少到 1000mm 左右。印度的乞拉朋齐年降水量 11418mm，也是因为位于喜马拉雅山迎风坡的缘故，成为世界年降雨量最多的地方。而处于背风坡的青藏高原，年降水量却为 200～400mm。

（六）地形的实用功能

地形能影响土地利用和开发形式。每一种土地利用类型都有一个供其充分发挥的最佳坡度条件。例如，网球场的理想坡度应在 1‰～3‰。实际经验表明，坡度越平缓（尽管不小于 1‰），土地的开发使用越灵活，在其上建造建筑花费的工程手段越小，且更便于道路的铺设和设施的安排。比较而言，坡度越大，土地利用的限制就越多。

三、地形的表现方式

（一）等高线表示法

1. 等高线的概念

等高线指的是地形图上高程相等的相邻各点所连成的闭合曲线。把地面上海拔高度相同的点连成的闭合曲线，并垂直投影到一个水平面上，按比例缩绘在图纸上，就得到等高线（图 3-1-7）。在等高线上标注的数字为该等高线的海拔。等高线仅是一种象征地形的假想线，实际中并不存在。

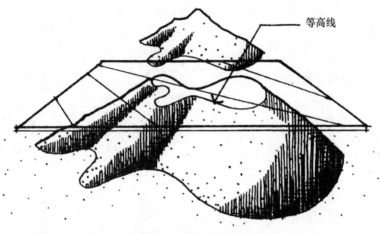

图 3-1-7　等高线示意图

2. 等高差的概念

等高差指在一个已知的平面上任何两条相邻等高线之间的垂直距离。例如，一个数字为 1m 的等高差，就表示在平面上的每一条等高线之间具有 1 米的海拔高度变化。除非另有标注，等高差自始至终都在一个已知图示上保持不变（它不像等高线之间的水平距离，这一距离受斜坡坡度的影响而在一个平面上不停地变化）。就大多数园址平面图的比例而言（图纸比例尺 1∶100～1000），等高差一般为 1 米或 0.5 米。而以地区性的比例尺而言（图纸比例尺为 1∶5000～30000），平面图的等高差可为 5 米、10 米、15 米。

3. 使用等高线的基本原则

（1）原地形的等高线应用虚线表示，而改造后的地形等高线在平面上用实线表示（图 3-1-8）。

（2）所有的等高线总是各自闭合，绝无尽头。即使一条等高线与园址距离很远，也

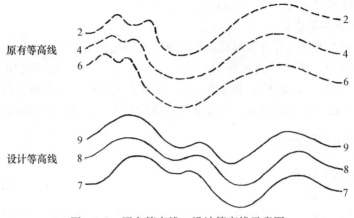

图 3-1-8　原有等高线、设计等高线示意图

必须要首尾相连。

（3）等高线不会相互交叉，且必须成对出现。

（4）表达一座固有的桥梁或某一悬挑物时，等高线会出现重叠，在平面图上形成一条单一的直线（图 3-1-9）。

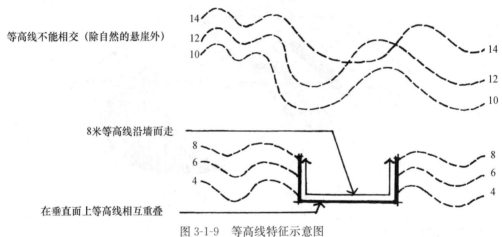

图 3-1-9　等高线特征示意图

4. 填挖方的等高线表示

土地表面所出现的任何变动都被称为"地形改造"。为完成一系列设计目的，需要在园址上进行一系列的地形改造，例如：建造合理的排水系统；适应建筑物、道路、停车场、娱乐场所等因素；创造具有美学价值、悦人眼目的地平面。

为园址某一部分添加土壤，我们称之为"填方"；而"挖方"则用来表示移走园址上某一部分的土壤。一般来说，对一个固定园址进行地形整平时，既需要填方也需要挖方。在平面图上，当设计等高线从原位置走向数值较低的等高线时，这就表示填方，反过来设计等高线走向较高数值的等高线时，表示挖方。

专门用来表示一个园址路基平整的平面图叫"地形改造图"（图 3-1-10）。地形改造图既表示地形改造的等高线和原地形等高线，也表示所有建筑物、道路、围墙的轮廓以

110

及其他的设计结构要素。此外，地形改造图也是诸多工程图之一，它既能显示排水系统的位置，也能通过任选标高的方式在整个园址中表现特殊地点的准确高度。

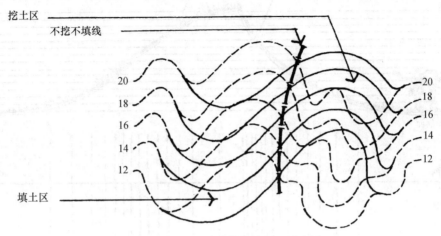

图 3-1-10 填挖方的等高线标记示意图

5. 等高线的标记作用

等高线在平面图上的位置以及分布特征，就如同符号语言，作为我们辨认该园址地形的"标记"。例如，平面图上的等高线之间的水平距离（勿与等高距离相混淆）表示一个斜坡的坡度和一致性。等高线间的间距相等，表示均匀的斜坡，若间距相异，则表示不规则的斜坡。山谷在平面图上的特征是指向较高数值的等高线。相反，山脊在平面图上的特征则是指向较低数值的等高线（图 3-1-11）。凸状地形（勿与凸状斜坡相混淆）在平面上由同轴闭合、中心数值最高的等高线表示。凹状地形由同轴闭合、中心数值最低的等高线表示（图 3-1-12）。

（二）高程点表示法

1. 高程点的概念

高程点指高于或低于水平参考平面的某单一特定点的高程。高程点位于等高线之间，常用小数表示。

2. 插值法

在使用"插值法"确定标高时，通常假定高程点位于一个均匀的斜坡上，并在两等高线之间以恒定的比例上下波动。因此，标高点与相邻等高线在坡上和坡下之间的比例关系，就应与其在垂直高度的比例关系相同。

插值法的步骤如下：

（1）确定制图比例尺和等高距离比例。

（2）测量水平距离的比例、标高点距离高等高线和低等高线的比例，建立这两个距离之间的比例关系。

3. 高程点表示法的应用

高程点表示法常用在地形改造、平面图和其他工程图上，如排水平面图和基地平面图，用来描述特定位置的高度，如建筑物的墙角、顶点、低点、栅栏、台阶顶部和底部以及墙体顶端等（图 3-1-13）。

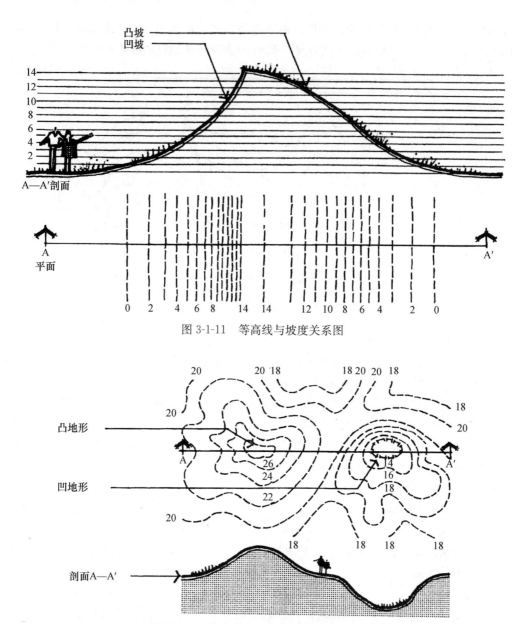

图 3-1-11 等高线与坡度关系图

图 3-1-12 凸地形和凹地形的等高线示意图

（三）明暗与色彩表示法

明暗与色彩表示法常用在坡度分析图上，以斜坡坡度为基准，图上深色调一般代表较大的坡度，而浅色调一般代表较小的坡度。其价值在于它能确定园址不同部分土地利用和园林要素选点，该图通常在设计程序的园址分析阶段予以绘制。

（四）模型表示法

模型法是表示地形最直接有效的方式，可以用于与非专业人士进行交流。但模型通常笨重、庞大、不利于保存和运输，并且制作起来耗时耗资。

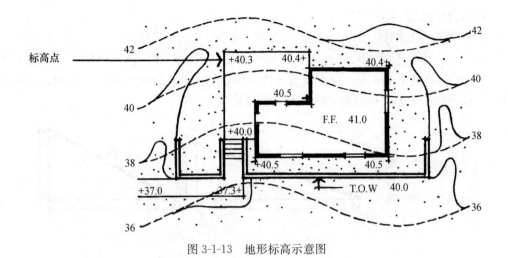

图 3-1-13 地形标高示意图

（五）计算机绘图表示法

计算机绘图表示法的优点在于它能让使用者从各个有利角度来观察地形的各个区域。这一方法，能使设计师"看到"平面移动等高线所得到的结果，以及能在设计实施之前正确地估价和完善设计计划。某些更复杂的计算机图示系统，还能允许观察者"深入"设计。

（六）比例法

在室外空间设计中，会用到比例法，顾名思义，就是通过坡度的水平距离与垂直高度变化之间的比率来说明斜坡的倾斜度，其比值称为"斜率"（如 4∶1、2∶1 等）。通常，第一个数值表示斜坡的水平距离，第二个数值（通常将因子简化成 1）则代表垂直高差（图 3-1-14）。比例法常用于小规模园址设计上。

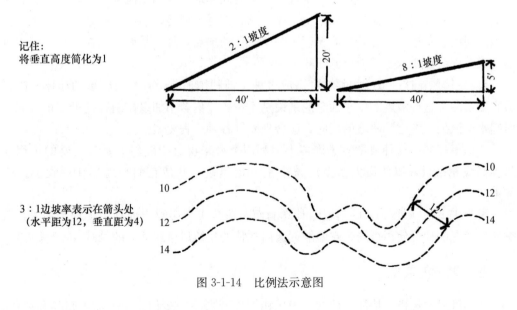

图 3-1-14 比例法示意图

（七）百分比表示法

1. 坡度百分比的概念

坡度百分比等于斜坡的垂直高差与整个斜坡的水平距离比值。例如，水平距离为100米，而垂直高差为8米，坡度就为8％。百分比表示法较比例法更为常用，且与比例法一样也被用于制定标准和尺度（图3-1-15）。

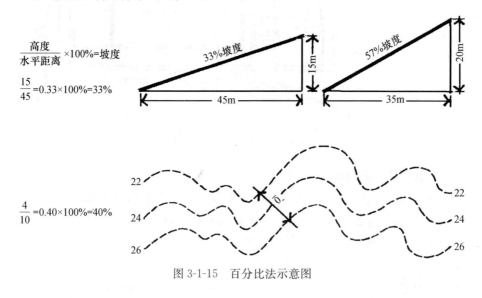

图 3-1-15　百分比法示意图

2. 坡度与土地利用类型

0％～1％（过于平坦）：这种比例的斜坡总的来说排水性差，不适宜作室外空间利用和使用功能的开发。

1％～5％：该种比例的坡度对于许多外部空间和地形使用功能来说比较理想。它可适应大面积工程用地的需要，如楼房、停车场、网球场或运动场等，而且不会出现平整土地的问题。不过，这种条件的坡度有一个潜在的缺点，那就是如果其在一片区域内延伸过大，就会在视觉上变得单调乏味。

5％～10％：这一坡度的斜坡可适应多种土地利用形式，且与较密集的墙体和阶梯适宜度很高。这种坡度的排水性总的来说是不错的，但若不加以控制，排水则很可能会引起水土流失。考虑到斜坡的走向，应合理安排各种工程要素。

10％～15％：这种坡度对于许多土地利用类型来说过于陡斜。所有主要的工程需与等高线相平行，以便最大程度地减少土方挖填量，并使它们与地形在视觉上保持和谐。

大于15％：大于15％的斜坡因其陡峭而不适合于大多数土地利用类型。不过，若对该种状况的地形使用得当，它便能创造出独特的建筑风格和动人的景观。

四、地形的类型

地形可通过规模、特征、坡度、地质构造以及形态等多种途径来加以归类和评估。而对于风景园林师来说，在上述各地形分类途径中形态乃是地块功能特性中最重要的因素之一。从形态的角度来看，景观就是虚和实的一种连续的组合体。所谓实体是指空间制约因素（即地形本身），而虚体则指各实体间所形成的空旷地域。在外部环境中，实体和虚体在很大程度上是由下述各不同地形类型所构成的。

（一）平坦地形

1. 平坦地形的概念

平坦地形是指土地的基面在视觉上与水平面相平行。在实际的外部环境中，绝对完全水平的地形并不存在，所以这里使用的"平坦地形"术语，指的是那些看来"水平"的地形，微小的坡度或轻微起伏也都包括在内。

2. 平坦地形的特性

表面水平的地形从规模上而言具有大大小小各种类型，有在基址中孤立的小块面积，也有大型平原。平坦地形是所有地形中最简明、最稳定的地形。由于它没有明显的高度变化，当一个人站立或穿行在平坦地形时，总有一种舒适、踏实的感觉。我们总是人为地来创造水平地域，如在斜坡地形上修筑平台，以便为楼房提供稳定的基础。

3. 平坦地形的设计特点

1）私密性

缺乏三维空间的平坦地形没有私密性，更没有任何可遮风蔽日的屏障。因此，为了解决其缺少空间制约物的问题，必须将其加以改造，给它加上其他要素，如植被和墙体等来营造私密空间（图 3-1-16）。

水平地形自身不能形成私密的空间限制

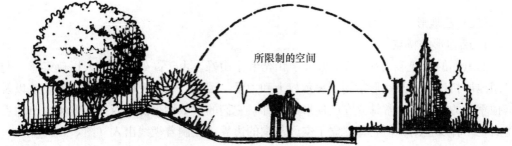

所限制的空间

空间和私密性的建立必须依靠地形的变化和其他因素的帮助

图 3-1-16 地形与私密性关系图

2）视线特征

由于平坦地形毫无遮挡，视线可以触及相当远的距离而不受阻拦。这些长距离视野有助于在平坦地形上构成统一协调感，这是因为大多数设计要素能很容易地被观看到并形成视觉联系。任何一种垂直线型的元素，在平坦地形上都会成为视线的焦点。

3）水平地形的设计特点

许多风景园林师都感到，在水平地形上进行设计，比在那些具有明显坡度的基地上更困难。这是因为水平地形上的设计具有更多的选择性。因此，具有延伸性和多向性的设计构筑物和设计元素更适合布置于平坦地形上。图3-1-17形象地描绘了与水平地形相匹配的多种建筑组合体的规模和布局。

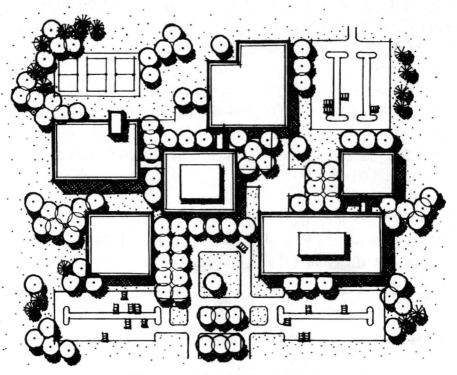

图 3-1-17　水平地形建筑布置示意图

（二）凸地形

1. 凸地形的特点

凸地形的表现形式有土丘、丘陵、山峦和小山峰。由于高处更能给人以尊崇感，与平坦地形相比较，凸地形常用于表示权力和力量。因此，那些政府大楼、宗教建筑以及其他重要的建筑物常常耸立在凸地形的顶部，它们的权威性也由此而得到升华。凸地形本身是一种负空间，但它却建立了空间范围的边界，控制着视线出入（图3-1-18）。

2. 凸地形的美学特征

凸地形在景观中可作为焦点物，特别是当其被较低矮、更具中性特征的设计要素所环绕的时候。凸地形因此可作为地标在景观中为人定位或导向。如果在凸地面顶端焦点上布置其他设计要素，如楼房或树木，该功用就被进一步强化了（图3-1-19）。因为凸地形通常可提供观察周围环境更广泛的视野，任何一个立于该凸地顶部的人都会感到一种外向性。基于这一原理，可以说凸地形乃是最佳的建筑场所（图3-1-20）。

3. 凸地形的功能作用

凸地形是一个对外部环境中的小气候具明显调节作用的地形要素。南及东南朝向的

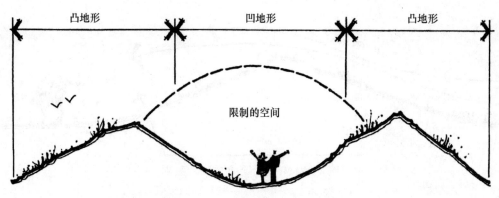

图 3-1-18 凸地形创造凹地形示意图

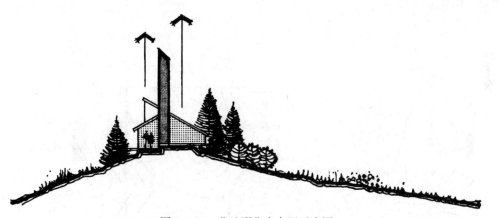

图 3-1-19 凸地形焦点布置示意图

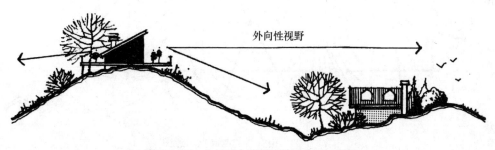

图 3-1-20 凸地形与视野的外向性关系图

坡向在温带气候带内是最理想的场所，这是因为它们在冬季可受到阳光的直接照射。相反，向北的坡，由于冬季几乎得不到阳光直射又受冬季风的侵袭，因而气候寒冷不适宜于大面积开发。在冬季，凸地形可以阻挡刮向东南部地区的寒风，从而使其更加温暖，更具活力（图 3-1-21）。

（三）山脊

1. 脊地的特点

脊地总体上呈线状，其形状更紧凑、更集中。与凸地形类似，脊地可限定户外空间的边缘，调节其坡上和周围环境中的小气候，提供一个具有外倾向的制高点。沿脊线有

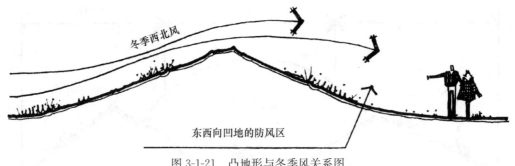

图 3-1-21　凸地形与冬季风关系图

许多视野供给点，而所有脊地终点的视野效果最佳，这些视野使这些地点成为理想的建筑点（图 3-1-22）。

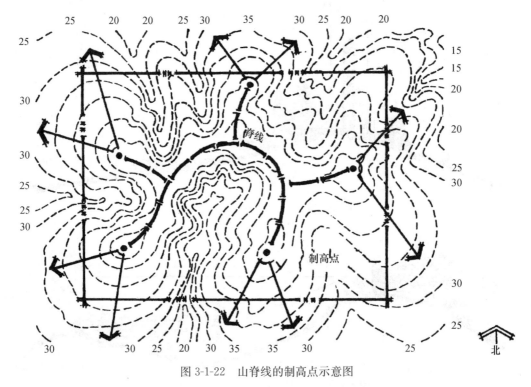

图 3-1-22　山脊线的制高点示意图

2. 脊地的导向性和动态感

从视觉角度而言，脊地具有吸引视线并沿其长度引导视线的能力。因此，在景观中，脊线可被用来转换视线在一系列空间中的位置，或将视线引向某一特殊焦点。

3. 脊地的设计特点

垂直于脊线运动是很吃力的，因此，山脊是大小道路以及其他流动要素的理想场所。在规划中，道路、停车场以及住宅，一般以线状形式沿山脊布局，而位于其间的谷地则仍被保留为开阔空间。在整个布局中，当构筑物位于脊顶或沿山脚布置时，应相应做到长而不宽。只有这样，这些构筑物才能在视觉上与地形相融合，并且最大限度地减少土方量（图 3-1-23）。

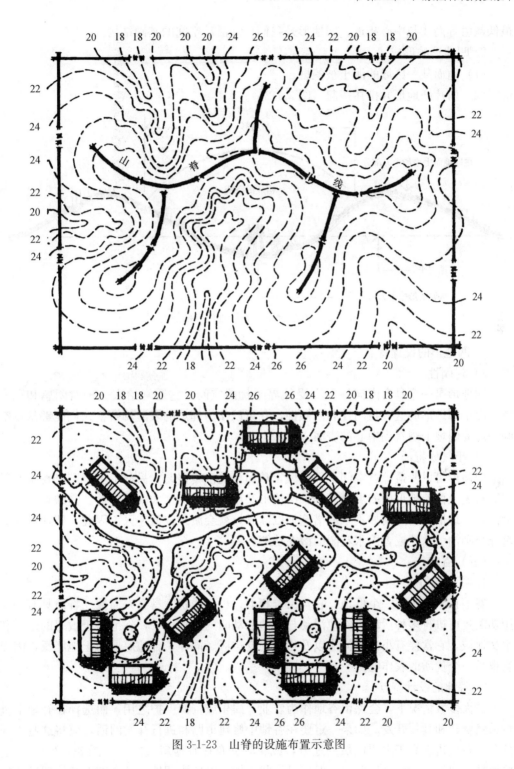

图 3-1-23　山脊的设施布置示意图

（四）凹地形

1. 凹地形的特点

凹地形在景观中可被称为"碗状洼地"。这种地形的等高线在整个分布中紧凑严密，最低数值等高线与中心相近。凹地形是我们户外活动空间的基础结构。

2. 凹地形的形成

（1）地面某一区域的泥土被挖掘；

（2）两片凸地形并排在一起（图 3-1-24）。

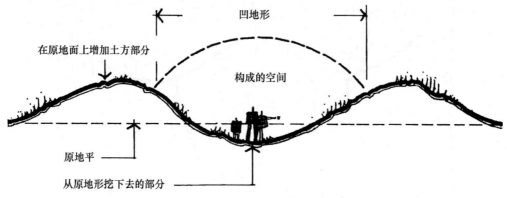

图 3-1-24　在平地上创造凹地的方法示意图

3. 凹地形的设计特点

1）封闭性

凹地形是一个具有内向性且不受外界干扰的空间，它通常给人一种封闭感和私密感。由于凹地形的这种封闭性和内倾性，它可以作为理想的表演舞台，人们能够从该空间的四周斜坡上观看到中心的表演。

2）小气候特征

凹地形可以躲避掠过空间上部的风，从而免受沙暴侵袭。另外，由于阳光直接照射到其斜坡上而使地形内的温度升高，凹地形又可以作为一个太阳取暖器。其缺点是比较潮湿，凹地形内的降雨如不采取措施加以疏导，就会淤积在低洼区。因此，凹地形也具有充当湖泊、水池或者雨水花园的潜在功能。

（五）谷地

1. 谷地的特点

谷地在景观中是一个低地，它与山脊相似，也呈线状、具有方向性。谷地具有的实用功能是可进行多种活动。谷地活动与脊地活动间的差别在于，谷地属于敏感的生态和水文地域，它常伴有小溪、河流以及相应的泛滥区。同样，谷地底层的土地肥沃，因而它也是一个优质的农作物区。

2. 谷地的设计特点

在大多数情况下，会保留谷地作为农业、娱乐或资源保护之用，而选择在脊地上进行道路修建和其他开发。如果一定要在谷地中修建道路和进行开发的话，应将这些工程分布在谷地边缘高于洪泛区域的地方，或将其分布在谷地斜边之上（图 3-1-25）。在这些地带，建筑与其他设计要素一般应呈线状布置，以便协调地面的坡度以及体现谷地的方向特性。

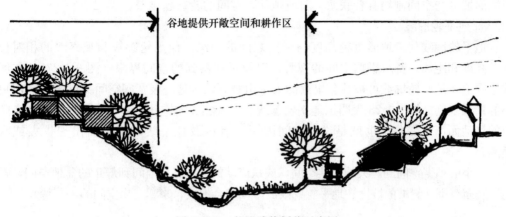

图 3-1-25 谷地功能划分示意图

五、地形在设计中的作用

地形在室外环境中有众多的使用功能和美学功能，其中某些作用非常普遍，而另一些则局限于某些特殊情况。必须牢记的是，在设计中无论设计师如何使用地形这一因素，最终都会对所有布局在地面上的因素产生影响。

（一）分隔空间

地形可以利用许多不同的方式创造和限制外部空间。空间的形成可通过如下途径：对原基础平面进行挖掘降低平面；在原基础平面上添加泥土进行造型；增加凸面地形上的高度使空间完善；改变海拔高度构筑平台。这些方法中的大多数形式对构成凹面和谷地地形极为有效。当使用地形限制外部空间时，底面范围、斜坡的坡度、地平轮廓线三个因素对人们的空间感产生极为关键的影响（图 3-1-26）。

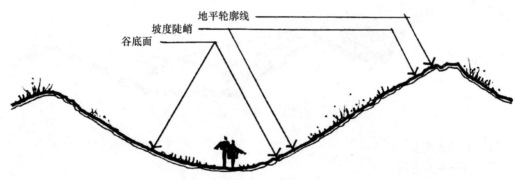

图 3-1-26 地形空间感影响因素示意图

1. 底面范围

所谓空间的底面范围，指的是空间的底部或基础平面，它通常表示"可使用"的范围。它可能是明显平坦的地面，或微起伏的、并呈现为边坡的一个部分。一般说来，一个空间的底面范围越大，空间也就越大。

2. 斜坡的坡度

坡面在外部空间中犹如一道墙体，担负着垂直平面的功能。如前文所提到的那样，斜坡的坡度与空间制约有着联系，斜坡越陡，空间的轮廓越显著。

3. 地平轮廓线

地平轮廓线代表地形可视高度与天空之间的边缘。地平轮廓线和观察者的相对位置、高度和距离，都可影响空间的视野，以及可观察到的空间界限（图 3-1-27）。在区域范围上，地平轮廓线可被几公里远的大小山脊制约。这一极宽阔空间又可被分隔成更小的景观空间。图 3-1-28 表明了地平轮廓线（以及相关的空间感）极易随观察者在空间内的移动而产生变化。也就是说，空间因观赏者以及地平线的位置而出现扩大或收缩感。

从小的私密空间到宏大的公共空间，或从流动的线形谷地空间到静止的盆地空间，都是以底面范围、斜坡的坡度、地平轮廓线的不同结合形式，来塑造出空间的不同特性。

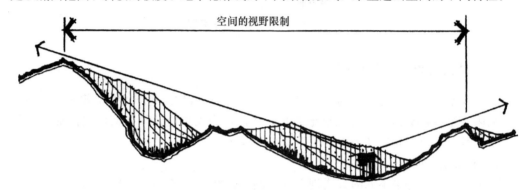

图 3-1-27　地平轮廓线对空间的限制示意图

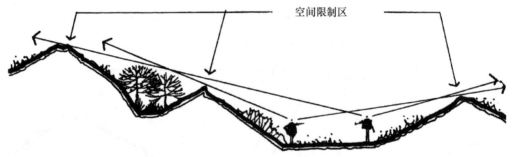

图 3-1-28　空间感与观者位置关系示意图

（二）控制视线

1. 引导视线方向

人们的视线会沿着空间的走向流动，为了能在环境中使视线停留在某一特殊焦点上，可在视线的一侧或两侧将地形增高（图 3-1-29）。在这种地形中，视线两侧的较高地面犹如视野屏障，封锁了任何分散的视线，从而使视线集中到景物上。

毫无疑问，放置于高处的目标可以从更远的距离被观察到。同样，处于一个谷地边坡或脊地上的任何目标，也容易从谷地中较低地面或对面斜坡所看到（图 3-1-30）。斜坡越陡，越像是垂直的墙体，越能直接阻挡或捕捉视线。这一概念的运用在动物园中常见到，一些动物的展览室就是修建在斜坡上，这样人们就更容易完整地欣赏这种动物。

图 3-1-29 地形控制视线的方向示意图

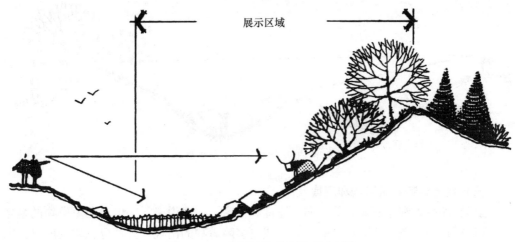

图 3-1-30 坡面展示观赏因素示意图

2. 建立空间序列

利用地形能交替地展现或屏蔽目标景物。这种手法常被称为"断续观察"或"次序显示"。当观赏者仅看到了景物的一个部分时，他就会对隐藏的部分产生一种好奇和期待。在这种情形下，观赏者将会带着进一步探究的心理，竭力向景物移动，直到看清全貌为止。设计师可以利用这种手法创造一个连续性变化的景观，从而引导人们前进。

3. 遮蔽负景观

我们也可通过将地形改造成土丘的形式来屏蔽令人不悦的景观（图 3-1-31）。这种方式常用在大路两侧、停车场和商业区等，以将汽车、服务区和库房等不受欢迎的景物统统屏蔽起来。

在大型庭院景观中，我们便可借助这种设计手法，一方面遮蔽道路、停车场或服务区域，另一方面维护较远距离的悦目景色。英式园林风格的景观，便运用了隐墙的手法来遮蔽墙体和围栏，即将墙体设置在谷地斜坡顶端之下和低地处。这样，在高地势上将无法观察到它们（图 3-1-32）。这种方法使田园风光成为一个连续的流动景色，并不受墙体或围栏的干扰。

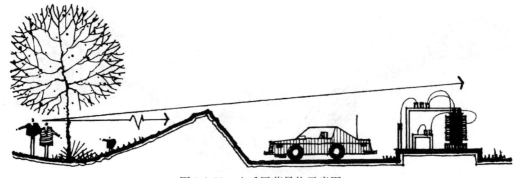

图 3-1-31 土丘屏蔽景物示意图

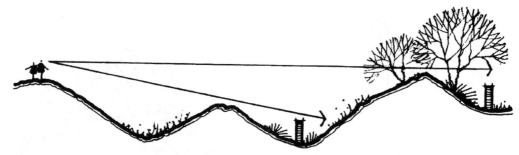

图 3-1-32 矮墙的做法示意图

（三）地形影响导游路线和速度

地形影响行人和车辆运行的方向、速度和节奏。一般说来，平坦、无障碍物的地区最适合进行运动。随着地面坡度的增加，或更多障碍物的出现，游览也就越发困难。因此，行人会尽可能地减少需要穿越斜坡的行动。步行道的坡度不宜超过 10%。需要在坡度更大的地面上下时，为了减小长度，道路应斜向于等高线而非垂直于等高线（图 3-1-33）。如果需要穿行山脊地形，最好走"山鞍"或"鞍部"（图 3-1-34）。如果设计的某一部分要求人们快速通过的话，应使用水平地形；如果需要人们缓慢通过，应当使用斜坡地面或台阶。地形可以作为一种手法影响协调性、速度以及游览方向等（图 3-1-35）。

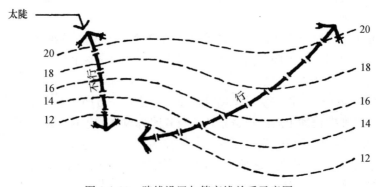

图 3-1-33 路线设置与等高线关系示意图

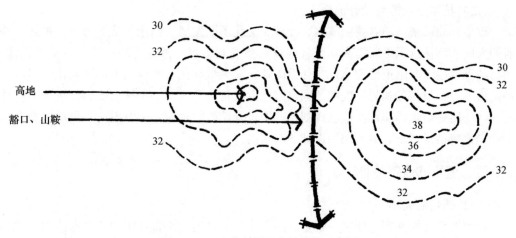

图 3-1-34　山鞍部设置穿越路线示意图

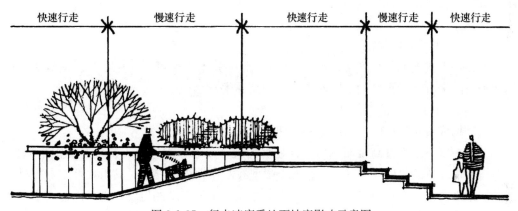

图 3-1-35　行走速度受地面坡度影响示意图

第二节　植　物

一、概要

　　植物具有生命活力，可使环境变得充满生机和美感，是景观中最富于变化的元素。植物具有观赏价值，可以软化建筑空间，为呆板的城市硬质空间增添丰富的色彩和柔美的姿态。植物可以充当构成要素来构建室外空间，遮挡不佳景物，还可以调节温度、光照和风速，从而调节区域小气候，缓解许多环境问题。

（一）植物造景的概念

　　园林不只是植物景观的营造，植物必须和其他诸如园林建筑、园路、水体、山石等重要的园林元素组景。植物造景就是应用乔木、灌木、藤本及草本植物来创造景观，充分发挥植物本身形状、线条、色彩等自然美，与其他园林元素配置成一幅幅美丽动人的画面，供人们欣赏。

（二）植物景观规划设计的概念

改革开放以来，随着我国政治、经济、文化不断发展，国家经济实力大大提升，政府和人民的环保意识不断提高，园林建设日益受到重视，被誉为城市活力的基础设施。园林项目也逐渐向国土治理靠近，如沿海地区盐碱地绿化、废弃的工矿区绿化、湿地保护及治理等。植物景观的尺度和范围也因此大大提高了。每一个城市要进行植物多样性规划，任何一个园林项目在概念规划及方案设计阶段时也应同步考虑植物景观的规划与设计，把植物景观正式纳入规划设计的范畴内。

二、植物的观赏特性

（一）植物的大小

植物最重要的观赏特性之一就是它的大小。植物的大小直接影响着空间范围、结构关系以及设计的构思与布局。因此，在为设计选择植物素材时，应首先对其大小进行推敲，按大小可将植物分为六类。

1. 大、中型乔木

1）大、中型乔木的特点

大乔木在成熟期的高度可以超过 12 米，而中乔木高度可达 9～12 米。从景观中的结构和空间来看，最重要的植物便是大、中型乔木。

2）大、中型乔木的功能作用

（1）构成室外环境的基本结构和骨架。

大、中型乔木因其高度而成为一种显著的观赏要素，它们像一幢楼房的钢木框架，使布局具有立体的轮廓（图 3-2-1）。大、中型乔木作为结构要素，其重要性随着室外空间的扩大而突出。在进行设计时，应首先确立大、中型乔木的位置，这是因为它们的配植将会对设计的整体结构和外观产生最大的影响。大、中型乔木被定植以后，小乔木和灌木才能得以安排，以完善和增强大乔木形成的结构和空间特性。

图 3-2-1 大乔木作主景树示意图

（2）限制空间。

大、中型乔木的树冠和树干能成为室外空间的"天花板和墙壁"，这样室外的空间感将随树冠的实际高度改变而产生不同程度的变化。如果树顶离地面 3～4.3 米，空间就会很有人情味；若离地面 12～15 米，则空间就会显得十分高大。树冠群集的高度和宽度是限制空间的边缘和范围的关键因素。

（3）调节气候。

大、中型乔木在景观中还被用来提供荫凉。夏季时，室外空间和建筑物直接受到阳光的暴晒，而林荫处的气温会比空旷地低 4.5℃。同样，当楼房被遮蔽时，其室内温度会比室外温度低 11℃。为了达到最大的遮荫效果，大、中型乔木应种植在空间或楼房建筑的西南、西面或西北面（图 3-2-2）。

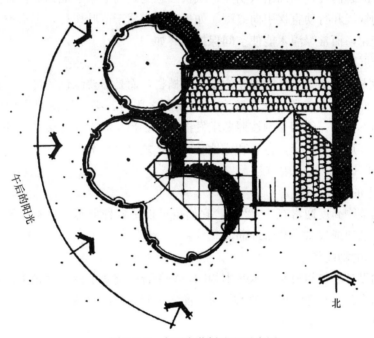

图 3-2-2　大型庭荫树遮阳示意图

2. 小乔木和装饰植物

1）小乔木和装饰植物的特点

凡最大高度为 4.5～6 米的植物为小乔木和装饰植物。

2）小乔木和装饰植物的功能作用

（1）限制空间。

小乔木的树干能在垂直面上暗示空间边界。当其树冠低于视平线时，它会在垂直面上完全封闭空间。当视线能透过树干和枝叶时，这些小乔木就如同前景的漏窗，增加空间的进深感。小乔木与装饰植物适合于受面积限制的小空间，或要求较精细的地方。

（2）作为焦点和构图中心。

这一作用是靠其大小、形态、花或果实的特点来完成的。按其特征，观赏植物通常作为视线焦点而被布置在那些醒目的地方，如入口附近、通往空间的标志处以及突出的景点上。在狭窄的空间末端也可以使用观赏植物引导和吸引游人进入空间。观赏植物因其生长习性而在四种季节中具有不同的魅力，如春花、夏叶、秋色、冬枝。

3. 高灌木

1）高灌木的特点

高灌木的最大高度为 3～4.5 米。与小乔木相比较，灌木不仅较矮小且缺少树冠。一般来说，灌木的叶丛几乎贴地而长，小乔木则有一定距离。

2）高灌木的功能作用

（1）限制空间。

在景观中，高灌木犹如一堵堵围墙，能在垂直面上构成空间闭合。这种闭合空间具有极强的向上的趋向性，因而给人明亮、欢快的感受。高灌木还能构成极强烈的长廊型空间，将人的视线和行动直接引向终端。如果高灌木属于落叶树种，那么空间的性质就会随季节而变化，而常绿灌木能使空间保持始终如一。

（2）视线屏障和私密控制。

在有些地方，人们并不喜欢僵硬的围墙和栅栏，而是需要绿色的屏障。但是，正如前面提到的那样，在将高灌木作屏障和私密控制之用时，必须注意对它们的选择和配植，否则它们不能在一年四季中按照要求发挥作用。当高灌木在低矮灌木的衬托下形成构图焦点时，其形态越狭窄，色彩和质地越明显，效果将越突出。

4. 中灌木

1）中灌木的特点

中灌木的植物高度通常在 1～2 米，它们也可以是各种形态、色彩或质地。这些植物的叶丛通常贴地或仅微微高于地面。

2）中灌木的功能作用

中灌木的设计功能与矮小灌木基本相同，只是合围空间范围较之稍大。此外，中灌木还能在构图中起到高灌木或小乔木与矮小灌木之间的视线过渡作用。

5. 矮灌木

1）矮灌木的特点

矮灌木是尺度较小的一类植物，高度通常在 30 厘米到 1 米之间。

2）矮灌木的功能作用

矮灌木能在不遮挡视线的情况下限制或分隔空间。矮灌木没有突出的高度，因此它们不是以实体来封闭空间，而是以暗示的方式来控制空间（图 3-2-3）。例如，种植在人行道或小路两旁的矮灌木，具有不影响行人的视线，又能将行人限制在人行道上的作用。在构图上，矮灌木也具有从视觉上连接其他要素的作用。因此，从立面图上来看，矮灌木能使构图中各因素产生较强烈的视觉联系（图 3-2-4）。

6. 地被植物

1）地被植物的特点

地被植物指的是所有低矮、爬蔓的植物，其高度不超过 30 厘米。地被植物也有各自的不同特征，有的开花，有的不开花，有木本也有草本。

2）地被植物的功能作用

（1）限制空间。

与矮灌木一样，地被植物在设计中也可以暗示空间边缘（图 3-2-5）。当地被植物与

图 3-2-3　低矮的灌木和地被植物形成开敞空间示意图

布局分裂呈现两个分隔的群体

矮灌木从视觉上将两部分连接成统一的整体

图 3-2-4　矮灌木的视觉连接作用示意图

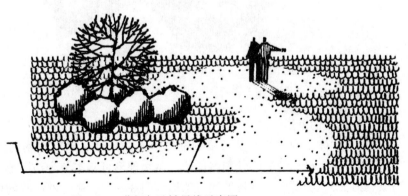

草坪和地被植物之间
的边缘形成的界线

图 3-2-5　草坪与地被界线示意图

草坪或铺道材料相连时，其边缘构成的线条能引导视线，划定空间。当地被和铺道对比使用时，能限制步行道。

（2）提供观赏情趣。

具有迷人的花朵、丰富色彩的地被植物能提供观赏情趣。当其与具有对比色或对比质地的材料配置在一起时，这种功能尤为突出。地被植物可以作为衬托主要因素或主要景物的中性背景。作为自然背景使用时，地被植物的面积需大得足以消除邻近因素的视线干扰。

（3）制造视觉联系。

地被植物可从视觉上将其他孤立因素或多组因素联系成一个统一的整体（图 3-2-6）。各组互不相关的灌木或乔木，在地被植物层的作用下，都能成为统一布局中的一部分。

（4）稳定土壤。

地被植物还能稳定土壤，防止陡坡的水土流失。在一个 4:1 坡度的斜坡上种植草皮、剪草养护是极其困难而危险的，因此，在这些地方就应该用地被植物来代替。

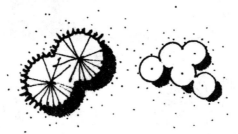

两组植物在视觉上无联系，使布局分离

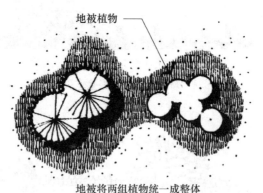

地被将两组植物统一成整体

图 3-2-6　地被植物统一作用示意图

（二）植物的外形

单株或群体植物的外形是指植物整体形态的外部轮廓。植物的外形在构图和布局上，影响着整个设计的统一性和多样性。植物外形可基本分为纺锤形、圆柱形、水平展开形、圆球形、尖塔形、垂枝形和特殊形（图 3-2-7）。每一种形状的植物都具有自己独特的性质和应用方法。

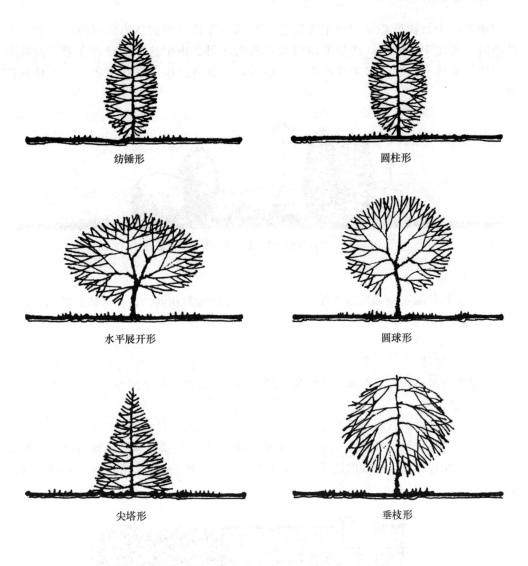

纺锤形　　　　　　　　　　圆柱形

水平展开形　　　　　　　　圆球形

尖塔形　　　　　　　　　　垂枝形

特殊形

图 3-2-7　植物形状分类示意图

1. 纺锤形

1) 形态特征

纺锤形植物形态窄长，顶部尖细。

2) 功能作用

在设计中，纺锤形植物能通过引导视线向上的方式突出空间的垂直面（图 3-2-8）。

它们能使一个植物群和空间产生高度感。当其与较低矮的圆球形或展开形植物一起种植时，对比十分强烈，纺锤形植物尤其惹人注目。由于这种特征，在设计时应该谨慎使用纺锤形植物。如果设计中数量过多，会造成过度的视线聚集，从而使构图破碎。

图 3-2-8　纺锤形植物增强布局高度变化示意图

2. 圆柱形

圆柱形植物除了顶部是圆形外，其他形状都与纺锤形相同。这种植物类型的设计用途也与纺锤形相同。

3. 水平展开形

1）形态特征

水平展开形植物具有在水平方向生长的习性，故宽和高几乎相等。

2）功能作用

展开形植物的形状能引导视线沿水平方向移动，从而使设计构图产生一种宽阔感和外延感。展开形植物能和平坦的地形、平展的地平线以及低矮水平延伸的建筑物相协调。若将该植物布置于平矮的建筑旁，它们能延伸建筑物的轮廓，使其融于周围环境之中（图 3-2-9）。

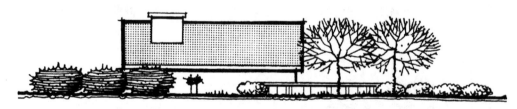

图 3-2-9　水平展开形植物联系水平线示意图

4. 圆球形

1）形态特征

圆球形植物具有明显的环形或球形形状，它是植物中为数最多的种类之一。因而在设计布局中该类植物在数量上也独占鳌头。

2）功能作用

不同于纺锤形或展开形植物，圆球形植物在引导视线方面既无方向性也无倾向性。因此，在整个构图中，不管怎样配植圆球形植物都不会破坏设计的统一性。圆球形植物外形圆柔温和，可以调和其他外形较强烈形体，也可以和其他曲线形的因素，如波浪起伏的地形等相互配合。

5. 圆锥形

1）形态特征

圆锥形植物的外观呈圆锥状，整个形体从底部向上逐渐收缩，最后在顶部形成尖头。

2）功能作用

圆锥形植物除了具有易引人注意的尖头外，总体轮廓也非常分明，因此可以用来作为视觉景观的重点。当其与较矮的圆球形植物配植在一起时，这一特征尤为突出。鉴于这种性质，有的设计理论家认为这类植物并不太适合无山峰的平地，应谨慎使用。此外，圆锥形植物也可以协调地用在硬性的、几何形状的传统建筑设计中。

6. 垂枝形

1）形态特征

垂枝形植物具有明显的悬垂或下弯的枝条。在自然界中，地面较低洼处常伴生着垂枝形植物，如河床两旁常长有众多的垂柳。

2）功能作用

在设计中，垂枝形植物能起到将视线引向地面的作用，因此可以将其种植在引导视线向上的树形之后（图 3-2-10）。垂枝形植物还可种于岸边，以配合水体波动起伏的形态。

图 3-2-10　垂枝形植物引导视线示意图

7. 特殊形

1）形态特征

特殊形植物具有奇特的造型，形状千姿百态。这种类型的植物通常是在某个特殊环境中已生存多年的老树。除专门培育的盆景植物外，大多数特殊形植物的形象都是自然形成的。

2）功能作用

由于特殊形植物具有特殊的外貌，这类植物最好作为孤植树放在突出的设计位置上，以构成独特的景观效果。一般说来，在一个景观内特殊形植物应当孤植以避免空间的杂乱。

（三）植物的色彩

植物的色彩直接影响着室外空间的气氛和情感，可以被看作是情感的象征。鲜艳的色彩给人以轻快、欢乐的气氛，而深暗的色彩则给人异常阴郁的气氛。植物的色彩也是构图的重要因素。

植物配植的色彩设计应遵循以下原则。

（1）植物配植中的色彩组合应与其他观赏特性相协调。

植物的色彩通过植物的各个部分呈现出来，如树叶、花朵、果实、枝条以及树皮等。植物的色彩应在设计中起到突出植物的尺度和形态的作用。当一株植物以其大小或形态作为设计中的主景时，也应同时具备夺目的色彩，以更加引人注目。鉴于这一特点，在设计时一般应多考虑夏季和冬季的色彩，因为它们占据着一年中的大部分时间，而花朵的色彩和秋色仅能持续几个星期。

（2）在布局中最好使用一系列具有色相变化的绿色植物，使构图的视觉效果层次更丰富。

不同的绿色调在设计上各有其作用，既可以突出景物，也能重复出现达到统一，或从视觉上将设计的各部分连接在一起。深绿色的植物可以给予整个构图和其所在空间一种坚实凝重的感觉，从而成为设计中具有稳定作用的角色（图 3-2-11）。但若过多地使用该种色彩，会给室外空间带来阴森沉闷感。另外，将两种对比色配置在一起，其色彩的反差更能突出主题。如绿色在红色或橙色的衬托下会显得更浓郁。

图 3-2-11　深色植物的基础作用示意图

（3）深色植物在观赏中放在浅色植物的下层。

浅绿色植物能使一个空间产生明亮、轻快感。当将各种色度的绿色植物进行组合时，一般来说深色植物通常安排在底层（鉴于观赏的层次），使构图保持稳定。与此同时，浅色植物通常安排在上层，使构图轻快。在有些情况下，深色植物可以作为淡色或鲜艳色彩材料的衬托背景（图 3-2-12）。

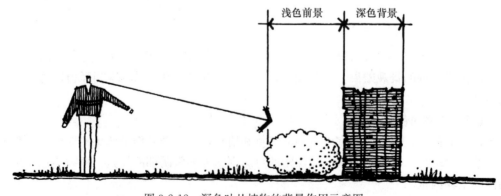

浅色前景　深色背景

图 3-2-12　深色叶丛植物的背景作用示意图

（4）在处理设计所需的色彩时，应以中间色为主，其他色调为辅。

中间色这种无明显倾向性的色调能像一条线，将其他所有色彩联系在一起（图 3-2-13）。各种不同色度的绿色植物，不宜过多、过碎地布置在总体中，否则整个布局会显得杂乱无章。另外，在设计中应谨慎地使用一些特殊色彩，诸如青色、紫色或杂色等。因为这些色彩异常独特，极易引人注意。在一个总体布局中，只能在特定的场合中保留少数特殊色彩的植物，同样，鲜艳的花朵也只宜在特定的区域内成片大面积布置。如果在布局中出现过多、过碎的艳丽色，则构图同样会显得琐碎。因此，要在不破坏整个布局的前提下，慎重地配置各种不同的花色。

图 3-2-13　中色调植物的媒介作用示意图

（5）在布局中使用夏季的绿色植物作为基调，花色和秋色可以作为强调色。

红色、橙色、黄色、白色和粉色都能为布局增添活力和兴奋感，同时吸引观赏者注意设计中的某一重点景色。色泽艳丽的花朵如果布置不适，大小不合，就会在布局中喧宾夺主，使植物的其他观赏特性黯然失色。色彩鲜明的区域，面积要大，位置要开阔并且日照要充足，阳光可使其色彩更加鲜艳夺目。另外，将艳丽的色彩配置在阴影里能给阴影中的平淡无奇带来欢快、活泼之感。

（四）树叶的类型

树叶类型包括树叶的形状和持续性，并与植物的色彩在某种程度上有关。在温带地区，树叶的基本类型有三种：落叶型、针叶常绿型、阔叶常绿型。每一种类型各有其特性，在室外空间的设计上也各有其功能。

1. 落叶型

1）形态特征

落叶型植物在秋天落叶，春天再生新叶，通常叶片偏薄，并具有多种形状和大小。在大陆性气候带中多以落叶性植物占优势。落叶植物从地被植物到参天乔木均有。

2）设计特点

（1）突出强调季节的变化。

许多落叶植物在外形和特征上都有明显的四季差异，这样就直接影响着所在园林的风景质量。落叶植物这一具有活力的因素，能使一年的季相变化更加显著，更加具有意义。

（2）特殊的视觉效果。

某些落叶植物的另一特性，是能够让阳光投射叶丛，使其相互辉映，从而产生一种光叶闪烁的效果。当观赏者从树底或逆光看时，所看到的个别树叶呈鲜艳透明的黄绿色，从而给人一种树叶内部正在燃烧的幻觉。这种效果常出现在上午 10 点或下午 3 点，此时太阳正以较低的角度照射着植物。这一光亮闪烁的效果使植物下层植被具有通透明快的效果。

（3）冬季枝条的观赏作用。

落叶植物的枝干在冬季凋零光秃后，呈现出独特形象。这一特性与夏季的叶色和质地占有同等重要的地位。因此在布局中选用落叶植物时，必须首先研究该植物所具有的可变因素，如枝条密度、色彩及外形。有的落叶植物分枝稠密，而且在冬季具有明显的树形轮廓。有的落叶植物，具有开放型分枝，其整体形象杂乱而无明显的树形轮廓（图 3-2-14）。

图 3-2-14　落叶树木的冬季形态示意图

2. 针叶常绿型

1）形态特征

针叶常绿型植物的叶片常年不落。针叶常绿植物既有低矮灌木也有高大乔木，并具有各种形状、色彩和质地。

2）设计特点

（1）色彩最深，具有稳重的视觉特征。

与其他类型的植物比较而言，针叶常绿树的色彩最深（除柏树类以外），这是由于针叶植物的叶所吸收的光比折射出来的光多。这一特征一年四季都很突出，特别是冬季最为明显。这样就使得针叶常绿树更为端庄厚重，因而通常在布局中用以表现稳重、沉实的视觉特征。

（2）应避免过多、过于分散地种植。

在一个植物组合的空间内，针叶常绿树容易造成一种阴郁、沉闷的气氛，因此不应过多地种植，以免造成死气沉沉的感觉。在一个设计中，针叶植物所占的比例应小于落叶植物。在设计中必须在不同的地方群植针叶常绿植物，避免分散。这是因为针叶常绿树在冬天凝重而醒目，过于分散势必会导致整个布局的混乱（图 3-2-15）。

（3）提供视线屏障、调节气候。

由于针叶常绿植物的叶密度大，因而它在屏障视线、阻止空气流动方面非常有效。针叶常绿植物是在一年四季中提供永恒不变的屏障和控制隐秘环境的最佳植被（图 3-2-16）。此外，针叶常绿植物也可种植在一栋楼房或户外空间周围，以抵挡寒风的侵袭。

过分散乱地布置常绿植物，会使布局琐碎

集中配置常绿植物可统一布局

图 3-2-15　常绿植物配置方法分析图

图 3-2-16　常绿植物的屏障作用示意图

一般来说，在亚热带和温带季风性气候区抵御冬季的寒风，种植针叶常绿植物的最有利方位应在房屋或室外空间的西北方（图 3-2-17）。

（4）落叶植物与常绿植物应比例平衡。

就一般的经验而言（不涉及某特别设计中的特殊目的），在一个植物的布局中，落叶植物和针叶常绿植物的使用应保持一定的比例平衡关系。当单独使用时，落叶植物在夏季分外诱人，在冬季却"黯然失色"，因它们在这个季节里缺乏密集的可视厚度（图 3-2-18）。反之，如果一个布局里只有针叶常绿植物，那么这个布局就会索然无味，因为该植物太沉重、太阴暗，而且对季节的变化几乎"无动于衷"（图 3-2-19）。因此，为消除这些潜在的缺点，最好的方式就是将这两种植物有效地组合起来，从而在视觉上相互补充（图 3-2-20）。

图 3-2-17　常绿植物的挡风作用示意图

图 3-2-18　冬季落叶植物视觉效果图

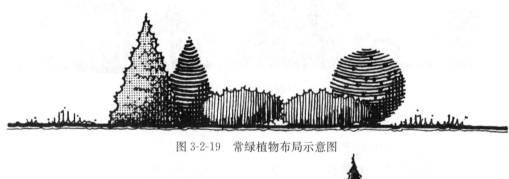

图 3-2-19　常绿植物布局示意图

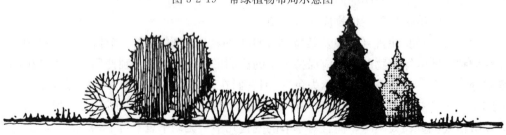

图 3-2-20　综合植物配置示意图

3. 阔叶常绿型

1）形态特征

阔叶常绿植物的叶形与落叶植物相似，但叶片终年不落。与针叶常绿植物一样，阔叶常绿植物的叶色几乎都呈深绿色。不过，许多阔叶常绿植物的叶片具有反光的特性，能使该植物在阳光下显得光亮。

2）设计特点

（1）与阳光的组合相性佳。

阔叶常绿植物的一个潜在用途就是能使一个开放性户外空间产生耀眼的光，它们还可以使一个向阳处的布局显得轻快而通透。当其被植于阴影处时，阔叶常绿植物与针叶常绿植物相似，都具有阴暗、凝重的特点。

（2）不耐寒。

阔叶常绿植物树种不十分耐寒。大多数阔叶常绿植物一般在温和的气候中，或在有部分阳光照射的地方和温暖阴凉处，如建筑物的东、西方才能发挥较好的作用。阔叶常绿植物既不能抵抗炽热的阳光，也不能抵御极度的寒冷，因此切忌将其种植在能得到过多的夏季阳光照射的地方，或种植在会遭到破坏性冬季寒风吹打之处。

（五）植物的质地

植物的质地是指单株植物或群体植物直观的粗糙感和光滑感。它受植物叶片的大小、枝条的长短、树皮的外形、植物的综合生长习性以及观赏植物的距离等因素的影响。在近距离内，单个叶片的大小、形状、外表以及小枝条的排列都是影响观赏质感的重要因素。当从远距离观赏植物时，决定质地的主要因素是枝干的密度和植物的一般生长习性。除随距离变化外，落叶植物的质地也随季节变化。在整个冬季，由于落叶植物没有叶片，其质感更为疏松。

在植物配植中，植物的质地会影响许多其他因素，其中包括布局的协调性和多样性、视距感及设计的色调、观赏情趣和气氛。根据植物的质地在景观中的特性及潜在用途，通常将植物的质地分为三种：粗壮型、中粗型及细小型（图 3-2-21）。

1. 粗壮型

1）形态特征

粗壮型植物通常由大叶片、浓密而粗壮的枝干（无小而细的枝条）以及疏松的生长习性形成。

2）设计特点

（1）构成设计焦点。

粗壮型植物观赏价值高，更加引人注目，当其植于中粗型及细小型植物丛中时会"跳跃"而出，首先为人所看见。因此，粗壮型植物可在设计中作为焦点，以吸引观赏者的注意力。

（2）从视觉上收缩空间。

由于粗壮型植物具有强壮感，因此它能使景物有趋向赏景者的动态，从而造成观赏者与植物间的可视距短于实际距离的错觉（图 3-2-22）。因此，粗壮型植物能通过吸收视线"收缩"空间的方式，而使某户外空间显得小于其实际面积，这一特性适合运用在超过人们正常舒适感的现实自然范围中。因此，在狭小空间内布置粗壮型植物时必须小

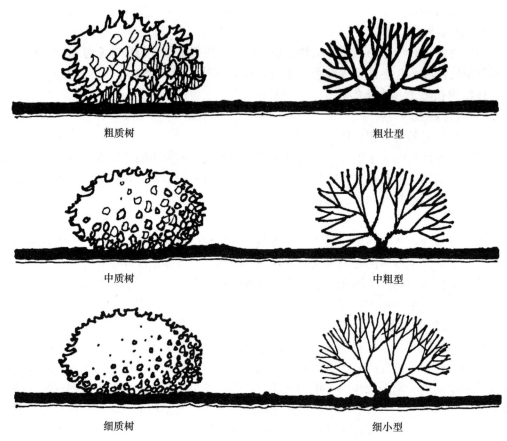

粗质树 粗壮型

中质树 中粗型

细质树 细小型

图 3-2-21　植物的质地分类示意图

图 3-2-22　粗细质感植物视觉效果示意图

心谨慎，如果种植位置不合适，或过多地使用该类植物，空间就会被这些植物"吞没"。

在许多景观中，粗壮型植物在外观上都显得比细小型植物更空旷、疏松及模糊。粗壮型植物通常还具有较大的明暗变化。鉴于该类植物的这些特性，它们多用于不规则景观中，而非那些要求整洁的形式和鲜明轮廓的规则景观中。

2. 中粗型

1）形态特征

中粗型植物是指那些具有中等大小叶片、枝干以及具有适度密度的植物。与粗壮型植物相比，中粗型植物透光性较差而轮廓较明显。

2）设计特点

由于中粗型植物占绝大多数，因此它应在种植成分中占最大比例。与中间绿色植物一样，中粗型植物也应成为一项设计的基本结构，充当粗壮型和细小型植物之间的过渡成分。中粗型植物还具有将整个布局中的各个成分连接成一个统一整体的能力。

3. 细小型

1）形态特征

细质地植物长有许多小叶片和细小脆弱的小枝，具有齐整密集的特点。

2）设计特点

（1）充当中性背景。

细质地植物的特性及设计能力恰好与粗壮型植物相反。细质地植物柔软纤细，在风景中极不醒目。在布局中，它们往往最后为人所看见，当观赏者与布局间的距离增大时，它们又首先在视线中消失（仅就质地而言）。因此，细质地植物最适合在布局中充当更重要成分的中性背景，为布局提供优雅、细腻的外表特征，或在与粗质地和中粗质地植物的相互完善中增加景观变化。

（2）从视觉上扩展空间。

由于细质地植物在布局中不太醒目，具有一种远离观赏者的倾向，因此当大量细质地植物被植于一个户外空间时，会使人产生构成的空间大于实际空间的错觉。细质地植物的这一特性，使其在紧凑狭小的空间中特别有用，这种空间的可视轮廓受到限制，但在视觉上又需扩展。

按照设计原理，在一个设计中最理想的状况是均衡地使用这三种不同类别的植物。质地种类太少，布局会显得单调，但若种类过多，布局又会显得杂乱。对于较小的空间来说，这种适度的种类搭配十分重要。此外，鉴于尚有其他观赏特性，因此在质地的选取和使用上，必须结合植物的大小、形态和色彩，以便增强所有这些特性的功能。

三、植物的功能作用

（一）植物景观的生态功能

1. 净化空气作用

在园林中绿色植物可以维持空气中氧和二氧化碳的平衡，有效阻挡尘土和有害微生物的入侵，防止疾病的发生。

绿色植物进行光合作用时，吸入二氧化碳，释放出氧气，而新鲜的氧气有益于人的健康。植物不仅能调节小环境内氧气含量，有些植物还能吸收土壤、水、空气中的某些有害物质和有害气体，阻滞粉尘、烟尘，或通过叶片分泌出杀菌素，具有较强的净化空气的作用。

2. 调温调湿作用

植物茂密的枝叶能够直接遮挡部分阳光，并通过自身的蒸腾和光合作用消耗热能，起到调节温度的作用。据测定，绿色植物在夏季能吸收 60%～80% 日光能、70% 辐射能；草坪表面温度比裸露地面温度低 6～7℃，有垂直绿化的墙面与没有绿化的墙面相比，其温度相差约 5℃，乔灌草群落结构的绿地降温效果是草坪的 2.6 倍；而在冬季，绿色树木可以阻挡寒风袭击和延缓散热，树林内的温度比树林外高 2～3℃。植物的光合作用和蒸腾作用，都会使植物蒸发或吸收水分，这就使植物在一定程度上具有调湿功能，在干燥季节里可以增加小环境的湿度，在潮湿的季节又可以降低空气中的水分含量。

3. 降声减噪作用

噪声作为一种污染，已备受人们关注。它不仅能使人心烦意乱、焦躁不安，影响人们正常的工作和休息，还会危及人们的健康，使人产生头昏、头疼、神经衰弱、消化不良、高血压等病症。植物大多枝叶繁茂，对声波有散射、吸收的作用，高6～7米的绿带平均能减低噪声10～13分贝，对生活环境有一定的改善作用。

4. 涵养水源及防止水土流失作用

一般在降雨强度超过土壤渗透速度时，即使土壤未达饱和状态，也会因降雨来不及渗透而产生超渗坡面径流；而当土壤达到饱和状态后，其渗透速度降低，即使降雨强度不大，也会形成坡面径流，称过饱和坡面径流。但林地土壤则因具有良好的结构和植物腐根造成的孔洞，渗透快、蓄水量大，一般不会产生上述两种径流；即使在特大暴雨情况下形成坡面径流，其流速也比无林地大大降低。在积雪地区，因林地土壤冻结深度较小，林内因融雪期较长，在林内因融雪形成的坡面径流也减小。林地对坡面径流的良好调节作用，可使河川汛期径流量和洪峰起伏量减小，从而减免洪水灾害。结构良好的林地植被可以减少水土流失量90%以上。

5. 维持生物多样性功能

自然界具有丰富多样的生物。生物多样性至少包括了3个层次的含义，即生物遗传基因的多样性、生物物种的多样性和生态系统的多样性。在生态园林设计中作为一大要素的植物景观设计，丰富多样的生态环境就是为生物多样性而设计的。多层次的植物群落提高了单位面积的绿量，也比零星分布的植物个体更具观赏价值。从林冠线来看，高大的乔木层参差错落的树冠组成了优美的天际线；从林缘来看，乔木、灌木、草坪、花卉或地被植物高低错落，平稳过渡，自然衔接，形成了自然柔曲的林缘线。植物多样性是营造生物多样性的重要基础。

（二）植物景观的保健功能

1. 园艺疗法

园艺疗法是以"园艺"作为媒介的疗法，与植物和自然息息相关。园艺疗法花园也可称为"疗愈空间"，是为正常人及各种病患或亚健康人群提供身体疗愈和精神放松的空间，或者是为人们提供园艺操作的室外环境。

园艺疗法发展至今，对于"疗愈空间"的设计，已经从简单的花草植物种植到如今各类景观对人的健康和感官影响的循证设计的出现；从理所应当认为的疗愈或者康复功能到开始寻找与人体机能或情感相关的科学指标来佐证景观疗愈的功能。从现有资料来看，园艺疗法花园更多是强调对人的"五感"的调动作用，通过植物提供不同的感官刺激，包括视觉、听觉、味觉、触觉以及嗅觉等，激发人的情感共鸣。

2. 森林疗法

森林浴疗法，或称森林疗法，它是利用森林中的良好环境条件、气候因素、净化空气、树木释放出的氧气及分泌出的多种芳香物质的功能，辅助防治人体疾病的一种自然治疗方法。

3. 嗅觉治疗

嗅觉治疗主要通过植物散发的气体，引起人们嗅觉的不同感受，从而对周围人群产生不同的功效。目前，俄罗斯、美国、日本已有花香医院，医生通过让患者吸入一定剂量的花香气味作为治疗手段。日本东京开设的"原宿诊疗室"主要治疗因过度紧张而引起的疾病，日本心理学家经过测试，将特定芳香气味导入工作场所，能够消除人的紧张疲劳，减少操作失误。

（三）植物景观的社会功能

1. 文化功能

自古以来，人们就用植物来表达自己的某种情感，例如在庭园中植松，表现了主人的坚强不屈，不怕风雪之意；而在庭园中栽竹，表现了主人谦虚谨慎，高风亮节的性格。又如用梅表现不畏严寒，纯洁高尚；用兰表现居静幽香，超凡脱俗。植物的这种源自中国传统文化的内涵仍旧反映在现代园林设计中。例如四季长青、抗性极强的松柏类，常用以代表坚贞不屈的革命精神；而富丽堂皇、花大色艳的牡丹，则被视为繁荣兴旺的象征，表现主人雍容华贵、富贵昌盛。在佛寺中，体现佛教文化的植物有菩提树、娑罗树、无忧树、吉祥草等，佛教用的其他树种还有罗汉松、南天竹、香樟、松、柏、楠木、枇杷、瑞香、朴树等。在其他国家植物也有着丰富的文化内涵，如在欧洲许多国家均以月桂代表光荣、油橄榄象征和平、鸢尾象征圣子等。

2. 休闲游憩功能

随着社会的进步，生活节奏的加快，人们迫切需要在工作之余有一片温馨舒适的天地来放松自己的身心，缓解生活压力。通过营造生机盎然、鸟语花香的环境，园林植物景观可以帮助人们实现这个愿望，令人们暂时放开紧张的工作和学习，享受植物景观带来的惬意，消除疲劳。同时，小庭园的绿化管理还需要一定量的轻微劳动。通过轻微劳动，人们可以在精神上得到怡情养性。在现代社会人口老龄化的情况下，轻微劳动可以使老人们的生活更丰富。

（四）植物的美学功能

1. 完善作用

利用植物重现房屋的形状和块面的方式，或将房屋轮廓线延伸至其相邻的周围环境中的方式，可以完善某项设计或为设计提供统一性。例如，一个房顶的角度和高度均可以用树木来重现，这些树木具有房顶的同等高度，或将房顶的坡度延伸融汇在环境中（图 3-2-23）。反过来，室内空间也可以直接延伸到室外环境中，方法就是利用种植在房屋侧旁、具有与天花板同等高度的树冠（图 3-2-24），所有这些表现方式都能使建筑物和周围环境相协调，从视觉上和功能上形成一个统一体。

图 3-2-23　植物延长建筑轮廓线示意图

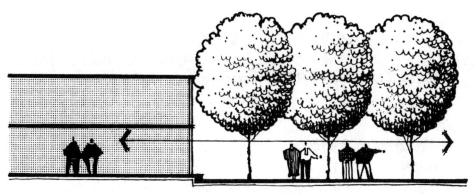

图 3-2-24　植物延伸室内空间示意图

2. 统一作用

植物的统一作用，就是充当一条导线，将环境中所有不同的成分从视觉上连接在一起。在户外环境的任何一个特定部位，植物都可以充当一种恒定因素，其他因素变化而自身始终不变。正是由于它在此区域的永恒不变性，其他杂乱的景色才能被它统一起来。这一功能运用的典范，体现在城市中沿街的行道树，每一间房屋和商店门面都各自不同，如果沿街没有行道树，街景就会被分割成零乱的建筑物。同时，沿街的行道树又可充当与各建筑有关联的联系成分，从而将所有建筑物从视觉上连接成一个统一的整体（图 3-2-25）。

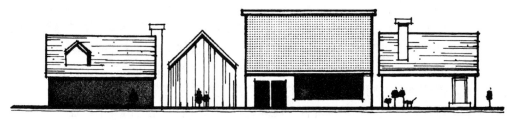

无树木的街景杂乱无章，协调性差

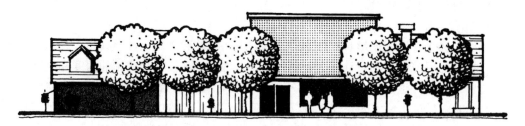

有树木的街景，由于树木的共同性将街景统一

图 3-2-25　树木的统一作用示意图

3. 强调作用

植物的强调作用就是在户外环境中突出和强调某些特殊的景物。植物的这一功能是借助它截然不同的大小、形态、色彩和与临近环绕物不相同的质地来完成的。植物的这些相应的特性格外引人注目，它能将观赏者的注意力集中到其所在的位置。因此，鉴于植物的这一美学功能，它极其适合用于公共场所出入口、交叉点、房屋入口附近或用于其他显著可见的场所（图 3-2-26）。

图 3-2-26　植物的强调作用示意图

4. 识别作用

植物的识别作用与强调作用极其相似。植物的识别作用就是指出或"认识"一个空间或环境中某景物的重要性和位置（图 3-2-27），植物能使空间更显而易见，更易被认识和辨明。植物特殊的大小、形状、色彩、质地或排列都能发挥识别作用，这就如种植在一件雕塑作品之后的高大树木。

图 3-2-27　植物的识别作用示意图

5. 软化作用

植物可以用在户外空间中软化或减弱形态粗糙及僵硬的构筑物。无论何种形态、质地的植物都比那些呆板、生硬的建筑物和无植被的城市环境更显得柔和。被植物柔化的空间更诱人，更富有人情味。

6. 框景作用

植物对可见和不可见景物，以及对展现景观的空间序列，都具有直接的影响。植物以其大量的叶片、枝干封闭了景物两旁，为景物本身提供开阔的、无阻拦的视野；从而达到将观赏者的注意力集中到景物上的目的。在这种方式中，植物如同众多的遮挡物，围绕在景物周围，形成一个景框。将树干置于景物的一旁，而较低枝叶则高伸于景物之上端的方式，就如同将照片和风景油画装入画框之中（图 3-2-28）。

图 3-2-28　植物的框景作用示意图

（五）植物的建造作用

1. 构成空间

植物可以构成相互联系的空间序列，引导游人进出和穿越一个个空间。在发挥这一作用的同时，植物一方面改变空间的顶平面遮盖，一方面有选择性地引导和阻止空间序列的视线。植物可以与地形相结合，强调或消除由地平面上地形的变化所形成的空间。植物还能改变由建筑物所构成的空间，其主要的作用就是将各建筑物所围合的大空间再分割成许多小空间。

从建筑角度而言，植物也可以被用来完善由楼房建筑或其他设计因素所构成的空间布局。这主要包括围合、连接两种方式。围合就是完善大致由建筑物或围墙所构成的空间范围。连接是指在景观中将其他孤立的因素从视觉上将其连接成一个完整的室外空间。连接形式是运用线形地种植植物的方式，将孤立的因素有机的连接在一起，完成空间的围合。

2. 障景

植物材料和直立的屏障能控制人们的视线，将所需的美景收于眼里，而将俗物障于视线之外。为了取得有效的植物障景，设计师必须首先分析观赏者所在位置、被障物的高度、观赏者与被障物的距离以及地形等因素。

3. 控制私密性

控制私密性就是利用阻挡人们视线高度的植物，对所限区域进行围合。私密控制的目的就是将空间与其环境完全隔离开。一般而言，植物的高度高于2米，则空间的私密感最强；齐胸高的植物能提供部分私密性；齐腰高的植物则无私密性或私密性很小。

四、种植设计程序与原理

鉴于风景区中也有其他自然因素，因此在利用植物进行设计时有着特定的步骤、方法及原理，但所有这一切都基于这样一个概念：植物在景观中，在满足设计师的目的和处理各种环境问题的基础上，与其他因素如地形、建筑物、铺地材料及水体同等重要。本着这一点，就应在设计程序中尽早考虑植物，以确保它们能从功能和观赏作用方面适合设计要求。

在使用植物进行设计时，风景园林师通常要经过许多决策步骤，也就是设计程序。植物的功能、作用、布局、种植的取舍是整个程序的关键。

（一）确定设计基础

这个阶段包括通过对园址的分析以认清问题和发现潜力，审阅工程委托人的要求。之后，风景园林师方能确定设计中需要考虑何种因素和功能，需要解决什么困难以及明确预想的设计效果。

（二）确定功能分区

风景园林师通常要准备一张用抽象方式描述设计要素和功能的工作原理图，粗略地描绘一些图、表、符号来表示这样一些项目，如空间、围墙、屏障、景物以及道路。植物的作用则是在合适的地方充当这样一些功能：障景、荫蔽、限制空间及视线的交点，在这一阶段也要确定需要进行大面积种植的区域。这一阶段一般不考虑需使用何种植物或各单株植物的具体分布和配置，此时设计师所关心的仅是植物种植区域的位置和相对面积，而不是在该区域内的植物分布。在许多情形中，为了估价和选择最佳设计方案，往往需要拟出几种不同的可供选择的功能分区草图（图 3-2-29）。

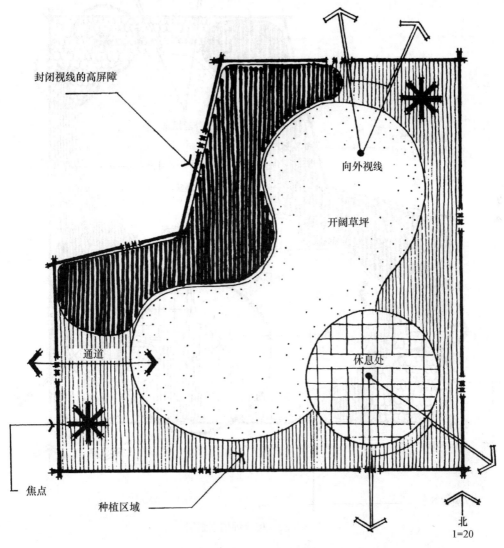

封闭视线的高屏障

向外视线

开阔草坪

通道

休息处

焦点

种植区域

北
1=20

图 3-2-29 功能分区图

（三）绘制种植规划图

只有对功能分区图做出优先的考虑和确定，并使分区图自身变得更加完善合理时，才能考虑加入更多的细节和细部设计，有时我们将这种更深入、更详细的功能图称为"种植规划图"（图 3-2-30）。在这一阶段内，应主要考虑种植区域内部的初步布局。此时，风景园林师应将种植区域分划成更小的，象征着各种植物类型、大小和形态的区域。当然，设计师此刻能够深入到植物类型配置的一些细节。例如，可以有选择地将种植带内某一区域标上高落叶灌木，而在另一区域标上矮针叶常绿灌木，再在某个区域标

147

上观赏乔木。此外，在这一设计阶段内，也应分析植物色彩和质地间的关系。不过，此时无须费力去安排单株植物，或确定确切的植物种类。

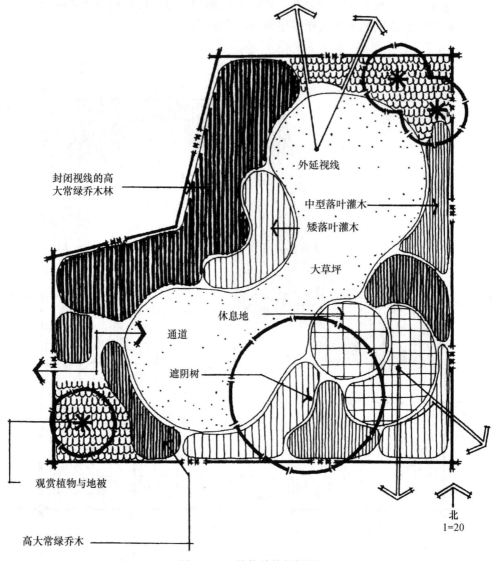

图 3-2-30 植物种植规划图

（四）确定立面组合

在分析一个种植区域内的高度关系时，理想的方法就是做出立面的组合图（图 3-2-31），制作该图的目的就是用概括的方法分析各不同植物区域的相对高度。这种立面组合图或投影分析图，可使设计师更加详细地考量各类植物的实际高度，并由此判定出它们之间的关系，这比仅从平面图推断更加有效（图 3-2-32）。

（五）布置群体中的单体植物

整个设计中，完成了植物群体的初步组合后，风景园林师方能进行种植设计程序的下一步。在这一步骤中，设计师可以开始排列群体中的单体植物。

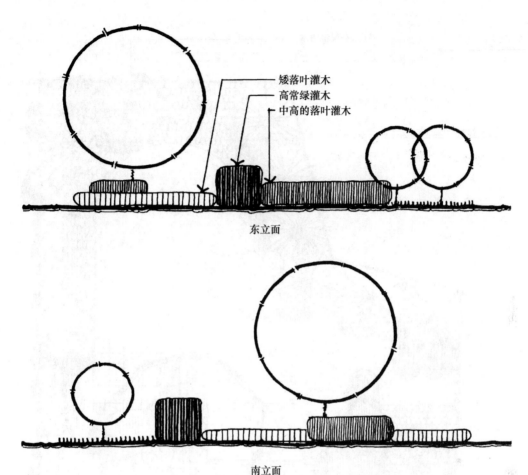

图 3-2-31　立面组合图

在群体中布置单体植物的原则：

（1）群体中的单体植物，其成熟程度应在 75%～100%，风景园林师是根据植物的成熟外观来设计的，而不是局限于眼前的幼苗。设计师应当意识到随着时间的推移，各单体植物之间的空隙将会缩小，最后消失；而一旦设计趋于成熟，植物之间则不应再出现任何空隙。对于设计师来说，重要的是要了解植物幼苗的大小以及最终成熟后的外貌，以便在一个种植设计中，将单体植物正确地置于群体之中。

（2）在群体中布置单体植物时，应使它们之间有轻微的重叠。为了达到视觉统一的效果，单体植物的相互重叠面应当为植物直径的 1/4 到 1/3。当单体植物相互统一为一个整体时，布局会显得统一，而一旦单体植物彼此孤立，布局就会显得杂乱无序。具有过多孤立单体植物的布局被称为散点布局。

（3）排列单体植物时，应将它们按奇数，如 3、5、7 等组合成一组，每组数目不宜过多（图 3-2-33）。奇数之所以能产生统一的布局，皆因各个成分之间相互配合、相互增补。相反，由于偶数易于分割，因而相互对立。如果三株一组，人们的视线不会只停留在任何一株上，而会将其作为一个整体来观赏；若两株为一组，视线则势必会在两者之间来回移动。此外，偶数排列还有一个不利之处，那就是这种方式常常要求一组中

149

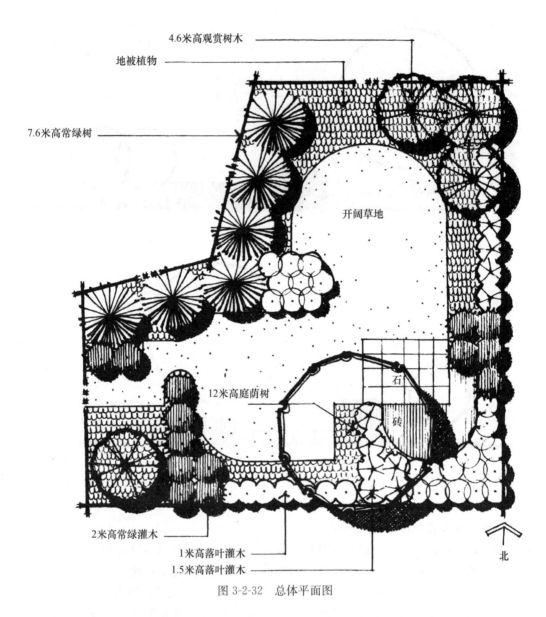

4.6米高观赏树木

地被植物

7.6米高常绿树

开阔草地

12米高庭荫树

石

砖

北

2米高常绿灌木

1米高落叶灌木

1.5米高落叶灌木

图 3-2-32　总体平面图

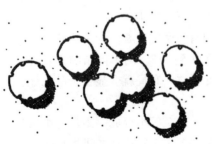

单体植物散点布置

单体植物的群体布置

图 3-2-33　单体植物的布置示意图

的植物在大小、形状、色彩和质地上统一，以保持冠幅的一致和平衡。这样，当设计师考虑使用较大的植物时，要使其大小和形状一致就更加困难。再者，一旦偶数组合中的一株植物死亡，想要补上一株完全一致的新植物更是难上加难。以上这些关于植物组合数目的要点适用于植物数目小于等于 7 时，一旦超过这一数目，人眼就难以区分奇数和偶数（图 3-2-34）。

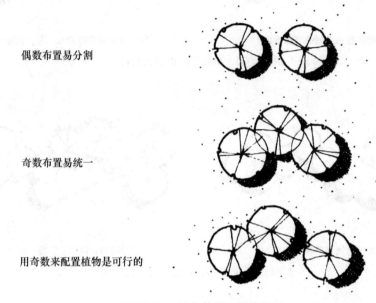

偶数布置易分割

奇数布置易统一

用奇数来配置植物是可行的

图 3-2-34　植物数量配置分析图

（六）确定组与组、群与群之间的关系

完成了单体植物的组合之后，设计师应考虑组与组、群与群之间的关系。这一阶段，单体植物的群体排列原则同样适用。各组植物之间应如同一组中各单体植物之间一样，在视觉上相互衔接，各组植物之间的空隙应彻底消除，因为这些空间既不悦目，又会造成杂乱无序的外观，还极易造成养护的困难（图 3-2-35）。在有些布局中，仅让各组植物之间有轻微的重叠并非有效。相反，在设计中更希望植物之间有更多的重叠，以及相互渗透，增大植物组间的交接面（图 3-2-36）。这种方法无疑会增加布局的整体性和内聚性，因为各组不同的植物似乎紧紧地交织在一起，难以分割。利用这种方法，当低矮植物布置在较高植物之前时植物的高度关系就会为布局增加魅力。

（七）兼顾树冠下的空间

设计师在考虑植物间的间隙和相对高度时，决不能忽略树冠下面的空间。无经验的设计师往往会犯这样一个错误：即认为在平面上所观察到的树冠向下延伸到地面，从而不在树冠的平面边沿种其他低矮植物。这无疑会在树冠下面形成废空间，破坏设计的流动性和连贯性（图 3-2-37）。这种废空间也会带来养护的困难（除非为地被物所覆盖），因为容易从中通行而带来麻烦。为了解决这个问题，应在树冠下面种一些较低的植物。当然，特意在此处构成有用空间则另当别论。

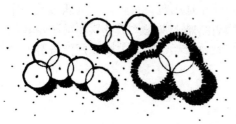
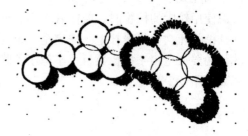

废空间由植物丛之间的空隙造成　　　　　　每组植物紧密组合在一起，消除废空间

图 3-2-35　植物群组配置分析图

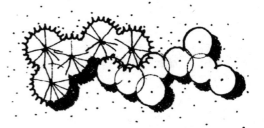

不同的植物材料相互衔接　　　　　　不同的植物群相互重叠、混合

图 3-2-36　不同植物材料的配置方法示意图

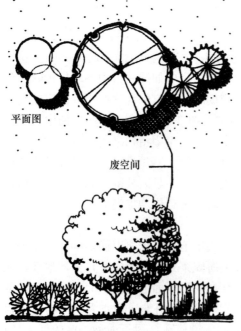

树冠下的废空间　　　　　　灌木占有树冠底部充实了空间

图 3-2-37　树冠下空间的植物配置分析图

（八）与其他景观要素相配合

在设计中植物的组合和排列除了要与该布局中的其他植物相配合外，还应与其他因素和形式相配合。种植设计应涉及地形、建筑、围墙以及各种铺装材料和开阔的草坪。如果设计得当，植物就会增强它们的形状和轮廓来完善这些因素。例如，一般说来植物应该与铺地区域的边缘相互辉映，当需要更换某一铺地材料时，其原来的形状可通过周围的植物得到"辨认"。因此，植物需要在呈直线的铺底材料周围也排列成直线形，或在有自由形状特征的布局中呈曲线状。设计师在完成了第一阶段单体植物的布局后，应当意识到设计的某些部分是需要调整的。由此，应当绘制一张包括新变化的修正图，风景园林师也应着手分析在何处使用何种植物种类。但是，为任何区域所选取的植物种类，必须与初步设计阶段所选择的植物大小、体形、色彩及质地等相近。在选取植物时，设计师还应当考虑阳光、风以及土壤条件等因素。

（九）确定具体的植物种类

种植设计的最后步骤之一，是选择植物种类或确定其名称，认清这一点是极其重要的。如前所述，种植设计程序是从总体到具体的，确定设计中植物的具体名称是设计的最后一步，这样有助于保证植物根据其观赏特性和生长所需的环境而决定其功能作用。这一方式还能帮助设计师在注意布局的某一具体局部之前，先研究整个布局的整体关系。

选取和布置植物的原则：

（1）要群体地、而不是单体地处理植物素材。理由是一个设计中的各组相似因素都会在布局中对视觉统一感产生影响。当设计中的各个成分互不相干、各自孤立时，整个设计就有可能在视觉上分裂成无数相互抗衡的对立部分。之所以将植物当作基本群体来进行设计，是因为它们在自然界中几乎都是以群体的形式而存在的，就其群落结构方式而言，有一个固定的规律性和统一性。植物在自然界中的种群关系，能比其单个的植物具有更多的相互保护性。许多植物之所以能生长在那里，主要因为临近的植被能为它们提供赖以生存的光照、空气以及土壤条件。在自然界中，植被组成了一个相互依赖的生存系统，在这一系统中所有植物相互依赖共同生存。

唯一需将植物作为孤立、特殊的因素置于设计中的，应是在设计师希望将其当作一个标本而加以突出的时候。标本植物可以是一个独立的因素，如图 3-2-38 所示的别致的观赏植物，该观赏植物位于一个开放的草坪内，如同一件从各个角度都可以观赏到的、生动的雕塑作品。当然，标本植物也可以被植于一群较小的植物中（图 3-2-39），以充当这个植物布局中的主景树。根据我们前面对观赏植物特性的讨论所知：标本植物可以是圆柱形、尖塔形或具有独特的粗壮质地和鲜艳花朵的植物。但是，在一个设计中，标本植物不宜过多，否则会将观赏者的注意分散在众多目标上。

（2）在布局中，应有一种普通种类的植物，其数量占据支配地位，从而进一步确保布局的统一性。按照前面所述的原则，这种普通的植物树种应该在形状上呈圆形，具有中间绿叶色以及中粗质地结构。这种具有协调作用的树种，应该在视觉上贯穿整个设计，从一个部位再现到另一部位，这样当人们在布局的各不同区域看到同样的成分，就会随之产生已曾观赏过它的"记忆"联想，此种心理记忆同样能使一个设计统一起来。然后，在设计布局中加入不同的植物种类，以产生多样化的特性。但是在数量和组合形式上都不能超过原有的这种普通植物，否则将会使原有的统一性毁于一旦。

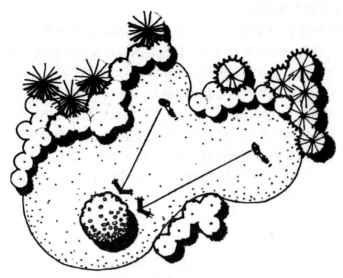

图 3-2-38　单株树木作标本植物示意图

图 3-2-39　标本植物作主景树示意图

第三节　建　筑　物

一、概要

　　景观中的建筑物是指建造在园林和城市绿化地段内供人们游憩或观赏用的建筑物，主要起到造景，为游览者提供观景的视点和场所，提供休憩及活动的空间等作用。

　　单体建筑物并不能构成空间，而是空间中的一个实体（图3-3-1），但是若将一群建筑物有组织地聚集在一起时，在各建筑物之间的空隙处就会形成明确无疑的室外空间（图3-3-2）。群体的建筑物外墙能限制视线，构成垂直面，达到外部空间围合。如果一个区域的两面或三面都直立着建筑物的围墙，那么将由此而产生极强的围合感。如果四面有围墙，那么空间就达到完全封闭。

　　室外空间的主要围合物，是建筑物外立面与许多自然因素。被建筑物所围合的室外空间，一般比较平直，恒定不变，有明显的边缘连接线。这些平直边缘构成的空间生硬

图 3-3-1　单体建筑示意图

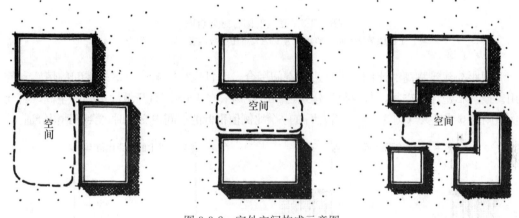

图 3-3-2　室外空间构成示意图

无味，如果在一大片区域内延伸而无起伏变化，那么这些空间将会令人觉得呆板。与那些主要由植物素材构成的空间相比，由建筑物限制的空间缺乏引人注目的季节变化。当然，在一年四季中因太阳辐射角度阴影会有所变化，但是围墙本身的变化却微乎其微。

影响建筑物室外空间的几个主要因素有视距与建筑物高之比、建筑物总体布局、建筑物立面特征。

（一）视距与建筑物高之比

空间围合的比例以及由此产生的空间感程度，一般取决于室外空间中的人和建筑物的距离与周围建筑物围墙高之间的比例关系。如果人与周围建筑物墙体能够成 1∶1 的视距和物高比例，或视角为 45°，则该空间将达到全封闭状态；如果视距与物高比为 2∶1，该空间处于半封闭状态；若比例为 3∶1，则封闭感达到最小；当比例为 4∶1 时，封闭感将完全消失（图 3-3-3）。换言之，当建筑物围墙高度超过人的视线圆锥时空间围合感最强烈。但当周围建筑物太低，或某人远离建筑物，并将建筑物仅看作是较大空间环境中的一小部分时，空间围合感几乎消失。

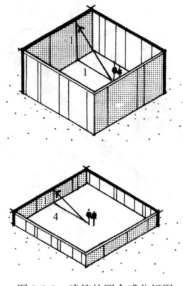

图 3-3-3　建筑的围合感分析图

注：上图中数字表示距离比例为 1 : 1，下图中数字表示距离比例为 4 : 1。

视距与建筑物高的比例，不仅影响空间围合，而且也会影响一个室外空间的情感和使用。最具私密性的空间，其视距与建筑物高之比例值在 1~3，而开敞性最强的空间，其比例值则为 6 或更大（图 3-3-4）。当人们在一个比例值很低的空间内交谈时，会感到很舒适。

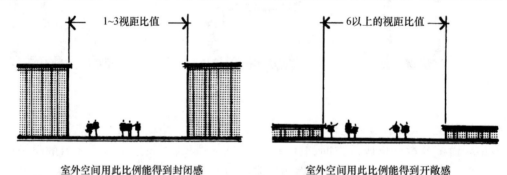

室外空间用此比例能得到封闭感　　　　　　　室外空间用此比例能得到开敞感

图 3-3-4　建筑围合体验与视距比关系图

虽然在安排群体建筑时希望达到一个极强的空间围合，但切忌建成那种建筑物的高度和面积会吞没临近外部区域范围的空间，当视距与物高比值远小于 1 时，这种情况就会出现（图 3-3-5）。有些建筑学理论家认为，对建筑物最理想的观赏距离，应为视距与物高比为 2 : 1 时。按这一比例尺计算，视平角为 27°时，便能轻易地看到建筑物顶部。由此可见，最理想的视距与物高之比值应为 1~3。

（二）建筑物总体布局

在限制室外空间时，与视距和物高之比例密切相关的因素就是建筑群体的总体布局。只有将建筑物排列成完全围绕和"封闭"某一空间时，才会出现最强的围合感，并

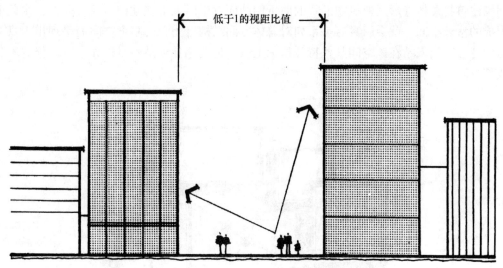

图 3-3-5　室外空间视距比低于 1 效果图

因此封锁住视线的外泄。能够容许视线传播的区域就叫作"空间空隙"。这种空隙就如同一个容器上的洞，空间空隙越多则封闭感越弱。消除空间空隙的一种方法就是使围绕空间的各式建筑物尽量重叠，以阻挡视线的出入。另外，使用其他设计因素，如地形、植物素材和能封闭视线的独立屏障等，也能消除或减少空间空隙。

　　如图 3-3-6 所示，如果建筑物呈直线排列或位置安排得十分零散，使建筑物之间体现不出任何内在关系时，这种由建筑物所构成的外部空间几乎毫无界限。在上述两种情形中都无围合可言，这些建筑物也就会被看作"负空间"所围绕的各孤立无关的因素（负空间即无封闭感或焦点的空间）。

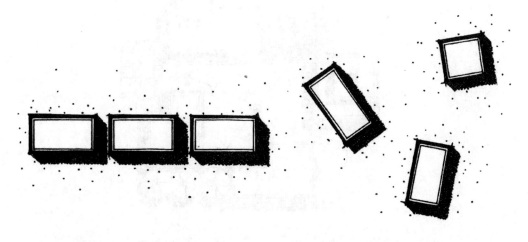

建筑成排布置不能创造空间封闭　　　　　　建筑散点布置空间封闭感十分微弱

图 3-3-6　建筑排列的空间感分析图

　　用建筑物构造室外空间的最简易办法就是将建筑物排列成不间断的环形（图 3-3-7）。如需要一个界限分明的空间，这种方法无疑是很理想的。但是这种空间本身却不具有趣味性，这是因为这种空间毫无变化，它没有次空间，也没有暗示的动向感。如果当周围建筑物总体外形因建筑物形状的曲折凹凸而发生巨大的变化时（图 3-3-8），由此而形成的室外空间，就会因具有一系列对总体空间结构有闭合的暗含空间而呈现出丰富多彩的特性。当人站在该空间某些特殊位置上时，他会感觉到某些目标和小空间倏忽不见或部分隐匿，从而会体验到一种神秘感。

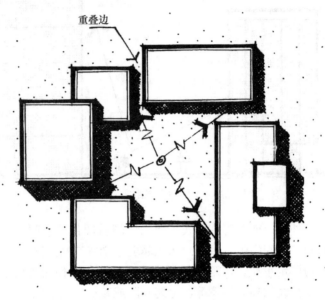

图 3-3-7　建筑边重叠封闭空间空隙示意图

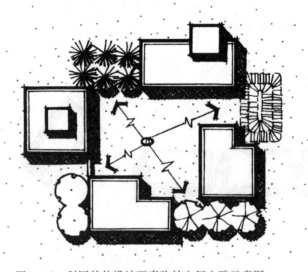

图 3-3-8　利用其他设计要素弥补空间空隙示意图

当某一个由建筑物构成的简单空间变得错综复杂时，会使人感到空间支离破碎、各不相关（图 3-3-9），原来一个宽敞的空间就会面目全非，变成一系列较小的杂乱空间。因此，如果设计目的是要保留一个带有相关次空间的宽敞空间，就必须小心地防止子空间与主空间之间变得太闭合或太分离。此外，扩大主空间的面积、为布局建立一个中心点，也是有助于设计的手段（图 3-3-10）。这样，较小的次空间也就下降到无力与主空间相抗争或降低主空间的地位。

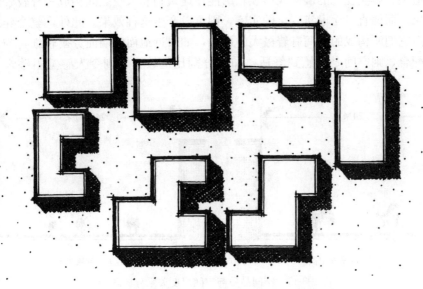

图 3-3-9 主次不分的空间示意图

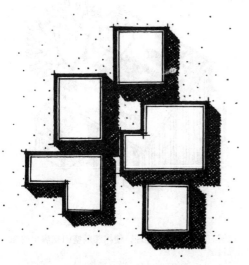

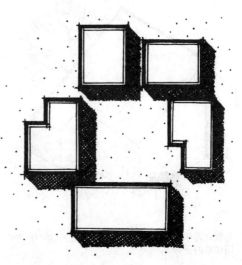

不好的平面布局是无突出的开敞空间，无法形成设计的视线焦点

突出的开敞空间统一了布局，提供了视线焦点

图 3-3-10 空间布局与视线焦点关系图

（三）建筑物立面特征

第三个影响由建筑物构成的空间品质的因素，是围合空间的建筑物立面特征。一个建筑物立面的色彩、质地、细部构造以及面积等都影响与它有关的室外空间个性。如果环绕外空间的建筑物墙体粗糙、灰暗、各项细部不够细腻，会使人感到该空间冷漠、粗糙、难以亲近（图 3-3-11）。反之，如果围合空间的建筑物墙体色彩明快、造型精致细

腻，并且具有一定的人情味，那么同样大小的空间就会给人精细悦目、亲切友善的感觉。一幢高大的建筑物，顶部的坚实性和通透性，也能强烈地影响空间特性。一个含有精美细腻造型、虚实变化的墙壁或房顶轮廓能在建筑物和天空之间构成一种较轻快透明的剪影效果，而僵直、无虚实变化的实墙，则难以产生这种效果。此外，整个建筑物的尺度也对由它们所构成的空间有着极大的影响，如果近地面的墙面分割较细，与人体尺度大小相配合，则空间令人感到舒适；如果分割比例较大，则令人感觉不够亲近（图3-3-12）。

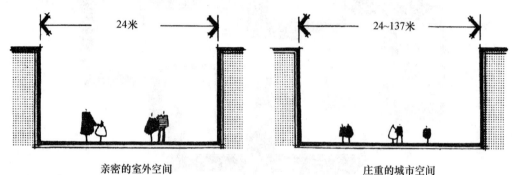

图 3-3-11　空间品质与空间尺度关系分析图

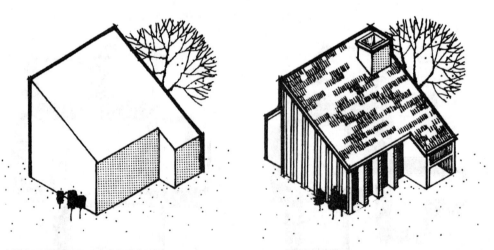

建筑立面单调缺乏细节处理，使得相邻的室外空间　　　　建筑有较好的细部处理，使相邻的空间充满生气和
同样单调乏味　　　　　　　　　　　　　　　　　　悦目感

图 3-3-12　建筑立面细部处理与空间品质关系图

在许多当代建筑墙上安装使用反光玻璃乃是另一种类型的建筑物立面。这种立面犹如一块巨大的镜子，将周围环境反射到建筑物之上，由于这一作用，建筑物不再仅是景观中的一个单纯目标，它成了景观的一部分。建筑物的这种镜像效应，使相接空间具有外观永无止境的特征。也就是说，由于反射作用，空间的实际有形边界从感觉上消失了，而虚幻边界则由此扩张了。这种立面还能产生曲折多变、千姿百态的光影，从而更使人难以分清何为真实，何为虚幻。

二、建筑群体和空间限制

建筑群的平面布局形式和与其相关的空间类型没有限制，而各种可能出现的类型和形式则取决于周围环境的各种条件、建筑物地点的选取、建筑的目的以及所需的空间品质。下面几部分将描述由建筑物所构成的一些基本空间类型。

（一）中心开敞空间

一个即简单而普通的布置建筑物的原理，就是将建筑物聚拢在与所有这些群集建筑有关联的中心开敞空间周围（图 3-3-13）。这种中心空间可被当作整个设计或周围环境的空间中心点，它是整个布局的"枢纽"。

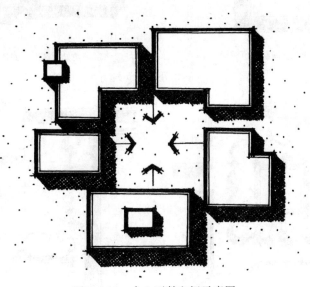

图 3-3-13　中心开敞空间示意图

关于中心开敞空间的空间制约问题，有几点需加以说明。前面我们曾指出，要想获得最强的空间围合感，必须使视线外出降至最低极限。当一个中心开敞空间各个角落张开时，就像在街道的交叉口，两个相隔的建筑物相互呈 90°角那样（图 3-3-14），这种空间只受到围合建筑物水平面的限制。由此，视线和空间围合感都从敞开的角度溢漏而出；然而，当建筑物墙壁填满角落或使角落弯曲时，就会出现一个较强的空间围合感，这些弯曲的拐角会使日光折回空间，并使视线滞留在中心。

对中心开敞空间的第二点说明是：当空间的"空旷度"得到增加时，该空间的特性也就最突出。为了达到这一点，空间的中心部分必须任其空旷，任何树木和其他景物必须布置在空间的边缘。最失策的就是在空间的中央布置大型的、占地众多的笨重物体，这样做的结果便是导致空间"堵塞"（图 3-3-15）。中心开敞空间的特性会因此而失去，而替代它的将是环绕厚实中心的带状空间。另一种加强中心开敞空间特性的原则是，使地面倾向中心，实际上就是在中心开敞空间中形成一个凹面地形，使空间更鲜明。

（二）定向开放空间

在某些广场景观中，围合的中心开放空间极其合适，但在某些广场景观中则不然。如图 3-3-16 所示的情形便是要求被建筑群所限制的空间某一面形成开放状，以便充分利

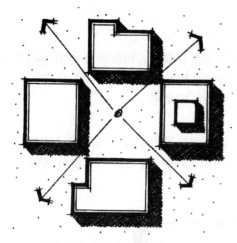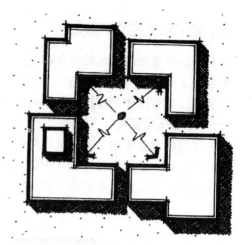

转角处的开敞空间封闭感较弱　　　　　　　　当转角处封闭时，封闭感极强烈

图 3-3-14　转角处的空间封闭感分析图

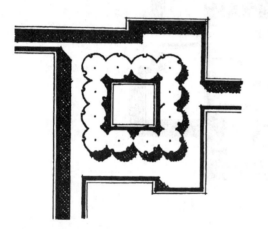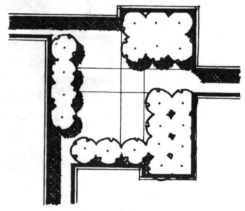

不希望的做法：是在空间中心安置实体，使空间不开敞　　　希望的做法：设计要素沿空间周边布置，使空间更开敞

图 3-3-15　设计要素的布局形式分析图

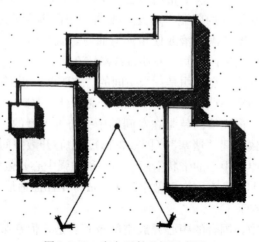

图 3-3-16　定向开敞空间示意图

用空间外风景区中的重要景色。当围绕开放空间的建筑围合缺少一部分时，由此而构成的空间的方向将指向开口边。由于定向开放空间具有极强的方向性，因此在总体空间中组织安排其他因素，如植物素材和地形时，必须时刻保持空间的方向性。

在一个定向开放空间的周围修建建筑物时，必须注意避免空间开放边的比例过大，否则空间的特性和围合感将会丧失。建造定向开放空间的原则是，既要适当地使用足够的环状建筑物围面，又要使视线能触及空间外部的景色。

（三）直线型空间

直线型空间相对而言成长条、狭窄状，在一端或两端均有开口（图 3-3-17）。直线型空间一般比较笔直，在拐角处无弯曲状。一个人如站在该类型的空间中能毫不费力地看到空间的终端。

直线型空间引人注目的特征之一就是该空间的焦点集中在空间的任何一端，因而适合一切空间中的活动。当站在空间中时，人们的注意力被引导在长长的带状边之间。事实上，空间的开口端从意义上来说，比空间两边的垂直面具有更多的重要性，任何企图在空间两边布置具有吸引力的物体都是不妥当的。这些物体只会起到相互抗争和与空间抗争的效果，而加强空间的中心点，消除空间沿线具有破坏性的景物才是上策。该类型的空间能被有效地利用在环境中，以将人们的注意力引向重要的地面标志上（如雕塑艺术品或有特色的建筑物）。

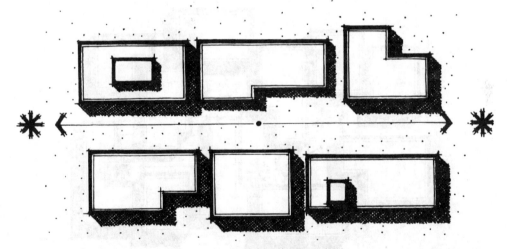

图 3-3-17　直线型渠道空间示意图

（四）组合线型空间

由建筑群所构成的另一种基本带状空间叫组合线型空间，该类空间与直线型空间的不同之处在于，它并非是那种简单的、从一端通向另一端的笔直空间，这种空间在拐角处不会终止，而且各个空间时隐时现。当今的城镇街道便属于这种空间类型。当穿行在这类空间中时，行人的注意力会被引向他所站立的次空间终端，但当他继续朝前行进并到达这一终点时，另一个未曾看见的次空间便立刻映入眼帘，行人的注意力又会被引向新的终端。行人在该类空间中穿行时这一情形不断重复出现，它能给予行人一种好奇感。这类空间能够诱使行人去追寻尚不知晓的景象。在这一探索的过程中，行人得到变化多端的视野和空间景物不断意外出现的乐趣（图 3-3-18、图 3-3-19）。

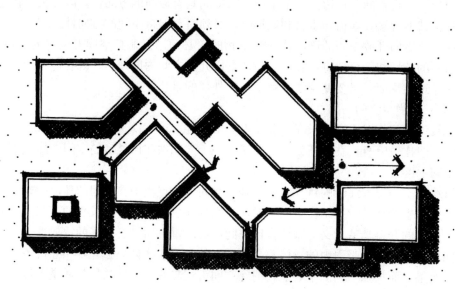

图 3-3-18　组合线型空间示意图

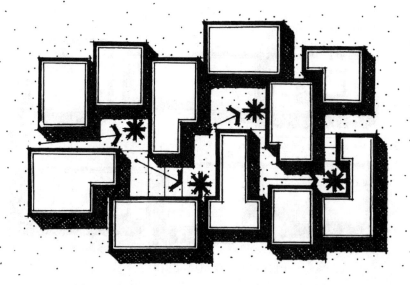

图 3-3-19　在组合线型空间的观赏焦点安排示意图

　　上述四种基本空间类型并非是彼此孤立的。它们相互共存在一起，组成一个更大的空间序列，而每一部分都对总体结构有所贡献。在这种空间序列中，每一类型的空间特性和本质受其自身的位置和相对空间类型的强调。例如，如果行人在到达中心开放空间之前，必须先经过线型空间，那么在他进入中心开放空间时，就会明显地体会到中心开放空间的固定不变和相对封闭的特性。建筑物如同其他设计因素一样，能构成一系列由视野、景物和其他普通的整体轴线所连接的扩张和收缩的空间。正是空间的这种集合连接，才赋予室外环境以生命和情感的色彩。

三、建筑群体的设计原则

在景观中如何组织布置一个特定的建筑群体取决于一系列因素，其中包括用地原有的条件、建筑物之间的功能关系、在相邻环境中所需发挥的作用、室外空间的预想特性，以及设计构图的基本原理等。

概括而言，设计师应该力求在设计中使建筑物井然有序。这样在建筑实体以及建筑物所构成的各个空间之间才会出现有机的联系。当建筑物被杂乱地建造在地面上，而各建筑物间并无任何相互联系时，就会出现毫无秩序的建筑物分布（图 3-3-20）。这种设计方法虽适合某些特殊情况，但一般只会导致混乱、割裂的布局，要想得到井然有序的布局，最简单、最普通的有用方法之一，便是使建筑物相互间呈 90°角（图 3-3-21）。

图 3-3-20　杂乱的建筑布置示意图

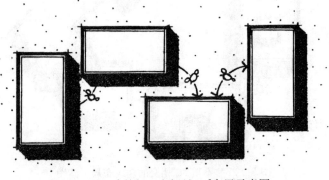

图 3-3-21　建筑相互之间呈 90°布置示意图

当然，正相交布局方式并非完美无缺，如果过多地使用这种方式，建筑物的布局会变得太直观，太单调无味。这种布局缺少空间的个性或引人注目的建筑物的相互联系，在那些总布局呈线型的建筑物群中，如果使建筑实体彼此之间相错位，一些建筑物向前，而一些后退，则布局就会产生一定的变化（图 3-3-22）。这种方法不仅能构成与建筑物相对位置有关联的次空间，而且还能削弱或消除长而不断的带状布局的单调性。

另一种消除完全直线型布局呆板单调的方式则是在布局中小心地使建筑物相互之间不呈 90°的夹角（图 3-3-23）。这种排列方式也能为布局带来一定程度的变化，不过在使用这一方法时，必须兼顾周围环境和设计目的。非 90°角相交组合虽有一定的杂乱性，但比起正交组合来说，则具有更多的活泼的有机形态。

在使用上述任何一种组合方式的同时，设计师还可直接利用使某一建筑物的形状和

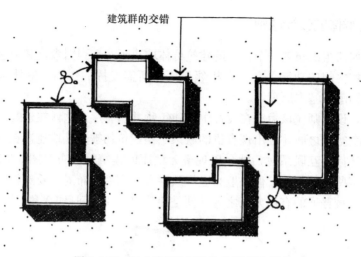

图 3-3-22　呈 90°交错布置的建筑群示意图

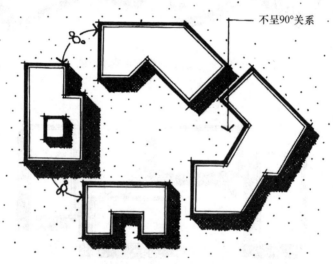

图 3-3-23　不呈 90°相交的建筑布局示意图

线条与附近建筑物的形状和线条相互结合的方式，来加强建筑物之间的协作关系。具体实施方法是沿已知建筑物的边缘向外延长虚线，然后使其与邻近建筑物边缘一致对齐（图 3-3-24）。这种方法能在群体中相邻建筑物之间创造出一个令人深思，但又明显清晰的视觉联系点，这一方法还能容许大量的视线从任何一个建筑物进入到中心开放空间中，而且不会受到邻近对立建筑物墙壁的直接封锁。

　　不过，另一方面，这种组合建筑物的方式也存在不足之处，建筑物边缘的这种假想联系并不能消除建筑群的空间空隙，由此便会形成一个受到微弱限制的空间。而且，该组合方式与直线布局方式一样，会使建筑序列有些过于呆板生硬，为解除这两个潜在的弊端，有时就必须使相对的两个建筑物立面呈重叠的关系（图 3-3-25）。当行人穿行于这两个建筑物之间时，就会产生一种空间挤压感，这种重叠关系也会在建筑群的中心开放空间中造成极强的空间封闭感。

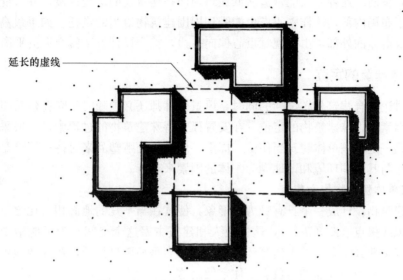

延长的虚线

图 3-3-24 建筑物组合的相互关系确定方法图

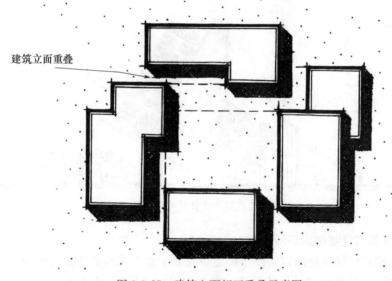

建筑立面重叠

图 3-3-25 建筑立面相互重叠示意图

对建筑单元进行平面组合的原则，如对聚集在一个建筑组群内的各私人住宅的组合一样，应该重叠覆盖这些单元，以最大限度地增加这些单元的接触面。任何单元之间角顶角的关系都应避免，因为这种关系会在设计上构成紧张的气氛，并且会在建筑施工时造成结构上的不稳定。

为了获得成功的布局方案，还必须从高度和平面角度方面来研究建筑物之间的相互关系。虽然一个复合建筑群的高度分布存在着许多可能性，但至少有一点是设计师应该做到的，即他应在设计中选用一个相对较高的建筑物来充当支配因素，而建筑群中所有其他建筑物都应附属和烘托它。设置这一具有支配地位的建筑的一个方案，就是将它置于其他建筑物中间某处。因此，较低的建筑物一般被置于布局的边缘，而较高的建筑物

167

则被置于布局里面。这种方法能营造从低建筑物向高建筑物的缓慢过渡，并且能将中心点更多地置于布局内部，这样中心点也能受到周围建筑物恰当的烘托。如果最高的建筑物太靠近建筑群体的外部，由于视觉重心偏向一边，整个设计方案就会失去平衡。

四、单体建筑的定位

在集中讨论复合建筑分布设计的同时，风景园林师还必须随时研究在建筑工地上作为孤立建筑因素的特殊建筑物的定位。在安置孤立特殊建筑物的过程中，一般采用两种基本方法：第一是将该单体建筑当作受其周围环境衬托的雕塑品来对待；第二是将该单体建筑物当作与其周围环境和谐地融为一体的因素来对待。

（一）将单体建筑物作为焦点

将单体建筑物设计成一个具有魅力的形象，使其在与平凡的地面相对比之下，突出成为夺目的视线焦点（图 3-3-26），这样使人和建筑主宰这个空间。为了能暗中烘托建筑物而不与其抗衡或争夺，整个建筑环境的基调应当是朴素自然的，在开阔地中安排的建筑物和在丛林环境中耸立的白色立面住宅便是这一设计方式的体现。为能使设计方案取得成功，在同一块基地上就不应该再修建其他构筑物或引人注目的建筑，这样单体建筑物的重要性才能得以充分体现。

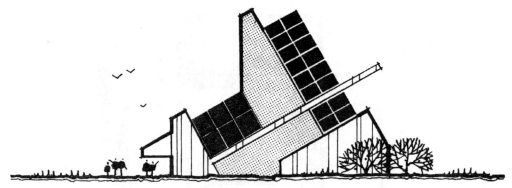

图 3-3-26　单体建筑与所在环境的对比效果图

（二）将单体建筑物融入环境

第二种布置特定建筑物的方法便是将建筑物置于整个建筑群的相应范围之内，因为这样能突出建筑物与其所在场景的联系（图 3-3-27）。这一方法基于这样一个理论，即单体建筑物必须是用地的一个主体部分，而二者又为一个统一整体。在这个场景中，人以及他们的活动都应被看作是自然界的一部分。此外，还应力图消除建筑物与其环境的明显区别，如使建筑物与四周景物拥有相同的特色与材料，以利于二者融为一体。

图 3-3-27　单体建筑与所在环境融为一体效果图

应该予以说明的是，上述两种方案并不存在高低优劣之分，具体使用何种方案应根据详细的设计工程之内容和目的而定。

五、建筑物与环境的关系

在将建筑物从观赏角度和功能角度上与周围环境连接起来，从而获得一个总体上紧密相接的设计效果上存在着一系列的观点和准则。如同其他设计原则一样，每一次工程施工之前，必须对这些观点和准则进行重新评估，并只能将其运用在合适的工程之中。

（一）地形

在将建筑物与其环境相结合时，通常应考虑地形因素。我们知道地形会影响建筑物和环境之间的观赏和功能关系以及排水。一般来说，将建筑物修建在一个相对平坦的地基上，比将其修建在倾斜和不规则地形上更容易和更经济。在平坦地形上，建筑物造价和后期维护费用都少于在坡地，而且在一个相对较平坦的地形上，建筑物布局具有更大可塑性。

在平坦地形上，建筑物可通过向外扩展而与其场所结合在一起（图 3-3-28）。这些外延的建筑如同坚强有力的手臂，紧紧地攀住并环绕其场所的各个部分。相对平坦的地形便于挖掘和堆积，使建筑物与其相邻环境的结合成为可能（图 3-3-29）。

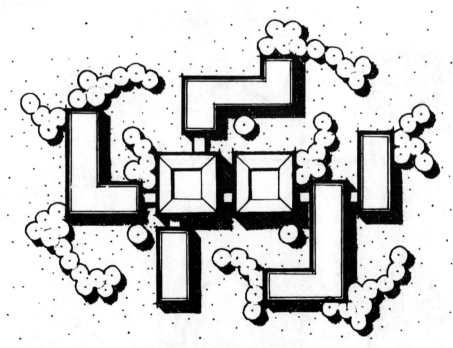

图 3-3-28　建筑延伸到环境中示意图

随着地面的逐渐升高，建筑物的安排和稳定便更加困难，造价也更加昂贵，并且建筑物易给人以不稳定的感觉。建筑物与倾斜地形相结合的正确方式，全在于斜坡的倾斜度以及设计的目的。

图 3-3-30 展示了三种在较平缓斜坡上营造建筑物的普遍方式。最常用的一种方式是将地面构筑成梯田状，以使其形如一块平地。具体实施则是将基地的高坡部分挖掉，然

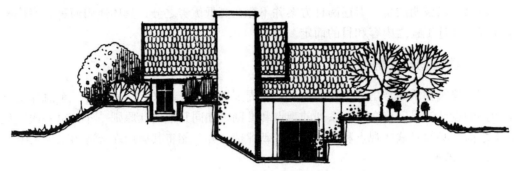

图 3-3-29 通过填挖方使建筑与地形结合示意图

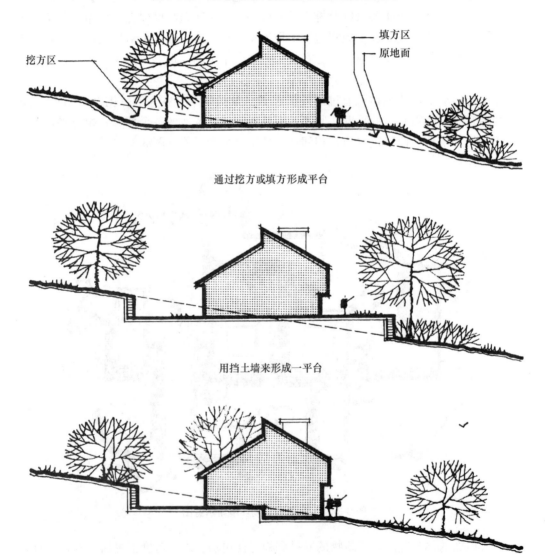

通过挖方或填方形成平台

用挡土墙来形成一平台

通过用建筑底层的不同高程来适应地形的变化

图 3-3-30 建筑适应地形方法图

后将其填入低坡部分以构成建筑物的平整地基。当坡度增大时，就应在高坡和低坡处筑起挡土墙，以减少用来建立平整地基的土方填挖量。大体而言，挡土墙有助于降低基地的起伏性。台阶地形是第二种建造建筑物于斜坡上的方式。这种方式允许建筑被置于台阶式斜坡之中，并使建筑物本身具有一定的倾斜度变化。由于使用了这种方式，建筑结构的某些部分实际上已具有挡土墙的功能。以一排相互连接的市政厅建筑为例，台阶可以在建筑群中各个部分出现。与构造梯田状方式相比较，使建筑物与斜坡成台阶状的方式能最大限度减少填挖土方量。而且台阶方式能够使建筑物看上去成为斜坡的自然组成部分，从建筑与环境之间的融合情况来考量，这算是最成功的方式。

在较陡的斜坡（10％～15％）上，台阶方式还可进一步加以发展，以便在高坡与矮坡之间出现一个完整的楼层高差。如图 3-3-31 上图所示，高坡面此时具有的高于地面的楼层，比建筑于低坡中的建筑物少一层。常见的坡面建筑便是这种一层面对最高坡而两层面对低坡的房屋。在这种建筑中，一个人能从容地出入于位于低坡之上的建筑物底层。

最后一种在陡坡上建造建筑物的方式是在极低的平面上使用支柱结构。如图 3-3-31 下图所示。借用柱式结构或其他支撑结构，建筑物底面就会被抬升成为一个完整的平面。这种方法虽然成本较高，但非常适合于那些要么太陡、要么太难平整的基地。此外，由于使用这种方法能形成部分建筑物的底部悬空，因而极有助于使建筑物更加引人注目。

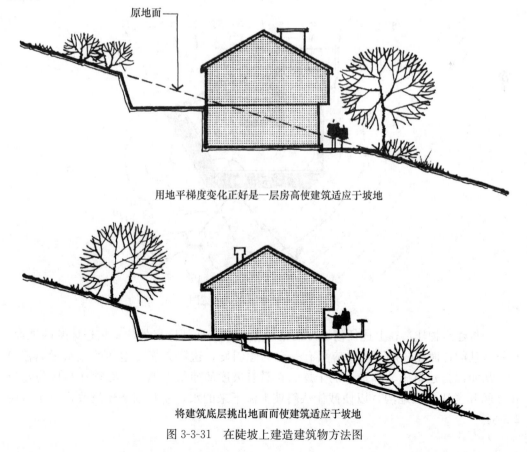

用地平梯度变化正好是一层房高使建筑适应于坡地

将建筑底层挑出地面而使建筑适应于坡地

图 3-3-31　在陡坡上建造建筑物方法图

　　建造于陡坡上的建筑物布局和定点还需兼顾复杂的地形条件。为了与那些凹谷或山脊的地形地貌相交融，建筑物必须长窄，并与等高线相平行（图3-3-32）。建筑物这样布局既能表示出斜坡的方向性，又能最大限度地减少修建建筑物所需的土地平整量。相反，当建筑物的布置长度不够或垂直于斜坡等高线时，该建筑物将在极大程度上与斜坡不相吻合。为了能使建筑物既坚固又符合斜坡地形，其中一个可选择的建筑地点就是脊地的顶端或地形的突出点。在这些部位，建筑物可布置成较圆滑的形状或呈"U"字形，以便于与等高线的弯曲部相吻合（图3-3-33）。

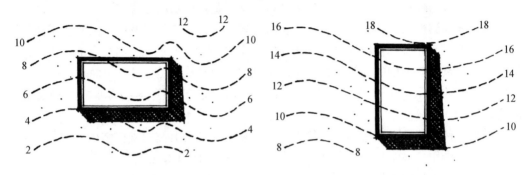

建筑平面平行于等高线，使挖填土方量为最少　　　　建筑平面垂直于等高线，其挖填土方量为最大

图 3-3-32　陡坡上的建筑物布局分析图

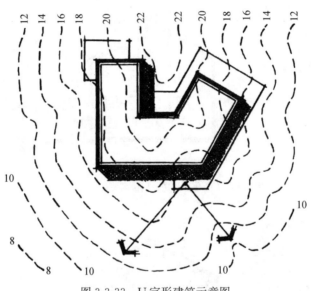

图 3-3-33　U字形建筑示意图

　　在将建筑物建造在上述任何坡度的地形上后，设计师应格外注意临近地基的地面。环绕地基的地面在一定距离处应具有一定的倾斜度，这样方能使地面的流水远离建筑物，从而保持建筑围墙和地面的干燥。在具有坡度的建筑工地上，必须在高坡与建筑物之间开凿洼地或地沟，以便截住从斜坡上流下来的水，使其围绕建筑改道流走（图3-3-34）。

图 3-3-34　建筑建设排水沟示意图

在平整的建筑工地上，设计师在将建筑物底层地基与地平面连接上有以下两种方法（图 3-3-35）。

（1）抬高建筑底层。

抬高建筑底层是使建筑物底层高出外部地平面约 15 厘米（但仍要使外部地平面具有一定的倾斜度以便排水），这种方法能使主要的楼层免受任何可能流入的水的危害。如果地下层也属于楼房的一部分，使用这一方法还能减少所需的挖土量。该方法唯一的不足之处在于室内与室外之间的差异过于明显，这是因为坡度的变化使两者之间相互隔离。建筑物内部地平面与外部地平面不仅未能连接成一个不间断的平面，这种阶梯的变化还使其产生了一个交错层。

（2）水平连接。

水平连接是将建筑底层与外部地平面放在同一地平线上，从而使它们具有相同的流动感。该方法的一个可取之处便是有利于轮椅和行动不便的人出入，在进行该种布置

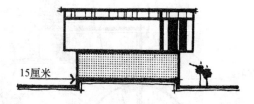

建筑底层高于周围地平面，室内室外分明

建筑底层与地平在同一高程，室内室外形成一体

图 3-3-35　建筑物底层地基与地平面连接方法图

时，仍应注意要使环绕建筑物的地面在一定的距离上有所倾斜，以便地面排水。该方法的不足之处，便在于房内容易受到暴雨的侵蚀，当排水较慢时，室内容易进水。

（二）植物材料

在将建筑物与周围环境结合的过程中，所需要涉及的另一因素是植物。而在建筑与植物的配合方面，又存在着两种情形：

（1）一幢建筑物和一组建筑物与环境中原有植物相结合；

（2）利用种植植物而使建筑物与环境相协调。

第一种情况中，亚热带和温带地区中最有可能存在的植被条件为树林和开阔地。

在最小程度地破坏生态环境的前提下，将建筑物修建在树林或森林中存在着许多可供选择的方案。要知道，多树区域都是一些具有许多设计制约因素的生态系统。这些区域只有极少的可供营造建筑物的地面。此外，这些区域在夏季受树荫影响都偏向于阴暗，因此在多树木区域内设计营造建筑物时，必须考虑上述制约条件（图3-3-36、图3-3-37）。被营造于多树木区域内的建筑物，必须在设计上做到增高立面和紧缩平面，以免占据过多的地面。所占地面越少，那么在建筑营建过程中被砍伐的树木也越少。为保证有足够的居住面积，建筑物须按多层分布方式设计成直立状，一栋匀称的高大建筑物不仅占地较少，而且还能与树木的高度交相辉映。除了其结构紧凑外，建筑物的设计布局还应具有灵活性和机动性，以便与某些特殊树木的种植点相呼应。在大多数情况下，按照标准的和预先规划的设计方案，在树木的砍伐量上比专门为某工地上某个树木而制定的方案要多。

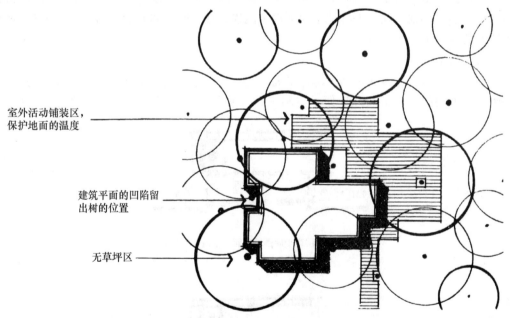

室外活动铺装区，
保护地面的温度

建筑平面的凹陷留
出树的位置

无草坪区

图 3-3-36　在树林中的建筑平面图

另外，在多树木条件中营造的建筑物底层应比地平面略高一些，如那些用柱式结构营造的房屋。这种构造方式便于最大限度地减少建筑房屋时所需的土方挖掘和平整量。对于那些柱式结构的建筑物来说，只有个别立柱支撑点需要加以挖掘，而建筑物附近其他地面则可受到保护。与此相似，与建筑物相配套的户外活动区域也应修建成木质平

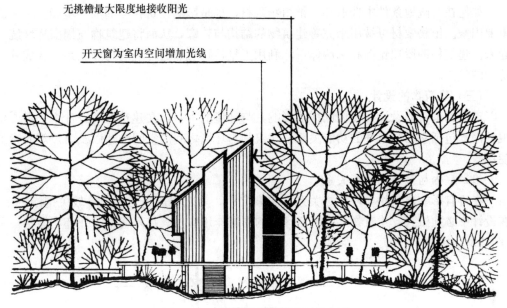

无挑檐最大限度地接收阳光

开天窗为室内空间增加光线

图 3-3-37　树林中的建筑造型示意图

台，并同样高于地平面。这种结构也能减少土方挖掘，并便于地面流水从平台下排走。

当建筑物被建造在开阔地面上时，则应考虑其与环境的组合方式。由于开阔地没有树木的制约，因而在建筑物的设计布局中应尽可能做到灵活多变。修建在开阔地段上的建筑物，只要地形允许便可在外观上显出较大的扩展性和低矮性。一般来说，就开阔地与林地相比较而言，前者更容易产生变化，而且较少出现混乱的现象。但是由于开阔地中缺少树木，建筑物在夏季容易受到阳光暴晒。为了改善这一状况，必须栽植遮阴树并在建筑物顶部修建大型屋顶（图 3-3-38）。

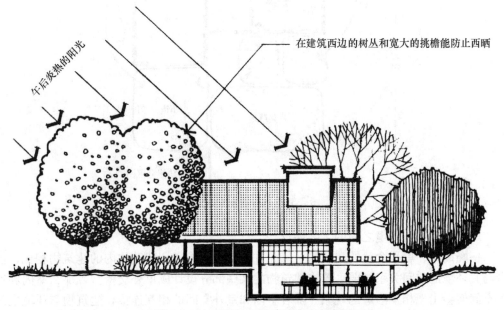

午后炎热的阳光

在建筑西边的树丛和宽大的挑檐能防止西晒

图 3-3-38　开阔地上的建筑造型示意图

175

如何在开阔地条件中选取和种植植物素材，也是影响建筑物与周围环境相互统一的重要因素。植物素材可被用来完善建筑物的结构与轮廓，从而将建筑物与周围环境统一起来。建筑物的屋顶轮廓和围墙体量均利用大量植物与邻近环境的巧妙联系，构成一个统一的整体。

（三）建筑物的设计

建筑物本身的设计和布局同样能影响其与环境的统一，在建筑物的设计中，需要重视的因素包括室内与室外的功能关系、建筑物与环境之间的空间渗透以及窗户等元素的使用等。

（1）室内与室外的功能关系

在所有影响建筑物与环境之关系的因素之中，功能构造毫无疑问是较关键的一个，在设计中必须做到，建筑物某一特定区域的内部作用应与其在环境中的外部功能相一致（图 3-3-39）。

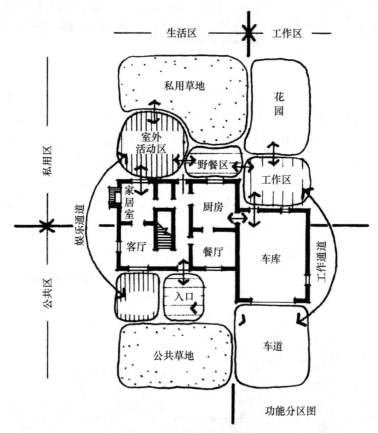

图 3-3-39　功能分区示意图

（2）建筑物与环境之间的空间渗透

一幢简单、扁平盒状的建筑与一幢允许外部空间渗透到建筑体内的建筑物相比，前者与其环境的空间关系较弱。若将建筑物的某些部分设计成里外交错型，那么室内和室外空间便会出现相互渗透的现象。随着室内和室外空间的相互连接，建筑物与环境之间的分界线开始逐渐消失，此时建筑物与环境便成为一个统一的整体。

（3）窗户元素的使用

能增强建筑物内外连续性的构造方法便是最大限度地增加窗户面积。这一方法能使室内与室外之间产生极强的视觉连接。窗户的作用仅是作为物理屏障，而不是视觉屏障，对于建筑物内部的人来说，窗户可使室外空间在视觉上变成室内的一部分。

（四）过渡空间

一种连接建筑物与其环境的方法，就是在建筑物入口处设置一个过渡空间。这与室内同室外空间的连接有相似之处。让行人在两个不同的背景之中仓促移动是一种很不理想的状态，这是因为这样会使二者之间产生心理上的间隔。过渡空间能减小室内外的突变，使出入于建筑物的行人感到其间有一个平缓变化的过程。除此之外，过渡空间必须有形地将建筑物出入口与其他区域或具有其他功能的环境设施，如人行道分隔开来。把建筑物的门直接向人行道敞开，是很不合适，甚至是危险的。因为这样不仅会引起交通的拥挤，还有可能会使行人随意出入于门户之间，从而破坏空间的私密性。

过渡空间可以通过植物、围墙、土丘以及独特的铺装形式来构成，也可以延长建筑物的上层楼板，使之覆盖住底层的入口。这种空间虽然从实质上来说处于外部，但它仍能免受气候的影响，并在建筑物和外部空间之间建立起内在的联系。

构成过渡空间的关键因素是阶梯的布置。如前所述，当建筑物内部地面与其紧贴的外部地面处于同一水平面时，内部与外部空间的连续感最强。因此，如果为了适应坡度变化的需要必须设置台阶，就应将其设置在与建筑物有一定距离的外部或一定距离的内部。台阶切忌设置在建筑物门口，因为这样不仅会消除内外的统一，也会造成安全的隐患。

（五）围墙

无论是挡土墙还是独立的围墙，都能从视觉上和功能上用来连接建筑物与其环境。在这方面具有特殊效果的便是那些能从建筑物伸向其环境的围墙。可延长的建筑物围墙如同长长的手臂一般，紧紧地抓住周围环境。这种方式还能消除建筑物末端与环境始端之间的分界，从而使二者融合在一起。挡土墙或独立式围墙的另一作用便是在整个环境中重现建筑物立面材料，这一作用可以建立起一种视觉联想，从视觉上将建筑物与其环境中的其他围墙连接起来。

（六）铺地材料

铺地材料是另一种设计要素，它可被用来统一建筑物与其周围环境。靠近建筑物的铺地，其线条、轮廓和形状应与建筑物本身所固有的轮廓与形状有直接的联系。铺装可以设计成与建筑物的角落、门窗边缘以及窗户竖框相互联系的形式，以便增强建筑物与铺地之间的视觉关联。作为形成统一体的方法来说，铺装材料还可以制成与建筑物立面相同的材料或与建筑物内地面相同的材料，这在当同种材料以等同的水平线延伸至建筑物外部，而在建筑物内外部之间仅有玻璃窗和门框作为分界线时格外奏效。

第四节　铺　　装

园林铺装是指运用任何硬质的天然或人工制作的铺地材料来装饰路面。园林铺装包括园路、广场、活动场地、建筑地坪等。

一、铺装材料的功能作用和构图作用

与其他园林设计要素一样，铺装材料也具有许多实用功能和美学功能，有些功能是单独出现的，而大多数的功能则同时出现。铺装材料的许多作用常可通过与其他设计要素配合而很好地体现出来。

（一）提供高频率的使用

铺装材料最明显的使用功能是与草坪和地被相比较，铺装材料覆盖的地面能经受住长久而大量的践踏磨损，而不会损伤土壤表面层。同样，铺装材料比其他铺地材料更能适应车辆的碾压。一个人如果步行，可以行走在任何的路面上，坐交通工具则就只能在具有铺装材料的路面上行驶。此外，铺装材料能在一年四季中的任何气候条件下发挥作用。而草坪地被既不能承受强压力的作用，又不能在多雨的气候中使用，因为在这样的气候中它还极易变得泥泞。总之，如果铺装材料使用得当，它可以承受高频度的使用，而且不需要太多的维护费。

（二）导游作用

铺装材料可以提供方向性，当地面被铺成一条带状或某种线形时，它便能指明前进的方向。铺装材料可以通过引导视线和将行人或车辆吸引在其轨道上，引导从一个目标移向另一目标（图 3-4-1）。公园中的小径以及校园中引导人们穿行空旷空间的小道，均能向行人示意应向何处行走。

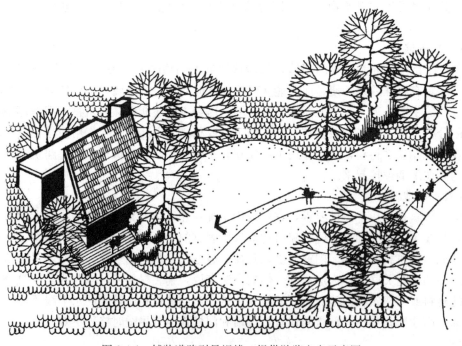

图 3-4-1　铺装道路引导视线、提供游览方向示意图

不过铺装材料的这一导游作用只有当其按照合理的运动路线被铺成带状时才能发挥出来，而当路线过于曲折变化时，其导向作用便难以发挥。在公园或校园中，解决这一问题的方式便是预先在规划图上标出最近的路线，随后铺设的道路应大体上反映这些路

线，以便消除穿越草坪的可能性（图 3-4-2）。如果在一个特殊空间中存在着众多交错的路线，那么最好的办法就是将铺装材料铺成一块较大的广场。这个方法一方面允许更大程度地自由穿行，另一方面又提供了协调统一的布局，使空间不至于过于复杂。

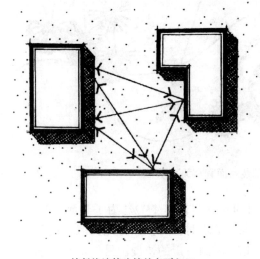 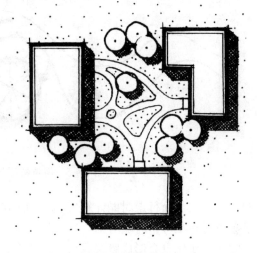

捷径线连接建筑的主要入口
步道根据捷径线来铺设

图 3-4-2　步道铺设方法图

铺装材料引导运动方向也常常用于硬质的城市环境中，这些地方有时需引导行人穿越一个个空间序列。在城市复杂的空间之中，一个初来乍到的行人常会感到陌生。在这种情况下，与周围物体截然不同的带状铺装地面就能有形地将各个不同空间连接在一起，依靠其公共性而微妙地为行人导向。当行人离开一种特定的铺装而踏上另一种不同材料的铺地时，他会立刻感受到进入了一种新的行走路线。

铺装材料的线形分段铺设，不仅能影响运动的方向还能带来特别的游览感受。例如，一条平滑弯曲如流水的小道，能给人一种轻松悠闲的感觉；一条直角转折的小道会让人觉得又严肃又拘谨；而不规则、多角度的转折路会使人产生不稳定感和紧张感。一条笔直的道路强调了这两点之间具有强烈的联系，而弯曲蜿蜒的道路则淡化了这种关系。上述每种特点都有其恰当的用处，因此设计师在决定一个特定的布局时，必须仔细地考虑需求者的感受。

（三）暗示游览的速度和节奏

除了能导向之外，铺装材料的形状还能影响行走的速度和节奏。如图 3-4-3 所示，铺装的路面越宽，运动的速度也就会越缓慢。在一条较宽的路上，行人能随意停下观看景物而不妨碍旁人的行走；而当铺装路面较窄时，行人便只能一直向前行走，几乎没有停留的机会。上述运动特点还可以得到进一步强调，如在较宽的铺装地面上使用较粗糙的铺装材料，行人就不会行走很快。而在狭窄的路上铺装平坦光滑的材料，就会利于行人的快速行进。

在线形道路上行走的节奏也能受到铺装地面的影响。行走节奏包括两个部分，一是行人脚步的落处，二是行人步伐的大小。这两者都受到各种铺装材料的间隔距离、接缝距离、材料差异、铺设宽度等因素的影响。例如，沿小道的等距条石引导了有规律的步

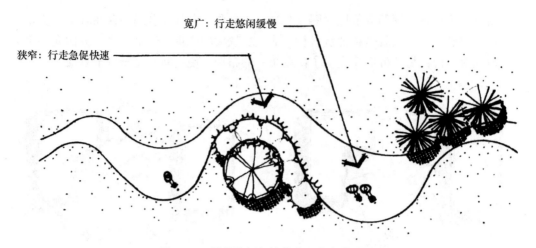

图 3-4-3　游览特征与铺装路面宽窄关系图

调，行人在上面行走时能计算穿越空间的时间和步伐（图 3-4-4）。为了达到不同的效果，条石间距可以时宽时窄，这样行人的步伐也会随之时快时慢。与此类似，道路上铺装的宽窄变化也会形成紧张或松弛的节奏，由此而限制行走的快慢。另外，改变铺装材料的样式，也能使行人走在上面时感受到节奏的变化。

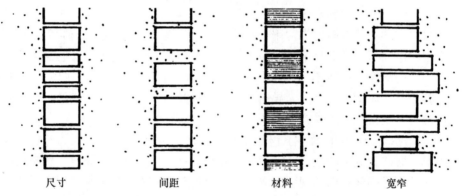

尺寸　　　　间距　　　　材料　　　　宽窄

图 3-4-4　游览节奏的影响因素分析图

（四）提供休息的场所

铺装地面与导向相反的作用是产生静止的休息感。当铺装地面以相对较大且无方向性的形式出现时，它就暗示着一个静态的停留区域（图 3-4-5）。铺装地面和铺装形式的无方向性和稳定性常适用于道路的停留点和休息地，或用于景观中的交汇中心空间。

在使用铺装地面创造休息场所时，设计者应仔细考虑铺装的材料和造型，保证在与流动的道路相连时这种铺装能够体现出停留的意味（图 3-4-6）。在某些情况下，在无方向性的空间中仅仅改变铺装材料的形式，就足以增强空间的感受；在另一些场合，为了突出空间的静态感，固定的铺装形式极为必要，道路的交叉点也适用这些原则。

（五）表示地面的用途

铺装材料及其在不同空间中的变化都能在室外空间中表示出不同的地面用途和功能。如果改变铺装材料的色彩、质地和组合（图 3-4-7），各空间的用途就能由此得到明

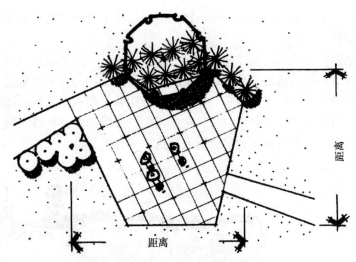

图 3-4-5　停留区域示意图

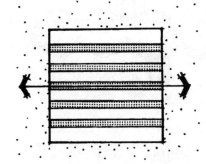

铺装图案暗示着方向性和动感，铺
装图案影响着空间的动感和静感

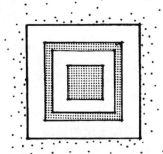

铺装图案无方向性而呈静止状态

图 3-4-6　铺装图案的空间感受分析图

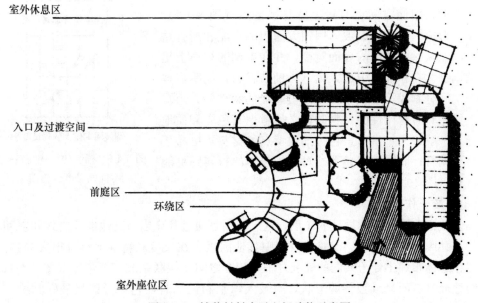

图 3-4-7　铺装材料表示空间功能示意图

确。实践证明，如果用途有所变化，地面铺装应在设计上有所变化；如果用途不变，则铺装也应保持原样。

铺装表示地面使用功能的具体应用便是提醒人们注意危险的地段（图 3-4-8）。在繁忙道路的人行横道上，铺地的变化可以在提醒行人注意的同时，示意机动车减速。对于人行道和机动车道的区别来说，一个简单常用的方法就是用相对光洁的铺装来表示人行道，而较为粗糙的铺装材料表示车行道。这是因为较光滑的地面更易于行人行走，而较粗糙的地面能降低机动车的速度，这对行人来说是比较安全的。

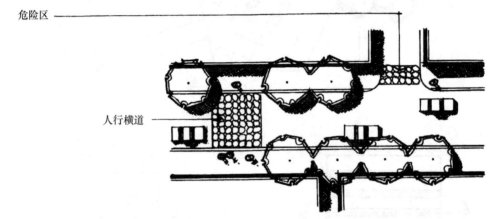

图 3-4-8　人行横道铺装示意图

（六）对空间比例的影响

在外部空间中，铺装地面的另一实用功能和美学功能便是能够影响空间的比例。每一块铺料的大小以及铺砌形状的大小和间距等都能影响铺面的视觉比例。形体较大、较舒展，会使一个空间产生一种宽敞的尺度感；而较小、较紧缩的形状则使空间更有压迫感与亲密感（图 3-4-9）。砖和条石形成的铺装可以被运用到大面积的水泥和沥青路面上，以缩减这些路面的表面宽度，并在单调的材料上提供视觉调剂。在原铺装中加入第二类铺装材料，能明显地将整个空间分割成尺度较小，更易被感受的副空间。当在地面上使用具有对比性的材料时，必须考虑其色彩和质地的差异。一般来说，具有素色、细致特点的材料，更易于在总体上调合；而形状越显著，对比越强烈的材料则更能引人注意（图 3-4-10）。

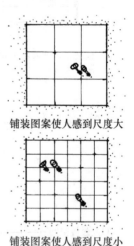

铺装图案使人感到尺度大

铺装图案使人感到尺度小

图 3-4-9　铺装的形式与室外空间的尺度分析图

（七）统一作用

铺装地面有统一协调设计的作用，这一作用是通过其充当与其他设计要素和空间相关联的公共因素来实现的。即使在设计中其他因素会在尺度和特性上有着很大的差异，但只要在总体布局中处于共同的铺装之中，相互之间便能联系成一个整体（图 3-4-11）。当铺装地面具有明显或独特的形状，易被人识别和记忆时，它就可谓是最好的统一元素。在城市环境中，铺装地面的这一功能最为突出，它能将复杂的建筑群和室外空间从

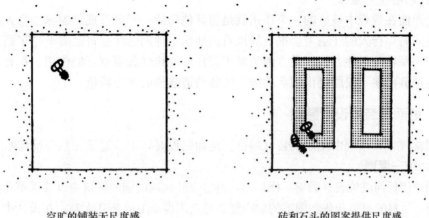

空旷的铺装无尺度感　　　　　　　砖和石头的图案提供尺度感

图 3-4-10　铺装图案与室外空间的比例分析图

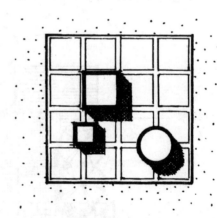

单独的元素缺少联系　　　　　独特的铺装作为普通背景统一了各单独的因素

图 3-4-11　铺装的统一作用分析图

视觉上予以统一。

（八）背景作用

在景观中，铺装地面还可以为其他引人注目的景物做中性背景。在这一作用中铺装地面被看作一张空白的桌面，它为其他焦点物的布局提供基础。铺装地面可作为这样一些因素的背景，如建筑、雕塑、盆栽植物、陈列物及休息座椅等。充当背景的铺地材料应该是较为简单朴素的，它不应有醒目的图案、粗糙的质地或其他引人注目的特点，否则就会喧宾夺主。

（九）构成趣味空间

前面曾提到，铺装地面具有构成和增强空间个性的作用。用于设计中的铺装材料的图案和边缘轮廓都能对所处空间产生重大的影响。不同的铺装材料和图案造型都能形成和增强相应的空间感。例如，方砖能赋予一个空间以温暖亲切感，有角度的石板能营造轻松自如、不拘谨的气氛。因此在设计中为了满足所需的情感色彩，就应在铺装材料上有目的地选择使用。

（十）创造视觉趣味

铺装地面在景观中最后的一个作用就是与其他功能一起创造视觉趣味。当人们穿行于一个空间时，行人的注意力会很自然地看向地面，他们会注意自己脚下的东西，以及下一步应该踩在什么地方。因此，铺装对于设计的趣味性起着重要的作用。在有些设计中独特的铺装图案不仅能提供观赏功能，还能营造强烈的地方特色。

二、地面铺装的设计原则

按照常规，在景观中使用铺装材料进行地面铺设时，应该遵循一系列设计原则。

（一）统一原则

如同使用任何其他设计因素一样，用在特定设计区域的铺装材料应以确保整个设计统一为原则，材料的过多变化和图案的烦琐复杂易造成视觉上的杂乱无章。在设计中至少应有一种铺装材料占据主导地位，以便能与附属的材料在视觉上形成对比（图3-4-12）。这一种占主导地位的材料还可贯穿于整个设计的不同区域，从而建立统一性和多样性。

主要铺装

图 3-4-12　铺装的主导作用示意图

铺装材料的选择和图案的设计应与其他设计要素的选择和组织同时进行，以确保铺装地面从视觉和功能上都被统一在整个设计中。在对铺装进行选择时，设计师应综合考虑其平面造型和透视效果，在平面布局上应着重注意材料吸引视线的形式，以及与其他要素的相互协调，如邻近的铺地材料、建筑物、种植池、照明设施、雨水口、树墙和座椅等（图3-4-13）。如果使用恰当，铺地材料就能与所有的设计要素产生强烈的联系。当相邻两种铺装安放在一起，而无第三者作为过渡媒介时，两者的铺装形式和造型图案应相互协调。一种铺料的形状和线条应延伸到相邻的铺装地面中去；与此相同，建筑物的边缘线和轮廓也应与相邻的铺装地面相协调，以构成视觉联系(图3-4-14)。

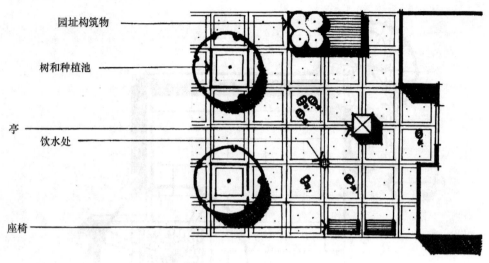

园址构筑物

树和种植池

亭

饮水处

座椅

图 3-4-13　铺装的协调作用示意图

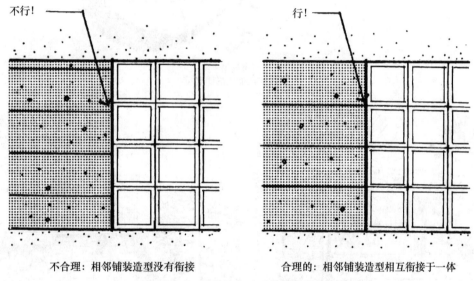

不行!

行!

不合理：相邻铺装造型没有衔接　　　　　　合理的：相邻铺装造型相互衔接于一体

图 3-4-14　相邻铺装造型的衔接分析图

（二）兼顾平面与透视效果

除了从平面布置来探讨外，还应从透视的角度来研究铺装形式，这是因为大多数人是以透视的角度来观赏它的。透视与平面存在着许多的差异，在透视中平行于视平线的铺装线条强调了铺装面的宽度，而垂直与视平线的铺装线条则强调了其深度（图 3-4-15）。进一步而言，当行人穿行于一个空间视点不断变化时，铺装的形式也就随之发生变化。但遗憾的是，大多数设计师过于依赖平面设计，而对透视效果的研究很少，如果缺乏这方面的考量，当铺地建成后铺装线形就有可能达不到预想的效果。

（三）与场地功能相协调

为特殊空间所选择的铺装形式也应适合预想的用途，符合所需的空间特性并满足使用强度的要求。在选择铺料时，造价通常也会对其产生一些影响。实际上，没有一种铺

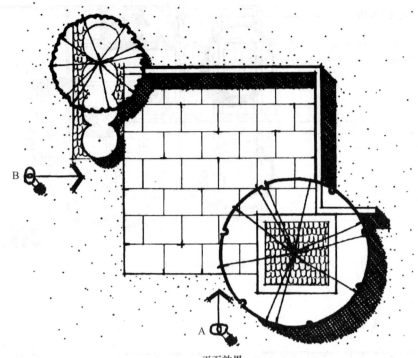

平面效果
石砖组成的矩形图案

A点强调空间的宽度　　　　　　　　　B点强调空间的深度

图 3-4-15　铺装线条与透视效果分析图

装材料能适用于所有的功能和活动场所，有些铺装材料在适应不同的铺设形式方面优于其他的材料，例如混凝土比条石和瓷砖更适宜用在无定型的情况之中。

（四）不随意变换铺装形式

在景观中使用铺装地面石的另一原则是，在没有特殊目的的情况下不能随意变换相邻处的铺料及形式。前面曾提到，地面之间的铺料变化通常象征着铺装地面用途的变化。如果没有明确的目的，那么铺装地面的变化对使用者来说，就象征着场所的环境也随之产生了变化。

（五）不同材料之间合理过渡

在为了某些特殊原因而变换铺地材料和形式时必须考虑不同材料相接处的过渡问题。有些设计理论家认为，在同一个平面上铺装材料和形式不应该有任何变化（图3-4-16）。换言之，如果在两个相接的空间中铺料及形式出现不同，那么水平高度也应该有所变化。水平高度的变化主要起着过渡的作用，并由此避免两种铺料和形式可能出现的直接相邻的问题。如果在分隔两种相异的铺装地面时，水平高度变化的方法不可行，可采取另外的方法，即采用第三种在视觉上具有中性效果的材料放于两种材料之间，这第三种材料能构成前两种材料视觉上的分隔，并减缓不一致的形式和线条之间的相互冲突。

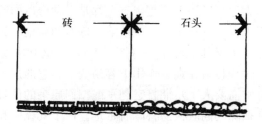

不合理：不同的铺装材料在同一水平高度上变化

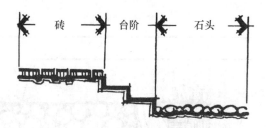

合理的：不同的铺装材料被水平高度的变化而分开

图 3-4-16　铺装材料与水平高度关系分析图

（六）以光滑质地材料为主

使用铺装材料的最后一个设计原则是，光滑质地的铺料一般来说应该占多数，因为这种材料色彩较朴素，不引人注目。这种材料在使用后不会使铺装地面有损于其他设计要素。而相对的，粗质地的铺料最好少量地使用，以达到主次分明和富于变化的目的。

三、基本的铺装材料

可供景观中使用的铺装材料总的来说可以分成三类：松软的铺装材料，如砾石等；块状的铺装材料，如石砖、瓷砖和条石等；黏性的铺装材料，如混凝土、沥青等。上述各种铺装材料都有其特点，在景观中能达到特定的使用目的。如同其他的设计要素一样，在尝试使用这些铺装材料进行设计之前应对它们的特点有一个清楚的认识。

（一）松软的铺装材料

松软的铺装材料最常见的就是砾石。砾石是一种最便宜的铺装材料，它具有不同的形状、大小和色彩。砾石既可呈整体也可呈散碎状，直接挖出的整石块常常是圆润光滑的，将石块砸碎而得到的碎石则是棱角分明、边缘清晰的。砾石材料的大小为 0.6～5 厘米，色彩也较为丰富，可以适应不同的使用需求。

作为一种铺地材料来说，砾石有许多的优点，其一是能使地面流水下渗到底层土壤中。从生态学的角度来看，砾石的这种透水性大有益处，它既可以补充地下水又能为植物提供所需的水分。此外，地面上的流水越少越不易引起水土流失。由此从排水的角度来说，砾石路面比混凝土和沥青路面更加合适，因两者相比较下，砾石流水很少、花费也较低。在景观中，砾石的另一个作用就是作为无固定形状和自然地面形态的铺地材料。与混凝土和沥青一样，砾石也可以算作一种流体铺装材料，它可以适应所处地面的任何形状。总之，砾石无论从经济上还是生态上都是一种合适的铺地材料。

不过作为铺地材料来说，砾石也有一些缺陷。砾石的质地较为疏松，需要其他的材料加以固定，如金属边、木材和混凝土等（图 3-4-17）。就其本身而言，砾石难以在地面上形成固定的形状，这种材料在强力作用下容易变形。它的这一特点也带来了养护管理的问题，这是因为常常需要人工定期将它耙平或扫回原来的位置，当需要清除落叶和积雪时较麻烦，因为在扫除的同时极易将砾石带走。由于其疏松和不稳定性，细小颗粒砾石的另一缺点是不宜使用在斜坡上，否则在暴雨时容易因地表径流的冲刷而散落。因此，为了使其固定不动就必须建造台阶和平台。一般来说，不宜用砾石来作为环绕植物根部的覆盖物，否则会不利于植物的生长，砾石会使植物根部附近温度升高，从而造成损伤。

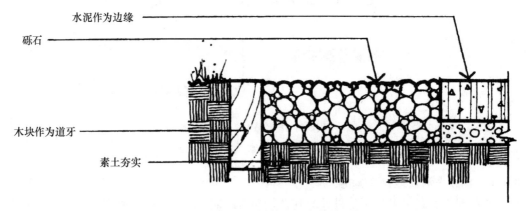

图 3-4-17　砾石地边沿使用坚实材料示意图

（二）块状的铺装材料

石块、条石、石砖以及瓷砖都属于块状铺装材料。在这些铺装材料中，石块不同于人工制造的材料，虽然常受到人们的采掘加工，但它本身仍属于自然。石材是一种形状多样的材料，它具有众多的地质起源，并具有大小、形状和色彩的变化。它也是最为昂贵的铺地材料之一，而且不仅材料本身昂贵，在铺设施工上花费的劳动强度也很大。

常用石材的地质分类主要为沉积岩、变质岩及火成岩。

1. 沉积岩

沉积岩是由成层堆积的松散沉积物固结而成的岩石。与其他类型的石材相比较，沉积岩多气孔、硬度低，因而极易加工。不过作为一种铺装材料来说，它在强力的作用下易受损坏，时间长就会因风化和磨损而失去光泽。对于行人的行走来说，砂岩和石灰岩更适于作为铺装材料。

2. 变质岩

变质岩是由变质作用所形成的岩石。它是由地壳中先形成的岩浆岩或沉积岩，在环境条件改变的影响下，矿物成分、化学成分以及结构构造发生变化而形成的。这类石材极其坚硬耐用，重量大而且昂贵。大理石也是一种变质岩，这种石块既昂贵又难以加工，因而作为铺地材料来说，它仅限于少量地使用在一些重要的地方。

3. 火成岩

火成岩是由岩浆冷却后形成的岩石。在强度和坚固耐用方面，它与变质岩相似。著名的火成岩有花岗岩，它是一种因强度大、耐磨性好而常用的铺装材料。尽管这些材料重而硬、难以加工，却很适用于那些需要承受强作用力和需耐磨损的地面。根据其作用和所需的造型，花岗岩可被加工成各种大小形状的材料。

上述三种地质石材还可以进一步划分成毛石、鹅卵石、石板以及加工石材。

（三）黏性的铺装材料

黏性的铺装材料常见的有混凝土、沥青。波特兰混凝土简称为"混凝土"，是室外环境中几种不同的黏性铺装材料之一，混凝土作为铺地材料用于景观中一般有两种方式，现浇和预制。混凝土铺装材料不足之处包括具有很强的反射率；不适水性。

沥青是由细小的石料和原油为主要成分的沥青粘剂而构成的一种具有柔软性的铺装材料。当有压力作用时，沥青会移动和曲折。沥青与混凝土一样，具有可塑性，在施工中沥青比混凝土更简单和方便，在养护方面，沥青路面多于混凝土路面。

第五节　水

一、概要

水是风景园林设计中变化较多的要素，能形成不同的形状和态势，如自然的湖面、规则的水池、静态的湖泊及动态的瀑布、喷泉等。东西方的园林景观都将水作为不可缺少的内容，东方园林水景崇尚自然的情境，西方园林水景则崇尚规整华丽，各具意趣。

水作为一种风景园林要素，其景观特性主要体现在以下几个方面。

（一）水的可塑性

水具有可塑性，常温下水是无色无味的液体，本身无固定形状，水的形状由限定物的形态、大小、高差和物质结构所决定的。在园林中，丰富的水体实际上是园林设计师通过设计各式各样的"容器"来完成的。形成的水体有的运动幅度大，奔腾千里；有的运动幅度小，潺潺细流，有的则平静如流。即使是固态的水，人们也可以通过堆、塑、刻的手法来刻画园林中的景色。

（二）水体的状态

水是流动的，这样的流动特点不仅仅表现在水的存在状态，同时也体现在水的灵动与活力。在有高低落差的环境里，水可以产生运动，它能形成河流、瀑布、喷泉、水墙等多种自然景观。我们视觉上所观察认为的水的安静状态，不过是指那些运动变化较渺小、运动较平缓的水景观，如水塘、水池等。但是在其他物质的外力作用下，水依旧会产生波动的变化，例如鱼在水中游动。这样的特殊属性，让水的变化丰富多样，为设计带来很多想象空间。

（三）水声

运动中的水，无论是流动、跌落还是撞击，都会发出声音，形成各种听觉效果。在环境设施设计中，设计师可以利用水的流量、流动形式、跌落落差，将水和其他园林要素巧妙组合，创造出多样的音响效果，营造出特定的园林意境。

（四）水的倒影

平静的水面像一面镜子，能够映出周围景物的形象，产生倒影，倒影与现实景象共同构成园中景色，产生虚实相生的效果。

二、水的一般用途

（一）提供消耗

水可供人和动物用于消耗，这也是水的基本价值。虽然这与某些运动场地、野营地、公园的设计并无直接关系，但是在景观中植物生长和对养分的吸收都离不开水的灌溉，水体还可成为某些动植物的生存环境。

（二）供灌溉用

借助灌溉系统来施肥既方便又可节省时间和费用。有灌溉系统的草地能经受得起超量的使用，因为草坪在水源充足的条件下更为健壮繁茂。灌溉有三种类型：喷灌、渠灌、滴灌。喷灌是园林中最常用的一种方法，喷灌就是设置喷头系统喷洒水来浇灌植物，这种方法需要永久性埋于地下的管道系统。渠灌则较简单，但被灌溉区域必须有一定坡度利于自流。滴灌是在地面或地下安装灌水装置，使水点滴地、缓慢持续地灌溉植物。滴灌最适合单体植物的灌溉，是最有效而且最节约水的灌溉方法。

（三）对气候的控制

由于水的比热容较大，水体可以起到调节微气候的作用，能对周围环境的温度、湿度、风向等产生影响。大面积的湖区在寒冷的冬季可比其他地区提高气温大约3℃，而在夏季则能降低约2℃。大气压在温度影响下还会形成水陆风。水的蒸发使水面附近的空气温度降低，从水面吹过的微风能够给附近区域降温，从而调节室内外的温度（图3-5-1）。

（四）控制噪声

水能用于在室外空间中减弱噪声，特别是在城市中有较多的汽车、人群和工厂的嘈杂声的区域。利用瀑布或流水的声响能减少噪声干扰，营造一个相对宁静的气氛（图3-5-2）。纽约市的帕里公园，就是用水来阻隔噪声的。这个坐落在曼哈顿市的小公园，利用挂落的水墙，阻隔了大街上的交通噪声，使公园内的游人在轻松的背景下忘记城市的混乱和紧张。

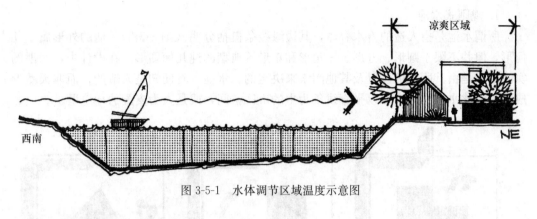

图 3-5-1　水体调节区域温度示意图

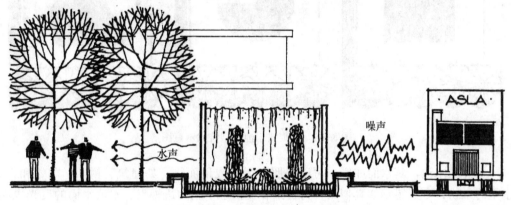

图 3-5-2　流水阻挡噪声示意图

（五）提供娱乐条件

水在景观中的另一普遍作用是提供娱乐条件。水能作为游泳、钓鱼、帆船、赛艇、滑水和溜冰的场所。这些水上活动可以说是对整个国家湖泊、河流、海洋的充分利用。而风景园林师的任务是对从私家房后的水池，到区域性的湖泊和海滨所需要的不同水上娱乐设施进行规划和设计。这些设施在开发时要注意不要破坏景观和水源。

（六）分割空间

在环境设施中，水还常常充当分割空间的角色，它不仅能使园林景观的各部分保持独立，还能使整个空间具有连贯性。例如在苏州园林中，设计师常常利用水的曲折迂回来分割空间，从而在视觉上给人以分隔感。

三、水的美学观赏功能

水除了以上较为一般的使用功能以外，还有许多美化环境的作用。要使水发挥其观赏功能，并与整个景观相协调，所采取的步骤与其他设计元素是相同的。这也就是说风景园林师首先要决定水在设计中对室外空间的功能作用，其次再分析以什么形式和手法才适合于这种功能。由于水的性质多变，存在着多种视觉用途，因此在设计时要格外谨慎。

（一）平静的水体

室外环境中静止的水以其容体的特性和形状可被分为规则式水池和自然式水塘。

1. 规则式水池

所谓水池是指人造的蓄水容体，其边缘线条挺括分明（图 3-5-3）。池的外形属于几何形，但并不限于圆形、方形、三角形和矩形等典型的纯几何图形。在设计中，水池的实际形状是由其所在的位置及其他因素来决定的。水池一看便知是人造的，而非天然形成的，因此水池最适合于以平直线条为主的市区空间，或是人为支配的环境里。

图 3-5-3　规则式水池造型特点示意图

平静的水池，其水面如镜，可以映照出天空或地面物，如建筑、树木、雕塑和人。水里的景物，令人感觉如真似幻，为赏景者提供了一新的透视点。水池水面的反光也能影响空间的明暗。这一特性要取决于天气、水池的池面、池底以及赏景者的角度。例如在阳光普照的白天，池面水光晶莹耀眼，与草地或铺装地面的深沉暗淡形成强烈的对比。池中水平如镜，映照着蓝天白云，令人觉得轻盈飘逸。同时反衬着沉重厚实的地面。有时这种效果能使沉浑、坚实的地面有一种虚空感。

增强水的映射效果有以下几个方面因素：

（1）赏景点与景物的位置

从赏景点与景物的位置来考虑，对于单个的景物，水体应布置在被映照的景物之前，观景者与景物之间（图 3-5-4），而长、宽则取决于景物的尺度和所需映照的面积多少。所要得到的倒影大小可借助于对剖面图、透视图的研究确定（图 3-5-5）。

（2）水池的深度和表面色调

水面越暗越能增强倒影。要使水色深沉，可以增加水的深度，加暗池面的色彩。一种有效的方法就是在池壁和池底漆上深蓝色或黑色。当池水越浅或容体内表面颜色越明亮时，水面的反射效果就越差（图 3-5-6）。

（3）水池的水平面和水面本身的特性

要使反射率达到最高，水池内的水平面应相对地高一些，这也与水池边沿高度造成的投影以及水面的大小和暴露程度有关。同时，有倒影的水池要保持水的清澈，不可存有水藻和漂浮物。最后一点是保持水池形状的简练，不至于从视觉上破坏和妨碍水面的倒影。

如果水池不是用以反射倒影之用，那可以特殊地处理水池表面以达到观赏的趣味性。水池的内表面，特别是水池的底部可以使用引人注目的材料、色彩和质地，并设计成吸引人的样式（图 3-5-7）。在住房后的游泳池的边和底部漆上条形的图案能形成另一种独特的效果。当加上水的波动、池底的灯光，整个图案便增添了另一番观赏情趣。如果再加上微风的吹拂和其他驱使水面形成的波动，水中图案就会时隐时现，产生千变万化的效果。

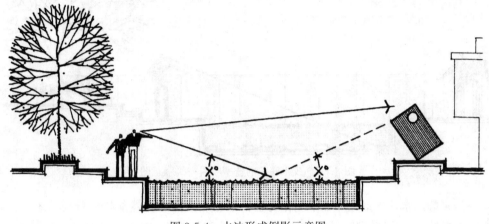

图 3-5-4　水池形成倒影示意图

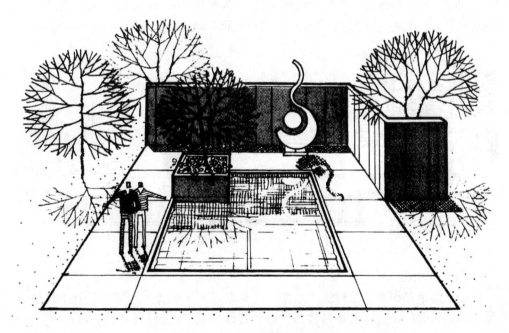

图 3-5-5　水池中的倒影示意图

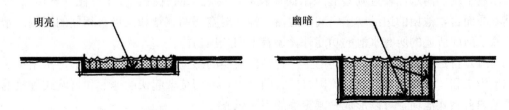

不合适的效果：浅水池水面反光　　　　　　合适的效果：深水池有幽暗的水面

图 3-5-6　水池条件对反射的影响示意图

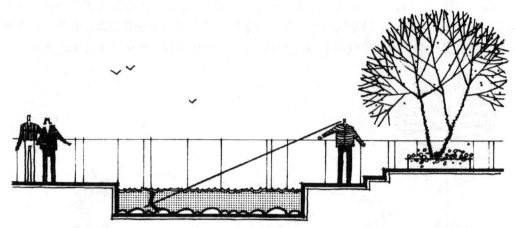

图 3-5-7　浅水底部的造型吸引视线示意图

一池平静的水，在室外环境中能作为其他景物和视点的自然前景和背景（图 3-5-8），水面能像草坪、地被和铺装一样，可以作为其他元素如雕塑、建筑、孤植树或喷泉的柔和背景。同时，水还能通过映照出主要景物的倒影强调景物的形象，这也为人们提供了不同的观赏效果。在作这些用途时，水池的形状和表面不可做得太夺目，以免喧宾夺主。

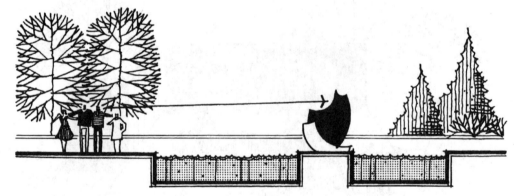

图 3-5-8　水池的基座作用示意图

2. 自然式水塘

静止水的第二种类型是自然式水塘。与规则式水池相比，水塘在设计上比较自然。水塘可以是人造的，也可以是自然形成的，其外形通常由自然的曲线构成（图 3-5-9），这种形象最适合于乡村或大的公园内。水塘的大小与驳岸的坡度有关，同面积的水塘，驳岸较平缓、离水面较近则看起来水面就较大，反之水面就感觉较小（图 3-5-10）。就其本质而言，池塘的边沿就像空间的边沿一样，对空间的感觉和景点有相同的影响。水塘除了前面所述的所有水池的功能外，还有下列几项功能：

（1）自然池塘可使室外空间产生一种轻松恬静的感觉。这是因为在外形上水塘比水池更为柔和。这种情形常见于英国自然式园林中，利用结合起伏的地形和自然式种植的树丛的自然式池塘，可以形成一派宁静的田园风光。

（2）由于水塘具有平静的静态感，它可以在景观中作为一个基准面。附近的地形和

图 3-5-9　水塘的形体特点示意图

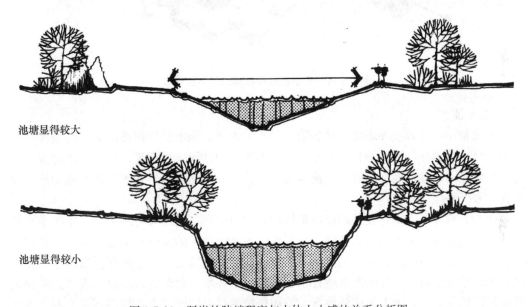

池塘显得较大

池塘显得较小

图 3-5-10　驳岸的陡峭程度与水体大小感的关系分析图

树丛能以水面为基准面来判断和比较其他因素的高低变化。需要实现水塘的这种功能时，它必须被安排在所在环境的较低处。当水塘的位置高于周围环境时，便会对较低的地面产生一种压迫感。

（3）水塘可以作为联系和统一环境中的不同区域的手段。水在任何位置上都备受人的注意，因为在室外环境中水的观赏特性与其他因素有着明显的差异。因此，水塘在视觉上能使设计中不同的因素组合成一个整体。当水塘作为主景或景观特殊部分的焦点时，这种用途特别有效。尤其是在大面积的设计中，这种统一作用可以避免各区域散乱无序。

（4）水塘的另一个功能就是展现景物。它可以从吸引人注意的一点，将景观逐渐展开，并引导人们逐渐地通过一系列的室外空间。一片水塘如果有一部分消失或隐藏在小丘或树丛之后，会使人产生神秘感（图 3-5-11）。正如一条蜿蜒的小径，路的尽头消失在视线外。这种情况会令人极想探个究竟，而寻访被障住的另一边的景物。

图 3-5-11　水体创造神秘感的作用示意图

（二）流水

流水是用以完善室外环境设计的第二种水的形态。流水是任何被限制在有坡度的渠道中，由于重力作用而产生自流的水，如自然界中的江河、溪流等。应注意在此流水不包括从陡峭高处叠落而下的瀑布。流水最好是作为一种动态因素来表现具有运动性、方向性的室外环境。

作为一种观赏因素，设计师应当依据设计的目的和与周围环境的关系，来考虑水所创造的不同效果。流水的行为特征取决于水的流量、河床的大小和坡度以及河底和驳岸的性质。如前面所提到，河床的宽度及深度不变，而用较光滑和细的材料做河床，则水流也就较平缓稳定，这样的流水适合于宁静悠闲的环境。要形成较湍急的流水，就得改变河床前后的宽窄，加大河床的坡度，或用粗糙的材料铺设河床，如卵石或毛石。这些因素阻碍水流的畅通，使水流撞击或绕流这些障碍，形成湍流、波浪等不同的视觉效果（图 3-5-12）。汹涌的流水能泛起浪花和声响，比平缓的流水更引人注意。因此可在景观中作为引人注目的观赏和聆听要素，更适用于室外体育运动和娱乐活动。

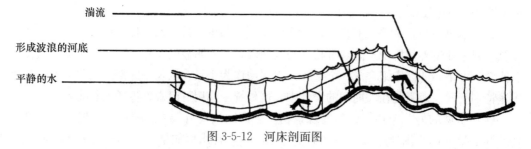

图 3-5-12　河床剖面图

（三）瀑布

景观中水的第三种类型是瀑布，瀑布是流水从高处突然落下而形成的。瀑布的观赏效果比流水更丰富多彩，因而常作为室外环境布局的视线焦点。瀑布可以分为三类：自由落瀑布、叠落瀑布和滑落瀑布。

1. 自由落瀑布

自由落瀑布是水不间断地从一个高度落到另一高度（图3-5-13），其特性取决于水的流量、流速、高差以及瀑布口边的情况。自由落瀑布作为设计中的不定因素，在处理和表现上要特别认真地研究其落水边沿。特别是当水量较少的情况下，边沿的不同产生的效果也就不同。边沿完全光滑平整，瀑布就宛如一匹平滑的透明薄纱，垂落而下。边沿粗糙，水会集中于某些凹点上，使得瀑布产生皱褶。当边沿变得非常粗糙而无规律时，形状阻碍了水流的连续，从而产生水花，瀑布便呈白色。

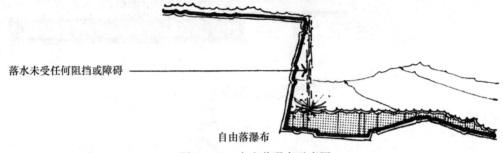

落水未受任何阻挡或障碍

自由落瀑布

图 3-5-13　自由落瀑布示意图

影响瀑布形象和声响因素的还有瀑布落下时所接触的表面。当瀑布落下的水撞击在尖硬的表面如岩石或混凝土上时，便会产生剧烈泼溅的声响。当落下的水接触的是水面，溅起的水花则要少得多，声音也更小（图3-5-14）。另一个设计中应注意的因素是瀑布所在位置上的光线如何。如果有强烈的光源，如太阳光照射在瀑布的背面，瀑布会晶莹透明，波光闪烁，更加引人入胜。

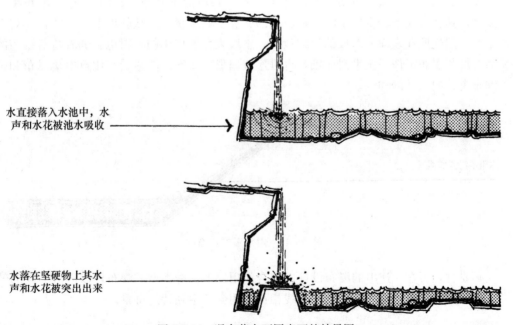

水直接落入水池中，水声和水花被池水吸收

水落在坚硬物上其水声和水花被突出出来

图 3-5-14　瀑布落在不同表面的效果图

2. 叠落瀑布

叠落瀑布即在瀑布的高低层中添加一些障碍物或平面，这些障碍物好像瀑布中的逗号，使其产生短暂的停留和间隔（图 3-5-15）。叠落瀑布产生的声光效果比一般瀑布更丰富多变，更引人注目。控制水的流量、跌落的高度和承水面，能创造出丰富多彩的观赏效果。合理的叠落瀑布应模仿自然界中的溪流，不要过于人工化。

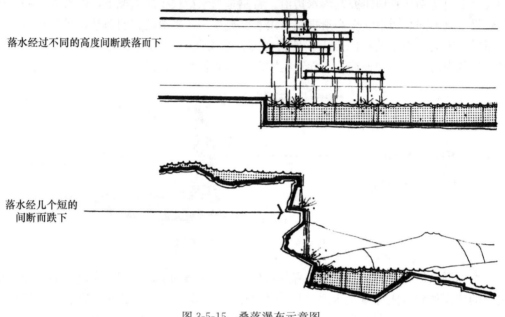

落水经过不同的高度间断跌落而下

落水经几个短的间断而跌下

图 3-5-15　叠落瀑布示意图

3. 滑落瀑布

瀑布的第三种类型是滑落瀑布，即水沿着一斜坡流下（图 3-5-16）。这种瀑布类似于流水，其特点在于较少的水滚动在较陡的斜坡上。少量的水从斜坡上流下时，其观赏效果在于阳光照在表面上形成的闪耀效果。斜坡表面所使用的材料也影响着滑落瀑布的表面。滑落瀑布可像一张平滑的纸，也可形成扇形的图案。滑落瀑布比自由落瀑布和叠落瀑布更趋向于平静和缓。

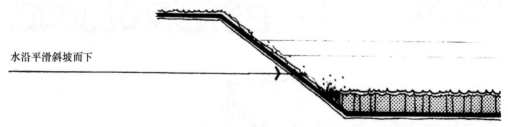

水沿平滑斜坡而下

图 3-5-16　滑落瀑布示意图

必要时，可在一连串的瀑布设计中综合使用以上三种类型的瀑布，以创造不同的效果。在冬天，瀑布结冰后的造型与光线相互作用会产生独特的奇景。

（四）喷泉

在室外空间设计中，水的第四种类型是喷泉。喷泉是利用压力使水自喷嘴喷向空中，达到一定高度后便又落下的景观。喷泉与先前讨论过的瀑布可以在某些方面形成对比。大多数的喷泉由于其垂直变化加上灯光的配合，而成为设计组合中的视线焦点。喷泉的吸引力取决于喷泉的喷水量和喷水高度。喷泉能从一条水柱，到各种大小水量和喷水形式的、组合多变的喷泉。大多数喷泉都装设在静水中，通过对比表现其魅力。依其形态特征，喷泉可分四类：单射流喷泉、喷雾式泉、充气泉、造型式喷泉（图 3-5-17）。

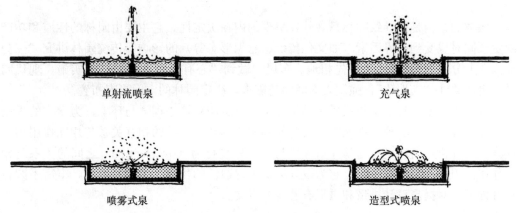

图 3-5-17　喷泉的不同类型示意图

1. 单射流喷泉

单射流喷泉是一种最简单的喷泉，水通过单管喷头喷出。单管喷泉有着相对清晰的水柱。单管喷泉的高度取决于水量和压力两个因素。当喷出的水落回池面时，通常会发出独特的水滴声，故单管喷泉适合安排在幽静的花园中和室外空间的安静休息区。单管喷泉也可以多个组合在一起形成丰富的造型，作为引人注目的中心。

2. 喷雾式泉

喷雾式泉是细小雾状的水通过有许多小孔的喷头喷出，形成雾状的喷泉。喷雾式泉的外形较细腻，看起来闪亮而虚幻，同时还会发出"嘶嘶"的声音。作为一设计元素，它可以用来表现安静的氛围。喷雾式泉也能作为增加空气湿度和调节室外温度的因素而布置在室外环境中。

3. 充气泉

充气泉相似于单管喷泉之处，是一个喷嘴只有一个孔。而不同之处在于充气泉喷嘴孔径非常大，能产生湍流水花的效果。这是由于在喷射时水混合空气一同喷压出来。翻搅的水在阳光下显得耀眼而清新，使得充气泉特别吸引人。充气泉的观赏特性决定了它适合于安放在景观中的突出景点上。

4. 造型式喷泉

造型式喷泉是由各种类型的喷泉通过一定的造型组合而形成的喷泉。在设计造型式喷泉时要特别注意其所放置的位置。造型式喷泉有着透明的、优美的造型，最适合于安放在有造型要求的公共空间内，而不适于悠闲空间。

第四章

风景园林的结构

　　园林的结构是指导致园林景观外在呈现的内在决定性，它主要由园林的性质和功能决定，同时也受到外界因素（如文化传统、意识形态等）的影响。传统园林讲究"三分匠人，七分主人"，造园之前先相地、布局，做到"心有丘壑"后再具体实施。现代园林则更加关注"人性化"，强调人的活动与需求，决定园林的空间形态布置。

　　近几十年来，建筑学与风景园林学开始大量运用环境心理学与环境行为学中的理论来指导设计。环境心理学把人类的行为与其相应的环境之间的相互关系与相互作用结合起来加以分析。而环境行为学注重环境与人的外显行为（overtaction）之间的关系与相互作用，因此其应用型更强。它为设计提供了普遍性的目标、主题和形式，丰富了园林设计词汇，对提高设计质量和水平有着重要意义。

第一节　人的行为

一、行为理论

　　行为科学是一门研究人类行为规律的综合性科学，重点研究和探讨在社会环境中人类行为产生的根本原因及行为规律。与其他科学不同，园林作为物质环境的创造者，着重于研究人们的外部行为，考虑人群对环境的要求以及研究如何通过环境设计来满足人的行为心理需要。

（一）理论发展

　　环境心理学作为心理学的一部分，兴起于 20 世纪 60 年代。心理学在早期即 19 世纪末到 20 世纪 50 年代，有所谓的"环境决定论"（Environmental Determinism）、"行为主义"等带有机械唯物论色彩的理论。

　　环境心理学在世界范围内的发展于 20 世纪 70 年代形成高潮。

　　环境行为学源于心理学的一些基本理论，但重点的研究对象是人的行为与城市、建筑、环境之间的关系与相互作用。

（二）理论影响

　　行为心理学的研究有助于正确认识建筑设计、城市规划和园林规划设计的功能，它把实用功能、适用与精神功能、美观舒适综合起来加以考虑。

　　行为研究也是高度对人关怀的重要体现，园林设计者不仅要抽象地关怀人，更应该关怀具体的人，如各种不同特点的使用者（老人、青年人、儿童、妇女，甚至残疾人），还要为人们创造满意的环境，如针对老年人以及残疾人士所设计的无障碍通道等。

将人类行为与园林设计结合是园林发展的新阶段，是园林更注重实用性的体现。将设计与人类行为研究相结合应贯彻以下程序：

（1）把握人们在外部空间的行为和人们如何使用环境。

（2）从行为所提供的信息中，找出带规律性的东西，抽象概括成为园林规划设计的准则。

（3）运用这些设计准则于设计过程中，正确处理各种不同功能要求的空间环境，做到合理安排，从而使人们和其使用的环境空间自然配合默契。

二、人的行为类型

人有男女老少之分，还有各种社会角色之分，这体现为人的自然属性与社会属性之分。对于园林设计来说，不同对象对于园林的感受不同，需求也不同。了解人的属性，有助于理解不同类型人群的行为特征，以及由此而产生的对园林绿地的需求。

（一）人的自然属性

人类一开始是以个体的角色出现在世界上的，它与其他动物一样具有自然属性。人的自然属性表现为人的种群、年龄、性属以及为了保证自己的身体机能运转而进行的必要活动（即饮食、睡眠、休憩等本能行为）。人的自然属性决定了人被分为不同的类型，因而会产生行为之间的差异。

（二）人的社会属性

除了自然属性以外，社会属性是人类区别于其他动物的最主要的特征。社会属性是人在社会中扮演的角色所呈现出的一种综合特征，包括文化层次、经济水平、社会地位等。社会属性的不同是形成人类行为之间巨大差异的根本原因。如白领阶层和学生族都有出游的需要，但是前者会选择带有良好基础设施的休闲地，而后者则热衷于适于群体出游探险的旅游地，这就是由两者之间社会属性不同而造成的旅游取向的不同。

1. 按社会特征分类

人的行为按社会特征来分可以归纳为三种类型：必要性行为、自主性行为和社会性行为。

1）必要性行为

所谓必要性行为就是人类因为生存需要而必须的活动，比如等候公共汽车去上班就是一种必要性行为。必要性行为最大的特点就是基本上不受环境品质的影响。

2）自主性行为

自主性行为也称选择性行为，就是诸如饭后散步、周末外出游玩等游憩类活动，自主性行为与环境的质量有很密切的关系。如相同区位的两个公园，排除收费与交通因素，一定是环境更好的那个游玩的人更多，这就是环境对于人的选择产生的影响。在园林绿地规划设计中，我们考虑更多的是自主性行为，如何通过优美环境的营造来激发人的自主性行为，并为这些行为提供更大的选择性。

3）社会性行为

社会性行为也称社交性行为。朋友聚会或俱乐部的会员活动等都属于社会性行为。社会性行为也具有很大的选择性，不同于自主性行为更倾向于个人的喜好与选择，它是一种集体的选择，但同样与环境品质的好坏有相当大的关系。

2. 按活动特征分类

按活动特征来分，人的行为又可分为独立性行为、群体性行为和公共性行为。

独立性行为是人作为个体，与社会中的其他人群不产生联系而发生的活动。如一个人独自看书、散步、泡吧等。

群体性行为是个人处于小团体中所产生的行为，是群体内部发生的活动，此时群体内部人与人之间的关系相对比较密切。如生日聚会、野营野餐、集体旅游等。

公共性行为是人处于更广泛的群体内发生的活动。如集会、游行等。公共性行为参加人群的类型不受限制，但参与人群之间的关系比较松散。

3. 按活动形态分类

按活动形态来分，人的行为有动态和静态之分。动态行为，如越野骑行、冲浪划水；静态行为，如品茗赏景、观海静思。两类行为对所处的环境会产生不同的要求。动者要求环境氛围粗犷，宜作为背景或屏障；静者要求景物细腻精致，可成为赏景的焦点。

（三）个人空间和人际距离

1. 个人空间

人类学家艾德华·霍尔指出，每个人都被一个看不见的个人空间气泡包围。个人空间像一个围绕着人体的看不见的气泡，腰以上部分为圆柱形，自腰以下逐渐变细，呈圆锥形。这一气泡跟随着人体的移动而移动，依据个人所意识到的不同情境而收缩或膨胀，是个人心理上所需要的最小空间范围，他人对这一空间的侵犯与干扰会引起个人的焦虑和不安。

2. 人际距离

艾德华·霍尔研究了相互交往中人际间的距离问题，将人际距离概括为四种，即密切距离、个人距离、社交距离和公共距离（图 4-1-1）。不同种类的人际距离具有不同的感官反应和行为特征，反映出人在交往时的不同心理需要。

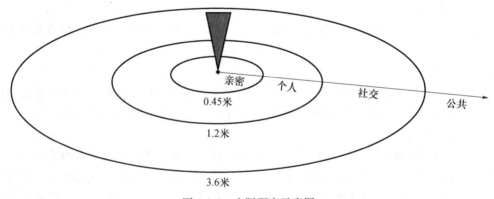

图 4-1-1 人际距离示意图

1）密切距离

密切距离范围为 0～0.45 米，小于个人空间，可以相互体验到对方的辐射热、气味，是一种比较亲昵的距离。在如此的近距离内，发音容易受干扰，触觉成为主要的交往方式，距离稍远则表现为亲切的耳语。但在公共场所，与陌生人处于这一距离时会感到严重不安。

2）个人距离

个人距离范围为 0.45～1.2 米，与个人空间基本一致。处于该距离范围内，能提供详细的信息反馈，谈话声音适中，言语交往多于触觉，适于亲属、密友或熟人之间的交谈。公共场所的交流活动多发生在不相识的人们之间，景观空间设计既要保证交流的进行，又不能过多侵犯个体领域的需求，以免因拥挤而产生焦虑感。休息区的设计，要保证人们可以拥有半径在 60 厘米以上的空间。

3）社交距离

社交距离范围为 1.2～3.6 米，指邻居、朋友、同事之间的一般性谈话的距离。在这一距离中，相互接触已不可能，由视觉提供的信息没有个人距离时详细，彼此保持正常的声音水平。观察发现，若熟人在这一距离出现，坐着工作的人不打招呼继续工作也不为失礼；反之，若小于这一距离，工作的人不得不打招呼。

4）公共距离

公共距离范围为 3.6～8 米或更远的距离，这是演员或政治家与公众正规接触的距离。这一距离无细微的感觉信息的输入，无视觉细部可见。为了正确表达意思，需提高声音，甚至采用动作辅助语言表达。

（四）领域性

1. 领域性的含义

领域性是个人或群体为满足某种需要拥有或占用一个场所或一个区域，并对其加以人格化和防卫的行为模式。该场所或区域就是拥有或占用它的个人或群体的领域。领域性是所有高等动物的天性。人的领域性不仅包含生物性的一面，还包含社会性的一面。人对领域行为的需要和反应，也比动物复杂得多。个人需要层次的不同，如生存需要、安全需要、社交需要、尊重需要、自我实现需要等，领域的特征和范围也不同。如一个座位、一个角落、一间房间、一套住宅、一组建筑物、一片土地……随着拥有和占用程度不同，个人或群体对领域的控制，即人格化与防卫的程度也明显不同。领域这一概念不同于个人空间。个人空间是个随身体移动的、看不见的气泡。而领域无论大小，都是一个静止的、可见的物质空间。

2. 领域的类型

鉴于领域对个人或群体生活的私密性、重要性及其使用时间长短的不同，阿尔托曼将领域分为主要领域、次要领域和公共领域等三个领域。

1）主要领域

主要领域是使用者使用时间最多、控制感最强的场所，包括家、办公室等。对使用者来说，主要领域是最重要的场所。

2）次要领域

次要领域对使用者的作用不如主要领域那么重要，不归使用者专门占有，使用者对其控制也没有那么强，属半公共性质，是主要领域和公共领域之间的桥梁。次要领域包括夜总会、邻里酒吧、私宅前的街道、自助餐厅或休息室的就座区等。

3）公共领域

公共领域场所一般包括电话亭、网球场、海滨、公园、图书馆以及步行商业街休息区等。

3. 领域的功能

1）组织功能

领域具有不同的尺度和区分方法。最小的领域是个人空间，它也是领域中唯一可移动的空间范围。其他依次为私人房间、家、邻里、社区、城市，形成了从小到大一整套领域系统。明确的功能分区使人们了解，哪些具体领域从事哪些具体活动、会见到哪些人，有利于个人根据自己的角色和需要选择安排自己的行为，形成稳定有秩序的生活。

2）私密性与控制感

领域有助于私密性的形成和控制感的建立。私密性不仅指离群索居，还包含着人与人交往的程度与方式，尽管网络等的出现，为人们的交往提供了多种便捷的途径，但任何交往工具都无法取代面对面的对话。在日常生活环境（尤其是居住环境）中，人们一般不喜欢非此即彼的生硬的两极组合。生活在具有丰富私密性、公共性层次的环境之中，会令人感到舒适而自然，既可以选择不同方式的交往，又可以躲避不必要的应激。例如，住宅中划分不同的功能分区，以满足家庭成员之间亲密而有间的良好关系。餐厅为家庭的公共空间，但每个人在餐厅的就座位置差不多都形成了固定的习惯；卧室和书房是个人的私密空间，家庭各成员一般都尊重关门这类领域性行为。

建筑物外部通过适当范围的空间围合，如草坪、树篱、台地、栅栏等方式，形成具有不同私密性层次的领域，也有利于个人或群体的同一性。在老年居民较多的住宅前，提供边界明确的半私密户外空地，供老年人栽花养草，既有利于老年人身心健康，又有益于美化环境。而且环境条件的改善，促进了居民（尤其老年人）的户外交往，加强了对居住环境的监视与安全防卫，的确是一举多得的好事。

个人空间、私密性和领域性，直接影响着人的拥挤感、控制感和安全感。根据三者与人的关系，可以发展出一种模式，将私密性、个人空间、领域性和拥挤感联系起来。

三、行为与园林的关系

（一）边界效应

在两个或两个不同性质的生态系统（或其他系统）交互作用处，由于某些生态因子（可能物质、能量、信息、时机或地域）或系统属性的差异和协调作用而引起系统某些组分及行为（种群密度、生产力和多样性等）的较大变化，称为边界效应。边界或边缘效应，亦指人们往往喜欢在一个空间与另一空间的过渡区逗留，在那里同时可以看到两个空间。在对荷兰住宅区中人们喜爱的逗留区域进行的一项研究中，心理学家德克·德·琼治提出了边缘效应理论，他指出：森林、海滩、树丛、林中空地等的边缘都是人们喜爱的逗留区域，尤其是开敞空间的边缘更是被人们喜欢。在公共绿地同样可以观察到这种现象。这些地方为人的多种基本活动提供支持。边界区域之所以受到青睐，是因为处于空间的边缘，为观察空间提供了最佳的条件。并且处于边缘或背靠建筑物的立面有助于个人或团体与他人保持距离，是一种出于安全的心理要求。边界效应在风景园林中尤为突出。在自然界中，优美的风景往往集中在地球板块的边界，如位于印度板块和亚洲板块交界处的四川省，风景资源集中，是我国重要的风景旅游胜地。又如水与陆地交界的水岸地带，地形层次丰富、动植物类型多样，容易形成不同于其他场所的美丽风景。

从人的心理出发，人类容易对异质的东西发生兴趣，而对于同质的东西产生厌倦和腻烦。因而对于一块场地来说，人们往往更多关注的是场地边缘的特性，而不是场地中央，人的活动也多集中于场地边缘。如在公园的设计中，考虑到人们倾向于聚集在边界的心理，往往将休息设施设在场地的边界。因而，在园林设计中，应处理好各种边界的关系。

（二）瞭望与庇护

"瞭望、庇护原则"是人类行为学中的又一大重要理论（图4-1-2）。

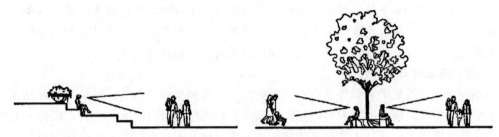

图 4-1-2　瞭望、庇护原则

瞭望是指人渴望与外界发生联系的一种行为。瞭望包括看与被看两个方面。人类行为学认为，"人看人"是人的天性，人们有窥探、观察的欲望，人们总是期望自己处于有利位置，然后眺望风景或其他人的活动。除此之外，人还有被看的欲望。大多数人希望在人群中受到关注，规划师西摩·戈登（Seymour Gold）对这种现象的根源做出可能的解释，指出在娱乐消遣中，人们倾向于扮演某一角色，并以种种幻想陶醉自己，以至最后自身下意识地表现出倾向性的举动。人们总是喜欢开着漂亮的车出去兜风，就是希望引起别人的关注与称赞，在"被看"中得到认可的满足。

庇护是指人处于环境中所产生的一种自我保护的行为，这是一种处于安全需要的潜意识行为。一般来说，在园林中，设置在有植物或构筑物作为背景的边界地带的休息点容易受到游人的青睐。在这些区域，游人的背部区域是屏障，他只需应对面前所发生的状况，一切都在自己的视域范围之内，容易产生安全感。

在园林设计中，一方面要满足游人瞭望的需求，这是园林的基本功能之一；另一方面，游人在园林观赏中渴望得到庇护，因而在设计中必须为游人提供能庇护的空间。很多情况下，庇护和瞭望是能够同时满足的，如古典园林中的美人靠背倚着建筑墙体，给人提供安全感，给人提供安全感，同时它能提供向外的观赏角度，满足人瞭望的需求。

（三）从众性与聚集效应

从众性是动物的追随本能，就像人们常说的"领头羊"一样，当遇到异常情况时，一些动物向某一方向跑，其他动物会紧跟而上。人类也有这种"随大流"的习性。在公园入口处，人们会本能地跟随人流前行；经过游戏场地的儿童会强烈要求再玩一会儿；看到用餐的人群，路过的人流会产生食欲，甚至感到饥饿等。这种习性对景观设计有很大的参考性。从众指个人受到外界人群行为的影响，而在自己的知觉、判断、认识上表现出符合于公众舆论或多数人的行为方式。通常情况下，多数人的意见往往是对的。少数服从多数，一般是不错的。但缺乏分析，不作独立思考，不顾是非曲直地一概服从多数，随大流走，则是不可取的，是消极的"盲从从众心理"。

"从众"也是一种比较普遍的社会心理和行为现象。通俗地解释就是"人云亦云""随大流"；大家都这么认为，我也就这么认为；大家都这么做，我也就跟着这么做。简单地来说人是有社会性的，社会性就是群性，所以人会从众。当然，也有人喜欢独处，那毕竟是少数，与个性、工作、爱好、环境有关。一般来说，群体成员的行为，通常具有跟从群体的倾向。当他发现自己的行为和意见与群体不一致，或与群体中大多数人有分歧时，会感受到一种压力，这促使他趋向于与群体一致的现象，叫作"从众行为"。许多学科研究了人群密度和步行速度的关系，发现当人群密度超过 1.2 人/平方米时，步行速度会出现明显下降趋势。当空间人群密度分布不均时，亦出现人群滞留现象，如果滞留时间过长，就会逐渐结集人群，这种现象称为聚集效应。在设计景观通道时，一定要预测人群密度、设计合理的通道空间，尽量防止滞留现象发生。

（四）选择性与多样性

不同年龄和性别的人群往往有着不同的行为需求和偏好，创造一处从美学和功能上富于变化的空间，满足不同人群的需要，满足人们渴望接触自然的最大化，满足人们对多样化空间的渴求，而且人类行为的选择性与多样性与人在空间中的定位问题有关。即使是偶然观察在公共场合等待的人们，也会发现人们确实在可能占据的整个空间中均匀地散步着，他们不一定在最适合上车的地方等候，这就是"依托的安全感"在起作用。一项研究观察了伦敦地铁各个车站候车的人以及剧场门厅的人们，发现人们总愿意站在柱子的附近并远离人们行走的路线。在日本，卡米诺在铁路车站进行了类似的研究。从研究中可以看出人们总是设法站在视野开阔而本身又不引人注意的地方，并且不至于受到行人的干扰。

人与人之间的相互作用、人的行为方式中，空间环境形态对其行为选择起着很大的影响，正如阿尔特曼指出的："可以认为空间的使用既由人决定，同时又决定人的行为。"景观空间在形式和功能上与环境相互协调，就能够容纳公众多种活动，提供宜人的自然环境、开敞空间和各种功能设施，为人们提供他们所期望的体验，从物质和精神两方面引导人们的日常生活。

第二节　风景园林结构组合的原则

一、基本原则

（一）自然性原则

公园设计最基本的是自然绿地占有一定面积的环境。因此实现自然环境要依靠设计的自然性原则。自然环境是以植物绿地、自然山水、自然地理位置为主要特征，但也包含人工仿自然而造的景观，如人工湖、山坡、瀑布流水、小树林等。人工景色的打造尤其需要与自然贴近，与自然融合。

遵守自然性原则首先要对开发公园的现场做合理的规划，尽可能保留原有的自然地形与地貌，保护自然生态环境，减少人为的破坏行为。对自然现状加以梳理、整合，通过锦上添花的处理，让自然更加美丽。

遵守自然性原则要处理好自然与人工的和谐问题。比如在一些不协调的环境进行植物遮挡处理；生硬的人工物体周围可以用栽植自然植物的方法减弱和衬托，尽可能地使环境柔和，让公园体现出独特的自然性。

同时，尽可能地用与自然环境相和谐的材料，如木材、竹材、石材、砾石、鹅卵石等，这样可以使公园环境更加自然化。

（二）人性化原则

公园环境是公共游乐环境，是面向广大市民开放的，是提供给广大市民使用的公共空间环境。公园内的便利服务设施有标志、路牌、路灯、座椅、饮水器、垃圾箱、公厕等，必须根据实地情况，遵循"以人为本"的设计原则，合理化配置。

人性化的设计可以体现在方方面面，应处处围绕不同人群的使用进行思考和设计，让使用者处处感到设计的温馨，体验到设计者对他们无微不至的关怀，使人性化设计落实到每一个细小之处。比如，露天座椅配置在落叶树下，冬天光照好，夏天可以遮阴。再如，步道两侧是否有树荫；设计中的台阶高度、坡度以及路面的平滑程度都是我们应该关注的。

（三）安全性原则

公园环境的公共性意味着其是众多人群使用的环境，那么安全问题应是很重要的问题。公共设施的结构、制作是否科学合理，使用的材料是否安全等都是设计师应该注意的，特别是大型游具、运动器材的安装是否牢固，应定期检查更换消耗磨损的零件，严格遵守安全设计规则，避免造成事故。如车道与步道的合理布局；湖边或深水处考虑设置警告提示牌或安装护栏等，避免一切可能发生的危险。植物栽植时要避免栽有毒植物，如夹竹桃等。儿童游乐场的地面铺装是否安全，游戏器材的周边有无安全设置等都需要仔细设计和思考，把事故降低到零的设计才是落实安全性原则的根本。

（1）根据园林绿地的性质、功能确定其设施与形式。性质、功能是影响规划结构布局的决定性因素，不同的性质、功能就有不同的设施和不同的规划布局形式。

（2）不同功能的区域和不同的景点、景区宜各得其所。安静区和活动频繁区，既有分隔又有联系。不同的景色也宜分区，使各景区景点各有特色，不致杂乱。如颐和园分为东宫区、前山区、后山区与湖堤区等景区，以前山区为全园的主景区，主景区中的主景点则为以佛香阁、排云殿为中心的建筑群。其余各区为配景区，各配景区中也各有主景点，如湖堤区中的主景点便是湖中的龙王庙（图4-2-1）。功能分区与景色分区有些是统一的，有些是不统一的，需做具体分析。

图 4-2-1 颐和园全景图

（3）应有特征，突出主题，在统一中求变化。规划布局切忌平铺直叙。如无锡锡惠公园是以锡山为构图中心，龙光塔为特征。肇庆星湖以里湖星岩为主景区，石室岩五亭桥为特征。但在突出主景时，还需注意次要景色的陪衬烘托，处理好与次要景区的协调过渡关系。

（4）因地制宜，巧于因借。"景到随机、得景随行"，洼地开湖，土岗堆山。"俗则屏之，嘉则收之"，能经济自然。广州越秀公园（图 4-2-2）因山丘建造体育场，因湖水建造游泳池；天津水上公园（图 4-2-3）则建造在水涝窑坑的荒地上，都是较好的例子。

图 4-2-2　广州越秀公园

图 4-2-3　天津水上公园

（5）充分估计工程技术经济上的可靠性。园林绿地布局具有艺术性，但这种艺术性必须建立在可靠的工程技术经济的基础上。

二、层次原则

在园林要素合理选择的基础上，要素间的搭配就显得尤为重要了。园林要素无外乎六大要素，之间的差别是细微的，所以千变万化的园林，其奥秘就在于要素之间的搭配，不同的搭配形成了园林绿地不同的层次结构。

就我们所熟悉的中西各种风格的园林，其搭配也各不相同。如：意大利的台地园通常由若干个台地组成，通过扶梯相连接，扶壁、喷水池、水扶梯、壁龛有明确的几何形体；法国古典园林多由地毯式的花坛、林荫大道、整形的树丛、喷泉、雕像等组成，采用对称的轴线布置；英国自然风景园表现为起伏的绿地、曲线形的道路、曲折的溪流、成组散布的树丛、单植的大树顺乎自然的布置；伊斯兰庭园往往是高院图闭、整形十字水渠、成组的种植、天园的喻意。中国庭园则院中有园，园中有院，亭廊、曲桥、水树、假山叠石，追求意境。日本庭园有山石点缀、池中有山、常绿的树姿、石灯笼、洗水钵之禅宗气氛。

（一）园林要素组合规律

园林词汇通过组合形成句子，这种组合之间是存在规律的。组合关系包括主次、并列、附着、分合、层叠等。

主次的组合关系基本上遍布大大小小的园林作品。园林，无论大小，其要素之间一般都有主次之分，主次是构成园林的基本组合关系。占主要地位的园林要素决定了园林的风格，有些情况下也是园林功能的体现。如植物园以植物为主，此主要要素体现了园林的功能。

并列是指园林要素之间的主次相当，各自在园林中都扮演了同等重要的角色。一般来说，并列的组合关系在园林中运用得较少，园林要素之间或多或少都会存在主次之分，但在少数涉及要素较少的园林中可采用并列的组合方式，通过要素等量的对比使各要素之间的特征更明显。如在小型的宅院中，植被和园林小品的组合关系可以是并列的，以此突出宅院的两大功能：植物观赏和休憩。

附着是指有些园林要素不能仅依靠自身独立存在，在运用这些园林要素时必然伴随其他要素的使用。如园林中水体的运用就离不开地形的变化，没有地形作为容器，水就成了无本之木，此时水体这一要素就是附着于地形的。

分合是指园林要素通过分与合在空间上形成不同的效果。相同要素的"分"可以形成空间上的呼应，有连续和延续空间的作用。不同要素的"合"可形成空间的扩展，增加空间的异质性和趣味性。

层叠是一个空间与时间上的概念。园林是一门四维的艺术，它包括三维的空间感受以及空间在时间上的变化与延续。层叠就是园林要素在空间和时间上的组合方式，将园林要素以人的视线或行动方向为顺序在空间上进行排列的方法。如从远到近的层叠、从上到下的层叠等。

（二）层次原则的表现

1. 艺术性

园林是美的艺术，在要素组合的过程中同样体现出对美的要求。园林要素之间的组合应贯彻艺术性的原则，以符合艺术审美的法则进行搭配，才能获得观者在美学上的认同。

2. 发展性

园林的四维性决定了其组成要素也具有时间上的延展性。园林要素本身不能是一成不变的，要有发展的可能性，要素拥有可发展性才能给园林带来整体的生命力。

3. 特征性

一方面表现为要素单体的特征性，另一方面是由要素的组合而体现的园林的整体特征。对于园林要素来讲，在组合中必须保持自己独特的与其他要素相区别的特质，这样才能通过要素之间的主从关系来确定园林整体的特征。

4. 模式化

模式化指园林要素在组合的过程中可形成不同的发展模式，这种模式具有一定的普适性，可在不同的场合中运用，被复制到不同的园林中。但这种模式又不是一成不变的，在不同的环境下，组成要素的特性会有不同的变化。如花石组合的模式被广泛运用于各种园林中，但是在不同地区，组合中植物与石材的类型都是不同的。

三、整体原则

（一）整体特征

园林最终呈现给人的是一种整体的美，这种整体的美是通过园林要素的不同组合而最终实现的。园林词汇的不同搭配构成句子，句子的不同组合才形成文章。文章有行文流畅的散文，也有理性严谨的议论文。因此即使是某一种园林，相同的词组，由于人的组织不同也会形成差异。俗话说："见其文如见其人""闻其声即知其人"。由于造园人的性格和修养不同，其采用的手法和结构也有差别，就像同一题材，其表达方式、文采会不同一样。如奥姆斯特德在美国纽约中央公园（图4-2-4）中运用了英国风景园的创作手法，但其表现出的风格却与布朗设计的英国自然风景园（图4-2-5）不同。园林整体所表现出来的特征就是园林的魂，是园林的精髓之所在。

图 4-2-4　美国纽约中央公园

图 4-2-5　英国自然风景园

（二）结构组合形式

1. 开门见山式

开门见山式利用人们对轴线的认识和感觉，使游人始终知道主轴的尽端是主要的景观所在。在轴线两侧，适当布置一些次要景色，然后，一步一步去接近。这在富有纪念性的园林和平坦用地上有特定要求的园林中采用较宜。如南京中山陵园（图 4-2-6）、北京天坛公园（图 4-2-7）的布置，基本上是这种结构。

图 4-2-6　南京中山陵园

图 4-2-7 北京天坛公园

2. 半隐半现式

半隐半现式在结构上没有开门见山式开朗，但始终有一个主景统领全园，忽隐忽现。在山区、丘陵地带，在旧有古刹丛林中，采用这种导引手法较多。如北海中白塔的布置就是这种主景统率、半隐半现的模式。

3. 深藏不露式

深藏不露式多用于山地风景区，并不刻意突出主要景观，而是将景点散布于全园，通过游览线路进行组织，游人在一路探寻的过程中才能真正感受园林的美。杭州灵隐寺、龙井寺、虎跑、动物园、昆明金殿等的布置基本上都是藏而不露的处理。

（三）结构处理方式

一篇文章的段落有起承转合，一场戏有序幕、转折、高潮、尾声的处理，园林绿地在展开风景的过程中，通常亦可分为起景、高潮、结景三段式处理。其中又以高潮为主景，起景和结景不过为陪衬和烘托主景而设，也可将高潮和结景合为一体，成为两段式的处理。如将三段式（大型园林）、两段式（小型园林）展开，则有下列的处理方式。

（1）三段式：序景—起景—发展—转折—高潮—转折—收缩—结景—尾景。

（2）两段式：序景—起景—转折—高潮（结景）—尾景。

（四）整体原则的表现

1. 功能性

园林除了美学的特征外，还具有其特定的功能。园林的整体原则表现在其整体所呈现的功能上。园林要素的选择必须满足功能的需要。如儿童乐园的设计中不应该运用大面积的观赏性水面，而应该大量配置能满足整体功能的游乐设施。

2. 协调性

一般来说个体不存在协调的问题，协调是针对整体而言的。园林的协调性就是其整体原则的体现。园林作为一个系统，其系统要素之间的协调很重要。园林不仅要满足人类审美上的需求，还有游赏的需要，因而园林的协调性也体现在美学观感与游览功能相协调上。为突出视觉美学效果而牺牲功能布局，或者为合理排布功能而影响美学观感的园林作品，都不是优秀的作品。

3. 层次性

园林是由要素组合而成的一个整体，其整体中必然存在层次性。对园林的观赏，离不开对植物、地形、水体等各个层次的观赏。理顺园林要素各层次之间的主次关系、合理配置辅助因素，以强化主导因素、能更有效地突出园林的整体性。如水上公园就应该突出水体这一层次，使水成为园林中的主导因素，其余要素均围绕水而展开，则层次分明、主次得当。

第三节　风景园林结构类型

园林的结构形式，原则上可以分为自然式、规整式、混合式三种。

一、自然式

自然式又称风景式、不规则式、山水派园林，以模仿自然为主，不要求对称严整。中国园林自周秦始，无论帝王苑囿或私家园林，都以自然山水为风尚。唐代东传日本，18世纪开始英国等其他欧洲国家受中国自然山水园的影响，也多有采用，并因此对世界园林产生了较大的影响。我国古典园林如避暑山庄的湖区、拙政园等，新园林如北京紫竹院（图4-3-1）、上海长风、广州晓港等公园都属自然式。这种形式较适合有山有水、地形起伏的地区。

图 4-3-1　北京紫竹院

（一）自然式结构特征

自然式园林一般采用山水法进行创作，其特点在于把自然景色和人工造园艺术，包括园林六大要素的改造，巧妙地结合，达到"虽由人作，宛自天开"的效果。最突出的园林艺术形象，是以山体、水系为全园的骨架，模仿自然界的景观特征，造就成第二个自然环境。自然式园林这种通过看似自由的布局，实现对自然摹拟的手法，深受中国传统山水画写意、抽象画风的影响。

山水法造园，一般"地势自有高低"，即使原地形较平坦，也"开池浚壑，理石挑山"，用一句话概括，"挖湖堆山"法。"构园无格，借景有因"，所以，山水法的园林布局精髓在于"巧于因借，精在体宜"。

（二）要素分析

地形：自然式园林的创作讲究"因地合宜，构园得体"。主要处理地形的手法是"高方欲就亭台，低凹可开池沼"的"得景随形"。多利用自然地形，或自然地形与人工的山丘、水面相结合。其最主要的地形特征是自成天然之趣，所以，在园林中，要求再现自然界的山峰、山巅、崖、岗、岭、峡、岬、谷、坞、坪、洞、穴等地貌景观。在平原要求自然起伏、和缓的微地形，地形的剖面为自然曲线，除建筑、广场的用地外，一般不做人工的地形改造工作。

种植：自然式园林种植要求反映自然界植物群落之美，不成行成排栽植，树木不修剪，配置以孤植、丛植、群植，密林为主要形式。花卉的布置以花丛、花群为主要形式。庭院内也有花台的应用，多采用修剪的绿篱和毛毡花坛，不采取行列对称，以反映植物的自然之美。

水体：自然式园林的水体讲究"疏源之去由，察水之来历"。园林水景的主要类型有湖、池、潭、沼、汀、溪、涧、洲、渚、港、湾、瀑布、跌水等。总之，水体要再现自然界水景。水体的轮廓为自然曲折，水岸为自然曲线的倾斜坡度，驳岸主要用自然山石驳岸、石矶等形式。在建筑附近或根据造景需要也部分用条石砌成直线或折线驳岸。

建筑：单体建筑多为对称或不对称的均衡布局；建筑群或大规模建筑组群不要求对称，多采用不对称均衡的布局；全园不以轴线控制，但局部仍有轴线处理。中国自然式园林中的建筑类型有亭、廊、舫、楼、阁、轩、馆、台、塔、厅、堂、桥等。

道路场地：采用自然形状，以不对称的建筑群、山石、自然形式的树丛、林带等来组织空间。除建筑前广场为规则式外，园林中的空旷地和广场的外形轮廓为自然式的。道路的走向、布局多随地形，道路的平面和剖面多为自然的起伏曲折的平曲线和竖曲线。

其他景物：多采用峰石、假山、桩景、盆景、雕像来丰富园林。雕像多位于透视线、风景视线集中的焦点上，但雕像使用不多。

（三）实例分析

中国园林可分为四大类型，即帝王宫苑、私家宅园、寺庙园林和风景名胜区，无论哪种类型，其园林形式都归类于自然山水园林。

《画论》指出："水令人远，石令人古，地得水而柔，水得地而流"，"胸中有山方能画水，意中有水方许作山"，上述说明山水不可分割的关系。承德避暑山庄（图4-3-2）山地占3/4，所以在处理山水关系时，自然以山为主，以水为辅，同时以建筑为点景，以树木为掩映。也就是说，在山水间架确定后，全园五大要素统一协调全面布局。杭州西湖内三潭印月景点（图4-3-3）就是山水法中的堤岛型景观，应用虚实对比的手法，创造出虚中求实，实中有虚，虚虚实实，湖中有岛，岛以堤围，堤中又有岛的水景园。此外，还有"湖洞式"，如浙江绍兴的"东湖"等。此外，江南私家宅园也均是自然山水园，更确切地称之"文人自然山水园"，也是我国造园艺术的精华。苏州古典园林著名者有拙政园、留园、网师园、沧浪亭、狮子林、怡园、耦园等。在苏州城内的这些"咫尺山林"与住宅紧密相连，布局特点多半中间以水池构景，构图模仿自然，挖湖堆

图4-3-2　承德避暑山庄

山，以叠石堆山丰富园景，建筑、道路、花木曲折自由。自建园林，即将"诗情画意"融贯于园林之中，标榜园主人之"清高"与"风雅"。江南地区，如扬州、杭州、南京、上海、无锡等地，私家宅园风格类似，但都结合当地条件，创造出各具特色、将自然浓缩于一隅的自然式园林。

图 4-3-3　三潭印月

二、规整式

规整式也称规则式、整形式或几何式。整个平面布局、立体造型以及建筑、广场、道路、水面、花草树木等都要求严整对称。西方园林在 18 世纪英国出现风景式园林之前，基本上以规整式为主，平面对称布局，追求几何图案美，多以建筑及建筑所形成的空间为园林主体，其中以文艺复兴时期意大利台地园（图 4-3-4）和 17 世纪法国勒·诺特尔式的凡尔赛宫苑（图 4-3-5）为代表。规整式园林给人以庄严、雄伟、整齐之感，一般用于宫苑、纪念性园林或有对称轴的建筑庭园中。

（一）结构特征

规整式的园林组合其实质是轴线法的园林设计方法，讲究对称、轴线。在种植设计上，多进行树木整形。因此在形式上表现出轴线、几何、整形三大特征。

轴线：一般轴线法的创作特点是由纵横两条相互垂直的直线组成，控制全园布局构图的"十字架"，然后，由两主轴线再派生出若干次要的轴线，或相互垂直，或呈放射状分布，一般组成左右对称，有时还包括上下、左右对称的、图案性十分强烈的布局特征。

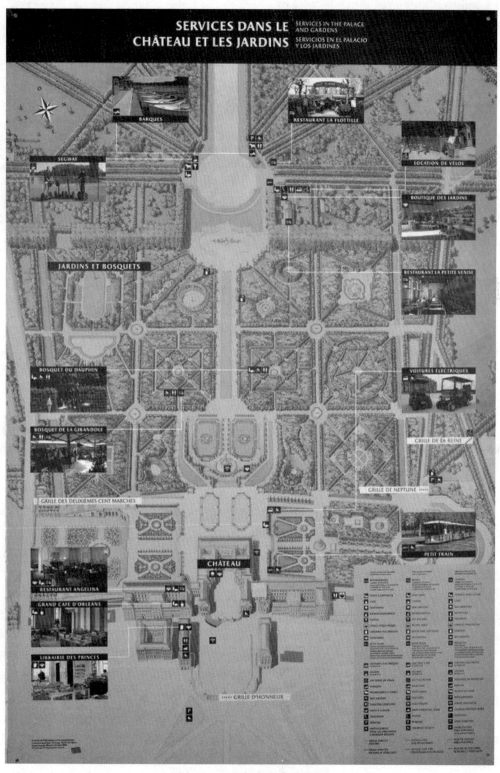

图 4-3-4 凡尔赛宫苑平面图

图 4-3-5　意大利台地园

几何：规整式园林在整体结构上以轴线来构筑几何美，同时在构成结构的具体要素上也大多采用几何形态，如轴线交叉处的水池、水渠、绿篱、绿墙、花坛等一律采用几何形。

整形：在种植设计上，为达到对称、整齐、几何形，所以，多进行树木整形、修剪，创作出树墙、绿篱、花坛、花境、草坪、修剪树形等西方园林中规则式的种植方式。

（二）要素分析

中轴线：全园在平面规划上有明显的中轴线，并大抵依中轴线的左右、前后对称或拟对称布置，园地的划分大都成为几何形体。

地形：平原地区，由不同标高的平地、缓坡组成。丘陵地区，由阶级台地、倾斜地面及石级组成，剖面线为直线组合。

水体：水池外形为几何形，主要是圆形和长方形，驳岸严整。水景的类型有整形水池、整形瀑布、喷泉、壁泉及水渠、运河等，古代神话雕塑与喷泉构成水景的主要内容。

种植：配合中轴对称的总格局，全园树木配置以等距离行列式、对称式为主，以绿篱、绿墙区划组织空间。对树枝、树形进行整形修剪，并做成绿篱、绿柱、绿墙、绿门、绿亭等形式。花卉布置，以图案式毛毡花坛、花境为主，或组成大规模的花坛群。

建筑：主要建筑对称布置在中轴线上，建筑群亦根据轴线左右对称或均衡布局，多以主体建筑群和次要建筑群形成与广场、道路相组合的主轴、次轴系统，控制全园的总格局。

道路场地：以对称或规整的建筑群、林带、树墙来围成封闭的草坪和广场空间，广场多呈规则对称的几何形，主轴和次轴线上的广场形成主次分明的系统；道路由直线、几何方格、环状放射来形成中轴对称或左右规整均衡的布局系统。广场与道路构成方格形式、环状放射形、中轴对称或不对称的几何布局。

其他景物：使用盆树、盆花、雕像、石雕、瓶饰、园灯、栏杆等装饰园景。西方园林的雕塑主要以人物雕像布置于室外，多置于道路轴线的起点、交点、终点上，常与喷泉、水池构成水体的主体。

规整式园林的规划手法，从另一角度探索，园林轴线多视为主体建筑室内中轴线向室外的延伸。一般情况下，主体建筑主轴线和室外园林轴线是一致的。

（三）实例分析

由于强烈、明显的轴线结构，规整式园林将产生庄重、开敞的景观感觉，这种园林最适合于大型、庄严气氛的帝王宫苑、纪念性园林、广场园林等。意大利台地园、法国巴黎凡尔赛宫、英国伦敦的都铎王朝最著名的汉普顿宫、美国华盛顿纪念园林、印度的泰姬陵等都是规整式园林设计的精品。

意大利台地建筑式园林，是结合山地国家在丘陵地带的斜坡上造园。台地多由倾斜部分和下方的平坦部分构成，建筑物也被用作瞭望台，故尽可能将它们建于高处，或被置于露台下方。平面布置采用轴线法，严格对称，一般园林的对称轴必定以建筑物的轴线为基准，即最广泛采用的形式是以建筑物中心轴线为庭园的主轴线。除一条主轴线外，还有数条副轴线与主轴线垂直或平行。园林的局部通过轴线来对称地统一布置，仅以水渠、花坛、泉池等为面：园路、绿篱、行列式的乔木、阶梯、瀑布等为线；小水池、园亭、雕塑品等为点进行布局。

法国凡尔赛宫离巴黎18公里，原是路易十三世的一所猎庄。凡尔赛宫苑将规整式园林的特色发挥到了极致。在整体布局上将宫殿置于城市和宫苑之间的环地上。宫殿的主轴线一头伸入城区、一头伸进宫苑。宫苑内，主轴线真正成了艺术中心，而且不仅仅是一条几何轴线，副轴线和其他轴线辅佐它。在它们之间，还有更小的笔直的林荫道，在道路的交叉点上安置雕像和喷泉。因此，整个园林的布局就是个秩序严整、脉络分明、主次有序的格网。宫殿或其他园林建筑近处是绣花花坛。

被列为世界文化遗产之一的印度泰姬陵园（图4-3-6）的规划，是轴线法的极品。这座陵园位于临近朱木拿河的地带，是一座优美平坦的陵园。该园的特征就是它的主要建筑物均不在园林的中心，而是偏于一侧。在通向巨大的拱形大门之处，以方形池泉为中心，开辟了水渠垂直相交的大庭园，迎面而立的是拥有动人的建筑造型的大理石陵墓，倒映在一池碧水中。陵墓通体用纯白大理石建成，镶嵌有28种宝石（包括玛瑙、玉石和石榴石）。建筑物建在高9.14米（30英尺）的平台上，顶部为高97.54米（320英尺）的穹顶圆塔，四隅建有尖塔。稍小于主体建筑的圆塔如侍女一般立在左右，就像建筑完全对称那样。陵园的园林部分以建筑物的轴线为中心，取左右均衡的及其单纯的布局方式，即用十字形水渠来造成的四分园，在它的中心处没有建筑物，而筑造了一个高于地面的白色大理石的漂亮的喷水池陪衬陵墓。

三、混合式

实际上绝对的规则式或绝对的自然式是很少见的，不过是以规则为主或以自然为主而已。如颐和园的布局就是混合式，东宫部分、佛香阁、排云殿的布局为中轴对称的规

图 4-3-6　印度泰姬陵园

则式，其他的山水、亭廊却以自然式为主，是两者的结合。混合式的园林绿地布置被采用较多，如广州烈士陵园、北京中山公园（图 4-3-7）、江门新会文化公园、成都文化公园均为混合式。

图 4-3-7　北京中山公园

（一）混合式结构特征

混合式园林在设计手法上综合了自然式园林与规整式园林，运用介于绝对轴线对称法和自然山水法之间的综合法进行设计使园林兼具规则与自然之美，更富有活泼灵动之趣。

混合式园林的结构布置一般在主景处以轴线法处理，以突出主体；在辅景及其他区域则以自然山水法为主，少量辅以轴线，避免了大量轴线带来的刻板与程式化，为园林带来自然之趣，同时轴线的存在也使得园林更有章法。大型园林一般多采用混合式结构。

（二）实例分析

1. 中国古代皇家园林

中国古代皇家宫苑中，多混合式布置的园林，如北京紫禁城内的御花园（图 4-3-8）就是很好的实例。御花园位于北京紫禁城中轴线的尽端，御花园的中轴线和故宫的轴线重合。建筑布局按照宫苑模式，主次分明，左右对称，园路布置亦呈纵横规整的几何式，山池、花木在规则对称的前提下有所变化。御花园的总体规划于严整中又富于变化，显示了皇家园林的气派，又具有浓郁的园林气氛。

图 4-3-8　御花园示意图

2. 现代公园

混合式结构在现代公园中也较常见。如上海广中公园，其东北角地势较低、平坦开阔，故采用中轴对称的规则形式，设置有欧式沉床园、横纹花坛等从东入门到西部管理处，约 250 米长的中轴线贯穿到底。然后，一条支轴线垂直于该主中轴线往南，逐步转变为公园中部与西部自然式的园林空间。公园中部借鉴英国自然风景园的布局手法，设置大草坪和大水池相接，形成宽阔的空间。格兰亭耸立在土丘之上，小巧别致，透过西式平桥，与南隅竹林遥遥相对，一座竹石结构的水榭"幽篁"跃然水边。与前半部平坦规则布局相反，后半部地形起伏，水流弯曲，步道蜿蜒，给人以"庭院深深深几许"的感觉。该园汲取日本庭院的特长，以小拱桥、清趣亭、精致石组及植物烘托，气氛浓郁。从规则到自然的变化体现了园林设计因地制宜的要旨，同时也使公园游览更具有趣味性。

四、类型要素比较

为了便于更清楚地对三种不同类型的园林结构进行了解和掌握，在此列表进行比较分析（表 4-3-1）。

表 4-3-1　不同类型的园林结构比较

类型		自然式	规整式	混合式
别名		风景式、不规则式、山水派	规则式、整形式、几何式	
构成方式		山水法	轴线法	山水法和轴线法的综合，一般主景用轴线法处理，辅以自然山水法为主
精髓		"虽由人作，宛自天开"	轴线、几何、整形	兼具规则与自然之美
构成要素	地形	多利用自然地形	平原地区，由不同标高的平地、缓坡组成	
	种植	反映自然界植物群落之美	等距离行列式、对称式布局	
	水体	再现自然界水景	具有规则的几何形状	
	建筑	单体建筑多为对称或不对称的均衡布局	主要建筑对称布置在中轴线上，建筑群亦根据轴线左右对称布局	
	道路场地	场地多为自然式，道路布局多跟随地形	广场多呈规则对称的几何形。道路由直线、几何方格、环状放射来形成中轴对称等均衡的布局系统	
	其他景物	多采用峰石、假山、盆景、雕像来丰富园林	使用盆树、喷泉、雕像、栏杆、柱式等装饰景园。主要景物多置于道路轴线的起点、交点或终点上	
分布		中国园林多采用自然式。唐代东传日本，18世纪开始影响欧洲国家	为欧洲古典园林的主要园林结构，在东方古典园林中较为少见，多见于陵园等纪念性园林	常见于大型园林和现代园林，东西方运用均十分广泛

第四节　风景园林的空间与结构组织

结构之于园林犹如灵魂之于人一样重要，合理的结构有助于园林景点的组织、景观的形成以及意境的营造。正如写文章需要提纲挈领一样，结构正是统筹协调整个园林的要旨。根据园林的性质与功能制定分区，并在此基础上确定园林的结构，组织游览路线，创造系列构图空间，安排景区、景点，创造意境，是园林布局的核心内容。

一、风景园林空间的概念

空间由视觉所感知，是人眼和对象之间"空"的部分，这部分集合起来形成了人存在的视觉空间。由于人在感知对象的时候，总要被对象的形状、大小、距离、方位限制，所以说，空间是根据视觉确定的一种相互关系，是由一个物体与感受它的人之间产生的。景观中的空间相对于建筑来说是外部空间，它作为景观形式的一个概念和术语，意指人的视线范围内由植物、地形、建筑、山石、水体、铺装道路等构图单位所组成的景观区域，它包括平面的布局，又包括立面的构图，是一个综合平立面处理的三维概念。景观空间构成的依据是人观赏事物的视野范围，在于垂直视角（20°～60°）、水平视角（50°～150°）以及水平视距等心理因素所产生的视觉效果。因此，景观空间构成需具备三个因素：①植物、建筑、地形等空间境界物的高度；②视点到空间境界物的水平距离；③空间内若干视点的大致均匀度。

景观是以人的需求为诉求的，如何通过规划设计，创造出能满足功能需要的景观空间是首要要求。如在设计健身活动场所、儿童游乐场、公共活动场所时，要考虑到为使用者提供交往的空间，便于穿行其间的人们互相沟通。另外，在配置水面、绿地、道路、照明等设施要素时，要考虑到设施的服务人群和服务半径。

景观空间又是一个可以被感知的场所。景观中的空间形态会涉及场所与活动，没有空间的场所，人就不能活动；无人活动的场所，也就无所谓形态。所以，在景观的空间构成上，景观的历史连续感和人文气息会增强空间的感染力，只有可行、可望、可游的空间才具有实际意义和美学价值。

二、空间类型

景观中的空间根据空间界定要素和构成方式可分为五种类型，即地形为主构成的空间、植物为主构成的空间、建筑和构筑物为主构成的空间、水体为主构成的空间和多重要素共同构成的空间。

（一）地形为主构成的空间

地形的三个可变因素——谷地范围、斜坡坡度和地平轮廓线影响着空间感，我们可以利用这三个要素来限制和改造空间。如利用坡度变化和地平轮廓线变化加强空间层次；利用平缓的地面营造轻松的休息空间，利用台阶的变化制造紧张感等。在中国传统园林中，堆山叠石、就地挖池是很常用的方法，通过地形的戏剧性变化，使小空间营造出大乾坤。在大型的景观规划中，虽然要做到土地利用的因地制宜，但是仍然需要在局部进行地形改造，丰富空间的变化。一些利用地形的起伏形成的景观形式，已经成了经典景观样式不可或缺的要素，像意大利的台地园设计。又如上海天马山深坑酒店的设计，原址是一个早年的采石场，使地面下陷百米，规划在这个"地坑"里面设计五星级酒店，充分利用了下沉的地形（图 4-4-1）。

（二）植物为主构成的空间

植物在景观中除了观赏之外，还可以充当建筑的地、顶、墙那样的构件，构成、限制、组织室外空间。在地面上，矮灌木和地被植物可用来暗示空间的边界；树干如同支柱，以垂直面的方式限制着空间，其疏密和种植形式决定了空间性质；植物叶丛的疏密

图 4-4-1　上海天马山深坑洲际酒店

和高度影响着空间的闭合程度；植物的枝叶则限制了空间的高度。植物的变化结合地形的起伏所构成的林缘线决定了立面空间的背景。植物本身还可以形成障景、夹景或者漏景等形式（图 4-4-2）。

图 4-4-2　合肥植物园

（三）建筑和构筑物为主构成的空间

以建筑物和构筑物为主体的景观空间可形成封闭、开敞、垂直、覆盖等不同的空间形式，且以建筑物或构筑物作为构图的主体，植物处于从属地位。这种空间构成方式要求多运用渗透、对比的手法扩大空间，用过渡、引申等手法联络空间，用点缀、补白手法丰富空间。西班牙塞维利亚的都市阳伞是一个体型巨大的广场构筑物，人们既可以在上边通行和俯瞰城市，同时其本身又构成了景观的主体（图4-4-3）。

图 4-4-3　塞维利亚都市阳伞

（四）水体为主构成的空间

水体是景观重要的物质元素，水能带来灵气，能为空间增添生动活泼的气氛。用水面划分空间比生硬的墙体、绿篱要更加自然。由于水面只是平面上的限定，能够保证视觉上的连续性，使得人们的行为和视线不知不觉在一种亲切的气氛中得到了控制。水面能够产生倒影，可以把周边的景物传达进来，无形中加强了各种景观要素的联系。以水作为中心，滨水的空间都能够得到很好的利用，可创造出一种亲水、生态、轻松的空间氛围。

（五）多重要素共同构成的空间

现代园林大多为多重要素共同组合构成的综合体，有的现代园林，会人为地修建假山甚至音乐喷泉。这样，植物和地形结合，可强调或消除由于地形的变化所形成的空间。建筑与植物的搭配，更能丰富和改变空间的层次结构，形成多变的空间轮廓。三者共同配合，既可弱化建筑的硬直轮廓，又能提供更丰富的视域空间。加之假山的视线隔断形成的景物深浅变化，沟壑、池塘所带来的景物纵深，喷泉带给人的视觉动感，很好地诠释了园林的动静结合，古代和现在相沟通，使得古代园林既有历史的厚重，又增加了现代生活的轻松。

总之，不同的造园手法可创造出各种不同的园林景观空间，使人们获得不同的感官享受。当前，随着社会的发展、科技的进步，园林景观空间设计领域也得到了更进一步的扩展，各种先进的声、光、电仪器设备都被相继运用到园林景观空间的建造上，传统的三维空间造园法面临着前所未有的挑战。时间作为时空存在的一个维度也通过各种先进的科学手段逐渐引入到园林的设计中来，成为一个新的造园手法。各种影像设备的运用，将立体的图像和声音带到人们的身边，围绕着人们形成了一个十分逼真的现实场景。在这样的园林景观空间徜徉，古代、现代和未来相交织，仿佛每个人都置身于过去和未来的时空中。在这现代化的园林中，人们将超越时空，倒转时空，回到各种神话、传说、童话所创造的情景中，并且与古人对话、交流，甚至可以畅游宇宙间的各个星球，亲自去领略一下宇宙的浩瀚、奇妙。虽然目前将现代技术运用到园林空间的建造上仍旧属于试验阶段，但相信这种新型的园林景观空间设计和建造手段在今后必将被更多地研究和运用实际中去。

三、空间的结构组织

美国城市规划师凯文·林奇在其代表著作《城市意象》中认为，城市形态主要表现在五个城市形体环境要素之间的相互关系上，这五要素分别是路径、边界、功能分区、节点、标志物，它们共同构成了城市意象。空间设计就是安排和组织各个要素，使之形成能引起观察者更大视觉兴奋的总体形态。他的理论被大量运用到景观规划中来，对景观规划设计中空间设计的研究和实践具有指导意义。

（一）路径

道路是观察者习惯、偶然或潜在的移动通道，它可以是区域通道、主干道、次干道、小路等。路径的作用是使人能够在场所内或场所间便利通行，它不仅有交通功能，还是活动的空间，所以在设计中要兼顾好交通性与社会活动的需要。作为活动场所，要考虑到景观中的运动元素，以及在游览中时间与空间的关系；作为交通功能，应考虑到不同使用者的需求，如步行和车行之间的冲突（图 4-4-4）。

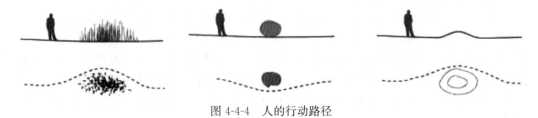

图 4-4-4　人的行动路径

单调的路径使人乏味，所以需要合理安排多样的游览秩序和内容。我们将把不同的空间界面和空间类型联系起来的路径称为空间序列，空间序列将不同的空间组成一个整体，形成连续的景观，所以空间序列是动态的。空间序列关系到景观规划的整体结构和整体布局，它涉及人的行为活动、知觉心理特征、时间与自然气候条件的变化与差异。其中影响整体空间布局的最主要因素就是游览线路的组织，通过游览线路的组织将各个区域节点联系起来。常见的空间序列有：①闭合的空间序列。闭合的空间路径可分为以下几个段落：开始段、引导段、高潮段、尾声段。这种空间序列多出现在比较独立的园林、景区中，通常是包含主景区、次景区的多条序列，各序列环状沟通，综合循环的环游憩景观为主线。②串联式的空间序列。串联式的空间路径指游览路线呈串联形式，与传统的宫殿、寺院十分相似，具有明确的轴线。除了寺院、宫殿、四合院外，还有许多纪念式的景观也采用这种形式来组织空间。③并联式的空间序列。并联式的空间路径具有如下特点：以某个空间院落（场地）为中心，其他院落（场地）环绕在它的周围，游人从入口经过引导来到中心，再由这里分别到达其他区域。中间的院落（场地）在这种空间序列中往往成为中心和重点。植物园或者游乐场这类的专项景观有时会采用这种空间序列。

路径的形式兼具有功能和美学的含义，轴线和曲线的路径具有不同的特征和使用感受，路径的形式直接影响着空间的形式。轴线路径可形成秩序感、权力感，而曲线路径充满了自然性。

生态廊道是一种特殊的路径形式，它是建筑与环境之间的空间连接，是由水和植物构成的线形连续空间。生态廊道能够保护动植物的生长，也可以方便动植物的自由迁徙。如果廊道的尺度足够大，它还可以作为休闲的路径和资源（图 4-4-5）。

图 4-4-5　浦阳江生态廊道

（二）边界

边界是两种类型空间之间的界线，它可以理解为两个空间或区域内的线形面、墙面、过渡性的线形地区、岸线、边界线或分界线、地平线。

由于边界能够支持或分隔人的使用功能，所以是极重要的概念和物质要素，它具有

227

实体和空间兼有的特性。边界能够影响场所的使用，人们宁愿在场所的边界选择休息或等待也不愿意在中心位置，这就是著名的"瞭望、庇护"理论，所以应在边界多考虑休息功能，如放置座椅。在处理公共、私密、半私密的分界时，私密性是要重点考虑的条件，即如何以具体形式标示公共空间和私密空间的分界。在设计中，解决的办法是在二者之间赋予多个过渡空间。

边界的形式有很多种，常见的有：①粗糙与光滑并置。粗糙的边界能围合出一些"灰空间"，本身就会衍生出一定空间，光滑的边界则很简洁，具有连续性。二者常常并置使用。②连接。粗糙与光滑的空间互相渗透、编织在一起。③障碍。两个空间中通过设置连贯或不连贯的障碍能够产生心理上的障碍。④渐变。渐变指形式、材料、质感和植物的逐渐过渡。⑤韵律、序列和重复。通过形式、色彩和肌理的重复，可形成韵律和序列，使边界在整体中获得多样的形式（图 4-4-6、图 4-4-7）。

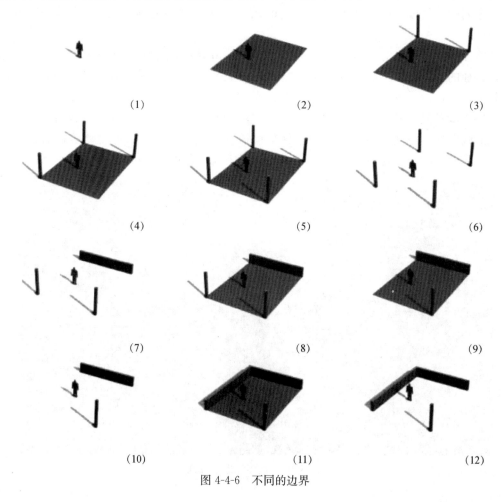

图 4-4-6　不同的边界

（三）功能分区

功能分区是景观中中等以上的分区，是二维平面，观察者从心理上有进入其中的感觉，因为具有某些能够被识别的特征。一般来说，稍大尺度的景观规划中，人们都是使用分区来组织景观意象的，具体是道路还是分区作为第一位，则因项目的不同而变化。

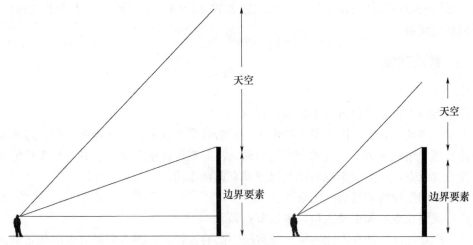

图 4-4-7　不同比例的边界对人的影响

　　在景观规划中，功能分区就是将各功能部分的特征和其他部分的关系进行深入、细致、合理有效的分析，最终决定它们各自在基地内的位置、大致范围和相互关系。在进行功能分区时，要考虑到社会、经济、生态的因素及空间布局的协调性，也就是不同功能分区间既有区别又有所统一。功能分区的依据有动与静的原则、公共性与私密性原则、开放性与封闭性原则等。

　　（四）节点

　　节点是景观空间的组成部分，通过景观节点能够提供整合、精致的小空间和复杂的过渡空间。节点是介于两个大空间或是建筑与景观间的小空间，它与边界的不同在于，边界是线形空间，而节点是小的面状空间。一般来说，景观中的节点包括：路径之间的小过渡空间，路径交叉的空间，两个场所连接处景观，入口或出口，开始或结束的场所。

　　节点是过渡性空间，用来调节一个空间到另一个空间的感受，也是人们等待、休息、到达和离开的场所。常见的节点有：（1）大门入口。入口空间是两个空间转换的通道，入口通常是与建筑相关的小空间，功能包括等待、接见、休息、拍照等，或是卫生间、清洁室、停车处。（2）出入口。出入口指节点上辅助式的出入口，可以是真实存在，也可以是象征，是一种空间类型向另一种空间类型转折的标志。出入口的构筑物可以是建筑、雕塑、地形或者小尺度的植物。（3）到达、等待和休息空间。游览起始的空间是重要节点，它们或是小的停车棚，或是大的轻轨车站，都要考虑社会和实用功能。

　　（五）标志物

　　标志物在景观中能够吸引人或占据视觉的主导地位，或以特征鲜明的形式与它的背景相区别。标志物可以是形式与周边背景的对比，可以是标志性的空间成为目标点，可以是能够定位或定向的景观形式。标志物在人对景观的感受中具有重要作用，它能够标示出特定场所，以帮助人们辨别方向。

　　标志物的尺度可大可小，小的如地面铺装，大的如纪念碑，要根据标志物与文脉背景和功能的关系确定。对比是突出标志物的基本方法，通过与周边环境的对比，将特征突出。强烈的垂直形式是标志物常有的表达方式，特别是垂直形式和水平形式的对比，可形成视觉优势。

四、景观视线

1. 视点

视点指游人所在的位置，也称为观赏点。

由于人的动态观赏，同一景观会由于不同的观赏角度和视点高度而不同，这就给景观设计和观景组织带来了一定的难度。因此，在景观设计中需要选取具有代表性的关键视点作为观景点，视点的选取对观赏风景具有重要作用。

观景点的选择需要具备一定条件：

（1）典型视点，如主要入口、主轴节点等。

（2）高频视点，即在人流密集、观赏频率高的位置，一种人们最有可能驻足静观的点，如广场、路口等。

（3）制高俯瞰点，如具有高度优势和开阔视野的高层、超高层建筑物、构筑物和附近的山峰等。

2. 视线

视线指人眼（视点）与被观赏对象（景观点）之间的一条假想的直线。

在观赏过程中，由于视点高度的变化会形成不同的观景角度和不同范围的视野领域，人的视线根据地形起伏以及地势位置可以形成不同维度的视线形式。

（1）当视点低于景观点时，产生仰视景观，一般为地面视点。由于视点较低，常因周围景物的遮挡而难以展开视野。应利用道路的开敞或开阔的路边绿地降低视角，拓宽视野。

（2）当观景点与景观点处于同一高度时，产生平视景观，视觉比较舒适。在观赏近人尺度的标志小品，在远距离观赏道路尽端对景，以及在制高点观赏其他高度相近的制高标志时，都会形成近似平视的效果。

（3）当视点高于景观点时，产生俯视景观。制高俯瞰，整体风貌尽收眼底，一览无余，最适合展现景观构架秩序和建筑的群体美。

3. 视廊

视廊指视点到被观赏景物之间的视线通道，强调远距离的视线交流。

在实际设计中，为保障人与自然和人工各景观要素之间在视觉上的延伸关系，以求得较好的观赏形象，要求保证视点之间的视线通畅；为建立完整的景观系统，形成综合的景观效应，要求保持重要景点之间的视线联系。这些都可以通过建立视觉走廊的办法来解决。视觉走廊的建设主要依靠景观区域内建筑物的布局、建筑物的高度控制和植物的配置等实现。

4. 视域

视域是指在某一视点各个方向上视线所及的范围。

人类的活动方式和人眼的生理结构决定了人主要的视域范围在身体前方。头部固定时（眼球可以转动），视域范围是不规则的圆锥体。单眼的水平视域范围大约是166°，在两眼中间124°的中心区域，双眼的视景在此范围内重叠，形成有深度感觉的视景。除了中心区域，两侧单眼的视域范围是 42°，称为周边视觉区域。整体双眼的视觉范围是 208°。人眼的垂直视域范围约是 120°，以视平线为准，向上为 50°，向下为 70°。一般视线位于向下 10°的位置，在视平线向下 30°的范围内为常规比较舒适的视域。所以，在人们的视觉画面中，地平线一般都位于画面偏上 2/3 处。

在景观设计中，也可以用视域表示某一景观标志能够被看到的范围，称为景观视域。景观视域的面积和视域内视点的分布是确定景观标志点位置和高程的重要依据。

5. 视角

视角是指眼睛观察物象时视锥的夹角，通常以视角的大小来表示人眼的视力，可分为垂直视角和水平视角。

在正常情况下，不转动头部而能获得较清晰的景观形象和相对完整的构图效果的视域，水平视角为 45°～60°，垂直视角为 26°～30°，超过此范围头部就要上下移动，对景物的整体构图印象就不够完整，而且容易使人感到疲劳。人们把这个视角范围称为最佳观赏视角。

在保持放松、平视的情况下，视角在 60°。水平视锥范围内可以获得最佳水平视力，此时垂直视角向上为 27°，向下为 35°。人眼向下的视野较向上的视野要大，在行走中向下的视野更大，故而对人来讲，地面上的物体（如铺地、环境设施小品、建筑的下部、绿化等）为最多出现的物体。因此，对这些部分设计时应特别注重（图 4-4-8）。

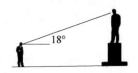 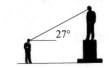

图 4-4-8　不同视角示意图

6. 视距

视距指视点与被观察物象的距离。人们对不同距离的景物注意程度和注意内容是不一样的，体现着从局部到整体，从细节到概貌的渐次变化。

根据人眼的最佳视域范围（垂直方向为 30°，水平方向为 45°）计算出来的视距，称为合适视距。此时视点与景物的距离：水平视角下的最佳视距为景物宽度的 1.2～1.5 倍，垂直视角下的最佳视距为景物高度的 3～3.5 倍；小型景物则为高度的 3 倍。

在平视情况下，人眼的明视距离为 25 米，可以看清物体的细部，也是看清一般人脸的距离。在该距离范围内，他人的活动易引起关注，为不同人群之间交往行为的发生提供了可能性。日本建筑师芦原义信也提出了以 20～25 米为模数的"外部模数理论"，作为外部空间材质、高差等变化的节奏尺度，从而打破大空间的单调，营造出生动的空间感。

在 70～100 米时，可以比较有把握地确认出一个物体的结构和它的形象。该距离被称为社会性视距。此距离人们刚可以辨清他人的身体状态，这一距离也是没事"人看人"心理需求的上限。空间开阔地区宜以此作为最大分隔尺度来组织活动和景观。当视距为 250～270 米时，可以看清物体的轮廓；在 500～1000 米的距离之内，人们根据光照、背景，特别是所观察物体移动与否来进行分辨。在 1～3 米的距离内，能进行亲切地交谈，可以体验到有意义的人际交流所必须的细节。在以这种尺度划分的小空间中，人们的秘密性要求得到保证，对领域的控制感得到满足。例如，亭下、座椅、树下等驻足停留的空间，是创造舒适宜人的外部空间的重要因素（图 4-4-9）。

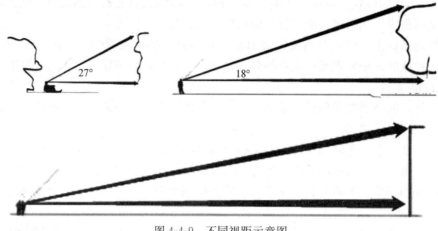

图 4-4-9　不同视距示意图

7. 视频

视频是指在一定的景观区域内，沿游览路线某一景观标志被观赏到的频率。

通过视频指标可以比较沿游览路线各景观标志的重要程度。单位时间或路段长度内景观被观赏的人次越多，即视频越高，则视觉敏感度就越高。通过减缓游览速度或增长游览路线长度，可以提高观赏价值的景观视频，反之亦然。

观赏点与景点间的视线，可称为风景视线。有了好的景点，必须选择好观赏点的位置和视距。风景视线的布置原则，主要在"隐、显"二字上下工夫。一般是小园宜隐，大园宜显，小景宜隐，大景宜显，在实际工作中，往往隐显并用。

第五章

风景园林美学造景

第一节　园林美学

一、园林美学概念

园林属于多维空间的艺术范畴，一般有两种观点，一曰三维、时空和意境等联想空间；二曰线、面、体、时空、动态和心理空间等。这些观点的实质都说明，园林是物质与精神空间的总和。园林美是园林设计师对自然及生活的审美意识、审美趣味、思想感情、审美理想的综合表达，也是优美的园林形式的有机统一。园林美具有多元性，表现在构成园林的多元素和各元素的不同组合形式之中。园林美也具有多样性，主要表现在历史、民族、地域、时代性的多样统一中。

园林美主要包括自然美、艺术美和社会美三种形态。

园林首先作为一个现实生活境遇，营造时必须借助自然山水、亭台楼阁、假山叠石乃至物候天象等造园材料。这些自然事物是构成园林艺术作品的基础，在园林设计师的精心安排下，创造出优美宜人的园林景观。因此，园林的美首先表现在这些外部形象的物质实体上，如假山的玲珑剔透、植物的叶绿花红、山水的明澈清秀、建筑的雕梁画栋……这些造园材料及其所组成的园林景观的美的属性构成了园林美的第一种形态——自然美。

尽管园林艺术的形象是具体实在可感的，但园林美却不仅局限于这些可视的实体形象，而是借助山水、植物、建筑等形象实体，在造园手法和造园技巧的运用下，合理布置造园要素，巧妙安排园林空间，灵活运用造园法则，来表达和传送特定的思想情感，抒写园林意境。也就是说，园林艺术作品不仅仅是一个简单的物象、一片有限的风景，而是要有象外之象、景外之景，这与诗歌、书法、绘画等艺术有共同之处，即"境生于象外"，这种象外之境被称为园林意境，也是虚境，是"情"与"景"的交融和共鸣。重视艺术意境的营造，是中国古典园林美学上的最大特点。中国古典园林美学主要是艺术意境美，在有限的空间内，缩影无限的自然，营造咫尺山林的感觉，产生"以小见大"的效果，拓宽园林本身物质的艺术空间。例如扬州个园，运用不同的素材和技巧成功地布置了四季假山，使春、夏、秋、冬四时的景色在同一空间内同时展出，从而为园景的观赏增加了时间维度上的意象。这种拓宽艺术时空的造园手法强化了园林美的艺术性，使园林的艺术美得到了丰富的体现。

同时，园林艺术也是一种社会意识形态，作为上层建筑，自然要受制于社会存在，即不会纯粹为艺术而营造,受制于社会因素;作为现实的场所,亦会反映社会生活的内容,表现园主的思想倾向。例如,法国凡尔赛宫布局严整,反映了当时法国古典美学的潮流,是君主政治至高无上的象征。再如圆明园中的大水法,是西洋楼景区的主体,反映了圆明园营建时中西方文化交流的情形。

英国著名美学家赫伯特·里德曾指出:"在一幅完美的艺术作品中,所有的构成因素都是相互关联的;由这些因素组成的整体,要比其简单的总和更富有价值。"园林美不是各种造园素材的简单拼凑,也不是自然美、艺术美、社会美三者的单纯累加,而是一个有机的综合的美的体系,融合了各种素材的美,营造出超出素材本身美的意境美,从而构成一种特殊而完整的美的形态。

二、园林美的表现形式

(一)山水地形美

地形即大地表面的形态,是园林景物营造的基础,可分为地貌和地物。地貌指地表的起伏状态,如平原、山岳、河流、湖泊;地物指地面上各种有形物体,如建筑物、道路、树木。园林地形的营造对园林的美化和功能布置均有重大影响,包括地形改造、引水造景、地貌利用、土石假山等,形成园林的骨架和脉络,为园林植物种植、游览建筑设置和观景点的控制创造条件。

(二)借用天象美

借用日、月、雨、雪等自然气象造景。如苏州拙政园听雨轩,利用院落一隅,蓄一潭碧水,水旁几丛芭蕉,营造出"雨打芭蕉室更幽"的意境。再如杭州西湖的平湖秋月、三潭印月、雷峰夕照、曲院风荷,承德避暑山庄的烟雨楼,苏州网师园的月到风来亭,还有各种观云海霞光,看日出日落,设朝阳洞、夕照亭,听泉瀑松涛,造断桥残雪、踏雪寻梅等,园中风霜雨雪俱尽其态,阴晴朝暮各有其情。

(三)再现生境美

仿效自然,创造人工植物群落和良性循环的生态系统,创造空气清新、温度适中的小环境,营造"木欣欣以向荣,泉涓涓而始流"的自然美,也是中国园林的美学特色之一。

(四)建筑艺术美

建筑是园林建构要素之一。风景园林中由于功能要求和造景需要,需修建一些园林建筑,包括亭台廊榭、殿堂厅轩、围墙栏杆等,还有一些展示、公厕等服务管理建筑。这些建筑构成园林美的重要部分,建筑的结构形式美、空间造型美、材料质感美等,不仅对园林造景起到画龙点睛的作用,也往往反映了时代潮流和技术结晶。

(五)工程施工美

在营造园林的过程中,改造地形、筑山理水、造亭垒台、栽花植树、给水排水、固土护坡,这些必须相互配套,布局有章有法,再加以艺术处理而不同于一般的市政设施建设。

(六)文化景观美

园林常用的题名构景法,能很好地促进宏观意境的整体生成,建筑物上有匾额、楹联、摩崖石景上有题刻。这类匾额、楹联和题刻,有着高度的概括和启发性,对园林主题的点染、园林意境的强化有重要作用，浸透着人类文化的精华，创造诗情画意的境界。如清代番禺的余荫山房，其门联"余地三弓红雨足，荫天一脚绿云深"，正是此园点题之句。

（七）色彩声乐美

风景园林不仅包含视觉要素，也包含感官要素。亭台楼阁、雕梁画栋、粉墙黛瓦、茂竹修林，自成图画，"草色溪流高下碧，菜花杨柳浅深黄"，这是色彩之美。园中风声、雨声、鸟声、琴声，欢声笑语，竹韵、松涛、泉鸣，分外迷人。

（八）造型艺术美

园林中常用艺术造型来表现某种精神、象征、礼仪、标志、纪念意义，通过线条、图形、形体来营造形态上的美感，如图腾、华表、人像、神像、柱牌、喷泉、植物造型等。

（九）旅游生活美

风景园林是一个可游、可憩、可赏、可学、可居、可食、可购的综合活动空间，全面的生活服务、健康的文化娱乐、洁净卫生的环境、便利的交通等都会给游园的人带来愉悦，增加游园的舒适体验。

三、园林美的主要构成因素

美感是一种使人精神愉快的、心融意畅的情感。它主要是精神上的审美需要的满足，而不单纯是生理欲望的满足。美感中潜伏着人对美感形象的不自觉的理性认识和思想，体现了人的心理反应和认识，对人的精神世界产生深刻的影响。

审美感受是一种由审美对象所引起的复杂的心理活动和心理过程。这个过程受审美主体的各种复杂的心理因素的制约，包括审美主体的个性，如生活经验、世界观、心理特征的个性等的制约，而不是对客观事物简单地、机械地复写和摹拟。

审美心理是审美主体在审美活动中产生的极其复杂的心理活动和心理过程，它产生于主客体的相互作用之中。美感心理因素主要包括感觉、知觉、表象、联想、想象、情感和理解。

（一）感觉

感觉是人的一切认识活动的基础，也是形成美感的基础。只有通过感觉，审美主体把握了审美对象的各种感性状貌，才能引起审美感受。

感觉在审美感受中起的作用与发生快感关系比较密切，但又有严格区别。快感因素在美感中的作用是相当次要的。人的美感不是简单的感官上的快意舒适，如悲剧的美感就不可能全是快感。在美感中可能会有快感，但不都是快感。

审美活动具有不同于低级生理感觉的理性性质。一般来说，触觉、味觉、嗅觉感受的对象范围较小，是直接的生理反应，更多的与感性认识有关。而视觉、听觉的感受的范围则更为广泛，有着更大概括的可能，从而更多地与理性认识有关，与人的高级心理、精神活动有关，它具有更多的理解功能，具有更明显的社会特点，更善于把握反映客观世界的本质，以达到更深入的认识。因此，视觉、听觉就成为审美感受两种主要官能，形成"感受音乐美的耳朵，感受形式美的眼睛"。其他的感官和分析器官有时在审美中也起着重要的作用。

（二）知觉

人的审美感受总要以知觉的形式反映客观事物，客观事物作为整体反映在审美主体意识之中。知觉是美感心理过程以感觉状态进入思维的联想、回忆、想象等状态的一个重要环节，为人们的审美感觉增加纵深感。在这个环节，审美者会自觉或不自觉地根据自己的直接和间接经验，进行一系列的审美心理活动。没有过去的经验，对客观对象的感觉便很难构成完整的知觉。主体的经验、知识、兴趣、需要，对知觉都有一定的作用和影响。不同的人或同一个人在不同时间、地点和条件下对同一个对象的知觉往往是不一样的。如"青纱帐"，不同的人或同一个人在战争环境里与和平环境里对它的感知就不一定相同。因此，人的审美知觉不是对客观现象、对象被动的生理适应，而是对客观现象、对象的能动心理反应。

审美中知觉的活动和特点：首先，特别注意选择感知对象的（形象的）特征，使知觉中的感觉因素得到高度兴奋，使对象的全部感性丰富性被感官充分感受。其次，在审美活动中，知觉因素受想象制约，想象以各种联想方式加工和改造着知觉材料。在审美感受心理活动过程中，一般是知觉先于想象，但两者互相作用，或者是特定的知觉引起特定的想象，或者是特定的想象促进了知觉的强度。

（三）联想、想象

客观事物总是相互联系的。具有各种不同联系的客观事物反映到人们的头脑中，便会形成各种不同的联想。联想是审美感受中的一种最常见的心理现象。审美感受中的所谓见景生情，就是指曾被一定对象引起过感情反应的审美主体，在类似或相关条件刺激下，而回忆过去有关的生活经验和思想感情。这是联想的一种表现形式。

联想就是人们根据事物之间的某种联系，由一事物想到另一有关事物的心理过程。它是由此及彼的一种思维活动，是人的大脑皮层把过去对某种事物的概念在当前刺激物的作用下进行相互联系。联系需要依靠记忆，是记忆活动的表现。艺术中常见的有类比联想和对比联想两种。

类比联想是由对一件事物的感受引起和该事物在性质上或形态上相似的事物的联想。如：松的寿命长，联想到苍劲古雅，孤傲不惧的姿态；荷花"出污泥而不染，濯清涟而不妖"，联想到坚贞；梅的清丽高洁，兰的幽雅超逸，菊的傲骨凌霜等。类比联想有着广阔的领域。客观事物、现象间各种微妙的类似都可以成为这种联想的基础。

对比联想是一种对某种事物的感受所引起的和它的特点相反的事物的联想。它是对不同对象对立关系的概括。在艺术中，形象的反衬就是对比联想的运用。

类比联想、对比联想，既是审美主体的直接生活经验和间接生活经验在审美过程中的再现，也是审美主体已有的情感对审美情感和审美实践发生反作用的过程。

人在反映客观事物时，不仅感知当时直接作用于主体的事物，而且还能在头脑中产生其他形象。这种特殊的心理能力，称为想象。

审美中的想象的特征之一，是不带直接的功利目的，伴随着爱或憎的情感，并与情感互相作用，它是审美反映的枢纽。想象分为再造性想象和创造性想象两种。再造性想象是主体在经验记忆的基础上，在头脑中再现出客观事物的表象。创造性想象则不只是再现客观事物，而是创造出新的形象。审美活动一般是再造想象和创造想象的结合和统一，艺术思维本质则是创造性想象。

人的联想和想象活动与他的教养、经验密切相关。没有联想和想象，便不能唤起特定的情感态度，也不能产生特定的审美感受。

（四）情感

审美感受的一个突出特点，是它带有浓厚的情感因素。情感是人对客观现实的一种反映形式，是态度这一整体中的一部分，它与态度中的内向感受、意向具有协调一致性，是态度在生理上一种较复杂而又稳定的生理评价和体验。在审美中，审美对象引起的感觉和知觉本身就带有一定的情感因素，而在知觉、表象基础上进行的想象活动，更推动情感活动的自由扩张和抒发。审美中的"情"与"景"的关系，是古今衡量艺术作品艺术性的一条重要标准。

人们在欣赏艺术作品时，不但感知作品所描述的景物形象，而且感受着体现于景物形象中的艺术家的情感体验，从而引起人的共鸣。不同的情感态度来自不同审美对象的内容。悲剧引起的快感与喜剧引起的快感不同，优美的抒情小调与雄壮的进行曲，唤起的情感体验也有显著区别。人的情感产生并运行于大脑，这就不可避免地受到大脑内部众多因素的制约和干扰。因此，具有不同生活经历、接受不同层次教育的人，会形成不同的个性，导致其情感表现形态各不相同。在审美感受中，就是同一审美对象，对不同时代、不同阶级的人们所唤起的情感态度，既有联系，也有区别。这种情感只能在人的生理素质基础上，经过反复的社会实践，包括审美实践而逐步培养形成。人们的每一次审美活动和美感心理过程，对情感都会起到潜移默化的作用。真正强烈、深刻、健康的美感，是形成审美情感的重要因素。

（五）思维

思维是一种在感觉、知觉、表象等感性认识基础上产生的理性认识活动，它反映的不是客观事物的个别特征和外部联系，而是客观事物的内部联系，人们通过思维达到对事物本质的认识。

思维是审美中不可缺少的组成部分，要获得真正的审美效果，总离不开思维活动的作用。只有思维渗透融化在审美知觉、想象之中，人们才能不只是看到对象的感性形态本身，并通过它获得对生活的广阔的理解、认识，达到对对象的深刻把握；艺术思维则把个别的特殊的感受材料集中、综合、概括为典型形象，揭示事物的本质特征，并通过创造性想象再现为感性的形象世界。

思维活动的特点、表现形式是思维品质，亦即个体思维活动中表现出的智力特征差异。具体体现在对审美对象的直接理解。在审美活动中，人们通过感知审美对象，并能动地将意识专注于对象的感性的具体形态，使直接的感性因素获得充分的兴奋。审美主体往往结合感性形象，进行去粗取精，去伪存真。由此及彼、由表及里的思维活动，既保留了现象中的具体性、鲜明性、生动性，又达到了深刻地反映和认识事物的本质。从而构成审美感受的高级状态，完成审美感受的情与理相统一的心理功能。这种审美认识的理性因素，不是以理论的形态，而是始终没有脱离感性的形象性、具体性，是一种既有思维又有情感的反映和认识。

审美感受中的思维形式，主要是形象思维形式，但也不是唯一的形式，还有情感思维形式、灵感思维形式和逻辑思维形式等。

客观存在着的美是丰富的，反映在人们头脑中的美感，是极为复杂的心理状态，也是一种复杂的能动的认识。因此，审美过程必然是多种思维形式交错起作用的过程。

四、园林审美鉴赏能力的培养

所谓审美鉴赏能力，是指审美主体凭自己的审美感受、审美情趣、审美经验和文化素质，有意识、有目地对审美对象进行观察、体验、品味、判断和评价的一种能力。它主要包括审美标准价值判断、审美理想和审美评价三个方面。

（一）审美标准价值判断

所谓审美是自然、社会和人，物质与精神，客体与主体相互作用而产生的效果。审美作为一种价值属性，同任何价值属性一样，都是相对于主体而言的。审美活动作为价值判断标准，就有一个价值标准问题，即以什么标准作为审美价值判断的坐标。

（二）审美理想

审美理想是指审美主体在审美活动中对美的事物、美的趋向、美好境界的一种向往和追求。审美理想是审美价值判断的核心，也是审美价值判断的标准。审美理想受制于一定社会历史阶段的生产水平、生活方式以及与之相适应的上层建筑，具有一定的历史具体性和社会阶段性。同时折射着时代精神和社会风尚，凝聚着民族的、阶级的情感和愿望，又融入和体现人类总体的社会历史实践的成果和因素，具有全人类性质。它属于美感中的高级层次，对美感起一种调控、引导和规范作用。

（三）审美评价

审美评价是审美主体对客体审美价值的评估，是人在审美判断的基础上对事物审美态度的体现。审美评价有鲜明的主观性，不同人对同一事物会做出不同的审美评价。审美评价又有一定的客观性，受到客观条件的制约。审美评价受到特定对象的制约，它是特定对象的刺激所引起的主观评判活动，主体判断是否符合对象的审美特质，是审美评价的客观标准。审美评价受到一定文化传统和社会风尚的制约，它总是打上时代的、阶级的、民族的烙印。

第二节　园林造景

一、自然要素造景

园林造景的自然要素主要是指组成景观的自然要素。自然要素和人工要素是构成景观的两个基本要素，而自然因子是最基本的自然要素。风景园林自然环境是一个复杂而又多彩的生态系统，气候、水、土壤、植物、山石、野生动物等是构成这个生态系统必不可少的自然因子。

（一）气候、地质、土壤

1. 气候

气候是一个地区在一段时期内各种气象要素特征的总和。其通过对岩层的风化和降水量的大小来影响地区自然环境的形成和变化。而加入人类因素的风景园林建设可能与区域气候、地形气候和微气候彼此间相互影响并不断发生变化，在理解气候的前提下进行风景园林规划设计，不仅有助于对公众健康和人身安全的保护，而且也有助于经济发展和资源保护。

1）气候大类

（1）区域气候。

区域气候（或称大气候）是一个大面积区域的气象条件和大气模式。大气候受山脉、洋流、盛行风向以及纬度等自然条件的影响。对于区域气候来说，易得到记录的天气变量如气温、降雨量、风、太阳辐射和湿度等，对大的风景园林场地设计有着重要的影响。

在城市地区，热是最重要的气候因素之一。城市所吸收的太阳热辐射相对较低，然而在地表生成的可感知热量却很高。同时地表依靠远红外辐射及空气流动所发散的热量较乡村地区少。从热量平衡上考虑，尽管吸收的太阳热辐射较少，但总体上收入仍是大于支出的，从而导致城区的气温高于乡村。这种现象往往在城市的中心区更为明显，产生了一种在景观学中称为"热岛"的效应。城市热岛效应的地理区域范围及密度与城市的规模和当地的气候条件有关。气象学家已经确认了城市地区出现的"热岛效应"，黑色的沥青、混凝土以及金属顶都更容易吸收太阳辐射，释放热量，使城市的大气温度升高。通常，大城市在风和日丽的天气条件下，热岛效应会更加突出（图 5-2-1）。

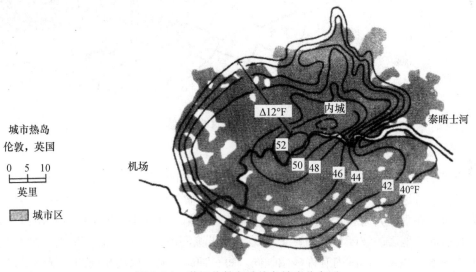

图 5-2-1　英国伦敦冬季热岛效应分布图

（2）地形气候。

一般来讲，地形气候是以地形起伏为基础的小气候向大气圈较高气层和地表景观的扩展和延伸，是介于大气候和小气候之间的中间尺度气候类型。地面的地形起伏对基地的日照、温度、气流等小气候因素有影响，从而使基地的气候条件有所改变。引起这些变化的主要因素为地形的凹凸程度、坡度和坡向。对规模较大、有一定地形起伏的基地应考虑地形小气候，而规模较小、地形平坦的基地则可以忽略地形小气候的影响。在分析地形气候之前应首先了解基地的地形和地区性气候条件。在地形气候中人们可以感受到空气湿度和温度的巨大差异。

地形主要影响太阳辐射和空气流动。在地形分析的基础上先做出地形坡向和坡级分布图（图 5-2-2），然后分析不同坡向和坡级的日照状况，通常选冬夏两季进行分析。地形对温度的影响也主要与日辐射和气流条件有关，日辐射小、通风良好的坡面夏季较凉爽，日辐射大、通风差的坡面冬季较暖。最后应将地形对日照、通风和温度的影响综合起来分析，在地形图中标出某个主导风向下背风区及其位置、基地小气流方向、易积留冷空气和霜冻地段、阴坡和阳坡等与地形有关的内容。

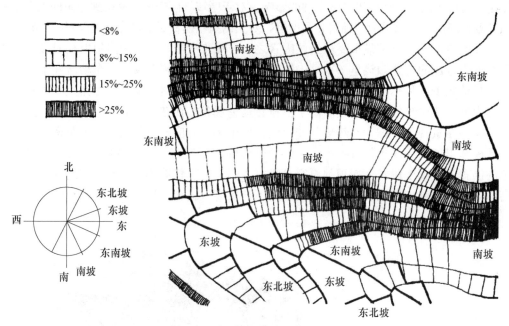

图 5-2-2　地形坡向及坡级分布图

（3）微气候。

由于基底构造特征如小地形、小水面和小植被等的不同使热量和水分收支不一致，从而形成了近地面大气层中局部地段特殊的气候即微气候，在很小的尺度内，各种气象要素就可以在垂直方向和水平方向上发生显著的变化。这种小尺度上的变化由以下因素的变化引起：地表的坡度和坡向；土壤类型和土壤湿度；岩石性质，植被类型和高度，及人为因素。在某一区域内有许多微气候，每一种微气候可以用相同的气候测量尺度描述，但是限制于相对较小的区域内。它与基地所在地区或城市的气候条件不完全相同，既有联系又有区别。

微气候能在很大程度上影响人们在景观中的体感舒适度，这也是城市户外区域设计首先考虑的。小气候影响到人类自身体内的能量流动。当地微气候可以很大程度地影响到用来加热和冷却景观中建筑物的能量。

较准确的基地小气候数据要通过多年的观测积累才能获得。通常在了解了当地气候条件之后，随同有关专家进行实地观察，合理地评价和分析基地地形起伏、坡向、植被、地表状况、人工设施等对基地日照、温度、风和湿度条件的影响。对小气候的分析对大规模园林用地规划和小规模的园林景观设计都很有价值（图5-2-3）。

2）气候分析要素

对于某一地区的气候分析，无论区域自身规模大小，几乎都可以从光、气温与湿度、风、降水等气候因素来说明。

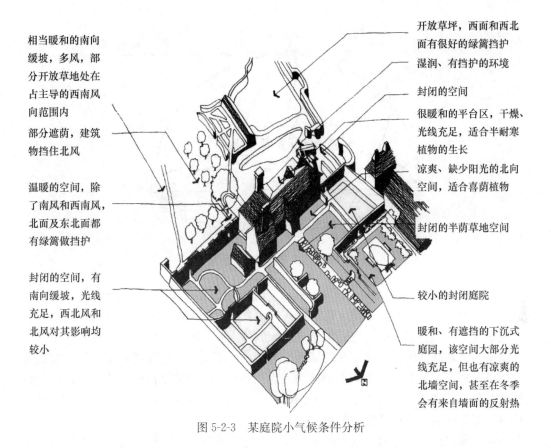

相当暖和的南向缓坡，多风，部分开放草地处在占主导的西南风向范围内

部分遮荫，建筑物挡住北风

温暖的空间，除了南风和西南风，北面及东北面都有绿篱做挡护

封闭的空间，有南向缓坡，光线充足，西北风和北风对其影响均较小

开放草坪，西面和西北面有很好的绿篱挡护

湿润、有挡护的环境

封闭的空间

很暖和的平台区，干燥、光线充足，适合半耐寒植物的生长

凉爽、缺少阳光的北向空间，适合喜荫植物

封闭的半荫草地空间

较小的封闭庭院

暖和、有遮挡的下沉式庭园，该空间大部分光线充足，但也有凉爽的北墙空间，甚至在冬季会有来自墙面的反射热

图 5-2-3　某庭院小气候条件分析

（1）光。

光是地球上所有生物得以生存和繁衍的最基本的能量源泉，地球上几乎所有生命活动所必需的能量都直接或间接地来源于太阳光。在进行规划时，光必定同降水、水体、地形坡度及土壤稳定性等环境因子一同作为环境分析的重要部分。

对"光"的分析，主要从以下三个角度：

①光照时间（日照长度）：光照时间是指白昼的持续时数或太阳的可照时数。随着纬度、时间及空间的不同，光照时间存在着很大的差异。其直接影响到植物的生长发育状况、动物的活动时间以及场所给人类的舒适感等。

②光照强度：光照强度是指单位面积上所接受可见光的能量。无论哪种类型的植物，其光合作用强度与光照强度之间存在着密切的联系。光照强度的差异决定了植物的垂直分布状况以及动物的活动区域。

③太阳高度角：太阳高度角是指阳光入射面与地球表面之间的夹角。不同纬度地区的太阳高度角不同，在同一地区，一年中夏至的太阳高度角和日照时数最大，冬至的最小（图 5-2-4）。太阳高度角是影响地球表面温度的重要因素。了解太阳高度角与地形以及季节变化之间的相互关系，能够帮助我们理解景观中太阳能量的分布状况。一旦知道了一个地区的太阳高度角，就可以将其代入具体的场地尺度，根据太阳高度角和方位角分析日照状况，确定阴坡和永久无日照区，并进一步检验太阳高度角对景观的影响，如对基地中的建筑物、构筑物、植被、动物等的影响。

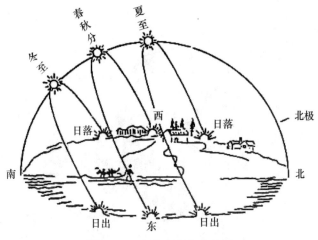

图 5-2-4　太阳高度角示意图

（2）温度与湿度。

一般情况下，空气温度和湿度在环境气候因素中比较重要，人体的舒适感与湿度的减少成正比，而人对温度的感受则随季节和人的体质差异而变化，且在风景园林要素中往往都是不易控制的因素。如单独的场地因为太小而不能对其场地或城市的气温起到太大的调节作用，而大多数城市的表面材料、物理形式及性质都存在很大的差别，尽管我们常常想象公园和工业区的温度应该差别显著，但其实只有在那些几乎不受当地气候系统控制或对气候状况有极端影响的地区才会出现人们想象中的现象。例如，城市中心区一个小小的绿色公园，它对于气候的调节效应会完全被四周的高楼大厦产生的热量所掩盖，而大公园则可能完全不同。

（3）风。

风常指空气的水平运动分量，包括方向和大小，即风向和风速。

①风向与风向玫瑰图。

气象上把风吹来的方向确定为风的方向。某个方向的风出现的频率，通常用风向频率来表示，它是指一年（月）内某方向风出现的次数和各方向风出现的总次数的百分比。

风向玫瑰图是将一地在一年中各种风向出现的频率绘制出的极坐标图。它表示一个给定地点一段时间内的风向分布图。通过它可以得知当地的主导风向。最常见的风向玫瑰图（图 5-2-5）是一个圆，圆上引出 8 条或 16条放射线，它们代表不同的方向，每条直线的长度与这个方向的风的频率成正比。静风的频率放在中间。有些风向玫瑰图上还指示了各风向的风速范围。风向玫瑰图可直观地表示年、季、月等的风向，为风景园林研究场地气候所常用。

②风速图。

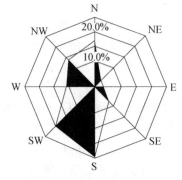

图 5-2-5　风向玫瑰图示例

风速图是将一地在一年中各种风速出现的频率绘制出的极坐标图。通过它可以得知当地的不同季节的风速情况。通常情况下，城市与乡村的同一高度的风速存在很大的差异，且同一地区小面积范围内也存在很大的差别，主要随建筑物的大小、形状及排列方式的变化而变化（图 5-2-6）。

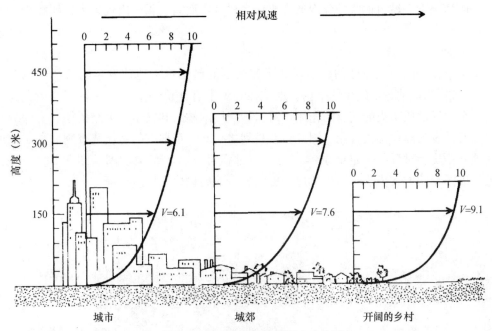

图 5-2-6　城市与乡村的风速比较图

中国盛行季风，因此可以通过了解季节性的主导风向及风速强度来因地制宜地营建宜人的风景园林环境。如当在凉爽季节里设计使用的区域时，要提供防风，营造防风林，设置风障等更是有效的防风方法；当在温暖季节里设计使用的区域时，要提供让风吹入的风道（图 5-2-7）。

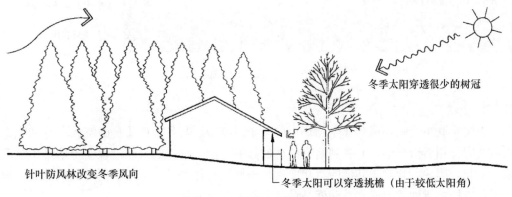

图 5-2-7　用针叶林来防季风

（4）降水。

雨、雪、霜作为大气降水的主要方式，在某些地区或场所是比较正常的自然现象，其产生与持续时间，特别是年最大降雨、雪、霜量，年最小降雨、雪、霜量，年平均降雨、雪、霜量对风景园林环境的影响巨大，如它们对这些地区的植物、动物的分布、数量、种类以及生长状况有着很大的影响，对于场地的使用时间、材料的选择以及场地的舒适度也有很大的影响。

一般情况下，城市地区的降雨通常要比乡村多，而雪、霜的出现频率则明显少于乡村地区。

2. 地质

地质学是一门研究地球的科学，其研究内容既包括过去地球发生的事情（地质历史），也包括当前地球上发生的事情。地质在景观中有评价一个地方建筑用地适宜性和传达一个地区地质历史的信息的作用，对保护居民的健康和安全，道路桥梁、房屋的修建以及其他发展建设都很有用。因此，在规划之初对一个地方的地质调查则需要对该地区的地质历史和过程有一定的了解，而这一过程可以从一份地质图（图5-2-8）开始。地质图以图形的方式描绘了露于地球表层的岩石地层单位和地质特征。

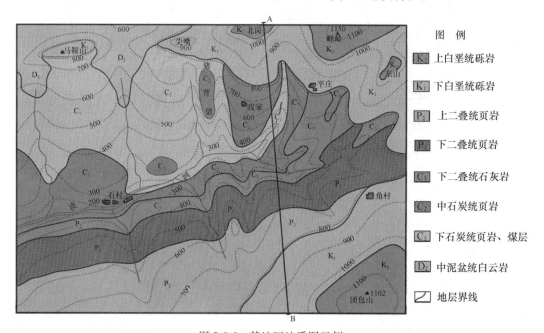

图 5-2-8 某地区地质图示例

3. 土壤

土壤是联系生物环境和非生物环境的一个过渡带。其各种性质是由气候条件和生命物质共同作用而形成的，并受到地形条件的影响。由于许多的自然过程在土壤带中被联系在一起，因此，相对于其他的自然要素，土壤往往能揭示一个地区更多的信息。一般来说，土壤的质地、组成和酸碱度是最具意义的三个属性。

1）土壤组成

土壤组成，指构成土壤的所有物质，主要包括以下4种组成要素：矿物质、有机质、水和空气。其中，矿物质颗粒占土壤体积的50%～80%，是构成土壤骨骼的重要物质。由矿物质颗粒相互挤压形成的土壤骨架不仅可以支撑其自身的重量，还可以支撑起土壤的内部物质（如水分）以及叠加在其上的景观的重量。通常沙粒和砾石能提供最大的稳定性，而且它们相互排列得十分紧密时，还会产生相当大的承载力。承载力指的是土壤对插入其内部的物质的抵抗能力。总体上看，砂土、砾石具有较强的承载力，而黏土较低。

有机质是构成土壤的另一大组成要素，通常不同的土壤有机质含量会有很大不同。含有有机质的表层土以及湿地中的有机沉淀物都具有重要的水分存储功能，因此有机质在陆地水的平衡中起着十分重要的作用。地表土通过吸收绝大部分的降水，从而减少地表径流的流量；另外，有机沉淀物还常常作为湿地植被的水分贮存器以及地下水的补给点。

2）土壤质地

土壤是由固体、液体和气体组成的三相系统。组成土壤固相的颗粒主要是矿物颗粒，其中最为常见的颗粒有沙粒（0.05~1毫米）、粉粒（0.001~0.05毫米）和黏土粒（<0.001毫米）。

（1）沙土类：土壤质地较粗，含沙粒多、黏粒少，土壤疏松，空隙多，通气透水性强，但蓄水能力差，适合耐贫瘠植物生长。

（2）壤土类：土壤质地较均匀，不同大小的土粒大多等量混合，物理性质良好，通气透水，水肥协调能力较强，多数植物能在此生长良好。

（3）黏土类：土壤质地较细，以黏粒和粉砂居多，结构致密，湿时黏，干时硬，保水保肥能力强，透水性差。

土壤的质地对风景园林环境中的动植物生长、建筑物或构筑物的布置位置与方式及工程造价有着一定的影响。

3）土壤酸碱度

土壤酸碱度是土壤许多化学性质特别是盐基状况的中和反映，而呈酸性、中性、碱性。

在我国，一般将土壤的酸碱度分为5级：强酸性（pH<5.0）、酸性（pH5.0~6.5）、中性（pH6.5~7.5）、碱性（pH7.5~8.5）、强碱性（pH>8.5）。土壤酸碱度的不同直接影响到植物的生长及分布。

（二）地形、山石与假山

1．土与地形

自然界的土地是人类生存的基础。人类在土地上耕耘发展，人们长期与土地的互动，使人类与土地形成密切的关联，并产生依赖。不同的地形给人以不同的感受，地形是景观的基础。

1）土地是植物的生长基础

土地是植物生长的基础条件。植物生长所需的温度、阳光、水分、土壤和空气5个生态因子中的温度、阳光、水分和空气4个因子与土壤有关，所以土壤是植物生长的物质基础，并从中获得水分、氮、矿物质等营养元素，保证生长发育的需要。

土壤从结构上讲是有固相、板相（水分）和气相（空气）而组成的复杂的多相体。有多种分类方式。按颜色可分为红、黄、黑、褐色，按质地可分为砂质、砂壤、黏质、黏土等，从化学性质上可分为酸性、中性和碱性。

　　不同植物适宜生长的土壤条件不同。植物的生态差异越大，土壤的生态植物性就越明显。各种不同性质的土壤里，如不同的湿度、不同的养分、不同的日照条件、不同的酸碱度、不同的质地，植物的生态倾向都有较为明显的体现。譬如，垂柳喜爱生长在潮湿的水边，雪松要求干燥、排水良好的条件，白杨树、榆树适宜种植在多砾的土壤上。大部分植物都难以生长在盐碱土中，而怪柳、泡桐、木麻黄等树木以及狗牙根、桔梗草、高羊茅等草本植物可以生长在有一定的碱性的土壤中，杜鹃花、茶花、兰花等要求酸性土壤。只有把土壤的生态和植物的生态结合起来，植物才能生长良好。

　　（1）土壤厚度对植物的影响

　　土壤厚度对植物的影响主要体现在根系上。根系是看不见的，但树木的大小与根系有关。这在一般条件下适用，特殊条件不适用，如屋顶花园（图5-2-9）。土壤厚度与地下水也有关，如地下水高于埋深深度时则植物无法生长。

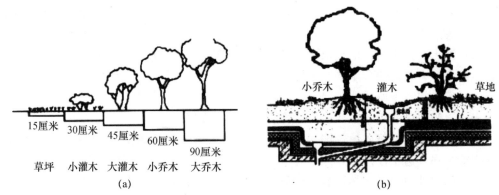

图 5-2-9　不同情况下的覆土厚度

（a）土壤厚度与树木根系的关系；（b）屋顶种植示意图

　　（2）土壤密度对植物的影响

　　土壤的密度影响土壤中的空隙率，其水分的多少与其上的活动有关，植物养分的提供也会受此影响。由于在城市中，大部分土壤都受到人为的干扰、践踏而致土壤板结，影响植物根系的发育。因此在有些行人步道、止水带上会覆以盖板以免土壤被践踏，保持其透水性。

　　（3）对一些土壤的改良措施

　　有些土壤如黏土、沙砾土、盐碱土，不适合植物的生长，只有对其进行改造，以使其适合植物的生长要求。

　　黏土：由于具有可塑性强或呈酸性的特点，故能用沙砾加以混合，使其适应植物的生长要求。

　　沙砾土：透水性强，加以黏土形成土粒。

　　盐碱土：pH值低于4时，可加少量生石灰调节其酸碱性。盐碱土"盐随水来，水随盐去"，可采用排水的方式和提高土层厚度来改变土壤结构，减少盐分。

　　2）土壤的特征和人类活动的关系

　　土壤的特征和人物活动的关系见表5-2-1。

表 5-2-1　土壤特征和人类活动的关系

	土壤特性	产生的效果与危害
物理特性	透水性（蓄水性）	土壤具有透水性，在城市内常以绿地的形式被利用，城市化的扩大意味着不透水面的增加，硬质铺地的覆盖越来越多，容易引起土地沙漠化等不利的环境变化，因此城市内增加绿地覆盖是很有必要的
	硬度	为了多种多样的用途，需要控制土的硬度，如庭院、场地、运动场等
	隔热效果	节省能源是重要的问题之一，重新讨论土的隔离效果，对研究建筑节能有所帮助
生态特征	生物的支撑和培育	土是生态学的基础，支撑和培养了人、动物和植物
	分解生物	仅有生产的一面（有机物）是不能形成一个循环系统的，有机物分解为无机物再还原到生产过程，才能构成生态系统的完整循环链，土壤就是分解的场所，有数以亿计的微生物活动着
	建设平稳的环境	在生态方面其多样性越丰富，对环境的刺激越能缓和吸收，从而能保持安定平衡，土是陆地生态的基础，也是平稳环境的基础
心理特征	柔和感	眼看有柔和感、触及有柔和感，而功能诱发人坐、滚、跑、玩
	亲切感	具有植物、洞屋、生命新陈代谢的空间，具有季节和时间的流动，给人以生命的活力，人的细胞对土固有的亲密感情
	给予安定感、安心感	通过长期农耕历史，人对土地抱有一种信赖感，只要勤劳、土地是会报答的，提供给我们保障生活、丰富生活的基础。作为生活空间，是不变的、安定的，也使人有一种安心感
设计特征	自由自在的形状	通过挖掘、切割、成堆、敲打、扭、压等行为可以形成很多造型
	色彩丰富	色彩丰富，可以构成装饰性丰富的空间
	衬托	土与其他东西组合在一起就很容易产生背景衬托的作用

3）土的空间构成

（1）自然界的土地是人类生存的基础

常见的土的几种形态和景观特征见表 5-2-2。

表 5-2-2　土的几种形态与景观特征

名称	形态	景观特征	
山丘		有 360°全方位景观，外向性，顶部有控制性，适宜设标志物	组织排水方便，组织道路困难

名称	形态	景观特征	
低地、洞凹、穴地		360°全封闭，由内向性，有保护感、隔离感、属于静态、隐蔽的空间	排水困难，道路困难
岭、山脊		有多种景观，景观面丰富，空间为外向性	排水与道路都容易解决
谷地		有较多景观，景观面狭窄，属于内向性的空间，曲折有神秘感、期待感，山谷纵向宜设焦点	沿山谷形成水系排水，水系与流水方向一致
坡地		属单面外向空间，景观单调，变化少，空间难组织，使景观富于变化	排水与道路都易于解决
平地		属外向空间，视野开阔，可多向组织空间。易组织水面，视空间有虚实变化，但景观单一，需创造具有竖向特点的标志作为焦点	可随意通道路，排水较低地容易

（2）土的围合

土可以围合成一个空间，其形状、大小、远近、高低会形成不同的空间效果（图 5-2-10）。

在自然界中，我们会看到很多山谷、河谷、平原，其四周（或两个方向、三个方向）有山地相围，在那里有自然村庄，人们会感到特别安静，或是凹入的一个港湾，也会使人感到特别安全，这些自然地理形势包围的空间，可代表广义的土的围合。

在公园常看到的花坛、起伏的地形处理、土堤等也是地形空间的常见案例。

所谓土的围合，就是利用土所具有的柔和性、重量感和丰富的自然性等特有的性

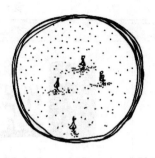

图 5-2-10　土的各种围合空间效果

质，限定某一特定的空间，创造出柔和的、平静的气氛的技法。

石头和混凝土与土的围合效果不同，具有增强心理的压迫感和恐怖感的效果。

这些围合的要素，在土的围合空间构成上具有重要的意义。由土构成的空间的形态、大小、包围方式的不同，而体现出形形色色的空间特性。

（3）包围的不同体量的效果。

土的围合产生的不同体量的效果见表 5-2-3。

表 5-2-3　土的围合所产生的不同体量效果

	基本型	特征、效果及感觉
1	30~50厘米 30厘米	稍微可以阻挡一点目光，部分隐蔽，有划分空间的效果，土的体量基本上感觉不到，是一种开敞的包围形态
2	1.5~2.0米	能使人感到土的包围感觉，1.5~2.0 米，这个高度或多或少给人有土的重量感，如果包围人的空间尚无压抑感，则较为合适
3		使人感到存在一个大体量，如直接用建筑物包围起来比较好，体量越大，其表面处理越需加以注意
4		体量更大，但由于表面软化了，减轻了建筑体量

（4）在人工范围内压抑感的程度。

土的围合所产生的特征、效果及感觉见表 5-2-4。

表 5-2-4　土的围合所产生的特征、效果及感觉

	基本形态	特征、效果及感觉
1		在完全的包围中，容易有压抑感和恐怖感，这种人工物的使用法，完全失去了土堆的效果
2		人工物的方式同上图比不那么压抑，在一定程度上容易发挥土的效果。但这种空间边界容易产生单调感，人工物的高低或素材不同也会有较大的变化。因此视条件决定
3		没有很强的包围意识，使人有柔和的自然亲切感（对空间），可以与周围取得比较好的调和平衡，创造开放式的包围，此时表面质感的形式对空间气氛影响较大

由于表面状态的不同，造型轮廓的感受也不一样，如全部围合或采用覆盖作为人造山是常用的。由于覆盖材料的不一样，所得到的效果也不一样。因为表面质感可以左右场地的气氛，因此用土的设计制造空间时，一定要考虑表面质感的设计。

4）斜度和坡度

通常来说，人习惯于水平行走，斜面及坡度都是异常状态，即稍微让其紧张惊险，给以变化，让其眺望远处，便能诱发不同的动作，这是倾斜面的特征。由于建造了斜面，引起利用者动作的活泼化、多样化，这种基本动作受地形条件左右并得到组合，见表 5-2-5。

表 5-2-5　土的斜面所引起的效果及感觉

	基本形态	特征、效果及感觉
1		斜面的构成，砌筑越高，则越单调。因此，应该在砌筑面上增加起伏变化，或用其他素材，用花草、树木等加上去，在美感方面多推敲
2	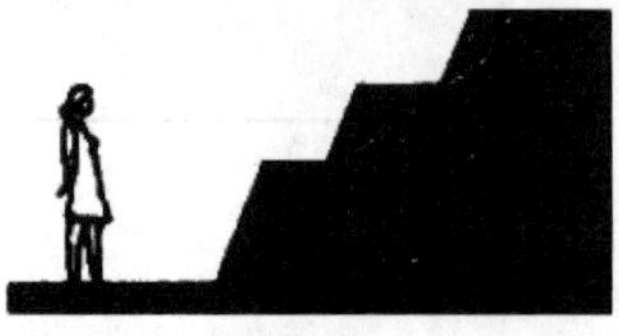	呈阶梯状的，在阶梯处有点变化，但效果并不好，需要在其表面上多推敲

	基本形态	特征、效果及感觉
3	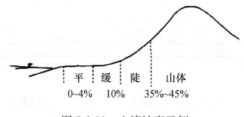	加强了自然性的构成，不但提高了面的变化性，而且使人感到"被包围其中"的感觉减弱

（1）城市绿地规划中对坡度的要求。

平地：1%～4%，便于活动、集散。

坡地：4%～12%，一般仍可作活动场地。

陡地：大于12%，作一般活动较困难，可利用地形坡度作观众的看台或植物种植，需有0.5%排水坡，以免积水；坡度超过40%，自然土坡常不易稳定，草坪坡最好不要超过25%，土坡不超过20%（图5-2-11）。

图 5-2-11 土壤坡度示例

（2）坡度与分类给人的感觉（表5-2-6）。

0°～0% 中间不高出会有凹陷感；

2°～0.5% 最小排水坡度；

2°～2% 沟边排水最小坡度，人行道常用；

2°～4% 感觉平坦，可进行活动性运动；

8% 自行车上坡极限（短距离，下坡危险）；

6°～10% 有明显坡度，排水沟最大坡度，坡开始明显，可进行一般活动，要防止冲刷，要种草，要做踏步；

15% 汽车上坡极难；

10°～18% 远足尚可适应；

20% 推车前进的极限，休息观赏有难度（看景不行步，行步不看景）；

14°～25% 草地覆盖的极限，水田、蔬菜田极限；

27% 雨水侵蚀影响很大；

30% 建筑物极限；

20°～35% 含水的黏土极限；

50% 种树的最大极限；

31°～60% 干燥砂的最大坡度；

70%干燥土的稳定坡，草园种植极限；

80%含水的砂稳定坡干燥，黏土稳定坡；

100%含水土的稳定坡。

表 5-2-6　坡度与分类给人的感觉

倾斜分类			人的感觉	人的活动
危险区		24°以上	危险区，不仅对人，斜面自身也有种不安定感	登山、攀岩
紧张区	山坡	20°～24°	受重力影响明显	
	陡坡	14°～20°	斜面方向性与物体方向能给与作用加强，除活动外，可做眺望用	滑、读书、观看，利用率很低
安定区	缓坡	10°～14°	受斜坡影响，感到很大	睡、滑、滚、游戏、玩耍、跳、跳舞
		6°～10°	对于动或静的运用均有效果	
		2°～6°	虽有斜度却无倾斜感	散步、游戏、羽毛球、跳舞、棒球、足球
	平坡	0°～2°	平坦安定感	
坡度			45% 35% 25% 17.5% 10% 4% 2° 24° 20° 14° 10° 6°	

（3）自然坡地的利用。

在进行景观设计前，首先要分析区域的自然特征，最大地利用这些特征，将地域的景观特色进一步强化。

丘陵地的几种造地手法：

①无视地面的坡度，不合理的利用，一些破坏自然地形的例子，应该避免。

②现行的一般手法，可细分为阶梯形和斜面式两种。这两种都是为了调整水平差的基本形式。阶梯形是将水平差集中在法平面与垂壁间而确保平坦地；斜面式是将斜面尽量控制为缓坡。

阶梯形有雨水的排放和防灾的问题，而且地基平坦，可作为建筑的基地，是现在丘陵地开发的主流。斜面式在防灾上，建筑造价方面问题较多。但前者是人工痕迹较重，不够自然，而后者可构成起伏丰富的空间，构造舒适的景色，很有价值。

自然保存型的丘陵地开发如图 5-2-12 所示。

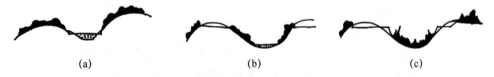

图 5-2-12　自然保存型丘陵地开发的三种类型

(a) 山顶保存；(b) 中腹保存；(c) 谷保存

其中，中腹保存型在挖填地平衡、土地利用等方面问题最少，而且是最容易规划的方法，但如果保存地宽度太狭窄的话，会使生态不安定且景观效果也差。另外，由于不伤害树木的施工方法很难进行，所以须留有相应宽度。

自然地形的利用，如果坡度与看台相一致，则是非常好的观众席，例如南京中山陵音乐台。

在选择利用地形的过程中，要限制其不利的方面，突出其有利的方面。山坡、岛屿及山丘，都可以这样考虑。

5）自然地形的整理

（1）合理的利用。

关于构筑基础的造成，整理现行的手法，可分为表 5-2-7 的四种类型。

表 5-2-7　自然地形的利用

利用情况	形式	说明
保存		开发规划上的自然保存一般是在水系保存等基础环境的保全以及乡土景观的保存上，在硬、软两方面予以保存
强调		堆山，强化地形，达到空间高差强化的效果，可以说是现行的一般手法。局部需要可以采取，大面积处理需要大量的土方，不建议。还可以进一步地细分为阶梯形与斜面式两种
变更		斜面式，是今后重点考虑的手法，特别是考虑到丘陵地植物复原的困难程度，我们可以理解为包含自然保存的空间构成手法
破坏		破坏自然空间，费钱，不可取的挖补填高（挖平填高），是无视倾斜地有效利用的坏例子，建议避免

（2）斜面的构成。

在倾斜地如何确保有效的平地，以坡度、谷及山顶的条件为考虑前提，是设计工作的重点。关于倾斜地造成的空间构成能大致分为图 5-2-13 所示的两种基本型，即谷底中心型和顶部中心型。

图 5-2-13　倾斜地形成的空间
（a）谷底中心型；（b）顶部中心型

253

谷底中心型高低差的问题不太显著，在空间上构成具有视觉集合的环境。

顶部中心型有破坏天际轮廓线的可能性，因此必须考虑高低差的动线规划，容易带来土地利用上的难点。由于坡度的处理和排水规划的关系，很多被规划成干线道路，所以顶部中心型被采用的场合是很多的。

因此，在不得不规划顶部的场合，特别是在建筑物的配置、形态等方面，不拘泥于平面规划，在做成周密的、立体的、断面构成的同时，保持与外围景观的平衡。

2. 山石与假山

东方园林（中、日）将山石作为造园的自然要素之一，这在世界园林史中是颇为突出的特点，是基于中国古人对山岳的崇拜。早在春秋就有"台"存在，秦汉的"一池三山"模式对中国古典园林影响深远，后又有南北朝山水画的出现与发展，使人们对山的感情由写实走向写意。而在中国传统园林中有"有山为骨""片石生情""智者乐山"之说，则表现出人们对山的感情发展到新的境界。

1）山地的类型

（1）按主要材料划分。

可以分为土山、石山和土石混合的山。

土山可以利用园内挖出的土方堆置。投资比石山少。土山的坡度要在土壤的安全角度以内，否则要进行工程处理。一般由平缓的坡度逐渐变陡，故山体较高则占地面积较大。

石山由于堆置的手法不同，可以形成峥嵘、妩媚、玲珑、顽拙等多变的景观，并且因不受坡度的限制，所以山体在占地不大的情况下，亦能达到最大的高度。石山上不能多植树木，但可穴植或预留种植坑。石料宜就地取材，否则投资太大。

土石混合的山，以土为主体的基本结构，表面再加以点石。因其基本上还是以土堆置的，所以占地也比较大，只在部分山坡使用土块挡土，故占地可局部减少一点。因点置和堆叠的山石数量占山体的比例不同，山体呈现为以山石为主或以土为主，山上之石与山下之石宜通过置石联系起来。因用石量比山石少，且便于种植构景，故现在造园中常常应用。

（2）按游览使用方式划分。

可分为观赏的山与登临的山。

观赏的山是以山体构成丰富的地形景观，仅供人观赏，不可攀登。现代园林面积大，活动内容多，可利用山体分隔空间，以形成一些相对独立的场地（图 5-2-14）。分散的场地，以山体蜿蜒相连，还可以起到景观的联系作用。在园路和交叉口旁边的山体，可以防止游人任意穿行绿地，起组织观赏视线和导游的作用（图 5-2-15）。

  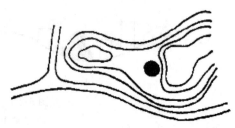

图 5-2-14　以山体分隔空间　　　　　　　　图 5-2-15　园路边的山体

　　可观可游的山因游人身临其境，故山体大小不能太低，考虑人在山上希望登高远眺的感觉，山体高度一般应高出平地乔木的浓密树冠线，为 10～30 米。这和山体的树木的种植有较大的关系。如果山体与大片的平地或水面相连，高大的乔木较少，则山体的高度可以适当降低。山体的体形和位置，要根据登山游览及眺望的要求考虑。在山上可适当设置一些建筑或小平台，作为游览的休息点、眺望的观景点，同时也是山体风景的组成部分。登山的山路类型主要有三种，即螺旋形、折线形和直线形，如图 5-2-16 所示。山上建筑的体量及造型应该与山体的体量及高低相适应。建筑可建在山麓的缓坡上，亦可建在山势险峻的峭壁间、山顶或山腰等处，能形成不同效果的景色。休息建筑宜在山的南坡，冷天可以有较好的小气候。山顶是游人登临的终点，应着意布置，但一般不宜将建筑设在山顶的最高点，使建筑失去山体的背景，并使山体的体形呆滞。在山体上的建筑物，必须配合山体的地形，符合游览与观赏的功能要求，使山体与建筑达到相得益彰的效果。

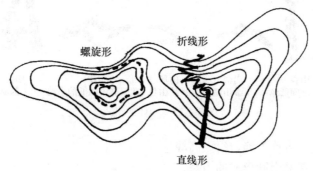

图 5-2-16　山路类型

　　山与水最好能取得联系，使山间有水，水畔有山。我国的画论中说，"水得地而流，地得水而柔""山无水泉则不活"。体量大的山体与大片的水面，一般以山居北面，水在南面，以山体挡住寒风，使南坡有较好的小气候。山坡南缓北陡，便于游人活动和植物的生长。山南向阳面的景物有明快的色彩，若山南还有宽阔的水面，则回光倒影，易取得优美的景观。

　　2）假山

　　园林中以造景为目的，应用土石等材料堆成的假山具有造景功能，构成园林的主景及产生阻挡视线、划分空间的效果，并可起到驳岸、护坡、花台等功能，减少人工的气氛，增强自然的情趣，使园林建筑体现于自然山水之中，因此假山的表现是中国传统山水园林的特征之一。

　　（1）叠石假山。

　　在中国园林中有堆山叠石的构景传统，其原因有三：其一，堆山叠石可以改造自然地形地貌，提高基地景观品质，增加景观视像变幻，可得自然之趣；其二，采用构筑假山以提高人的视点，可满足"极目四顾"的观赏愿望，求其登高之乐；其三，千姿百态的奇峰怪石形象，具有自然艺术的优美吸引力，因而人们由爱石而产生美感，甚而有赏石之癖，借助山石的独特功能，采用簟土叠石成山和点石成景的构景处理手法，可造成景物空间的绝妙意境，即使在有限的空间场地之中，也能表现出名山大川的雄、奇、险、秀、幽的景观艺术效果。

叠山应以自然山水的景观为师，使假山具有真山的意味，达到咫尺山林的效果。天然的山因形势不同，则构成不同的特征。如泰山稳重，华山险峻，庐山的云雾，雁荡山的岩瀑，桂林山的岩洞，天山的雪。

天然山体（图 5-2-17）：

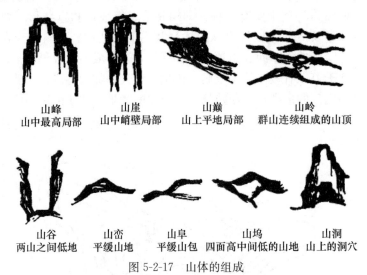

山峰　　　　山崖　　　　山巅　　　　山岭
山中最高局部　山中峭壁局部　山上平地局部　群山连续组成的山顶

山谷　　　山峦　　　山阜　　　　山坞　　　　山洞
两山之间低地　平缓山地　平缓山包　四面高中间低的山地　山上的洞穴

图 5-2-17　山体的组成

峰：山头高而尖者称为峰，给人高峻感。

岭：为连绵不断的山脉形成的山头。

峦：山头圆浑者称为峦。

悬崖：是指山陡崖石凸出或山头悬于山脚以外，给人险奇之感。

峭壁：山体峭立如壁，陡峭挺拔。

岫：不通而浅的山穴称岫，亦作山之别称。

洞：有浅有深，深者婉转上下，穿通山腹。

谷、壑：两山之间的低处。狭者称谷，广者称壑。

阜：起伏不大，坡度平缓的小土山。

麓：山脚部。

叠石：是堆叠山石构成的艺术造型，要有巧夺天工之趣，而不露斧凿之痕。历来有效仿狮、虎、龙、龟叠石的说法，但不免易陷俗套。叠石关键在于"源石之生，辨石之灵，识石之态"。即应根据石性——石块的阴阳向背、纹理脉络、石形、石质使叠石姿态优美生动（图 5-2-18）。

（2）置石假山。

园林中除用山石叠山外，还可以用山石零星布置，称为置石或点石。点置时山石半埋半露，别有风趣，以点缀局部景点，如土山、水畔、庭院、墙角、路边、树下及墙角作为观赏引导和联系空间。置石有特置、散置和群置。

特置是以姿态秀丽、古拙或奇特的山石或峰石，作为单独欣赏而设置，可设基座，也可不设基座将山石半截埋于土中以显露自然。峰石除孤置外，也可与山石组合布置。

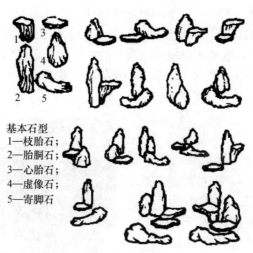

基本石型
1—枝胎石；
2—胎胴石；
3—心胎石；
4—虚像石；
5—寄脚石

图 5-2-18　叠石

著名的特置峰石有苏州冠云峰、岫云峰、朵云峰、瑞云峰，上海豫园的玉玲珑，北京颐和园的青芝岫、北京大学的青莲朵、中山公园的青云片等（图 5-2-19）。

苏州冠云峰　　　　　　　苏州岫云峰　　　　　　　北京大学青莲朵

上海豫园玉玲珑　　　　　　　　　北京颐和园青芝岫

图 5-2-19　特置峰石示例

　　群置是以六七块或更多的山石成群布置，石块大小不等，体形各异，布置时疏密有致，前后错落，左右呼应，高低不一，形成生动自然的石景。

　　散置是将山石零星布置，所谓"攒三聚五"，有散有聚，有立有卧，或大或小。散点之石不能零乱散漫或整齐划一，而要有自然的情趣，若断若续，相互连贯，彼此呼应，仿若山岩余脉或山间巨石散落或风化后残存的岩石。尤其在土山上散点山石，用少量石料就可仿效天然山体的神态。

257

构山置石造景皆属为人，不仅要注重景物精神感受方面的功能，而且更应注意其山石景物的使用与安全要求，立足构景于人，安全可靠的原则。在处理人与景的关系上，要以人的行为活动为主，既要考虑使用与观赏的社会性，积极创造舒适、安闲、有景可赏的条件，又要力求景物坚固耐久、安全，避免对观赏者在心理上和身体上构成侵害的可能，在景物造型和施工中均宜慎重行事。

3）枯山水

枯山水是在日本庭园中常用的手法。置石三五块，以白沙作为水面和水池，而石边耙出浅浅的纹路，以表述其山水之关系（图 5-2-20）。这种无山似有山，无水似有水的组合，是一种高度的概括，只有人们有丰富的想象力，才能体现其存在，是日本园林中独特的手法。如京都龙安寺的方丈院庭园（图 5-2-21）。这种枯山水庭院在现代的园林中也常采用，形成一种雕塑感的特色（图 5-2-22）。

图 5-2-20　日本枯山水造园

图 5-2-21　日本龙安寺方丈院庭园

图 5-2-22　现代造园采用枯山水示例

4）人造石假山

由于自然山石越来越少以及运输的困难，某些自然山石难以满足人们对景观的需求，人造石的创造就满足了人们特定的需要。

（1）塑石。

塑石是以水泥浆涂抹于砖墙或骨架上，其关键在于水泥浆涂抹的技巧能再现自然山石的风韵。其做法始于闽南园林中，现也常用于一些塑山、塑石的处理之中（图 5-2-23）。

（2）玻璃纤维人造石。

玻璃纤维人造石是指运用天然的石形，用玻璃钢做出模子，以纤维包装，即成为相应的假的石面，其形状和颜色可以根据人的要求控制。产品可以变化，尽量轻，搬运容易。

（3）GRC 假山

GRC 假山是一种高强薄壳体，用自然的石体做模子，形成仿真的山石的表面。在

图 5-2-23　塑石

定制的框架上用于掇山或置石，结合外观环境的需要，进行规划布局。其基本形式体现范围纹理，在造型上强调大的趋势，展现使用的要求，达到掇山难以达到的现实。

（三）水体

1. 基地水文条件

水是生命之源，对人类及其他生物的生存与健康亦是不可或缺的，它在激发灵感和吸引注意力方面也能起到独特的作用，是风景园林设计中非常重要的因素。水文学是一门关于地表水和地下水运动的学科。地表水指地表流动的水分，其对存在地形变化的场所有很大的影响。而地下水指地表以下沉积物的空隙中含有的水分，地下水的水位深度、水质、含水层的出水量、水的运动方向、水井的位置都是地下水的重要因子，因为我们需要充足的水资源来维持我们的景观环境，但水量太多则会带来灾害。因此有必要掌握该环境的水文资料。

2. 基地水体设计

水体在景观设计中的艺术形态，是园林创作的重要自然要素之一，水利用好了，可以构成许多优美的环境和营造出宜人的氛围。景观设计中，水体一般有三种基本形态：面的形态，构成背景；线的形态，构成网络；点的形态，作为景观焦点。水体点、线、面的组合，可以创造出丰富多姿的景观。在西方园林中，景观水体多为几何型；而在东方园林中，则多为自由型。与水的空间形态相对应的，有不同的水景观处理方式。

1）流水景观设计

景观设计中的动水多为溪流，一般呈狭长形带状，曲折流动，水面有宽窄变化（图 5-2-24）。溪中有河心滩、三角洲、河漫滩，岸边和水中有岩石、矶石、汀步、小桥等。岸边有若近若远的自由小路。若要表现幽静深邃的水流，水的形态应为线形或带状，水流与前进方向平行，空间应狭窄，岸线要曲折，利用光线、植物等创造明暗对比的空间，注意跌落间距和高差的变化，利用跌落产生音乐般的效果。若要表现水流的跃动感，创造欢快、活泼的水流，水体应有 1%～2% 的坡度；有趣味的水体，坡度是在 3% 内变化；水体突然变窄会产生湍急汹涌的水流；水体平滑等宽会产生缓缓流畅的水流；水体变宽，水流缓慢、平稳、安静。河床的凹凸不平，高低起伏，能引起流水急缓变化；水体的平坦和凹凸不平可以产生不同的景观效果。在景观环境中，溪流的上流河底粗糙，存有大量的石块；下游的石块较少，即使有个别的石块，体量也较小，河底平坦。流水中置石的方式不同，也会产生不同的效果。

图 5-2-24　流水水体示例

2）静水景观设计

静水一般是指成片状的水汇集的水面，在景观中常以湖、海、池、泉的形式出现，静水宁静、祥和、明朗，但也富于动感，蕴涵着丰富的意境和无限的生命力。由于其平静的表面，静水可反映出周围物象的倒影，增加空间的层次感，给人以丰富的想象力。在光线的照射下，静水可产生倒影、逆光、反射等现象，丰富空间的光影效果和构图。

池水景观的尺度，一般情况下，宜小不宜大；宜简不宜繁。可能的情况下，可在水中栽植水生植物或放置浮岛，也可在水中养鱼。水池岸边宜种植色彩鲜艳的植物。

3）落水景观设计

落水包括瀑布和跌水。水体从悬崖或陡坡上倾泻下来，形成的水体景观称为瀑布。一般而言，瀑布由背景、上游水源（蓄水池）、瀑布口、瀑身、瀑潭、观景点、下游排水组成（图 5-2-25）。

挂瀑　叠瀑

叠瀑谷涧　飞瀑　帘瀑

图 5-2-25　瀑布的种类

瀑布口的形状直接影响瀑身的形态和景观的效果。如果出水口平直，则跌落下来的水形也较平板，像一条悬挂在半空的白毛巾，动感较少；如果出水口平面形式曲折，有进退的变化，而出水口立面又高低不平，则跌落下来的水会有薄有厚，有宽有窄，这对活跃瀑身水的造型大有益处。从出水口开始坠入潭中为止的这段水称为瀑身，是人们欣赏瀑布的主要部分。根据岩石的种类、地貌的特征，上游水量和环境空间的性质等决定了瀑布的气质，或轻盈飘舞，或千雷齐鸣，或万马奔腾，或江海倒悬。不同类型的瀑布应选取不同位置的观赏点。对于垂直瀑布来说，希望表现它的高，以仰视为好，观赏点宜近；对于水平瀑布来水，希望表现它的宽，以平视为佳，观赏点宜远。瀑布上跌落下来的水，在地面上形成一个深深的水坑，这就是瀑潭。这里应布置大大小小的岩石。瀑潭的大小应能正好盛接瀑布留下来的水。

跌水是瀑布的另一种表现形式，它是在瀑布的高、底层中添加一些障碍物或平面，使瀑布产生短暂的停留和间隔。跌水产生的声光效果，比一般的瀑布更加丰富多变，更加引人注目。合理的跌水应模仿自然界溪流中的跌落，不要过于人工化。

4）喷泉景观设计

喷泉主要由光源、喷水池、喷头、管路系统、灯光照明和控制系统等组成（图5-2-26）。

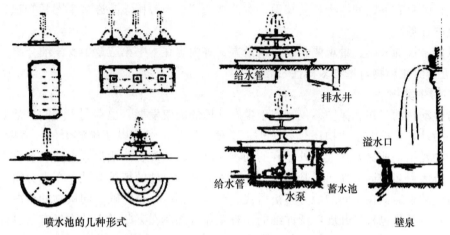

图 5-2-26　喷泉景观的形式和组成

喷泉是以喷射优美的水形取胜，整体景观效果取决于喷头嘴形及喷头的平面组合形式。现代喷泉的造型多种多样，有球形、蒲公英形、涌泉形、扇形、莲花形、牵牛花形、直流水柱形等。平面组合是结合水池环境的平面形状来造景立意进行的。由于光、电、声波及自控装置已在喷泉上广泛应用，因此，除普通喷泉外，还有音乐喷泉、间歇喷泉、激光喷泉等形式。为了避免北方冬季喷泉无法喷射，而水池底及喷泉水管、管头外露不美观这一缺陷，近年来还出现了隐蔽式喷泉（或旱喷泉）。旱喷泉的喷水设施均设在地下，地上只留供水流喷出的小孔或窄缝，有水喷射时美观，无水喷射时人们可在铺装场地上活动。

5）水体设施设计

水体设施主要是驳岸和闸坝。在景观环境中的水面要有稳定的湖岸线，防止地面被淹，维持地面与水面的固定关系。同时驳岸也是园景的组成部分，必须在实用的前提下注意美观，使之与周围的景观协调。一般驳岸有土基草坪护坡、砂砾卵石护坡、自然山石驳岸、钢筋混凝土驳岸、木桩护岸等。

闸坝是控制水流出入某段水体的工程构筑物，主要作用是蓄水和泄水，设于水体的进水口和出水口。水闸分为进水闸、节制水闸、分水闸、排洪水闸等。水坝有土坝、石坝、橡皮坝等。景观中的闸、坝多和建筑、假山配合，成为景观的一部分。

（四）园林植被

植被是指各种植物如乔木、灌木、草本植物、禾本植物等。植物作为园林中必不可少的造景要素之一，无处不在。植被的范围、与主导风向的位置关系、遮荫条件等对小气候要素（日照、温度、风）影响较大。其对保持生态平衡、温度的调节、防风保水、减噪、净化空气或水体、引导视线等方面意义重大。另外，对植物进行研究，还有许多重要原因，如它们可能具有经济价值和药用价值，能为野生动物提供栖息地，影响一些自然事件如火灾和洪水对人类造成的损失，还可以提高景观的观赏视觉质量和提供人类赖以生存的氧气等。

在进行园林设计时，对植被的分析必不可少，对现有植被的分析和评估，选择保留、移动或者移除相关的植物，选择适合当地条件和园林主题的植物进行种植等，需要景观设计师具有一定的植物相关知识。对植被的调查与分析涉及许多生态学知识，是一项艰巨的任务。

景观植被的分类、景观要素以及造景方式等内容在本书第三章中有详细介绍。

（五）野生动物与生物多样性

1. 野生动物

野生动物的存在和保护不仅有利于生态环境的健康发展，也有利于人们生活质量的提高。另外，保护野生动物还具有伦理、道德、娱乐、经济以及旅游价值。一般来讲，野生动物是指基地除人养牲畜外原有的动物。昆虫、鱼类、两栖类、鸟类和哺乳类动物比植物有大得多的运动性。尽管同作为食物来源和栖息地的植被单元存在十分紧密的联系，野生动物通常在不同的地方繁衍后代、寻找食物、休息睡眠。同植物的情况十分相似，对野生动物也较少开展广泛详细的调查工作（除非在某些地方动物具有某种商业上的价值），但在自然保护区设计时需要详细了解主要聚居动物的种类、生活习性、分布情况等。由于动物游移不定，因而与植物相比，对其进行调查也就更为困难。

2. 生物多样性

生物多样性是地球上的生命经过几十亿年的进化的结果，是人类社会赖以生存发展的物质基础。保护生物多样性就是保护我们人类的生存环境，是经济发展与保护资源、保护生态环境协调一致，这需要全人类长期共同努力。

1）基本论述

生物多样性是指地球上的所有生物包括植物、动物、微生物及其生存环境构成的综合体。它包括生态系统多样性、物种多样性和遗传多样性三个组成部分。

生态系统多样性指生物及其所生存的环境构成的综合体的多样性；物种多样性指动植物和微生物种类的丰富性；遗传多样性指物种内基因的变化，包括同种的显著不同种群或同一种群内的遗传变异。

生物多样性为我们提供了食物、纤维、木材、药材和多种工业原料，特别是食物，它无法用化学合成产品取代，这是生物多样性最重要的价值之一。生物多样性具有保持能量合理流动、改良土壤、净化环境、涵养水源、调节气候等众多方面的功能。

生物多样性提供了人类生存的基础。除了经济价值和生态价值外，还具有重大的社会价值，如艺术价值、美学价值、文学价值、科学价值、旅游价值等。

许多动物、植物和微生物种的价值现在还不清楚，如果这些物种遭到破坏，这种破坏是不可逆的难以修复的，因此必须注意保护，才有利于实现可持续发展。

环境包括很多方面的具体内容，生物多样性的丧失是环境问题中至关重要的一个。生物多样性提供了人类生存和发展不可缺少的物质基础，如果对生物资源过度开发利用，也会对生态平衡造成破坏。还要指出的是，自然资源与人类社会的关系非常密切，人类的生存和发展，很容易影响生物的多样性，严重发展下去，也将危及人类的安全。生物多样性的损失是不可弥补的。保护生物多样性，首要就是要使生物多样性不再减少。我国政府非常重视生物多样性的保护，体现在参加世界生物多样性保护条约，建立动植物园自然保护区、森林公园，退耕还林还草还木，并在城市绿地系统规划上取得了明显成绩。生物多样性保护是关系人类存亡的大事，当前最重要的一环是加大宣传力度提高人类对自然的认识，扩大生物多样性保护的科学普及，以促进对生物多样性的保护和利用。

为保护生物多样性，在 1992 年召开的"环境与发展"大会上，153 个国家签订了《生物多样性公约》，我国是最早的缔约国之一。2001 年起联合国将每年的 5 月 22 日定为"国际生物多样性保护日"。

2）城市的生物多样性

城市是人口高度密集的地区，其形成和建设过程其实是一个有高度生物多样性的自然生态系统被置换为生物多样性很低的人工的经济和社会系统的过程。从环境的意义上说，现代城市的发展很大程度上取决于城市中生物多样性的回复和天然植被自然衔接、过渡。较高的生物多样性维持了城市的稳定和清洁，也提供了城市生活的舒适和优美。

城市的动物多，既是城市环境好的标志，也是城市人素质高的反映。北美的城市动物除了特别喂养的（如鸽子）外，一般都是野生状态的，无人捕杀，也无人喂食，自由生长自由发展。人与动物和谐发展，动物见到人也就不会畏惧。这就是人与自然和谐共处的一个体现。

3）湿地的生物多样性

湿地是指天然或人工、长久或暂时性的沼泽池、泥炭地或水域地带，带有静止或流动，或为淡水、半咸水、咸水水体，包括低潮时水深不超过 6 米的水域。森林是地球的肺，而湿地是地球的肾。

依赖湿地生存、繁衍的野生动物极为丰富，其中有许多是珍稀物种。我国是湿地生物多样性最丰富的国家之一。我国许多湿地是具有国际意义的珍稀水禽、鱼类的栖息地。天然的湿地为物种的保存提供了丰富和良好的生态繁衍空间，也是重要的遗传基因库。有效地降低湿地资源的破坏程度，合理地发挥湿地生态系统功能与效益，使湿地资源能够可持续利用。

4）城市园林的绿地为生物提供栖息场所

城市中大片的园林绿地为鸟类提供生存和繁衍的空间，绿地中的植物种类丰富了，栖息其中的生物种类也随之丰富。林子为鸟类提供食物如昆虫、小动物，鸟类也为林子捕杀各类害虫（包括卵、幼虫、成虫等），防止林木及作物被害。动植物互相依存和谐共生，形成良好的生态环境，维持丰富的生物多样性。

（1）鸟类。

鸟类需要一定的不受干扰的生活环境和特定的食物条件。要为鸟类提供丰富的食物，可采用两种植物搭配模式：其一为乔、灌、草模式，这种模式适用于地面园林景观；其二为灌、草模式，这种模式适用于屋顶园林引鸟景观。适合作为鸟类食物的主要是一些具有核果、浆果、梨果及球果等肉质果的园林植物，比如冬青、桑树、樱桃、女贞、拐枣、构骨、圆柏、龙柏、紫杉、野柿、鼠李等；鸟类喜食的灌木有小檗、酸枣、火棘、卫矛、九里香、野花椒等；鸟类喜食的藤本植物有爬山虎、野蔷薇、忍冬、山葡萄等。园林植物选种要结合当地栖息的不同鸟类喜好考虑。鸟类的出没能使园林景观锦上添花，从而使园林富有更加深远的想象空间，又可发挥更大的生态效益。

（2）蜂蝶

有许多灌木、花境植物和岩石园植物、一年生及多年生植物是吸引蜂蝶、虫、鸟的高手。如建一池塘，水生生物可以栖息，也可留出一块长草区，种植球根花卉，也可种植一些针叶屏障林，可以给许多虫、蜂、蝶提供食宿，带刺的常绿绿篱如冬青是它们良好的栖息地。

（3）昆虫

在生态型绿地里恢复和引进的物种可以有很多种，其中最易恢复的是昆虫。因为昆虫的种类和个体数量都很多，且分布范围广，繁殖率高。昆虫与植物的关系密切，大部分的植物繁衍离不开传媒昆虫；肉食性的昆虫则是人类生物防治害虫的得力助手；有了昆虫，许多动植物能够不召自来，两栖类、爬行类、鸟类以昆虫为食。生态型绿地中的食物链能实现生态的稳定，从而实现生物多样性。

二、人文要素造景

景观规划的人文因素是依据人的意志，借助人力塑造的第二自然，虽然其中的建筑、山水、一草一木都经过了人为的安排，但山水花木仍以自然的形态展现在人们的面前。所以所谓人文要素主要是指各类建筑物和构筑物，前者如园中各种观景及景观建筑；后者包括小品、雕塑、园路、桥梁驳岸及必需的工程设施等。此类要素无论中国还是外国，现代或是古典的园林中都被广泛运用，只是具有数量的差异多少不同而已。

（一）园林建筑

园林建筑一般可定义为能够为游人提供休憩、活动的围合空间，并由优美的造型、与周围景色相和谐的建筑物构成。现代公园中许多体量不大的建筑虽然也有室内空间，但其中如果无法容纳游人，常被归入小品一类。园林管理用房并不直接服务于游人，所以若与园地联系并不十分紧密，在造型上可以不与园景相统一，但如果其位置就在园内，而且在视觉上没有一定的隔离，则也应当将其当作园林建筑予以考虑。

1. 园林建筑的作用

建筑在人们的生活中，通常要满足两个方面的功能要求：其一是其内部适宜于相应的活动；其二是具有使人赏心悦目的造型。古代园林因为是园主生活起居场所的一部分，其中的建筑大多与生活起居有关，因而有待客宴饮、居家小聚、游憩赏景以及养心观书等实际功能；现代园林除了满足人们休闲观览之外，还常常融入文化、娱乐、宣传等活动，而园林建筑大多就是为这些功能而设。在造型方面，园林建筑作为园景构成的一部分外，除具备使用功能外（观景），还具有观赏功能（景观），甚至作为某节点的主景，因而对造型要求较高（图5-2-27）。

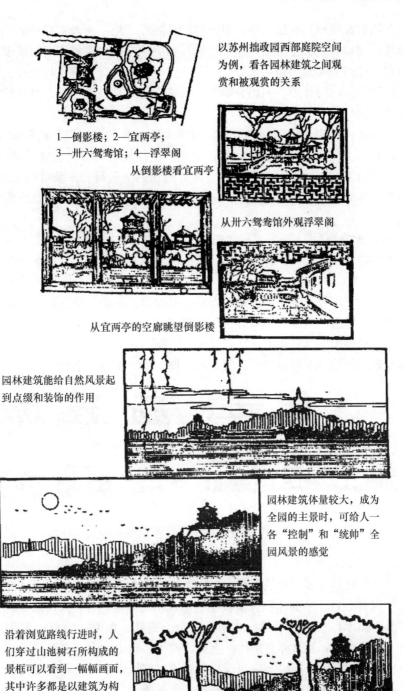

以苏州拙政园西部庭院空间为例，看各园林建筑之间观赏和被观赏的关系

1—倒影楼；2—宜两亭；
3—卅六鸳鸯馆；4—浮翠阁

从倒影楼看宜两亭

从卅六鸳鸯馆外观浮翠阁

从宜两亭的空廊眺望倒影楼

园林建筑能给自然风景起到点缀和装饰的作用

园林建筑体量较大，成为全园的主景时，可给人一各"控制"和"统帅"全园风景的感觉

沿着浏览路线行进时，人们穿过由山池树石所构成的景框可以看到一幅幅画面，其中许多都是以建筑为构图中心的风景画面

图 5-2-27　园林建筑的作用

此外，园林建筑还具有划分园林空间、组织游览路线的作用。

利用前后建筑的参差错落可以分划园林空间，丰富空间层次，同时对园林空间进行有序的分隔，能使园林形成不同的景区。一般来说，对包括空间在内的任何一种东西进行分隔（分隔）都使对象变细变小，但园林的分隔除了把一个确实存在的三维物理空间变细变小外，如果规划布置得当，通常能够在相应的空间内安排不同的景观，从而使园景变得丰富，让游人感觉到趣味无穷，于是感觉空间变得更大。在我国传统园林，尤其是受用地局限的民间园林中，利用分隔以扩大感觉空间是一种十分普遍且行之有效的手法，这在今天依然具有借鉴意义。

由于建筑在园林中的实际功能以及在景观中所具有的统率局部或全园风景的作用，因而利用建筑的主次用途，配合院内造景处理，往往能够对游人造成一种无形的引力，再用相应的造园要素如门、廊、路、桥等进行适当的空间组合，就可以形成游览路线。当人们循其前行时，不仅可以抵达要到的地方，同时随视线移动还可以将周围山水美景尽收眼底。

2. 园林建筑的类型

园林中的建筑形式各异，种类多样。常见的园林建筑主要分为以下几类：

1）中国传统园林建筑

在中国古代，园林作为居宅的延续部分，其建筑除审美、空间划分需求外还具有较强的实用功能，建筑的造型、布局等往往体现了园主人对于生活和自然的理解和审美的情趣表达，布局也因地制宜而富于变化（图 5-2-28）。

园林建筑按传统形式可分为亭、廊、舫、榭、厅、堂等十余种。

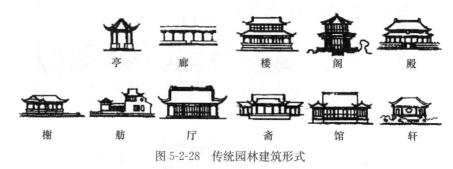

图 5-2-28　传统园林建筑形式

（1）亭。

亭是园林中数量最多的建筑，其主要功能是供游人作短暂停留，即"亭者停也，人所停集也"（《释名》）。亭的体积大多较小，形式相当丰富，有重要的点景造景作用，其平面有方形、圆形、长方、六角、八角、三角、梅花、海棠、扇面、圭角、方胜、套方、十字等诸多形式，屋顶亦有单檐、重檐、攒尖、歇山、十字脊等样式。亭的布置有时孤立一亭，有时则三五成组，或与廊相联系或靠墙垣作半亭。园亭的构成大多因地制宜地选择不同的造型和布局，故有"亭安有式，基立无凭"之说。

（2）廊。

廊是一种狭长的通道，用以联系园中建筑而无法独立使用。廊一般随地形蜿蜒起伏，其平面亦可屈曲多变而无定制，因而在造园时常被用作分隔园景、增加层次、调节疏密、区划空间的重要手段。对于游人，廊又是一条确定的观景路线。

园林中的廊大多沿墙布置，或紧贴，或向外曲折与墙构成狭小天井，其间植木点石、布置小景。有些廊从园中通过，两面不依墙垣，不靠建筑，廊身通透，似隔非隔，对园子起到空间划分的作用。这样的廊也可用于分隔水池，两面或一面观水景，人行其上，水流其下，有如"浮廊可渡"。园林之中还有一种复廊，可视为双廊合一，也可理解为一廊中分，其形式是在一条较宽的廊子中间沿脊桁砌筑隔墙，墙上开漏窗，使内外的园景彼此穿透，若隐若现，从而产生无尽的乐趣。还有上下双层的游廊，用于楼阁间的直接交通，或称边楼，这种又称为"复道"，即所谓"复道行空"（图 5-2-29）。

图 5-2-29　苏州园林中的复廊和复道

（3）台。

台本来是指高耸的夯土构筑物，以作登眺之用。秦汉以后这种高台日渐式微，以至不复再见。明清园中"掇石而高上平者、或木架高而版平者、或阁楼前出一步而敞者"，都被视作台。目前，遗留的古典园林中使用较多的台则是另一种形式，即建筑在厅堂之前，高与厅堂台基相平或略低，宽与厅堂相同或减去两梢间之宽，如北京恭王府安善堂前平台，苏州拙政园远香堂前平台以及留园寒碧山房前的平台等。这些台的作用乃是供纳凉赏月之用，一般称作月台或露台。

（4）轩。

轩从词义上看，有两种含义，一为"飞举之貌"，一为"车前高曰轩"。园林建筑的轩亦由此衍生而来，故一是指一种单体小建筑，如北京清漪园的构虚轩、无锡寄畅园的墨妙轩等，"宜置高敞，以助盛则称"；另一是指厅堂前部的构造部分，江南厅堂前添卷亦称轩，以象车前高。轩的形式多样，有船篷轩、鹤胫轩、菱角轩、海棠轩、弓形轩等多种，都有秀美的造型。其作用主要是增加厅堂的进深。这种构造为江南所特有。

（5）榭。

榭的原义是指土台上的木构之物，与我们今天所见的榭相去甚远。明代计成对榭的理解是："《释名》云，榭者籍也。籍景而成者。或水边或花畔，制亦随态。"可见明清园林中的榭并不以建筑的形制来命名，而是依据所处的位置而定。如水池边的小建筑可称水榭，赏花的小建筑可称花榭等。常见的水榭大多为临水面开敞的小型建筑，前设坐栏，即美人靠，可使人凭栏观景。建筑基部大多一半挑出水面，下用柱、墩架起，与干阑式建筑相类似。这种建筑形制实与单层阁的含义相近，所以也称水阁，如苏州网师园的濯缨水阁、耦园的山水阁等。

（6）舫。

舫原是湖中一种小船，供泛湖游览之用，常将船舱装饰成建筑的模样，画栋雕梁，故称"画舫"。园林之中除皇家苑囿能有范围较大的水面外，其余不能荡桨泛舟，于是创造了一种船形建筑傍水而立，这就是园林中所见的舫。舫的形式一般是，基座用石砌成甲板状，其上木构呈船舱形，木构部分通常又被分作三份，船头处作歇山顶，前面开敞，较高，因其状如官帽，俗称官帽厅；中舱略低，作两坡顶，其内用格扇分出前后两舱，两边设支摘窗，用于通风采光；尾部作两层，上层可登临，顶用歇山形。尽管舫有时仅前端头部凸入水中，但仍用置条石仿跳板与池岸联系。

（7）厅堂

厅与堂原先在功能上具有一定的差异，"古者治官之所谓之听事"，即厅也。而"当正向阳"之正室谓之堂。明清以降，建筑已无一定制度，尤其园林建筑，常随意指为厅，为堂。在江南，有以梁架用料进行区分的，用扁方料者曰"扁作厅"，用圆料者曰"圆堂"（图 5-2-30）。

图 5-2-30　各种厅堂的剖面及平面示意

民间园林的主体建筑称为厅堂，其位置"先乎取景，妙在朝南"，园中山水花木常在厅堂之前展开。一些中小园林，常将厅堂坐北朝南，以争取最好的朝向。但受阳光逆射的影响，自北向南观赏山石花木时，常使山水层次减弱，尤其在夏日，更令景物变得朦胧模糊，因此稍大的园林就采用两厅夹一园的处理。选择形制相同的厅堂分置于南北，中间凿池堆山，移栽花木。北厅可南向观景，宜于秋冬；南厅则北向开敞，宜于春夏，江南称其为"对照厅"。更大的园林也有将厅堂居中，南北分别布置景物，南侧点缀峰石花木，进深较浅；北园掇山理水，园景深远，厅堂则体量较大，中以屏风门、纱隔、落地罩界分前后，以便随季节的变化而选用，苏州地区将这种建筑叫作"鸳鸯厅"。有需四面观景者，则用"四面厅"，其两山面都用半窗（槛窗）取代实墙，使四面通透，以便周览。

（8）楼阁。

楼阁在我国古代已属高层建筑，亦为园林常用的建筑类型。与其他建筑一样，楼阁除一般的功能外，它在园林中还起着"观景"和"景观"两个方面的作用。于楼阁之上四望不仅能俯瞰全园，而且还可以远眺园外的景致，所谓"欲穷千里目，更上一层楼"即为此意。景观方面，楼阁往往是画面的主题或构图的中心。北京颐和园的佛香阁高踞于万寿山南侧，登阁周览，眼前是昆明湖千顷碧波；西有延绵的西山群岭以及玉泉山、香山的古刹塔影；向东则为京城城池宫殿，无限风光尽收眼底。而此阁作为园中主要的对景，在万寿山南麓以南随处可见其高耸的身影，它不仅冲破了万寿山平缓的山形使天际轮廓线起伏变化，而且在周围殿宇、亭台的映衬下更显雄伟壮丽。府宅园林面积不大，楼阁大多沿边布置，用于对景则立于显眼位置，如苏州拙政园的见山楼、浮翠阁。作为配景则掩映在花木或其他建筑之后，如沧浪亭的看山楼，网师园的集虚斋、读画楼等。

楼阁如今常泛指两层或两层以上的建筑，而曾经楼与阁分属两种不同的建筑类型。从功能上说，古有"楼以住人，阁以储物"之言。园林中一种单层的阁则完全不同于楼，如苏州网师园的濯缨水阁、狮子林的修竹阁、承德避暑山庄的沧浪屿等。此类建筑都架构于水际，一边就岸，一边架于水中，极似南方山区的干阑式建筑。据推测此类水阁是由古代的阁道演变而来。

（9）斋。

洁身净心是为斋戒，所以修身养性的场所都可称其为"斋"，于是斋就没有了固定的形制，燕居之室、学舍书屋均能名之为斋。现存的古典园林中称斋的建筑亦各不相同。可以是一座完整的小园，如北京北海的静心斋，其中山水花木、亭榭楼台无不毕备；亦可为一个庭院，如苏州网师园的殿春小院（原称书斋），其间有广庭小亭，石峰清泉。更多的则为单幢小屋，如北京颐和园的圆朗斋、半亩园的退思斋等。尽管名斋的建筑各有所宜，但共同的特点就是环境幽邃静僻，能令人"气藏致敛""肃然斋敬"。

古典园林中设斋，一般建于园之一隅，取其静谧。虽有门、廊可通园中，但需一定的遮掩，使游人不知有此。斋前置庭稍广，可栽草木、列盆玩。墙脚道旁植翠云草、书带草，令其繁茂青葱。铺地常使湿润，以利苔藓生长，从而有"苔痕上阶绿，草色入帘青"的意境。建筑形式可随意，依园基及相邻建筑妥善处理，室内宜明净而不可太敞，明净可爽心神，过敞则不合"藏修密处"之意。庭院墙垣不宜太高，以粉壁为佳，亦可植蔓藤于下，使其覆布墙面，得自然之幽趣。

（10）馆。

《说文》将"馆"定义为客舍，也就是待宾客，供临时居住的建筑。早期的苑囿所设的宫室并不经常使用，与帝王长年生活的宫殿有所区别，古称"离宫别馆"。后来私塾称"蒙馆"，教书谓"就馆"，或亦取筵请宾客之义。因为那时的教书先生也叫作"西宾"，至于书房名馆，大概也是从学馆之义延伸而来。古典园林中称"馆"的建筑既多且很随意，无一定之规可循。大凡备观览、眺望、起居、燕乐之用者均可名之为"馆"。一般所处地位较显敞，多为成组的建筑群。北京圆明园有杏花春馆，其地高爽，为春季欣赏杏花之所。颐和园的听鹂馆则是一组戏楼建筑。扬州瘦西湖的流波华馆是临水看舟的地方。而苏州拙政园的卅六鸳鸯馆、十八曼陀罗花馆则是同一座厅堂的前后部分。

（11）塔。

塔是佛塔的简称，多出现在佛寺组群中。由于它姿态挺拔高耸，因而对景观起重要作用，是园林中重要的点景建筑之一。塔的形式大致可分为楼阁式、密檐式、单层塔三个类型，但变化繁多，大小不一，形态各异。平面以方形与八角形居多。塔的高度，以层数之多少而有差异，一般有五级塔、七级塔、九级塔、十三级塔。建塔的材料，通常采用砖、瓦、木、铁、石等。有的塔内可以登高望远，实心塔则仅供观赏。塔还有作为地标景观的作用，有较广的景观辐射效果。

2）现代公园绿地中的建筑类型

相对于传统园林，现代公园绿地服务的对象发生了根本的改变，它所面对的是广大市民，一方面作为大众观光游览之所，公园绿地让当地居民在感受自然中获得愉悦，另一方面还为人们提供众多文化休闲的活动，所以园林建筑的功能较过去有了极大的拓展。尽管传统园林建筑因其富有民族特色，建筑组合灵活自由而在当今的公园绿地建设中仍占有重要的一席，但现代公园绿地不仅因许多新的功能而衍生出更多新型的园林建筑类型，社会的演进而出现的大量新材料也带来许多新的结构，于是现代公园绿地中的园林建筑的形式和类型就变得十分的丰富，因而也难以像传统园林建筑那样以单体建筑进行分门别类，而只能按使用功能予以区分。

现代城市公园绿地按人们在其中活动的方式大致可分为静态利用、动态利用及混合式利用三种形式。

所谓静态利用是指供游人散步、游憩、观览为主的园林，为了丰富活动内容，常常在其中设置陈列室、纪念馆、展览馆、阅览室以及展示当地乡土文化的小型博物馆等。此类陈列、展示建筑可以是一些体量不大的单体建筑，但更多的是由数座单体建筑围合的院落，配合植物、山石的点缀，形成一区幽雅的环境。在一些专业性公园，如动物园、植物园中，陈列、展览则为公园的主要形式，因而展示建筑占有极高的比例。各种饲养动物的笼舍、培植植物的暖房、花棚等均属园林建筑。此类建筑不仅需要依据各自的功能特点予以设计，同时作为园林的组成要素之一，还应考虑其在景观方面的作用。

动态利用主要指游人可以参与活动的公园设施建筑。在国外，公园绿地中又分出一类专门的运动公园，内设单一或综合性的大众运动项目，因而那些运动场馆有时也被当作园林建筑进行考虑。在我国，因过去一直将大型的体育场馆归为体育建筑，并不与公园绿地有太多的联系，而公园内虽然也设有诸如棋牌室、乒乓球房、溜冰场、游泳池、游艺室等小型运动或活动场馆，但通常只是综合性园林建筑的一个组成部分。随着大众对运动参与热情的增长，各种寓健身于娱乐之中的体育运动项目也在不断地进入到公园绿地里来，于是园林建筑的类型逐渐变得丰富。此外，在人们日益关注城市绿地建设的今天，大型体育建筑周围的环境也越来越受到重视，许多体育场馆都设置了大面积的绿地环境，成为城市居民日常锻炼休闲的场所。这也导致将这些建筑按园林建筑来进行考虑还是将周边绿地按建筑环境予以处理的界线逐渐变得模糊。但根本的一点，无论何种类型，都可以为所在的街区乃至整个城市增色。

一些规模较大的综合型公园绿地，其中常常安排多种活动内容，因而其利用可以认为是混合型的。当然所谓混合型利用的公园绿地，其中的功能需要分区布置，在各个相应的区域中，园林建筑依然按照展示陈列类建筑或文娱体育类建筑予以处理。

各类公园绿地无论属于哪种性质，通常都有服务类建筑和点景休息类建筑。前者有餐厅、茶室、小卖部、厕所等；后者包括亭构、曲廊、水榭、船舫、花架等。此外属于视觉范围内的管理办公室、动植物实验室、引种温室、栽培温室等也应作为园林建筑予以考虑。

3. 园林建筑设计要点

与所有的建筑设计一样，园林建筑在设计时必须考虑其物理功能和精神功能，以一定的形式组织建筑的内部空间，用特定的手法进行细部处理。但因公园绿地主要为城市居民休闲观览、文娱活动而设，所以更需注意造型和观赏效果。为满足景观和观景的需要，建筑的布置更为灵活自由，并应顾及建筑内部空间与外部空间的联系以及游人在行进中周围景观的变化。由此来看园林建筑设计中要涉及的问题也是需要特别注意的。

1）立意

一座园林是否具有特色，往往取决于立意，而园林建筑能否吸引人同样也需在立意上斟酌考虑。所谓"立意"就是明确设计的指导思想和原则。对于整座园林或某一景区而言，需要在规划之前深入了解园地及周边的地形、地貌、景观特征，确立园林的主题，以便最大程度地克服不利因素，展示其本身的风貌特色。无论园地条件如何，深入细致地调查研究园地的各种环境关系，不放过任何细小的可利用的因素，把握好从整体到细部的设计环节，统筹各要素之间的关系，都将是做到立意新颖的关键。

例如桂林七星岩碧虚洞建筑位于七星岩洞之侧，由一个两层的重错阁楼、方亭及两层连廊组成。方亭接近洞口，自亭内可向下俯览洞中景色。楼阁设在洞口平台之外，有开阔的远景视野。楼阁上下层用混凝土预制装配式螺旋楼梯联系。建筑造型汲取了广西民间建筑三江程阳风雨桥亭的某些特征，做层层的出挑。屋面铺绿色琉璃瓦，悬挑的垂柱漆棕黄色。室内四根承重柱漆朱红色，窗槛及栏板用米黄色水刷石，木窗格漆咖啡色。楼阁及方亭基座做紫红色水刷石。整个装饰工程富有中国传统建筑的色彩感（图5-2-31）。

当然，园林建筑强调景观效果，重视立意，但绝不是说就可以忽略建筑的实用功能。在设计过程中设计师需要将艺术创意与使用目的结合起来予以综合考虑，通过因地制宜地利用或改造地形、地貌，巧妙地塑造具有特色的建筑空间。

2）选址

如果说立意旨在对园林建筑进行宏观的把握，那么选址就是具体落实建筑的位置了。园林建筑如果选址不当，不但难以体现所要表达的立意，甚至还可能降低景观的价值而削弱观赏效果。

园林建筑的选址并非惟有固定的一点就是最佳方案。位置的不同可能会影响到整体景观的塑造，相应地也要调整建筑的尺度、造型。选址的原则应该是进一步协调各种风景要素间的关系，尽可能地将可利用的所有要素为我所用，并以特定的园林建筑统率全局，起到画龙点睛的作用。

园林建筑的选址还需要考虑所在位置的地质、水文、方位、风向等条件。因为这些因素中的一些如日照、风向等会间接地影响到建筑的使用，而其他一些虽然只是对凿池、堆山、花木种植有所影响，但也会间接地影响到建筑的使用或景观效果。

3）布局

位置确定之后将着手制订最终的设计方案。由于园林建筑的艺术造型要求较高，布局的内容广泛，因此这将成为设计之中最为重要的中心问题。公园绿地中所使用的园林建筑在布局上大致有独立式布置、自由式布置、院落式布置和混合式布置四种空间组合形式。为使园林建筑的空间造型丰富，在统一和谐的基础上产生更多的变化，可以采用对比、渗透和层次等构图手法，但这些手法的使用应该根据实际需要，因为无论在景观的构图上还是使用功能上，如果非必需，那么这些处理就会给人以矫揉造作的感觉。

(a)

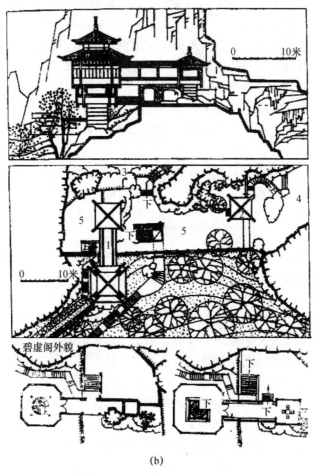

(b)

图 5-2-31　桂林七星岩碧虚洞建筑
1—碧虚阁；2—栖霞亭；3—七星岩；4—四仙居；5—平台

　　除了小型建筑的单一空间，几乎所有园林建筑都存在着空间序列问题。园林建筑的创作其实就是空间环境的程序组织，使之在艺术上协调好统一与变化之间的矛盾，在功能上做到合理完善。游人从室外进入室内，空间的变化需要有一个过渡，对空间艺术及景物意境的欣赏和体验，也需要时间过程，而建筑空间序列实际上就是将这种空间和时间予以恰当的组织。所谓"有法无式"，就是将实用功能与艺术创作结合起来进行处理，根据人的行为模式，使空间序列安排得更为巧妙。让游人的情绪沿着设计构思起伏变化，同时又不感到这些行为或心理活动是在接受他人的意志（图5-2-32）。

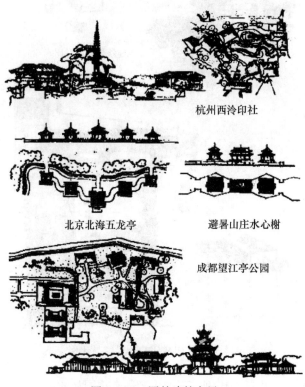

杭州西泠印社

北京北海五龙亭　　　避暑山庄水心榭

成都望江亭公园

图 5-2-32　园林建筑布局

4）空间尺度

园林建筑的空间尺度取决于建筑的使用功能，并与环境特点及构图审美有关。不同用途的建筑不仅在园林环境中所处的地位会有区别，在景观构图上所起的作用也不一致，其产生的景观感受也会有差异，正确的尺度和比例应该是功能、审美以及环境的协调统一。园林建筑的尺度与比例，应该照顾到与周边环境中其他园林要素的关系（图5-2-33）。

就园林建筑本身而言，门、窗、栏杆、廊柱、台阶乃至室内各部分空间尺度与比例、与建筑整体的相互关系也应仔细斟酌。符合人体尺度和人们常用的尺寸，就会产生一种亲切感。如果尺度与比例运用不当，不但会带来使用的不便，而且其形象肯定不为大多的人所接受。

园林建筑空间尺度的基本原则与园林构图的尺度原则一致，需要根据整个园林环境的艺术需求来确定。通常在规模不大的园林中，为使空间不致过分空旷或闭塞，各主要视点观景的控制视锥为60°～90°，或视角比值 $H:D$（H 为景观对象的高度。景观对象不仅仅是建筑，还包括构图中可能高于建筑的大树、建筑背后的山体等；D 为视点与景观对象间的距离）为1∶1～1∶3。对于大型风景园林所希望获得的景观效果，由于是以创造大艺术范围场景为目的，构图中允许融入更多的景观要素，空间尺度的灵活性增加，所以应依据

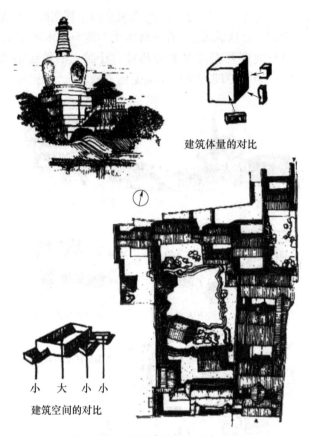

图 5-2-33　园林建筑的尺度与比例

景观的需要来处理建筑的尺度与比例，不能生搬硬套小园林的尺度与比例关系。

4. 园林建筑与环境的关系

在公园绿地中，园林建筑与山、池、花木的关系应该是有机整体中的组成部分，相互之间的配合虽有主次，但不能因某一要素是主体而特别突出，其余处于从属地位而遭轻视甚至忽略。所以处理好园林建筑与环境的关系是造园艺术手法中的一个重要问题。

1) 园林建筑与山石的关系

从风景构图的虚实关系看，建筑与山石均属"实"的范畴。在一般的情况下需要将它们分置于两个构图之中，即互为对景。当中以山石或建筑的体量来确定观赏距离。这就是传统园林普遍使用的主体厅堂之前远山近水的布置形式。

如果建筑与山石需要纳入一个构图，则一定要分清主次。或以山体为主，建筑成其点缀；或以建筑为主，用峰石衬托建筑。

山上设亭阁，属于前一种情况。建筑的体量宜小巧，形体应优美，造型要有变化，加上树木陪衬，若与环境的配合恰当，其形象自然生动，可为园景增色。同时，又因其位于园中制高点上，无论俯瞰远景或远眺园外景色，都将成为重要的观赏点。对于体量巨大的山体，建筑可以被置于山脚，也可以被置于山腰，甚至山坳之中。建筑的尺度固然不会超过山体，但也应根据景观构图的需要，或将建筑处理成山景的点缀，或将山体作为建筑的背景（图 5-2-34）。

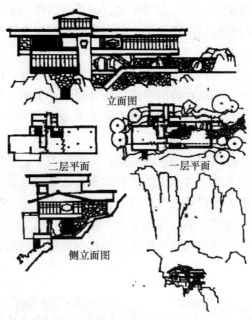

图 5-2-34　园林建筑与山石的组合一

　　以建筑为主体，山石为辅的处理手法，传统园林中常用的有厅山、楼山、书房山等。所谓厅山是指在厅堂的前后或一边用土石堆筑出假山的一个局部，从而产生建筑位于山脚的意境。楼山则用山石依楼而叠，甚至借山石做出上下楼的磴道，使之既有山林一角的感觉，又与实用紧密结合。书房山即可在书房之前堆叠假山，也可将假山依傍于建筑之侧，其作用依然是造成地处山林之中的情趣（图 5-2-35）。此类手法所产生的艺术效果极佳，所以在现代公园绿地中也常常为人们所沿用。

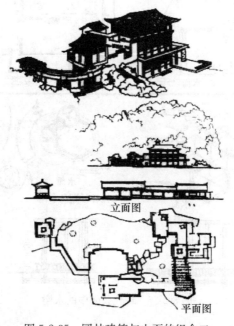

图 5-2-35　园林建筑与山石的组合二

　　另外，用一两峰造型别致的顽石点缀于建筑的墙隅屋角，也是传统园林常用的处理手法，其作用是使原本过空的墙面得到了充实，从而使构图变得丰满。

　　2）园林建筑与水体的关系

　　与山石不同，水体在风景构图中常常表现出"虚"的特征。由于构图的虚实变化要求，更因人有亲水的特点，所以水边的建筑应尽可能贴近水面。为取得与水面调和，临水建筑多取平缓开朗的造型，建筑的色调浅淡明快，配以大树一二株，或花灌木数丛，能使池中产生生动的倒影。

　　建筑与水面配合的方式可以分为以下几类：①凌跨水上，传统建筑中属于这一类的有各种水阁，建筑悬挑于水面，与水体的联系紧密。②紧临水边，水榭即属此类，建筑在面水一侧设置坐栏，游人可以凭栏观水赏鱼，极富情趣。③为能容纳更多的游人，建筑与水面之间可设置平台过渡，但应注意平台不能太高，因平台过高，与水面不能有机结合，就会显得不够自然。其实像前两种建筑形式也有降低地面高度，使之紧贴水面的要求（图 5-2-36）。

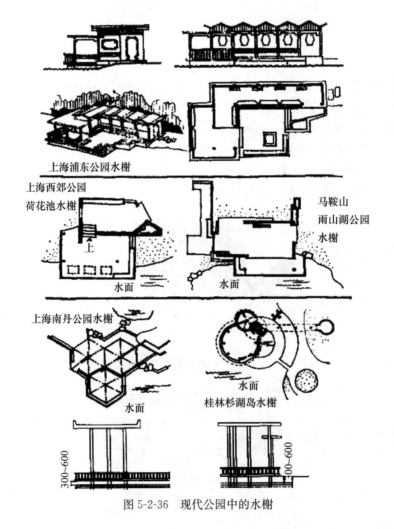

上海浦东公园水榭

上海西郊公园
荷花池水榭
上

马鞍山
雨山湖公园
水榭

水面

水面

上海南丹公园水榭

水面

水面
桂林杉湖岛水榭

300~600

300~600

图 5-2-36　现代公园中的水榭

　　3）园林建筑与花木的关系

　　在园林中建筑与花木的配合极为密切，利用花木不同的形态、位置能进一步丰富建筑构图。然而，即使是花木中的大型乔木，虽然体积庞大，但与建筑比较，也会有虚实之异，所以花木除了用作对景可以成为构图的主体外，在有建筑的景观中一般只起陪衬的作用（图 5-2-37）。

图 5-2-37　园林建筑与花木的关系

　　面积不大的庭院中选用一二株乔木或少量花木予以配植，可以构成小景；利用一些姿态优美的花或灌木与峰石配合，点缀于墙隅屋角，若配合其他也能组成优美的园景构图。建筑近旁种植高大的乔木，除遮荫、观赏外，还能使建筑的构图富于变化。但为了不过多地遮蔽建筑外观、影响室内的采光和通风，大树不宜多植，且应保持一定距离。

　　临水建筑，为欣赏池中景物，临池一侧不宜使用小树丛，建筑前可以栽种少量花木，但应以不遮挡视线为度。廊后种植高大树木，有衬托之用。园内亭构无论位于山间或是水畔，都应旁植树木，不使其孤立无援。配植方法有两种：一是将亭子建于大片树丛之中，使之起到冲破疏林单一的作用。另一是在亭边种植一二株造型优美的大树，其侧再配以低矮花木，用植物柔和的线条进一步柔化建筑的造型。

　　建筑的窗前如果用于眺望、观景，多植枝干疏朗的乔木，以便于观景；窗后设有围墙时，靠墙应栽枝繁叶茂的竹木，以遮蔽围墙，又可使绿意满窗；游廊、敞厅或花厅等建筑的空窗或景窗，为沟通内外、扩大空间，窗外花木限于小枝横斜、芭蕉一叶、疏竹几干而已。

4）园林建筑内部自然要素的运用

现代公园绿地中，一些规模较大的园林建筑常将山石、水池及植物等自然要素引入室内，会使人产生丰富的联想，令建筑的内部空间更富情趣。

如将用于室外的山石及建筑材料运用于室内，在中央大厅中散置峰石、假山，用虎皮墙石柱予以装饰；或将室外水体延入室内，在室内摹拟山泉、瀑布、自然式水池；或在室内保留原有的大树，组成别致的室内景观；把园林植物自室外延伸到室内等。所有这些手法可以打破原来室内外空间的界限，使不同的空间得以渗透、流动（图 5-2-38）。

图 5-2-38　园林建筑与山石的关系

但需要注意，上述做法应合理利用原有地形、地貌。如原有基址上的岩石、树木、低洼的地势等，如此就能因地制宜地使一些不利因素转化成园景特色，同时又减少了工作量，节约了投资。

（二）园路与铺地

为满足观景、游览和游客集散的需求，园林中需要设置一定比例的游览道路与铺装场地。有园必有路，路是人走出来的，是园林的必要组成之一。

1. 园路的作用

除了传统中国园林中一些规模极小的"卧游式"园林外，园路是园林必不可少的要素之一。它在园中形成全园的骨架，将园景相互联络，使游人能够循路行进，抵达希望前往的景点或活动场所，同时园路还能分割园地，对园景的构成也有至关重要的意义。

园路的具体作用有：

1）组织交通

园路最为直观的作用是集散人流和车流。园林是游客较为集中的公共游憩活动场所，游人入园后需要前往各个不同的景点或活动场所，一个景点参观完毕后或许还要前往另一个景点，这都要用道路予以集散分流。在大型公园绿地中，园林的日常养护、管理需要使用一定的运输车辆及园林机械，因此园林的主要道路须对运输车辆及园林机械通行能力有所考虑。中、小型园林的园务需求相对较小，则可将这些需求与集散游人的功能综合起来考虑。

2）引导游览

对于游客来说，园路除了组织交通、疏导游人的作用外，还有引导游览的功能。用园路将园林的景点、景物进行有机的联系，令园景沿园路舒展开去，能使观光者的游览循序渐进，使观赏程序的组织趋于合理。

3）组织空间

具有一定规模的公园绿地，常被分划出若干各具特色的景区。园路可以用作分隔景区的分界线，同时又通过园林道路将各个景区相互联络，使之成为有机的整体。

4）构成园景

为使园路坚固、耐磨，不至因游人频繁踩踏而洼陷磨损，园路的路面通常都要采用铺装，而为与山水花木等自然景观相协调，园路往往被设计成柔和的曲线形，因而园路本身也可与园林中的其他要素一起构成园景。一些优秀的园林作品中，园路不仅是交通通道或游览路线，而且也是园景的组成部分，从而使"游"和"观"达到了统一。

5）为水电工程打下基础

公园绿地中水电是必不可少的配套设施，为埋设与检修的方便，一般都将水电管线沿路侧敷设，因此园路布置需要与给排水管道和供电线路的走向结合起来进行考虑。

2. 园路的类型

按照性质和使用功能，园路大致可分为以下几种。

1）主要园路

从公园绿地的入口通往园内各景区的中心、各主要广场、主要建筑、景点及管理区的园路是园内人流最大的行进路线，在规模较大的公园绿地中，还有一定量的管理、养护用车需要通行，所以需对路幅有所考虑。一般路面宽度在 4～6 米较为适宜，最宽不能超过 6 米。园路的两侧应充分绿化，用高大乔木以形成浓密的林荫将会增添宁静幽深的效果，而乔木间的间隙又可构成欣赏两侧风景的景窗。

2）次要园路

次要园路为主要园路的辅助道路，散布于各景区之内，连接景区中的各个景点。从人流上看，它远小于主要园路，但有时也可能会有少量小型服务用车的通过，因此可将其设计为2~4米的路幅，以便必要时能让车辆单行通过。由于次要园路已深入到景区之间中，路旁的绿化则以绿篱、花坛为主，以便近距离地进行观赏。

3）游憩小路

游憩小路主要供游人散步游憩之用。小路可将游人带向园地的各个角落，如山间、水畔、疏林、草坪之间、建筑小院等处，宜曲折自然地布置。此类小路一般考虑一到两人的通行宽度，故路幅通常小于2米。

3. 园路的设计特点

1）交通性与游览性

单从交通的角度讲，快捷、便利是道路首先要考虑的问题。自甲点至乙点的距离以直线最近，所以如仅仅解决交通的需要，当然要将道路设置为通长抵直。然而园林中的道路除了必需的交通功能外，还有游览观景的要求。就散步游赏而言，快捷显然不是目的，甚至还需特意延长道路，以便缓缓地散步、细细地欣赏。所以在园林中交通性和游览性是园路设计的一对矛盾，而园林的观景游憩需求使游览性成为矛盾的主要方面。

园路设计分规则式和自然式，自然式可以延长游览路线，增加景观的观赏内容；规则式通常采用对称的手法，突出主体和中心，营造或庄严、或雄伟的特殊氛围。

为更好地突出园路的游览性，园林道路通常被设计成曲线形。这一方面增加了园路的长度，另一方面也能更好地与自然山水地形相和谐，曲折的道路也有利于降低园内车辆通行的速度，使游园更加安全（图5-2-39）。

将园路分级设置也是解决交通性和游览性矛盾的一种方法，通常主要园路的交通性较强，而游憩小路更注意其游览性。所以相对于主要园路，游憩小路更为蜿蜒曲折。

在游览性方面，园路虽然是园林游览线路的主体，但并非全部，因为园林中的建筑、广场以及景点经常被串联于园路之中，其内部参观活动的行进过程也属于游览路线的组成部分，所以彼此间的联系也需要在园路的设计时予以考虑。

2）分级规划

园路的使用功能决定了园中道路的设计需要考虑分级，而实际使用中不同形式的园路也会产生明确的指向性。诸如在公园绿地中，普通人都会依据经验感受到，宽阔的主干道是供游人、园内游览车辆以及部分管理养护车辆通行的交通线，其交通性强于游览性；次要观景园路则在不同的景区、景点间展开，循路行进可领略不同的景物和景物的各个侧面；至于散步小路则穿行于幽邃的山水花木之间，以体验宁静为目的。如果园路布置不与游人的经验习惯相一致，就会使人产生迷惑而无所适从。因此园路设计必须在路幅、园路的铺装上强调主次区别，使游人无须路标的指示，依据园路本身的特征就能判断出前行可能到达的地方。

3）因地制宜

公园绿地的用地并无一定的形状。所以园路需要根据地形进行不同的规划布置。狭长的园地中景物一般按带状分布，与之相联系的主要园路也应呈带状；以山水为主景的园地中园景常常环山绕湖安排，园路也需随观景的要求而设计为套环状。从游览观景的

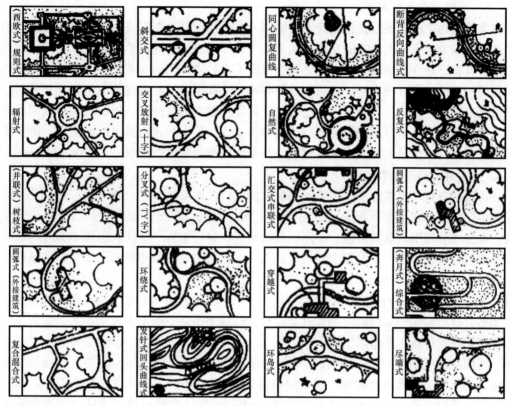

图 5-2-39　各种园路形式

角度说，园路布置成环状可以避免出现"死胡同"或使游人走回头路，但也应注意园路不能布置成龟纹状或方格网状。前者会使方向性变得含混；而后者使园路直长，景色缺乏变化。

4）疏密有致

公园绿地中道路的疏密与景区的性质、园林的地形以及园林利用人数的多少有关。通常休憩区园路密度应小些，以避免相互间的干扰。游人相对集中的活动场所，园路密度可稍大，以方便游人集散。园路过密不仅增加了投资，而且对园地景观也造成分割过碎之弊，因此园路密度不宜过大，大致控制在全园总面积的 10%～12% 较为合适。

5）交叉口的处理

园林中道路系统需要交叉衔接，常用的园路相交形式有两路交叉和三叉交会。为使交接自然、美观和使用便利，设计时需注意如下几个方面的问题：首先，交叉口不宜过多，而且还应对相交或分叉的园路在路幅、铺装等方面予以分别处理，或用指示牌示意，以区分主次，明确导游方向。其次，主干园路间的交接最好采用正交，为避免游人过多产生拥挤，可将交叉点放大以形成小广场。山道与山下主路一般避免正交。这除了减缓山路的坡度外，还可将道路掩藏于花木山石之后，以免一览无余。最后，两条园路需要锐角相交时，锐角不应过小，而且应将交点集中在一点上，避免交叉口分离而不易辨别方向。当园路呈"丁"字形相交时，交点处可布置雕塑、小品等对景，以增强指向性。

6）园路与建筑的关系

与园路相临的建筑应将正立面朝向道路，并适当后退，以形成由室外向室内过渡的广场。广场的大小依据建筑的功能性质来决定，园路通过广场与建筑相联系，而建筑内部需要有自己独立的活动线路。如果建筑规模不大，或其间的功能较为单一，也可采用加宽局部路面，或分出支路的方法与建筑相连。一些串接于游览线路中的园林建筑，一般可将道路与建筑的门、廊相接，也可使道路穿越建筑的支柱层。依山的建筑利用地形可以分层设出入口，以形成竖向通过建筑的游览线。傍水的建筑则可以在临水一侧架构园桥或安排汀步使游人从园路进入建筑，涉水而出的同时观赏水景，形成亲水空间。

7）山林道路的布置

山路的布置应根据山形、山势、高度、体量以及地形的变化、建筑的安排、花木的配置情况综合考虑。山体较大时山路须分主次，主路一般作盘旋布置，坡度应较为平缓；次路结合地形，取其便捷；小路则翻岭跨谷，穿行于岩下林间。山体不大时山路应蜿蜒曲折，以使感觉中的景象空间得以扩大。山路的布置还需注意起伏变化，尽量满足游人爬山的欲望。

城市公园绿地中的假山一般体量不会太大，穿越山林间的道路路幅需要与假山的尺度相适宜。所以山林间的道路不宜过宽。较宽的观景主路一般不得大于3米，而散步游憩小路则可设计成1.2米以下。

当园路坡度小于6%时，可按一般的园路予以处理；若在6%～10%，就应沿等高线作盘山路以减小园路的坡度；如果园路的纵坡超过10%，需要做成台阶形，以防游人下山时难以收步。对于纵坡在20%左右的园路可局部设置台阶，更陡的山路则需采用磴道。山路的台阶磴道通常在1级～0级之间要设置一段平缓的道路，以便让登山者稍作间歇调整。必要时还可设置眺望平台或休息小亭，其间置椅凳，以供游人驻足小憩、眺望观览。如果山路需跨越深涧峡谷，则考虑布置桥梁。若将山路设于悬崖峭壁间，则可采用栈道或半隧道的形式。由于山体的高低错落，山路还要注意安全问题，如沿岩崖的道路、平台，外侧应安装栏杆或密植灌木。

8）台阶和磴道

园林地形高差，需要设置台阶和磴道以方便游人上下。但台阶和磴道在满足游览实用功能的同时，还有较强的装饰作用（图5-2-40）。

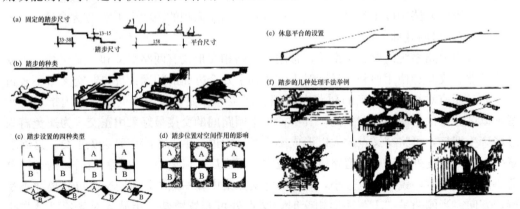

图 5-2-40　台阶与磴道

构筑台阶的材料主要有各种石材、钢筋混凝土及塑石等。用于建筑的出入口或下沉广场周边的台阶主要采用平整的条石或饰面石板，以形成庄重典雅之感；池畔岸壁之侧、山道之间等地方，使用天然块石可增添自然的情趣；钢筋混凝土台阶虽然少了一份自然，但其可塑的特性能使台阶做成各种需要的造型；至于塑石台阶因其色彩可随意调配，若与花坛、水池、假山等配合和谐，则能产生良好的点缀效果。台阶的布置应结合地形，使之曲折自如，成为人工痕迹强烈的建筑与富有自然情趣的山水间的优美过渡。台阶的尺度要适宜，因为没有进深尺寸的限制，所以其踏面宽度大于建筑内部的楼梯为宜，而每级高度也应较室内小，以使上楼更为轻松省力。一般踏面宽度应设计为30～38厘米，高为10～15厘米。

山间小路翻越于较为陡峻的山岭时常常使用磴道。所谓磴道其实就是用自然形的块石垒筑的台阶，这种块石除踏面需要稍加处理使之平整外，其余保留其原有的形状，以求获得质朴、粗犷的自然野趣。

4. 园林场地

园林中的场地按功能可分为交通集散场地、游憩活动场地及生产管理场地（图5-2-41）。由于各类场地性质的不同，其布置方式和艺术要求也须有所区别。

1）交通集散场地

交通集散场地有公园绿地的出入口广场以及露天剧场、展览馆、茶室等建筑前的广场等。

出入口广场属于车流到园的终点或人流入园的起点，同时也可以看成是园路与城市道路的交会点。因入口广场常有大量的人、车需要集散，所以在功能上需考虑其使用的便利性和安全性，合理安排非机动车和机动车的停放、公交站点位置以及游人上下车、出入园林、等候所需的用地面积等相互间的关系。管理方面需要设置售票、值班等设施。作为公园绿地的窗口，入口广场在造型上需要具有引人入胜的艺术特色，因此除了精心设计大门建筑外，还需布置花木、草坪、雕塑、峰石、园灯、地面铺装等园林要素以及广告宣传牌，使之最大程度地反映该园林的风貌特征，让人到此就能感受到园林艺术的魅力。

公园绿地出入口广场的布置一般采用如下几种形式：

（1）"先抑后扬"，入口处用假山或花木绿篱做成障景，让游人经过一定的转折之后才能领略山水园景。

（2）"开门见山"，入口开敞，不设障景，将园内如画的美景直接展示在游人的面前。

（3）"外场内院"，出入口分别设置外部交通场地和内部步行小院两大部分，游人进入内院后购票入园，以减少城市交通的干扰，这种处理与第一类具有相似之处。

（4）"T字障景"，即将园内主干道与入口广场"T"字形交接，园路两侧布置高大绿篱，以形成障景，游人循路前行，至主交叉路口再分流到各个景区、景点。这种布置在目前的城市公园中最为常见。

建筑广场的形状和大小应与建筑物的功能、规模及建筑风格一致，故有时也作为建筑的组成部分进行设计。然而园林中的建筑广场还有其本身的特点，即它既是相应建筑物的外延部分，也是园林组成要素，因而需要进一步考虑与园景以及内部的游览线路

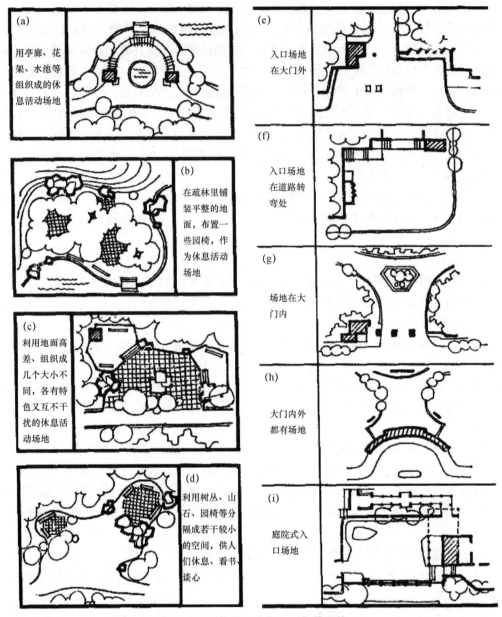

图 5-2-41　休息活动与交通集散地等

的联系。游人在此逗留、休息，需要安放相应的设施，如果安置雕塑、喷泉、大型花钵之类的景物时还应顾及观赏角度和距离。

2）游憩活动场地

游憩活动场地主要用于游人休息散步、跳舞做操、儿童游戏、节日庆典等。此类场地在城市公园中分布较广，而且因活动内容的不同其处理方式也不完全一致，但都要求做到美观、适用和具有特色。如用于晨练的广场不能紧临城市主要交通干道，但又要求距出入口不远；周边须有良好的绿化，以保证空气新鲜。场地周围或大树之下应布置一定数量的园椅，以便锻炼者休息小坐；场地可以采用草坪或者硬质铺装，但应平整。集体活动的场地要求宁静、开阔、景色优美和阳光充足，一般被布置在园地中部的草坪内，可依山傍水，四周绕以疏林，场地地面若能稍有起伏，则更增自然情趣。这样的场地既可用于集体活动，又能成为公园主体景观之一。儿童游戏场地需设置数量较多的游戏设施，故应集中布置，一般位于园地的一隅，且要靠近出入口，场地的外围用疏林与公园主体相隔离，其中沿周边放置园椅，供家长休息。至于那些供游人休息、散步、赏景、拍照的场地则可布置在有美景可借的地方，适当安排亭、廊、大树、花坛、棚架、园椅、园灯、山石、雕塑、喷泉等，使人能在此有较长时间的逗留。不少城市公园中还设有溜冰场、网球场等群众性的体育活动场地，此类场地可按相关运动的要求予以布置。

3）生产管理场地

生产管理场地指供园务管理、生产经营所用的场地。园林中的内部停车场应与管理用的建筑相邻，应设有专门的对外和对内的出入口，以方便园务工程及与外界的联系。

5. 园桥与汀步

道路跨越水面需要架设桥梁，而公园绿地内的桥梁除了联系交通、引导游览等功能外，还有分隔水面、点缀风景的作用。自然风景式园林中一般都设置有各种形式的水体，大面积集中型的湖泊虽然水面开阔，但难免给人以单调之感，因此在设计时常采用长堤（道路在水体中的延伸）、桥梁予以分隔以丰富层次。而桥梁因下部架空，可使水体隔而不分，从而更有一种空灵通透的效果。一些造型优美的桥梁本身就能成为一处佳景，如北京颐和园的十七孔桥、桂林七星岩的花桥、鹅岭公园的绳桥、西安兴庆公园的迎春桥、苏州拙政园的小飞虹、扬州瘦西湖公洲的五亭桥等（图5-2-42）。

北京颐和园十七孔桥　　　　桂林七星岩花桥　　　　　鹅岭公园绳桥

图 5-2-42　园桥示例

园桥的造型，多取材于人们日常生活中所使用的形式。我国常见的桥梁有梁式桥和拱桥，有些地方还能见到廊桥和亭桥，在涧深流急的江河上则有使用绳桥和索桥的。传统园林中梁式桥和拱桥的运用最为普遍，中小型园林为使桥的体量能与周围的景物相和谐，一般使用贴近水面的梁式平桥。园林面积稍大的，为突出桥梁本身的造型则用拱桥。而一些位置较为特殊的地方也会用廊桥或亭桥予以点缀处理。如苏州拙政园的小飞虹因两岸建筑临水而建，且相隔间距不大，所以架桥沟通两岸时采用廊桥以增加桥的体量。视野开阔之处可将桥设为凝聚视线的焦点，除了采用拱桥或将桥面升高外，也可在桥体之上再架亭构，如北京颐和园西堤六桥中的豳风桥和扬州瘦西湖上的五亭桥等。现代风景区建设中为体现自然野趣，也有在大山深谷间借鉴西南少数民族的绳桥和索桥的（图5-2-43）。

结构上梁式平桥有单跨和多跨之分，多跨的平桥常用曲折形的平面，形成三曲、五

图 5-2-43 绳桥和铁索桥

曲乃至九曲的曲桥（图 5-2-44），它使游人沿桥行进时能够移步换景。拱桥则有单孔和多孔之别，两岸间距较大时拱桥常采用多孔，其中最为著名的如北京颐和园的十七孔桥。现代公园绿地中一些需承受大荷载的拱桥，还有采用双曲拱结构的。

图 5-2-44 各类曲桥

　　建桥的材料一般为木、石及钢筋混凝土。过去，园林中主要使用木桥及石桥，虽然木桥修造快捷，但需要经常维护，且易朽坏，所以晚清使用石桥为多，现存古典园林所见的桥梁大都为石桥。现代的公园绿地除了使用木、石桥梁外，还有许多钢筋混凝土桥梁。作为特殊的景观的绳桥和索桥一般使用钢索缆绳，辅以木板桥面。

　　园桥的布置应与园林的规模及周边的环境相协调。小型园林水面不大，为突出小园水面宜聚的特点，可选用体量较小的梁式平桥在水池的一隅贴水而建。桥梁不应过宽过长，桥面以一二人通行的宽度为宜，单跨长在一二米左右。园景较丰富时跨池常采用曲桥，目的是延缓行进速度，增加游人在桥上的逗留时间，使游人领略到更多的水色湖光，而且因每一曲在设计时可考虑相对应的景物，使游人在左右顾盼之间感受到景致的变幻，取得步移景异的效果。在园林规模较大时或水体较为开阔的地方，可以用堤、桥来分割水面，变幻的造型能够打破水面的单调，而抬高的桥面还可以突出桥梁本身的艺术形象。桥下所留适宜的空间不仅强化了水体的联系，同时还能便于游船的通行。

由于园林中的桥梁在功能上具有道路的性质，而造型上又有建筑的特征，因此园桥的设计需要考虑与周围景物的关系，尤其是像廊桥、亭桥，应在风格造型、比例尺度等方面特别注意与环境的协调。

汀步也是公园绿地中经常使用的构筑物，与园桥具有相似的功能（图 5-2-45）。

图 5-2-45　各种汀步造型

自然界的溪流、水涧中经常有一些露出水面的砾石，人们若要跨越溪涧，常常步石凌水而过。因其景致极富野趣，流水所激潺潺有声，人行其上还带有略感危险的刺激，所以园林中常加以模仿设计为汀步。在公园绿地中设置汀步，一般用于狭而浅的水体，为保证游人的安全，汀石须安置稳固，其间距应与人的步距一致，尤其要考虑小孩的步距。

（三）园林设施

园林设施属于风景园林中硬质景观的重要组成部分，所谓硬质景观是相对于以植物、水体等为主的软质景观而言的。按照使用功能的不同，硬质景观可以分为实用型、装饰型和综合功能型。其中综合功能型硬质景观在现代景观设计中被广泛应用，体现了形式与功能的协调统一，不仅具有艺术装饰效果，同时，结合实用功能的景观设施还能够满足更多的需求和视觉美感。

20 世纪 70 年代后，后现代主义进入艺术设计领域，丰富了当代景观设计的语汇。现代科技手段的进步、造园材料的丰富及景观设计思潮的不断创新，使硬质景观材料和设计思潮都发生了巨大的变化，并向新的方向不断完善。许多材料和形式在它们刚出现时让人感到不可思议，如今已经频繁地出现在景观作品中并受到人们的喜爱。

实用型景观包括道路环境、活动场所和设施小品三类。道路环境由步行环境和车辆环境组成，主要包括人行道、游路、车行道、停车场等；活动场所包括游乐场、运动场、休闲广场等；设施小品即照明灯具、休息座椅、亭子、垃圾箱、电话亭、洗手池等。这类景观主要是以应用功能为主而设计的，突出地体现了硬质景观使用功能的强大且经久耐用等特点。

装饰型景观包括雕塑小品和园林小品等。现代雕塑作品种类、材质、题材都十分广泛。园林小品即园林绿化中的假山置石、景墙、花盆等。苏州古典园林中，芭蕉、太湖石、花窗、石桌椅、楹联、曲径小桥等是古典园艺的构成元素。然而在当今园林绿化中，园林小品则更趋向多样化，一处体现现代构成意味的座椅都可成为现代园艺中绝妙的配景。这类景观是以装饰需要为主而设置的，具有美化环境、赏心悦目的特点，体现了硬质景观的独有的美化功能。

园林是人进行户外活动的场所，舒适美观、充满人性化的园林环境需要由各类园林设施来营造，这些设施既要满足使用的要求，还需同环境相协调，因此其外形和色彩的选择应与景观设计统一考虑，此外还应充分考虑无障碍设计。

（四）其他人文环境要素

人文环境可以定义为一定社会系统内外文化变量的函数，文化变量包括共同体的态度、观念、信仰系统、认知环境等。人文环境是社会本体中隐藏的无形环境，是一种潜移默化的民族灵魂。通常，在风景园林中人文环境要素专指历史、人口、产业结构和教育与社区参与等。

1. 历史

历史承载和见证了过去的兴衰和发展的足迹。了解历史对于理解一个区域或场所是十分重要的。通常，某些公共图书馆和当地的地方志可能保存了比较完整的发表或未正式发表的地方事件的史实。而一些野史或民间传说往往以口述而非文字的形式得以流传，这些地方历史的原始信息可以通过民间访谈获得。历史信息的获得与否关系到景观场所的解读和设计倾向，真实的历史有助于人们了解场所的地方精神或文脉，以保持其历史的可持续性和地方特色。

2. 人口

人口是生活在特定社会、特定地域范围和特定时期内具有一定数量和质量的人的总体。其是一个内容复杂、综合多种社会关系的社会实体。在风景园林规划中，人口趋势、特征和预测分析这三个要素显得十分重要。

1）人口趋势

人口趋势包括人口的数量、空间分布和组成成分的变化。在规划项目中，为了满足需求必须要考虑人口增长、流动及构成的变化。

2）人口特征

人口特征包括年龄、性别、出生、死亡、民族成分、分布、迁移和人口金字塔等方面。研究人口特征是为了了解规划区的使用人群。一个规划中涉及的特定问题需要考虑不同的人口密度、年龄和性别分布、种族和民族分布，以及带眷人口比例。如果规划采用增长管理策略，人口密度就显得重要。如果规划需要考虑学校和公园设施，年龄特征就非常重要。

3）预测分析

风景园林师有时需要预测谁将居住或经常使用规划场地，以便设计必要的供其使用的空间场所或设施。值得指出的是在很多情况下，需要根据人口进行开发预测。如一个社区规划采用的是增长管理计划，那么政府主管部门或开发商就要知道需要多少新的公共绿地或公共活动空间来容纳或适应新的使用人群。

3. 文化

文化是一种社会现象，是人们长期创造形成的产物，同时它又是一种历史现象，是社会历史的沉淀物。确切地说，文化是指一个国家、地区或民族的历史、地理、风土人情、传统习俗、生活方式、文学艺术、行为规范、思维方式、价值观念等。文化具有广义和狭义之分，在风景园林设计中一般引用狭义的文化，即指人们普遍的社会习惯，如衣食住行、风俗习惯、生活方式、行为规范等。

文化的存在依赖于人们创造和运用符号的能力。对于特定的规划区来说，文脉的延续增添了场所的意境与特色，保存了其历史的记忆，体现了对历史的尊重。文化的符号化或物质化以及空间化或意境化使得景观环境极具特色。

4. 产业经济结构

地区的产业经济结构对风景园林的建设也是必不可少的因素之一。通常，一个地区的产业类型、规模及其经济结构和发展状况对于景观环境的规模、数量、布局、品质以及建设质量有着很大的限制作用。如果地区经济结构中更多的成分是第一产业（如农业、种植业等）和第二产业，而不是第三产业（如零售业、服务业），其对绿地的面积、分布和住房等需求将存在很大不同。

5. 教育与社区参与

教育是一个终身的过程，是一个不断获得知识、平衡感知、学习和做出决策的过程，其目的就是使个体对其本土文化有很深厚的理解，有了这种理解才可能将文化传统发扬光大并回报社会。教育通过社会事业机构、通过具有某种准则的参与活动、通过社区活动等途径得以普及，更广义地说，教育是通过大众来普及和发展的。社区教育不仅丰富了当地居民的知识，也拓展了风景园林师的知识领域。其实，风景园林规划设计的每一步都必须融进公共教育和公众参与，教育能帮助人们将其个人技术和兴趣与公共社会问题结合起来。没有这种结合，那些保护人类健康、安全和福利的景观准则和规划将受到公众的质疑。公众的参与能够保证政策或项目的成功，同时公众参与也体现了民主。

三、园林造景手法

造景无成法，因功能要求、环境条件、地理历史、建造材料、审美角度等而有不同。

（一）常用园林造景手法

常用的园林造景手法有对景、透景、障景、藏景、隔景、框景、夹景、漏景、添景等，其中框景、夹景、漏景、添景为常用的前景处理手法。

1. 对景手法

位于园林轴线和风景线端点的景物叫对景。对景可以使两个景观相互观望，丰富园林景色，一般选择园内透视画面最精彩的位置，用作供游人逗留的场所，如亭、榭等。这些建筑在朝向上应与远景相向对应，能相互观望、相互烘托。

对景分正对和侧对、单对与互对。正对是指通过轴线或透视线把视点引向景物的正面，在规则式园林中应用较多。这样布置能获得庄严雄伟的效果，成为特定的主景。在纪念性园林中，园路的尽头端部常布置景观以形成对景的画面效果。侧对是指视点与景物侧对，欣赏景物的侧面，能取得"犹抱琵琶半遮面"的艺术效果。在自然式园林中蜿蜒曲折的道路、长廊、河流和溪涧的转折点，宜设对景，增加景点，起到步移景异的效果。如站在颐和园的佛香阁上看龙王庙就是正对，看知春亭就是侧对。正对与侧对都属于单对。互对是指在轴线或者风景视线的两端都安排景物，两景互对，互为对景。如从佛香阁看十七孔桥或从十七孔桥看佛香阁，即形成互对。互对可以是正对也可以是侧对（图 5-2-46）。

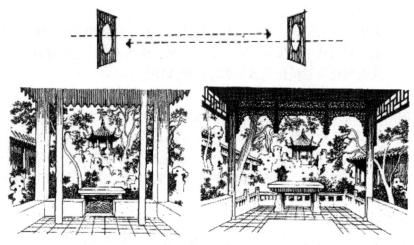

图 5-2-46　对景示例

2. 透景手法

当美好的景物被高于游人视线的地物所遮挡时，须开辟透景线，这种处理手法叫透景。在安排透景时，常与轴线或放射型直线道路和河流统一考虑，这样做可以避免因开辟透景线而移植或砍伐大量树木。透景线除透景外，还具有加强对景地位的作用。因此，沿透景线两侧的景物，只能做透景的配置布景，以提高透景的艺术效果。在园林中多利用景窗花格、竹木疏林、山石环洞等形成若隐若现的景观，增加趣味，引人入胜。在设计时应注意把园内外主要风景点的透视线在平面设计图上表现出来，并保证需要的景观在透视线范围内，使得景物在立面空间上不受遮挡（图 5-2-47）。

3. 障景手法

凡能抑制视线，引导空间转变方向的屏障景物均为障景。中国园林讲究"欲扬先抑"，也主张"俗则屏之"。二者均可用景障，有意组织游人视线发生变化，以增加风景层次。障景具有双重功能：一是屏障景物，改变空间，引导方向；二是作为前进方向的对景。

障景按布置的位置可分为三种：入口障景、端头障景和曲障。入口障景位于景园入口处，是为达到欲扬先抑、增加层次、组织人流、彰显美景等作用而设置的；端头障景

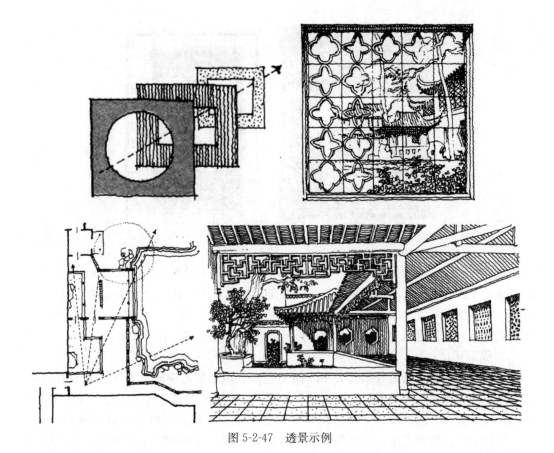

图 5-2-47　透景示例

位于景观序列的结尾处，是希望游人有所回味，留有余韵，起到流连忘返、意犹未尽、回味无穷的作用所设置的；曲障通常用在宅院，人们往往要经过转折的廊院才能到达院中，如沧浪亭在假山与水池之间，隔着一条向内凹曲的复廊。曲径通幽是古代造园常常用到的一种技法，其目的在于让游客随着蜿蜒曲折的小径一路探寻，在尽头处方有一种豁然开朗的感觉。

　　障景按使用的材料不同，可分为影壁障、假山障、土山障、树丛障、绿篱障、组雕障、置石障、建筑障等。如北京故宫的三大彩色琉璃九龙壁就是影壁障；拙政园东园兰雪堂后的湖石假山就是假山障；扬州个园竹林，小径两旁以竹林为障，曲径通幽，从小路前望，可见前方小亭一角，这就是树丛障。障景在园林中的应用手法不一，在现代园林中应用更是广泛。采用障景应视具体情况而定，或缀山或列树或置石，运用不同的题材所达到的效果和作用各异，或曲或直，或虚或实，或半隐或半露，或半透或半闭，或障远或障近，全应根据主题要求而匠心独运。同时障景手法的运用，也不限于起景部分，在整个园林的景观序列中都可尝试，灵活运用（图 5-2-48）。

　　4. 藏景手法

　　藏景是为了更好地显露景物的一种含蓄的表现手法。"山欲高，尽出之则不高，烟霞锁其腰，则高矣。水欲远，尽出之则不远，掩映断其脉，则远矣。"藏景一般指园中园，都藏在园中的僻静处，游人往往容易漏掉。例如，颐和园中的谐趣园、北海中的静

图 5-2-48　障景示例

心斋都是园中园。园林是直观艺术，景物不藏则不深，不深则不奥，不奥则不悠。园中园的建造使游人在宏大的园林中看到小巧精美的建筑，为园林的美增添趣味；同时游人站在园中园里，观赏大园的主景。一般藏景更富有艺术特色，容易引起游人的神秘感，更能吸引游人。但是藏也不是绝对的，以亭为例，有的宜藏，有的宜露。

5. 隔景手法

隔景是指将园林绿地分割为大小不同的空间景域，使各空间具有各自的景观特色，而互不干扰。隔景与障景不同。隔景是出其不意，本身就是景，有时它起到障丑扬美的作用。隔景旨在分割空间，并不强调自身的景观效果。隔景可以避免各景区的互相干扰，增加园景的构图变化，隔断部分视线及游览路线，使空间"小中见大"。隔景的方法和题材很多，如山岗、树丛、植篱、粉墙、漏墙、复廊等。隔景的方法有实隔、虚隔、虚实隔。实隔是指游人视线基本上不能从一个空间透入另一个空间，通常以建筑、实墙、山石、密林分割形成实隔。如颐和园中的谐趣园、无锡寄畅园都是用实体高墙隔开，园内外空间互不透露。虚隔是指游人视线可以从一个空间有断有续地透入另一个空间，通常以长廊、疏林、花架相隔或实墙开漏窗相隔，形成虚实相隔。两个空间虽隔又连，隔而不断，景观能够互相渗透。如北海公园中的看画廊，即借用长廊的立柱，把湖光山色分隔成一幅幅美丽的画面供游人欣赏。

6. 框景手法

框景是在园林中用门、窗、树木、山洞等来框取另一个空间的优美景色，主要目的是把人的视线引至景框之内，故称为"框景"。框景利用"嘉则收之，俗则屏之"的手法，把景象框限在框中所看到的范围之内，有意识、有目的地优化组合审美对象，达到纯真、精炼、集中展现的目的。在古典园林中，主要是通过"框"开观"景"，人们不是直面景物本身，而是通过"框"来进行构景认知，实现具有自然美、建筑美、意境美的艺术境界。

造园家李渔于室内创设"尺幅窗，无心画"，指的就是框景。框景的布置景点是其与景框的距离保持在景框高 2 倍以上，视点最好在景框的中心，使景物画面落入 26°视域内，成为最佳画面。景与框的配合可以先有景，则框的位置应朝向最美的景观方向；也可以先有框，则框应在框景的对景处布置景色。框景常见的形式有入口框景、端头框景、流动框景、镜游框景和模糊框景。其中镜游框景是古典园林中最为常见的一种框景形式，主要指以各式门和窗户框起的景色，但最富有艺术魅力应算是模糊框景了。在中国古典园林中，门和窗是框的主要元素，其中窗有什锦窗和漏花窗两种。模糊框又称"漏窗"，它是在窗户内装有各式窗格或砖瓦拼成的各式图案，因而使窗外的风景依稀可见但又不甚清晰，具有一种"似实而虚，似虚而实"的模糊美。而什锦窗主要是指外形各异的窗框，在园林中连续排列于墙上，既可形成框景，窗框本身也因形状奇异、有趣而引人注目，在江南私家园林和北方皇家园林中多有设置，如北京颐和园游廊上的什锦窗。拙政园内有个扇亭，坐在亭内向东北方向的框门外望去，见到外面拜文揖沈之斋和水廊，在树木掩映之下，形成一幅美丽的画面。从北京颐和园中的"湖山春意"向西望去，可见到远处玉泉山和山上的宝塔，近处有西堤和昆明湖，更远处还有山峦，层层叠叠，景色如画。拙政园中，水廊的檐和柱将"与谁同坐"轩及周边景色框入画中，以简洁的景框作为构图前景，把最美好的景色展现在画面的高潮部分，给人以强烈的视觉冲击和深刻的印象。耦园的山水间外望的门窗及窗景、留园的绿荫窗景、狮子林的海棠门洞及九狮峰、留园的华步小筑、沧浪亭的秋叶门景、怡园的复廊窗景等都是框景手法的较好体现（图5-2-49）。

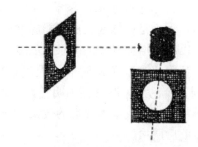

图 5-2-49　框景示例

7. 夹景手法

夹景是一种带有控制性的构景方式，主要运用透视消失与对景的构图处理方法，在人的活动路线两侧构设抑制视线和引导行进方向的景物，将人的视线和注意力引向计划的景物方向，展示其优美的对象。夹景具有增加景深的造景作用，类似照相取景一样，往往达到增加景深、突出对景的奇异效果，多利用植物树干、断崖、墙垣、建筑等形成，适宜于河流及道路构图的设计中。如在环秀山庄山谷中的山路上，两边的假山石造型十分优美，本身就可以作为景观供人欣赏，但同时也抑制了行人的视线，将人们的视觉中心引导到环秀山庄主的主景边楼上，展示出美好的视觉感受。又如网师园的撷秀楼，借水面反射出撷秀楼周围的优美景色，增加了画面的层次（图 5-2-50）。

图 5-2-50　园林夹景示例

8. 添景手法

添景是在缺乏前景和背景的情况下，在景物前面增加建筑小品或补种几株乔木，或在景物后面增加背景，使层次丰富起来的手法。添景可以是建筑小品、山石、林木等。在建筑前栽种姿态优美的树木，无论是一株或几株都能起到良好的添景作用。另外，运用色彩的空气透视原理，也可以起到增加景深的效果，如暖色系、色度大、明色调都会给人以向前的感觉；冷色系、色度小、暗色调则会给人以远离的感觉。因此安排景物时，远景（背景）宜用暗色调、冷色系，近景宜用明色调、暖色系。另外，水的源头、尽端的叠石、置桥、过水墙洞等均可造成水景深远的效果。当然，有时为了突出主景简洁、壮观的效果，也可以不要前后层次。

9. 借景手法

借景是中国园林艺术的传统手法，指有意识地把园外的景物"借"到园内视野范围内，成为园内景色的一部分。明计成在《园冶》一书中说"嘉则收之，俗则屏之"，也是指如若园子周围有好的景观，可以将其收入院内景色；若有碍观瞻，则需将其阻挡在视线之外。一座园子的面积和空间是有限的，为了丰富园内的景观，增加虚拟空间，借景作为一个重要的手法，常被运用于景观营造中，收无限风景于有限的空间内，扩大园内空间的深度与广度。

中国园林中，运用借景手法的案例很多。如白居易的"庐山草堂"，是借植物之景的佳作。白居易构建草堂时以草堂为视点，近借护崖的千余杆修竹、直插云霄的古董老杉、缀枝缠绕的女萝和茑萝，远借春花烂漫的锦绣谷，从而使他的"庐山草堂"成为中国古代自然山水园的代表作之一。唐代建造的滕王阁，借赣江之景："落霞与孤鹜齐飞，秋水共长天一色。"同样是四大名楼的岳阳楼，近借洞庭湖水，远借君山。杭州西湖则在"明湖一碧，青山四围，六桥锁烟水"的较大境遇中，"西湖十景"互借。借景的手法也在苏州园林中得到了淋漓尽致地发挥。留园西部舒啸亭土山一带，近借西园，远借虎丘山景色。沧浪亭的看山楼，远借上方山的岚光塔影。山塘街的塔影园，远借虎丘塔，在池中可以清楚地看到虎丘塔的倒影。无锡寄畅园中，人在环翠楼前南望，可以见到树丛背后的锡山和山上的龙光塔。苏州的拙政园主园中，自梧竹幽居西望，可以看到远处的北寺塔。

借景没有严格的空间限制，形式也多样。"借者，园虽别内外，得景则无拘远近。"借景因距离、视角、时间、地点等不同而有所不同，通常可分为直接借景和间接借景两大类。直接借景有以下几种方式。

1）邻借（近借）

邻借就是把园子邻近的景色组织进来。周围环境是邻借的依据，周围景物合适的都可以借用，不论山、水、花、木，抑或是亭、阁、塔、庙。如苏州沧浪亭园内缺水，而邻园有河，则沿河做假山、驳岸和复廊，不设封闭围墙，从园内透过漏窗可领略园外河中景色，园外隔河与漏窗也可望见园内，园内园外融为一体，是很好的邻借案例。另有苏州拙政园宜两亭。拙政园西部原为清末张氏补园，与拙政园中部分别归属两位园主，宜两亭就建在紧靠中部别有洞天的黄石假山上，"宜两"的提名道出了造园师的精巧构思——安坐亭中，一亭尽收两家春色，为我所赏（图 5-2-51）。

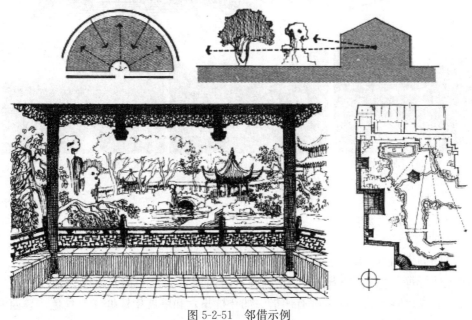

图 5-2-51　邻借示例

2）远借

远借是指处于视野开阔处或远处有可资借取的空间景物时，将人流和视线引向远处的景物，并铲除其他干扰视线的因素，或者采用筑台、建楼、利用高处地形布置视点的方式，把远处的景色组织在景观的构图之中，所借景物可以是山、水、树木、建筑等。如北京颐和园远借西山及玉泉山之塔，济南大明湖借千佛山，避暑山庄借僧帽山、磬锤峰，无锡寄畅园借惠山，拙政园借北塔寺等（图 5-2-52）。

3）仰借

仰借指利用景物的自然高差形成的景观层次和人们抬头仰望的视觉特性，使高处的景物成为低处空间景色的借景。仰视借取园外景观，以借高景物为主，如古塔、高层建筑、山峰、大树，包括蓝天白云、明月繁星等。如北京北海借景山，南京玄武湖借钟山、陕西华清池借骊山等均属于仰借。仰借视觉较容易疲劳，观赏点应设置亭台座椅，

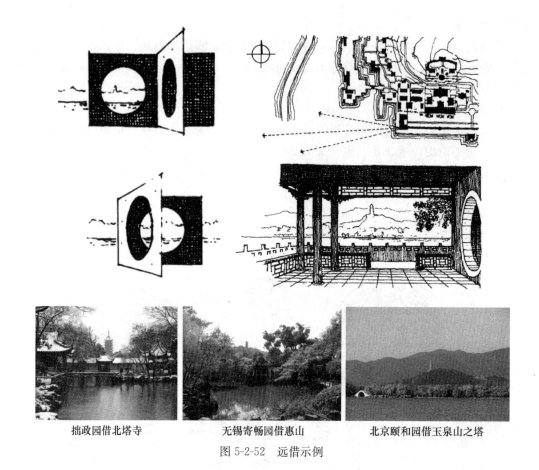

| 拙政园借北塔寺 | 无锡寄畅园借惠山 | 北京颐和园借玉泉山之塔 |

图 5-2-52　远借示例

但应注意不阻挡仰借视线。

4）俯借

俯借同仰借相对，俯借指在园中居高临下俯视低处景物，所借景物甚多，如江湖原野、湖光倒影等。"门泊东吴万里船"，是从门内向下望江中船只，可以视为仰借的一种。凡是登高远眺观景，一般都有俯借。如登杭州六和塔展望钱塘江上景色，登西湖孤山观湖上湖心亭等。

5）因时而借

因时而借指利用一年四季、一日之时，有大自然的变化和景物的配合而成的景观，主要指借天文、气象、植物季相景观和其他即时的动态景观。对一日来说，日出朝霞、晓星夜月；以一年四季来说，春光明媚，夏日原野，秋天丽日，冬日冰雪。就是植物也随季节转换，如春天百花争艳，夏天浓荫覆盖，秋天层林尽染，冬天枝杈疏朗，这些都是因时而借的意境素材。如"苏堤春晓""曲院风荷""平湖秋月""断桥残雪"等，这些都是通过因时而借组景的。

（二）主从造景手法

从园林整体营造上讲，有主景配景之分。主景是全员的重点或核心，是园林空间构图的中心，体现了园林的主题，是园林景观的主体和全园视线的控制焦点，具有较强的艺术感染力。配景包括前景和背景，前景主要起丰富主题的作用；背景在主景背后，起到烘托主题的作用。

以著名皇家园林颐和园为例。颐和园属于大型皇家苑囿，它的主要景点和建筑群均集中于万寿山前山。万寿山前山宽 1000 米，最高处不过 60 米。前山主轴为从"云辉玉宇"牌楼起，包括排云殿、德辉殿等建筑群，至"智慧海"一线，以牌楼为序幕，排云门为起景，发展到排云殿、德辉殿，登上石蹬道到达主轴线上的主要景点佛香阁，这也是前山主轴线景观序列的高潮，最后以智慧海作为该序列的节点。

主景除本身具有较强特色外，还需要在配景的陪衬、烘托下得以加强。佛香阁高38 米，是一座八角四重檐攒尖顶木结构建筑，居于万寿山正中，体量高大，地位突出，既能体现皇家苑囿的极高地位，同时也是控制全园的制高点。而排云殿建筑群规模宏大，对称严整，气势磅礴，与佛香阁形成一种"众山拱伏，主山始尊；群峰盘互，祖峰乃厚"的景象。这与传统绘画领域强调主景突出，又重视配景烘托是相通的。

园林造景的大小空间，均应有各自的主配景，既要突出主景，又要重视配景的烘托作用，配景不可喧宾夺主但又必不可少，同时没有主景园林景观会缺乏重点，显得艺术感染力不足，即"牡丹虽好，还需绿叶扶持"。

突出主景的手法主要有以下几种：

1. 主景升高

主景升高是突出主景的常用手法之一，可产生仰视观赏的效果。主景升高可以以蓝天、远山为天然背景，若地面环境比较复杂，可避免或减少其他环境因素的影响，使景观主体的造型轮廓突出鲜明。主景升高营造出一种鹤立鸡群的效果，显示主景相对于其他景观更重要的地位。若主景布置在制高点，则有控制园林空间、统领总体风貌、会聚视线的作用（图 5-2-53）。如南京中山陵的中山纪念堂、北京天安门广场的人民英雄纪念碑、颐和园的佛香阁、广州越秀公园的五羊雕塑、法国巴黎凡尔赛宫前的路易十四雕像等，都是通过这种手法来突出主体景观的。

图 5-2-53　北海公园主景升高示例

2. 运用轴线控制成景要素

轴线是连接两点或多点的线状规划单元，是一种构景的连接要素。轴线是强有力的风景要素，具有抑制与中和其他风景特征的趋势。因此，轴线对其通过的景物和空间具有较大的影响。就轴线的性质而言，它是定向的、有规律的和起支配作用的，但可也能是单调的；从形式上而言，它作为动态的规划线，是统一的要素，可以弯曲或者转向，可以汇聚、相交，但不允许分叉。

由于轴线是由既定场所导出的，所以安排一条强有力的轴线，可视为安排一条强有力的计划线。该线可将这片场地空间向外引导，轴线经过的地方可作为景点与轴线之间互动的源头，并借助轴线两侧景物的构设与空间的调整来诱发其外向活动和视线的转移。

　　轴线在其影响范围内，对其周边的景观既有肯定又有否定，既有突出又有抑制。因此，轴线与周边的场地、景物配置都需讲究配合，构成一种统一的要素，增加沿线诸景点的趣味、价值和赋予不同的意义。轴线的设置常出于庄严、宏伟、华贵、神秘、注目与易识别、诱导等功能的需要。通常，一条轴线需要一个动人的端点，而动人景物有时在观念上又需要轴线的处理来达成。轴线的控制趋势体现在将某种规律加之于空间、景物形象以及观赏者，使观赏者的行为活动、注意力、兴趣选择等均可受到轴线的引导和支配，并以其强大的向心力沿一定方向排列、延伸。轴线两侧的景物布置形式较为灵活，既可以对称，也可以有组织地非对称布置，一般较为严肃工整的园林会采用对称布局来强化场地的正式感（图 5-2-54）。

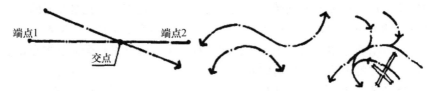

轴线可以是一条或几条，每条轴线应　　轴线可以弯曲或回转，但不能有分歧、
有两个端点。有力的轴线应有强有力　　冲突与混乱
的终点

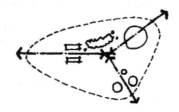
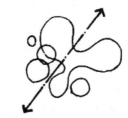

轴线可以汇聚、相交，可以构成景物　　相关排列的自由平面仍可具有轴线
的统一因素。主要轴线与次要轴线不
一定要相互垂直

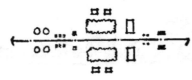
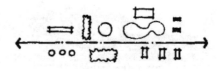

轴线两侧的景物对称布局　　　　　　轴线两侧景物非对称布局

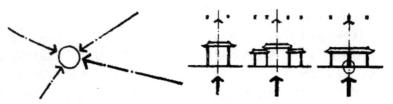

轴线端景的终点，可以是标志性景物，　　轴线中景物的人流通过处，以一个或三
或者是一个动人的空间　　　　　　　　个开口为好，两个开口会产生障碍感

图 5-2-54　轴线概念示意

3. 轴线和风景实现焦点（交点）

一条轴线的端点或者几条轴线的交点常在整体布景中占据突出地位，需要营造较强的表现力，成为聚景点。若一条轴线没有有力的端点，则会感觉没有终结；几条轴线的交点则因轴线的重叠而增强了该点的重要性，具有吸引、控制视线，预告园林标志物的功能，具有较强表现力。故常把主景布置在轴线端点或几条轴线的交点处。如南京的中山陵纪念堂，作为中山陵的主体景观安置在景区轴线的端点上。成都杜甫草堂的布置，自大门起，过大廨到诗史堂、柴门，到达工部祠一路，虽然诗史堂比工部祠体量大且居中，但因轴线的延伸引导关系，势至工部祠方能终结，因此工部祠成了主景。类似例子还有印度的泰姬陵、法国的凯旋门、意大利的埃斯特庄园等。

4. 动势

一般四周环抱的空间，如水面、广场、庭院等，其周围景物往往具有向心的动势。这些动势线可集中到水面、广场、庭院中的焦点上，主景若布置在动势集中的焦点上可以得到强调和突出。如西湖，四周的山势和景物，基本朝向湖中，则湖中的孤山便成了焦点，在西湖上格外突出。再如杭州的玉泉观鱼，则利用了环拱空间动势向心的规律，突出了观鱼池。

5. 对比

对比是通过借两种或多种形状、体量等有差异的景物之间的对照，突出彼此的特色，使之更加鲜明，给观者带来兴奋和新鲜感的造景手法。对比采用骤变的景象，唤起游人兴致。常用的对比手法有很多，如形象对比、体量对比、方向对比、空间开合收放对比、明暗对比、虚实对比、色彩对比、质感对比、疏密对比等。园林造景中，主景与配景就是主次对比的一种表现（图 5-2-55）。如苏州留园的入口处理就是一种空间开合对比，杭州西湖三潭印月则是虚实对比等。

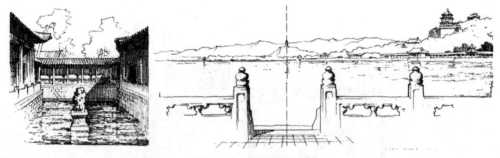

图 5-2-55 空间对比示例

6. 空间构图中心（重心）

空间构图时，人们习惯于把主景布置在园林的感官重心上，包括规则式园林的几何中心和自然式园林的空间构图重心。如北海公园的白塔，就安放在该园空间构图的重心琼州岛上。琼州岛位于北海公园东面水面中，岛上建筑密集，人工堆砌的土山高耸，土山顶部建有高塔，外轮廓线十分鲜明。不论从园中何处观望，白塔都是吸引视线的首要焦点。

需要注意的是，主景不在于体量大小，而在于其所在的位置。若园林主景体量高大，自然较容易获得主景地位。但若主景体量小，则需格外注意其布置方式，结合周边环境，巧妙利用对比等手法，达到突出主景的效果，如以小衬大、以低衬高等。

7. 渐进

渐进是指园林布景采用渐进的方式，由低到高，逐步升级，由次到主，层层深入，通过巧妙安排景观的序列，由序幕到发展，最后到达高潮，引人入胜，是一种引出主景的布置方式。一般规模较小的园林，其主体通常为单一的大空间，建筑多沿园的四周布置，形成闭合圆环的景观序列。如苏州的畅园、鹤园，颐和园中的谐趣园虽然面积较大，但就布局来讲也属于这一类。规模较大的园林，序列特征更为典型。以颐和园为例，入口部分是序列的开始和前奏，由一列四合院组成；出玉涵堂至昆明湖畔，空间豁然开朗；过乐寿堂经长廊引导至排云殿，登上佛香阁到达序列高潮；由此返回长廊继续往西可以绕到后山，顿感幽静；至后山中登须弥灵境再次形成高潮；回至山麓继续往东可达谐趣园，接近序列的尾声；再向南至仁寿殿便完成了一个序列的循环。

8. 抑景

中国传统园林的一大特色是反对一览无余的景色，主张"山穷水尽疑无路，柳暗花明又一村"这种先藏后露、欲扬先抑的造园方法。苏州多数园林的入口，常用假山、小院、漏窗等作为屏障，适当阻隔游人的视线，使人们一进院门只能隐约看到园景的一角，游人只有在园中逐步深入，景物才若断若续地呈现出来，引人产生一种迫不及待窥视全貌的心理，这种做法大大提高了园中主景的艺术魅力，也是典型的先扬后抑的艺术手法的体现。留园入口在抑景手法的运用上十分突出，其入口空间组合异常曲折、狭长、封闭，处于其内的视野被极度压缩，甚至有压抑之感，进入园内，一路景色透过漏窗若隐若现，显得园内格外幽深曲折，最后深入园中，到达主体空间时，顿觉豁然开朗。此番设计正是利用了入口的狭长、曲折和封闭，与园内主要空间形成极强对比，从而有效突出了园子的主体空间（图 5-2-56）。

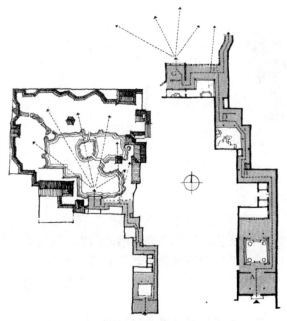

图 5-2-56　苏州留园入口抑景手法示例

9. 主调、基调和配调

在动态观赏中，园林景色不断变化，应找到贯穿在变换景物中的主体调子，以便把整个园林的景观统一起来。在静态观赏中，园林景物有主景、背景、配景之分。主景突出，背景以对比形式来烘托主景，配景则以调和手法来陪衬主景。把静态观赏的静态构图发展为连续观赏的连续构图，连续的主景便构成主调，连续背景便构成基调，连续配景便构成配调。主调、基调必须自始至终贯穿于整个构图，配调则有一定变化。主调突出，配调、基调起烘云托月、相得益彰的作用。但主调也并非完全不变，如种植设计中的主调，由于季节变化也随之变化。因此随之出现一个构图的"转调"问题。转调有急转、缓转之分。"山穷水尽疑无路，柳暗花明又一村"是急转，令人不知不觉间的转变是缓转。急转对比强烈，印象鲜明，缓转情调温和，引人入胜。

以上几种主景突出的手法往往不单独使用，应结合实际景观综合应用。主景与配景犹如红花与绿叶，主景突出、配景陪衬，主从有致，才能构成完整的园林构图。

（三）摹拟造景手法

早在 2000 多年前，秦始皇曾数次派人去寻找传说中的东海三仙山——蓬莱、方丈、瀛洲，以获取长生不老之药，但均没有成功。为此，他在自己的兰池宫中建蓬莱山模仿仙境来表达对于永生的强烈渴望。后来汉武帝继承并发扬了这一传统，在上林苑建章宫的太液池中建蓬莱、方丈、瀛洲三岛，自此开创了中国古典园林"一池三山"的传统。园林摹拟山水的手法在以后的造园中得到了延续，也随着时代更迭、审美变化而不断发展。

1. 模山范水

中国古典园林是一种以摹拟自然山水为目的，把自然或经过人工改造的山水、植物和建筑，按照一定的审美要求组成建筑的综合艺术。其中的"模山范水"主要是指摹拟名山大川、江河湖海，以表达人们对于自然的极力崇拜和向往，同时寄托文人雅趣和志向抱负。但中国园林对于自然的表现是取局部的景色而非全部微缩摹拟，追求的是以有限的空间表达无限的意境。如文震亨在《长物志》开卷所说："一峰则太华千寻，一勺则江湖万里。"以局部代表整体，以少总多，以点概面，这种象征手法是中国园林对自然的摹拟中最典型的手法之一。宋岳民曾被誉为"括天下美，藏古今盛"，一个有限大小的空间如何能容纳全天下的美景，自然是通过以小见大地将某些景观的突出特点以造景的特有方式微缩到一园之中，通过意境营造激发观景人的联想，从而使人有观赏到全天下的盛景之感。清代圆明园中九州清晏则是将中华大地的版图凝聚在一个小小的山水单元之中，来体现普天之下莫非王土的主题。颐和园更是模山范水的典范，园中昆明湖与杭州西湖、昆明湖西北水域与扬州瘦西湖之间均有着"似与不似"的关联。

2. 名园名景

摹拟名园名景是指将成功的园林因地制宜再创造，从而另成佳景。很多中国皇家园林的建造是经过了几代皇朝的改建和扩建完成的，在整个建造的过程中，会不断地博采名园，集大家之所长，其中也包含很多皇帝游园流连忘返，甚是喜爱却不能常去的景点。多样的采景都纳入统一的布局中，融各景于一园，既保证格调的统一，也形成园林自己独特的艺术性格。如承德避暑山庄仿照江苏镇江金山寺修建，文津阁仿照浙江宁波天一阁形制营造，外八庙中的须弥福寿之庙是仿西藏日喀则扎什伦布寺修建；颐和园中的谐趣园山水格局仿照无锡寄畅园；圆明园四十景中的"坦坦荡荡"模仿杭州玉泉观鱼，坐石临流仿绍兴的兰亭，等等，不一而足。

3. 文化古迹

文化古迹是历史上流传下来的具有很高艺术价值、纪念意义、观赏效果的各类建设遗址、建筑物、古典名园、风景区等。这类文物古迹常微缩在一园之中作为一个观赏景点供人观摩，或寄托一种思想，或营造某种氛围。

4. 描摹艺术作品

园林凝聚了诗情画意。诗情画意是中国古典园林的精髓，也是造园艺术追求的最高境界。文学家借助优美的语言，将自己体会到的美景经过艺术加工融入字里行间，给造园师以启迪；或是画家将所视山水融于尺幅之上，成为造园师重要的灵感源泉。造园师通过提炼艺术作品中的美学要素，与园林艺术相结合，加以提炼，融于园林设计作品中，构成美妙的园林意境。如圆明园中"夹镜鸣琴"，取自李白"两水夹明镜"的诗意；"蓬岛楼台"，是描摹了李思训仙山楼阁画意；"武陵春色"，是仿陶渊明《桃花源记》中描述的场景，等等。

5. 民风民俗

民风民俗是人类社会发展过程中所创造的一种精神和物质现象，是人类文化的重要组成部分。很多园林在营造中融入了地方民俗的元素，如具有地方特色的建筑风格、花纹、装饰物、色调等。如北京颐和园的苏州街，模仿的就是江南水乡街市。

（四）层次造景手法

景色从空间层次上划分，可分为前景、中景、背景，也可分为近景、中景、远景。前景和背景、近景和远景都有助于突出中景。中景的位置宜安放主景，远景和背景都是用来衬托主景的，而前景和近景一般是为了装点景观画面的。多层次的景观可以使景色深远，丰富而不单调。当主景缺乏前景或背景的时候，就需要添景来增加景深，以增加景色的丰富度。需要注意的是，并非所有景物都需要层次处理，具体情况视造景要求而定，也有为了突出主景简洁、壮观的效果，减少景观层级或无层次。

"庭院深深深几许"是中国古典园林追求诗情画意的主要体现之一，特别是江南一带的私家园林，为了达到小中见大、步移景异的效果，常常利用园林空间的渗透与层次变化来增加空间的深远感。在园林中，景物层次越少，越一览无余，会使得大的空间有视觉收束效果。相反，层次多，景越藏越容易使空间感觉深远。以拙政园中部园林为例，由梧竹幽居亭沿着水的方向西望，可以获得最大的景深，大约有三个景物的空间层次：第一个空间层次结束于隔水相望的荷风四面亭，其南部为邻水的远香阁和南轩，北部为水中的两个小岛，分列着雪香云蔚亭与待霜亭；通过荷风四面亭两侧的堤、桥可以看到结束于"别有洞天"半亭的第二个空间层次；而拙政园西园的宜两亭及园林外部的北寺塔，高于矮游廊的上部，形成最远的第三个空间层次。一层远似一层，空间感比实际的物理距离要深远得多。

传统园林中常用廊来增加空间层次。园林中的廊，不仅可以用来连接建筑物并使之具有蜿蜒曲折和高低错落的变化，而且还可以用来分隔空间并使其两侧的景物互相渗透，以丰富空间的层次变化。例如，一条通透的廊，横贯于园内的某个位置，原有的空间便立即被划分为两个部分，两侧的空间互相渗透，每一侧的景物都互为对侧的远景或背景，廊本身则起着中景的作用。景有远、中、近三个层次的变化，空间自然显得深远（图 5-2-57）。

图 5-2-57　空间层次示例

（五）园林意境的营造

1. 意境的概念

意境一词最早见于王昌龄的《诗格》，言"诗有三境"："一曰物境，二曰情境，三曰意境"，是中国艺术创作和鉴赏的一个重要美学范畴。意境是观赏者感知意构（设计者的主观设想）线索之后，通过回忆联想所唤起的"表象"与情感的共鸣，是意域之"景"，物外之情。

意境作为一个抽象的概念，从哲学层面上讲，是艺术辩证法的基本范畴之一，也是美学中所要研究的重要问题。意境是属于主观范畴的"意"与属于客观范畴的"境"二者结合的一种艺术境界。"意"是情与理的统一，"境"是形与神的统一。在两个统一过程中，情理、形神相互渗透，相互制约，就形成了"意境"。

"意境"感受是以往物境感受的输出，没有以往的经历和经验，"意境"便不复存在。而物境感受的输出则需要线索的唤起，线索则是典型化概念的物。另外，意境不同于物境，意境不是在人的外部感官中出现，而是在人脑的记忆联想中才能出现。所以，"意境"的存在要依赖于"线索"的构设，"意境"的创造在于"线索"的匠法。

2. 中国古典园林意境的类型

1）色境

色境是指以园林景物的色彩巧妙地通过构图的方式将特定的意境表达出来的一种意境类型。如长沙岳麓山爱晚亭，周围遍植枫树，形成了"停车坐爱枫林晚，霜叶红于二月花"的艺术境界，大片的枫树、樱花的种植，在相应的季节营造出热烈欢快的氛围。西湖十景之一断桥，以其雪后一半桥面被雪覆盖，桥与湖面的白色积雪融为一体，仿佛桥体只剩一半，这种色调传达出恬静、清幽之感。

2）香境

香境是指因植物的芳香而营造出的意境氛围。如苏州拙政园的远香堂，堂前有荷花池，花开时节，红裳翠盖，清香四溢，荷池的周围布有"香洲"一景，更有"荷风四面亭"等以荷香为主题的建筑，相应主题景观的布置，使得此处荷香营造的芬芳意境显得更为出彩。

3）声境

声境是指利用自然界的各种声音和人为制造的声响，如雨声、树声、风声、水声、钟声、鸟声等，使所烘托的环境具有鲜活的生命力和动感，成为静态景物空间中的画龙点睛之笔。其中最常见的是对水声、树叶婆娑声、风声的利用，如苏州拙政园的留听阁、杭州西湖的柳浪闻莺等。

4）朦境

朦境是以星月云雾等气象景观形成朦胧美的意境。园林中的美与雨是分不开的，雨是云的化身，烟雨朦胧，犹如仙境，颇具备营造文人士大夫想要追求的远离尘世的意境的条件。如苏州网师园的月到风来亭、嘉兴南湖的烟雨楼等（图5-2-58）。

图 5-2-58　朦境示例

3. 意境的构成

1）意境构成的过程

从一定角度上讲，"意构"是设计者个人的、主观的设想，要使主观愿望与其客观效果相符合，设计者就必须按照某些客观程序与规律的方法来指导自己的构景思维过程。

著名画家郑板桥先生画竹的过程就体现了意境的构成过程。他说"晨起看竹，烟光、日影、露点皆浮于疏枝密叶之间，胸中勃勃，遂有画意，其实胸中之竹并不是眼中之竹也，因而磨墨展纸落笔，倏然变相，手中之竹又不是胸中之竹也"。所谓"胸中勃勃"就是生情，这时物象之竹已被筛选淘汰，所谓"澄怀味像"，情与物恰而刻画为表象之竹，铭记于心。所以表象之竹绝不是什么简单的表面现象。这个表象再经"意"的锻造和技法的锤炼，或许其间还要借助于其他表象的渗透和催化，才能呈现出意象之竹。意境生于像，但意境自身却没有像。意境指诗或画境，而境界指的则是作者的风神气度，那是从意境中流露出来的。园林中意境的构成其实也经历了物象—表象—意象—意境的过程，由此可见，由于观赏者审美水平参差不齐，观赏时的社会背景和文化不同，造园者要营造的意境不一定就是观赏者所能感受到的时空意境，这就是园林作为一种时空的四维艺术的魅力所在。

2）意境构成的方式

意境的构成，需要共同调动创造者和观赏者的思维、想象空间及其他感受器官，联想就是十分重要的意境构成过程。

（1）关系联想。

由于事物的多种联系而形成的联想统称为关系联想。它包括部分与整体、因果关系联想等。

部分与整体的联想：由人工立峰叠石与藤萝飞泉而联想到大山名川，由淙淙泉水而联想到"泉源幽静"和汇而成潭的情趣。常用的手法是在构景中创造其部分，由观赏者在意境感受中完成其整体。

因果关系的联想"有水必有源，有声必有鸟，有香必有花，有亭必有路，有舍必有居"，这些都是人们从经验中建立起来的因果概念。景物构设者可以利用这种视、听、嗅、动的感官效应来形成丰富的联想构思。

（2）相似联想。

一件事物的感知或回忆而引起它在性质与特征上相近或相似的回忆称为相似联想。例如，据依蓬莱三岛的神话传说而有三岛"仙境"的构想；石林奇观也因其与现实中的某一事物相似而谐其名，如"阿诗玛""凤凰疏翅""象距高台"等意境而产生丰富的联想。

（3）接近联想。

在时间、空间上接近之物，在人们的经验中容易形成联系。因而也容易由一件事物联想到另一件事物，这种思维过程称为接近联想。在构景设计中，人们可以利用其一方而唤起经验中的另一方，从而可造成绝处逢生、出奇制胜等戏剧性意境。例如，日本"枯山水"庭园，用石块象征山峦，用白沙耙成流转的平行曲线而象征海潮，会让人感受到"涨潮""退潮"的景观意趣。

（4）对比联想。

由对一事物的感知回忆而引起和它具有相反意义与特点之物的回忆，称为对比联想。它犹如我国对联与律诗中的对仗和格律一般。如柳宗元被贬为永州后建有"愚园""愚谷""愚丘""愚岛"之景名，可见作者意在反面。

4. 意境的创造

1）园林意境创造

意境一般讲的是思想性的问题。我国古代多崇尚淡薄自然而富于诗情画意，把文学、绘画、诗歌、建筑、园艺等融合在一定的环境之中。一幅好画，画面上景物的元素、景物的主从、景色的深远、轻重平衡、疏密浓淡，都有讲究，必须有深厚的意境。一处好的景观，应该有多维度的美感，人至其中，步移景异，四顾无暇。每当风和日暖，鸟语花香，登峰访洞，瞻仰文物，悼念先人，就胜过观画了。一幅画要有意境，同样一处好的景观作品也应有意境。

文艺论上有中国艺术重表现的说法，表现情感组成中华民族艺术美学的中心，而创造意境以及对意境艺术美的欣赏，则铸成了中华民族特殊的审美心理结构。艺术家的高明之处在于如何运用高超的技巧将自己的情感和思想以可感的具体形象传递给观众和游客。中国园林在意境的创造上主要有以下手法：

（1）延伸空间和虚复空间。

运用延伸空间和虚复空间的特殊手法，组织空间、扩大空间，强化园林景观，丰富美的感受。

延伸空间即通常所说的借景。明代造园家计成在其名著《园冶》中提出了借景的概念："借者，园虽别内外，得景则无拘远近。晴峦耸秀，绀宇凌空，极目所致，俗则屏之，嘉则收之，不分町疃，尽为烟景，斯所谓'巧而得体'者也。"计成在这里强调了借景的原则，即"俗则屏之，嘉则收之"，阐明了借景并非无所选择、无目的的盲目延伸。延伸空间的范围极广，上可延天，下可伸水，远可伸外，近可相互延伸，内可借外，外可借内，左右延伸，巧于因借。由于它可以有效地增加空间层次和空间深度，取得扩大空间的视觉效果；形成空间的虚实、疏密和明暗的变化对比；疏通内外空间；丰富空间内容和意境，增强空间气氛和情趣，因而在中国古典园林中广泛应用。

虚复空间并非客观存在的真实空间，它是多种物体构成的园林空间由于光的反射通过水面、镜面或白色墙面形成的虚假重复的空间，即所谓"倒景、照景、阴景"。它可以增加空间的深度和广度，扩大园林空间的视觉效果；丰富园林空间的变化，创造园林静态空间的动势；增强园林空间的光影变化，尤其是水面虚复空间形成的虚假倒空间，它与园林空间组成一正一倒，正倒相连，一虚一实，虚实相映的奇妙空间构图。水面虚复空间的水中天地，随日月的起落，风云的变化，池水的波荡，枝叶的飘摇，游人的往返而变幻无穷，景象万千，光影迷离，妙趣横生。像"闭月推出窗前月，投石冲破水底天"这样的绝句，描绘了由水的虚复空间创造的无限意境。

（2）写意、比拟和联想的手法。

文士园林所追求的美，首先是一种意境美。它包含着"士"这个阶层的道德、理想和情感追求，一种与天地相亲和，充满宇宙深沉感、历史感和人生感的富有哲理的生活美。这种审美理念并不要求逼真地重现自然山水的形象，而是把那些最能引起思想情感活动的因素摄取到园林中来，以象征性的题材和写意的手法反映高尚、深邃的意境，使观赏的人感到亲切又崇高。所以，园林中的山水树木，大多重在它们的象征意义，其次，才是花木竹石本身的实感形象，即形式美。

扬州个园"四季假山"的叠筑，是很典型的实例。造园者以湖石、黄石、笋石、雪石别类叠砌，借助石料的色泽、叠砌的形体、配置的竹木，以及光影效果，使寻踏者联想到春夏秋冬四时之景，产生游园一周，如度一年之感。在笋石山前种有多竿修竹，竹间巧置石笋数根，以象征"春日山林"。湖石山前则栽松掘池，并设洞屋、曲桥、涧谷，以比拟"夏山"。黄石山则高达9m，上有古柏苍翠，与褐黄的色彩对比以象征"秋山图"。低矮的雪石则散乱地置于高墙的北面，终日在阴影之下，如一群负雪的睡狮，以比拟"冬山"。当然，这种借比拟而产生的联想，只有借助文学语言，借助文学作品创造的画面和意境，才能产生强烈的美感作用，才能因妙趣横生而提高园林艺术的感染力。如"春山"会让人想到"春来江水绿如蓝"或"染就江南春水色"；荷池竹林边的"夏山"会让人想到"映日荷花别样红"或"芊芊青欲滴，个个绿生凉"的诗意；红褐色的"秋山"会让人想到"霜叶红于二月花"的佳句；转身突见"冬山"，则会产生"千树万树梨花开"之感。

此外，我国古典园林中特别重视寓情于景，情景交融，寓情于物，以物比德。人们把作为审美对象的自然景物看作是品德美、精神美和人格美的一种象征。例如，我国历代文人赋予各种花木以性格和情感，构成花木的固定品格。造园者在运用花木或游客欣赏花木时，联想到特定的花木种类所象征的不同情感内容，可以增强园林艺术的表现性，拓宽园林意境。

（3）诗词、书画点景。

中国园林艺术常运用匾额、楹联、诗文、碑刻等形式来点景、立意，表现园林的艺术境界、引导人们获得园林意境美的感受。中国的古典园林均是"标题园"。园林的命名，即园林艺术作品的标题，或记事、或抒情、或言志，如"留园""怡园""拙政园"等，突出了园林的主题思想和主旨情趣。诗文不仅用于突出全园主题，也常被用作园内景点的点题和情景抒发。园中景象，缘有了诗文提名的启示，引导游者联想，使情思油然而生，产生"像外之象""景外之景""弦外之音"。

2）意境创造的时代感

古人造园中的诗情画意，是很重要的可借鉴的造景手法。今天的园林绿地，除应有诗情画意的审美要求外，还应力求有新的形式、内容、境界，古人造园成本和审美境界要求都较高，而今可根据不同造园要求，追求朴素健康，更贴近广大人民的生活，为大家所喜爱和理解。不同时期对园林意境的要求和理解不同，园林意境的时代感创造主要体现在两个方面，即园林设计手法的时代性和园林建设材料的时代性。

随着中西方园林之间的交流不断加强，园林设计的思维和理念也发生了强烈的交流和碰撞，东西方造园思想在互相的影响与融合下，使得园林设计走向更趋人性化和实用性的方向。简洁的现代园林冲破了过去自然山水园、规则对称式园林的传统，在设计形式上更自由、更灵活，通过新材料的运用、大胆的构图，传递给游人一种更为直白、现代的意境氛围。

另外，基础科学及应用科学的迅猛发展，为人类带来了众多的新材料，这一变化也影响了园林的发展。在古典园林中，人们擅长利用地形、植物等自然物质的属性，加以季相、气候的辅助来营造意境。而在此基础上，现代园林的意境创造则更多元。现代园林并未止步于场景的诗情画意，而是借助新材料和材料的创新运用，如钢、玻璃等，强化园林的现代感。意境不再只是整体氛围的诗意迷人，也可以称为某种新材料的构筑物所带给游客的对时代的感慨和未来的遐思。如著名华裔建筑师贝聿铭在法国卢浮宫广场前设计的透明金字塔，就带给游客一种非同一般的意境享受，它传递给人们的信息不同于古典建筑带给人们的厚重与历史沧桑感，而是一种与传统的对比与叛逆，引导人们遐想未来。

5. 感知途径与线索联想

如前所述，"意境"的唤起需要对线索进行感知，线索感知以后又必须通过回忆联想的思维过程才能唤起"意境"的感受。对设计人来说，当有了"意境"感受之后，才能进行有效的构景创作。各种构景线索的作用特点如下：

1）视觉线索

视觉线索是利用眼睛对意构线索的感知而唤起联想回忆，是通过观赏者的记忆联想、想象，在心目中通过自己直接或间接的体验而进行再创造，并将它扩充、延展、完善的一种视觉艺术，它表现直观，效果强烈，为构景的主要线索。

2）听觉线索

听觉线索是由听觉器官对意构线索的感知而唤起联想回忆（记忆中客观事物的形象谓之表象），是利用声音信息创造意境的手段。由于听觉线索不像视觉线索那样具有持续性，所以，它的意境往往需要借助词来点题。例如，杭州西湖的"南屏晚钟"以古寺的钟声为题；广州白云宾馆前庭的泉声、猿鸣是以人工泉流和笼中之物来表现的。

3）嗅觉线索

嗅觉线索是由人们的嗅觉对线索感知而唤起表象的回忆。例如，借助芳香植物的运用，可因花的香气而想到花，由香味而借到"景"，如苏州拙政园雪香云蔚亭，即是以亭周所植梅花开时散发的香味构成嗅觉意境的。

4）味觉线索和触觉线索

味觉线索是以人们品尝到某种特殊物品而感受到的一种情趣，加上特定的环境气氛烘托，这种意境也极富乡土人情味，但是，想要做得很巧妙是比较困难的。触觉线索是以人们皮肤感官触及具体物体产生的感受（如温度、湿度、柔软、坚硬、粗糙、细腻等）而造成的联想与情感。

5）文字

文字也是一种创造意境的线索。文字描述对于人的知觉、情感、回忆、联想具有重要作用。因此，在环境复杂、对象外部表征不明显或不易被人完全理解时，可以借助文字描述（组词或诗句等）的寓意来"点景"，以促进观赏者对景物或意境的理解和补充。

第三节　园林构图

所谓"构图"，即组合、布局的意思。我国绘画叫"经营位置"，造园叫"造园章法"，都含有"构图"的原意。园林绿地的构图不但要考虑平面，更要考虑空间、时间等因素。所以园林绿地构图是组合园林物质要素，将园林材料与空间、时间组合起来，使形式美与内容美取得高度统一的手法和规律。

中国古代思维形式的特点是重感觉、重经验、重综合，很少拥有理性分析的成分，园林亦如此。西方的古典园林历来是讲究构图的，无论是法国园林的轴线之美，还是意大利台地园的透视之美，都遵循构图的经典法则（这里所指的西方园林主要是指欧洲古典园林，东西方的比较也仅限于对中国古典园林与欧洲古典园林间的比较）。作为西方的舶来品，我们的祖先当然不会根据构图原理来进行园林创作，但是我国古典园林既然有如此强烈的艺术感染力，必然与形式美的法则并行不悖，这就意味着其中同样蕴含构图原理的一般法则，并且这不同于一般意义上西方人所推崇的构图法则。

一、中国传统园林构图

（一）中国传统山水画对园林构图的影响

中国古典园林深受绘画、诗词和文学等其他艺术形式的影响。清代钱泳在《履园丛话》中说："造园如作诗文，必使曲折有法，前后呼应，最忌堆砌，最忌错杂，方称佳构。"一语道破，从诗文中可师造园法。在中国，古代并无专门的造园家，诸多园林都是在文人、画家的参与下建造，这就使得中国园林从一开始就染有浓重的诗情画意。在这其中，尤以绘画对园林的影响最直接、最深刻。从某种意义上讲，中国古典园林是循着绘画的脉络发展而来的。

在中国古代没有"风景画"一词，中国人称之为"山水"。山水画的创作在于取得一种山与水之间的沟通，并由此将人的情感融入到山水中去，经过 1500 多年的发展，山水画已经成为中国文化中最为灿烂的一部分。至唐朝（公元 618—907 年）山水画已确立了自己的理论，并且从根本上影响了整个东方的景观艺术（尤以日本、韩国和东南亚国家为甚）。山水画的艺术观念还为中国园林的设计奠定了哲学基础，并从而影响了整个东方的景观设计理念。

中国山水画的历史据说始于晋代（3—5 世纪）。在顾恺之的人物画中，已有了相当精妙的山水局部。而大多数的中国史学家都认为展子虔是中国第一位山水画家。他的《游春图》遵循了"丈山、尺树、寸马、分人"的构图比例。西晋时的山水诗等对自然的描绘只是用山水形象来谈玄论道，到了东晋，自然景物的描述已是用来抒发内心的情感和志趣。在华夏文明的全盛时期唐代，各种艺术都得到了全面的发展。从那时起，山水画便成为中国美术最为重要的一个分支，并开始影响整个远东地区的艺术发展。但是这时的山水画仍然处于发展阶段，经过数百年的继续发展，它在宋代臻于成熟。到了宋代（960—1127 年），山水画才完成了根本性的、从写实到写意的飞跃。从此，山水画便在中国艺术领域占有了绝对的统治地位。尽管从元代开始，中华大地开始被北方少数民族统治，且统治时期相当短暂，且中国知识分子在这一时期处于被压抑、苦闷的精神状态，但是，从美学角度来评价，元代大师在推动美学的发展上做出了重要贡献。

元代以后是明代（1368—1644 年），这时，中国的商品经济开始萌芽。不幸的是在这个皇权根深蒂固的国家，商品经济模式无法充分发展。但是，明代时期艺术界发生了突出变革。尽管明代画家的作为有限，但他们重新振兴了华夏文化的传统，总结了古代的艺术理论，使艺术传统在历经了长时间的战乱后依然能保持一定的延续性。事实上，明代画家所整理出的艺术理论对于研究中国艺术史具有极高的价值。

山水画发展的最后一个高峰是在清代（1644—1911 年），在清代大师所发展的艺术理论和元明两代大师所发展的技法的基础上，山水画发展到了新的顶点。强烈的情感再次渗入山水画艺术。传统绘画工具的精湛使用技巧在清代得到了进一步的发展，甚至对中国现代美术也产生了深远的影响。

中国古代造园理论专著较少，但绘画理论著作却十分浩瀚。画论所讲的虽然是绘画的心得体会。但由于中国造园艺术源自画境，故绘画的技法和美学原理同样适用于造园。山水画所遵循的最基本的原则莫过于"外师造化、内发心源"，所谓外师造化即以自然山水作为创作的楷模，而内发心源则是指并非刻板地抄袭自然山水，而是要经过艺术家的主观感受以萃取精华。

中国古典园林既由文人、画家所代庖，自然不免要反映这些人的趣味、气质和情操。文人所特有的恬静淡雅的趣味、浪漫飘逸的风度和朴质无华的气质和情操，正是造就中国园林独特风格的生活基础和思想基础。

（二）中国园林构图特征

1. 散点透视

在中国传统绘画中对景物的观察是从一侧到另一侧，从一点到另一点的，我们称之为"散点透视"，这是中国人所独创的一种透视方法。在这一透视系统中没有固定的焦点，而是根据高度方向上的，深度方向的或者层次上的远近概念，根据观察者自己的意愿和关注的方向进行自由选择。这种观察方法，同样影响了中国古典园林的创作。中国园林中，很少出现仅有某一景物统率整个园林的情形，而多通过道路及视线的引导，将不同的景物一一送入游客的眼帘，通过近处布景、远处借景、中间层次框景、漏景等手法，使园中处处成景、游客处处可观，即所谓的"步移景异"，正是散点透视的精妙之处。这种运动的、无灭点的透视，无限的、流动的空间，决定了中国古典造园以有限空间、有限景物创造无限意境，即所谓"小中见大""咫尺山林"（图5-3-1）。

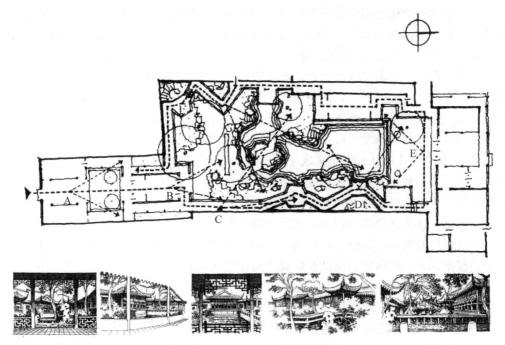

图 5-3-1 苏州畅园的散点透视

2. 层次丰富

中国人含蓄隐晦的价值取向，在中国园林的空间处理中，体现为擅于创造丰富多变的层次。与西方人的开门见山不同，中国人更倾向于"深山藏古寺""桥头竹林锁酒家"等意境的营造，在藏与露之中形成丰富的层次。中国的古典园林，不论其规模大小，都极力避免一览无余，进入园门常常以影壁、山石为屏障以阻挡视线，使人不能一览无余地看到全园的景色，此即藏。然而进入园中则一片豁然开朗，形成一藏一露的空间对比。然而园林空间往往不止于此，在大空间的尽端往往会出现小径、游廊等引导游人再次进入，经历一段时间的压抑后再次进入豁然开朗的境地。这在私家园林中尤为常见，私家园林往往面积不大，易一览无余，但为了丰富空间层次，常通过藏与引导使人流连于园中，往往一圈下来才发现原来出口与入口仅一墙之隔，游人却已经历了园中的水石亭榭，宛若隔秋，其丰富的层次，不禁让人感叹（图5-3-2）。

3. 线性展开

中国古典园林的景物布局灵活，但往往却能层层展开，从容地出现在游客的面前，主要有赖于其拥有有效的观赏路线。一般来说，园林的布局按观赏路线而线状展开。上面所述的小空间的私家园林多以封闭的环形路线而展开，这是一种形式的线状，而另一种则是按贯穿形式的观赏路线来组织的。这种序列常呈串联的形式，和传统的宫殿、寺

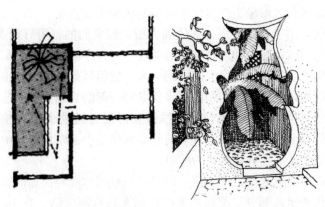

图 5-3-2　沧浪亭一角的空间层次设计

院及四合院民居建筑颇为相似，即沿着一条轴线使空间院落一个一个地依次展开。所不同的是宫殿、寺院、民居多呈严格对称的布局，而园林建筑则常突破机械的对称而力求富有自然情趣和变化，最典型的例子如乾隆花园，尽管五进院落大体沿着一条轴线串联为一体，但除第二进外其他四个院落都采用了不对称的布局形式。然而类似乾隆花园这样的典型按贯穿式线状展开，总不免呆滞、死板，大多数中国古典园林都力求曲折变化。例如北海濠濮涧，全园通过游览线路贯穿引导，但其布局充满了曲折、起伏与开合变化。

二、西方经典园林构图

（一）西方艺术与西方园林

在西方园林史上，绘画、雕塑、建筑等艺术对于园林的发展始终有不可磨灭的功劳。园林作为一门技术，它以艺术为思想的源泉，但同时它本身又不折不扣地成了艺术的载体。

对于园林，影响最大的无疑是风景绘画。风景绘画是最为直接的媒介，一种无声的交流。我们通过绘画介入景观，表达情感或者某种观念，可以称之为某种二维的景观语言。

景观，从广义来讲，可被视为一种"场景"（Placescape）。通过风景画，画家表现出对特定环境的认识，表达被环境唤起的情感，展现某种艺术品质。而环境本身也引起艺术家的思考。我们不能把风景画简单地看作对环境的摹写，它不是纯粹的实录性绘画。优秀的风景画反映的是地区或国家的气质和作者的信念，体现了一定历史时代人们对风景的认识和愿望。

根据赫尔伯特·理德的说法，风景画第一次作为独立的画种被正式提出是在 1521年，阿尔布莱希特·丢勒（Albrecht Durer）这样描述他的朋友约希姆·帕提涅（Joachim Patinir），"他是一个优秀的风景画家"。因此，可以说，真正的风景画出现于哥特时期和文艺复兴时期之间。

在原始主义时期，人们虔诚地生活在原始简单的生活之中，享用大地赐予的果实。到了中世纪，景观观念完全受制于中世纪的宗教统治。绘画艺术的题材多是宗教故事和传说，通过对宗教故事场景的描摹表达艺术家对世界的理解和态度。从想象力方面来说，中世纪艺术家活跃的形象力明显优于呆板的机械现实主义。

文艺复兴前期，出于对象征主义描绘的失望，画家们的视野开始突破幻想的藩篱，拓展到世俗的风光、城镇景色和罗马文明的遗迹。对这个时代的人们来说，景观成为某种真实且具体的事物。透视法在风景画中的引入，使得风景的组织被纳入一种新的空间结构。后来，威尼斯画派兴起，亲切的故乡风景和美丽的自然景观表达了威尼斯画派画家们对生活的真挚热情，这种充满情感的描摹和再现为风景画的发展做出了特殊的贡献。随着风景画的重要性进一步提高，从前的绘画作品中通常从背景中的窗框里出现的小块风景渐渐地加大了尺度，变得更为醒目。

欧洲的风景画虽然缘起于欧洲大陆，但是真正对园林影响深远的却是英国的风景绘画。作为欧洲文化的组成部分，英国艺术的根源来自欧洲大陆。在 18 世纪，洛朗的风景画已为人熟知。英国画家在这一时期完成学习过程，迅速由索取转为奉献，在欧洲艺术史上扮演了主要角色。康斯坦布尔就是一位具有地方意识的画家，他着迷于英国本土的风景——草场、天空、坡地、河流……他热衷于描绘真实生活和人文风景甚于描绘空旷无人的荒野。康斯坦布尔的风景画有着和洛朗相近的安详宁静的田园气氛，区别在于表现的技法和英格兰不同于别处的气候、天空、大地和人物。康斯坦布尔从根本上改变了英国风景画的观念，他的绘画使人们又一次感到使用"场景"来定义风景画品质的必要性，带给人们的是英国平民式的风景，而透纳则将英国风景画带到了浪漫主义的巅峰，使得情感第一次作为重要因素在风景画中得到充分展现。

显然，对于自然美的欣赏西方远远晚于东方。西方哲学家虽然在理论上也确认自然美的存在，但在涉及艺术创作时，其审美兴趣还是倾向于"几何美"，直到 15 世纪以展现自然风光为主题的风景画才偶尔登上绘画的舞台。到大约 18 世纪下半叶，随着英国的殖民活动，西方才以惊奇的眼光发现，原来还有一种与自己截然不同的东方文化的存在。

（二）西方园林构图特征

1. 单点透视

在西方理性文明的影响下，西方造园构图中的透视也不同于中国式的感性的散点透视，而运用更为理性的单点透视。在单点透视中，空间景物在视觉感受中呈现近大远小而有逐渐消失感，这使得景物的空间更强烈。

透视的运用从园林的整体构图到细部的处理随处可见。从构图上来说，无论是巴洛克式的园林还是法国园林，都习惯以轴线贯穿，利用透视使轴线一头的游客产生空间被拉伸变大的错觉。这种视觉方面的错觉称为错视。西方园林利用透视而产生的错视，创造出许多不同的空间效果。如借助透视消失规律与错视原理强化或减弱空间景物的视觉感（图 5-3-3）。利用线性材料或景物造型作垂直、水平或斜向划分，可加强景物的消失感与动势。利用曲线构景因素的回转变幻情趣，以表现景物的柔和情调与优美的动势。利用近大远小的视觉特性，采用压缩建筑尺度与物境的关系联想手法，可造成空间深远的错觉，使人感到空间距离略大。

细部上的透视运用更是不胜枚举，在此仅举一例。意大利著名的别墅园林埃斯特别墅中的百泉路常常以其美妙的水动装置而备受游客的青睐，事实上，这与其中隐藏了透视的构图规律不无关系。百泉路两侧高大厚重的绿篱向远处消失而去，更衬托出泉水的灵动活泼，同样消失在远处的泉水，留给游人无尽的遐想（图 5-3-4）。

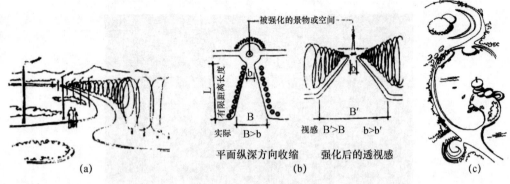

图 5-3-3　单点透视示例

（a）趣味性透视消失；（b）强化透视消失感；（c）曲线回转

图 5-3-4　意大利埃斯特别墅百泉路

2. 空间感

在空间理论的支持下，欧洲人很明确如何才能将空间表达得更丰富、宏伟、有气势。造园家们利用透视、轴线、图底变换等手法，为园林的使用者创造了不同的、变换的空间。

3. 轴线性

无论是在西方的城市建设还是在其园林设计中，理性的轴线始终是备受青睐的元素。西方城市的布局中，如巴黎城，从卢浮宫一直延伸到地平线上的凯旋门的巨大轴线，本身也体现与园林融合的特点。早期的园林中，一般只有一条主轴，后来勒诺特引入了第二主轴的概念，轴线的运用得到了加强。例如，孚勒维贡府邸花园，纵轴和横轴均有 1000 米长；凡尔赛宫的园林，路易十四在修建时要求凡尔赛宫能容纳 7000 人游乐，使得它的中轴线长达 3000 米。如此强烈的轴线感体现的是西方人所追求的对自然的征服，使人类的欲望在对自然的改造中得到了满足（图 5-3-5）。

三、园林构图方法

造型艺术是指利用一定的物质材料和手段创造的可视静态空间形象的艺术，可以用来表达和反映社会生活及艺术家的思想情感。它是一种再现空间的艺术，也是一种静态视觉艺术。园林艺术是造型艺术中的一种艺术形式，园林美的营造必须遵守造型艺术的表现原则。

图 5-3-5　凡尔赛宫的中轴线透视图

（一）多样统一的原则

园林中的组成要素的体形、体量、色彩、线条、风格等，要求有一定程度的相似性或一致性，给人统一的感觉。但过分一致又会显得呆板、单调，要在统一中有变化，变化中有统一，使园林组成要素在形式统一，变化中协调统一，创造多样的艺术效果。多样统一主要有以下途径：

1. 形式的统一

应先明确主题格调，再确定局部形式。例如，颐和园的建筑物都是按照《清代营造则例》中规定的法式建造的。木结构、琉璃瓦、油漆彩画等均表现出传统的民族形式，但各种亭、台、楼、阁的体形、体量、功能等，却有非常丰富的变化，充分体现了"多样统一"的原则。除园林建筑要求形式统一外，园林总体布局也要求形式统一，采用曲折淡雅的自然式，还是严整对称的混合式，抑或是在建筑附近采用整齐式，远离建筑采用自然式，或者使不同区域恰到好处形成混合式，都是"多样统一"原则的体现。

2. 材料的统一

园林中非生物性的布景材料，以及由这些材料组成的景物，也要求遵循统一性原则。例如，堆叠假山的石料，选材既要富于变化，又要保持整体一致，才能显示出景物的特质。再如园林中的告示牌、灯柱、栏杆、花架、宣传画廊、座椅等使用的材料也是统一的。我国的建筑历史以木结构为流行的时间最长，如今也是用钢筋混凝土仿制木结构建造亭、台、楼、阁。

3. 线条的统一

线条统一是指各图形本身的线条图案与局部线条图案的变化统一，例如山石岩缝竖向的统一，天然水池曲岸线的统一等。变化要求多样统一，也可利用自然土坡山石构成曲线变化求得多样统一。

4. 局部和整体的统一

综合性公园中，不同分区都有其比较明确的主题，有其特殊的内容，但相互间要符合整个公园的大主题，整体统一，局部协调。同一园林中的各景区各具特色，但就全园总体而言，风格造型、色彩变化均应保持与整体基本协调，于变化中求完整。整体之间存在变化，局部与整体在变化中求协调，是对立统一原则在人类审美活动中的具体体现。如卢沟桥上的石狮子，每一组狮子雕塑为大狮子围合，材料统一，高矮统一，"群小一大"也统一，而小狮子的数量、位置、姿态和大狮子的造型各组均不同。

（二）协调与对比的原则

1. 协调

协调就是调和、和谐，指事物和现象的各方面之间的联系与配合达到完美的统一和多样化的统一。园林中的协调是多方面的，如体形、色彩、线条、比例、虚实、明暗等，均可作为协调对象。协调可分为以下两种：

1）相似协调

如形状相似而大小或排列上有变化，称为相似协调。例如，一个大花坛中排列小圆花卉和圆形水池等。

2）近似协调

如两种近似的体形重复出现，可使变化更为丰富并有协调感。例如，方形与长方形的变化、圆形与椭圆形的变化等。

2. 对比

对比是差异大的变化结果，失去协调走向另一个极端形成对比。对比的作用一般是为了突出表现某个景点或景观，使之鲜明、显著，引人注目。园林中可以形成对比的有体形、体量、方向、开合、明暗、虚实、色彩、质感等。但对比手法的应用应适度，偶然一用效果卓著，用得频繁反而落俗或归于平淡。

常用的对比手法有 8 种：

1）烘托的手法

例如，利用植物烘托植物，所谓"万绿丛中一点红"，其效果明显；以植物烘托建筑，其中包含人工与自然的对比，材质的对比，色彩、线条的对比等，能产生良好效果。

2）优势的手法

优势不一定以面积和数量来表现，色彩鲜明或位置高耸也可以形成优势。主景往往放在突出的位置，配景应处于从属地位。

3）山水结合的对比手法

山势高耸是垂直方向的，水面辽阔是水平方向的，有山有水形成方向的对比。在形体上，"山小显水大，水小显山高"。

4）大小（空间）的对比手法

大小的对比，常表现为以短趁长、以低趁高、以小见大、以大见小等。以大见小为一种障景的艺术手法，在主要景物前设置屏障，利用空间体量大小的对比作用，达到欲扬先抑，出人意料的艺术效果。

5）明暗的对比手法

光线的强弱造成景物的明暗，不同的明暗程度使人有不同的感受，如叶大而厚的树木和叶小而薄的树木，在阳光下给人的感受就不同。在景区的印象上，"明"的感觉开朗活泼，"暗"的感觉幽静柔和。园林绿地中，明朗的广场空地常常是人们的活动区，暗的疏密林带，吸引人们去散步或休息。一般来讲，明暗对比强的景物给人轻快振奋的感受，明暗对比弱的景物给人柔和静穆的感受。

6）虚实的对比手法

虚给人轻松感，实给人厚重感。如水中建岛，水体是虚，小岛是实，因而形成虚实的对比，营造出特殊的意境美。碧山之巅置一小亭，小亭空透轻巧是虚，山巅深沉厚重是实，构成虚实对比。空间处理上，开融是虚，闭合是实，虚实交替，视线可通可阻，可从通道、走廊、漏窗、树干间去看景物，也可从广场、道路、水面上去看景物，由实向虚或由虚向实，遮掩变幻，增加观景效果。园林中的虚与实、藏与露等都是常用的对比手法。

7）背景反衬的手法

古诗云"杂树映朱栏"，"清嶂插雕梁"，是背景对比手法的运用。常绿树前的白色大理石雕像，苏州园林粉墙上的竹影斑驳等，在背景反衬的作用下才有独特的艺术效果。反之，若白玉兰以白墙为背景，就显得惨淡无力，观赏效果不显著。

8）质地的对比

质地的对比是利用植物、建筑、山石、水体等造园素材质感的差异形成对比如粗糙与光滑、革质与蜡质、厚实与透明、坚硬与柔软。建筑仅以墙面论，有砖墙、石墙、大理石墙，打磨的程度不同，材料质感上也有差异。不同材料质感之间形成对比，可营造浑厚、轻巧、庄严、活泼，以及人工和自然等不同的艺术风格。

（三）节奏与韵律的原则

自然界中存在的很多现象是有规律的重复和有组织的变化，例如海边的浪潮，一浪接一浪扑向海岸，均匀而有节奏。节奏是最简单的韵律，韵律是节奏的重复变化与深化，富于感性情调使形式产生情趣感。获得韵律感必须要遵循条理性和重复性的条件，缺乏规律变化的重复则单调、枯燥、乏味。

园林常见的节奏与韵律构图方式有：

（1）重复韵律：同种因素等间距反复出现，如行道树、登山道、路灯、袋装树池等。

（2）交错韵律：相同或不同要素做有规律的纵横交错、相互穿插。常见有芦席的编织纹理和中国的木棂花窗格子。

（3）渐变韵律：指连续出现的要素按一定规律或秩序进行微差变化。如逐渐变大或变小，逐渐加宽或变窄，逐渐加长或缩短，从椭圆逐渐变成圆形或反之，色彩逐渐由绿变红等。

（4）旋转韵律：某种要素或线条，按照螺旋状方式反复连续进行，或向上，或向左右发展，从而得到的旋转感很强的韵律特征。在图案、花纹或雕塑中常见。

（5）突变韵律：指景物以较大差别的对立形式出现，从而产生突然变化而错落有致的韵律感，给人带来强烈变化的感受，有视觉冲击力。

（6）自由韵律：类似像云彩或溪水流动的表示方法，指某些要素或线条以自然流畅的方式，不规则但却有一定规律的婉转流动，反复延续，有优美的韵律感。

以上六种韵律依据其表现形式，又可分为三大类：规则韵律、半规则韵律和不规则韵律。由前至后从表现严整规定性、理智性特征，向表现自然多变性、感情性特征过渡。韵律是一种设计手法，将人的注意力引向景物的主要因素，但现代世界韵律丰富多样，甚至难以捉摸，总体上概括，韵律是通过有形的规律性变化，求得无形的韵律感的艺术表现形式。

（四）比例与尺度的原则

比例是指各部分之间、整体与局部之间、整体与周围环境之间的大小与度量关系，是物与物之间的对比，与具体尺寸无关。尺度是指与人有关的物体实际大小与人印象中的大小之间的关系，与具体尺寸有联系。如墙、门、栏杆、桌椅的各项尺寸常常与人的尺寸产生关系，容易在人心理上留下固定印象。

比例对比，是判断某景物整体与局部之间存在着的关系，是否合乎逻辑的比例关系。比例具有满足理智和眼睛要求的特征。比例出自数学，表示数量不同而比值相等的关系。世界公认的最佳数比关系是古希腊毕达哥拉斯学派创立的"黄金分割"理论，即无论从数字、线段或面积上相互比较的两个因素，其比值都接近于 1：0.618。这一数比关系被称为黄金分割率，它作为美的典范被推崇了几千年。然而在人的审美活动中，比例更多地见于人的心理感知，是人类长期社会实践的结果。什么是好的比例关系呢？17 世纪法国建筑师布龙台认为，某个建筑体（或景物）只要其自身的各部之间有相互关联的同一比例关系时，好的比例也就产生了。其关键在于，最简单明确、合乎逻辑的比例关系才产生美感，过于复杂混乱、失去头绪的比例关系一般并没有美感。以上理论确定了圆形、正方形、正三角形、正方内接三角形等，可以作为较好的比例衡量标准（图 5-3-6）。

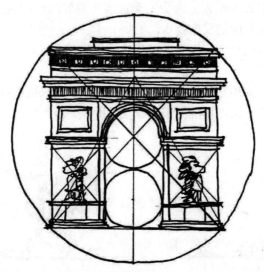

图 5-3-6　圆形、正三角形、正方形可以产生好的比例

除此之外，人的使用功能常常是事物比例的决定因素。如人体尺寸同活动规律决定了房屋的长、宽、高的比例，座椅、桌子和床的比例，各种实用产品的比例等。因此，比例既有其相对的一面，也有其绝对的一面。

园林设计处处需要考虑比例关系。景物安排与地形处理须考虑比例问题。《园冶》作者在"相地"中提出"约十亩之基，须开池者三，……余七分之地，为垒土者四"。园林在分区时，各区的大小应根据人流、功能及园区主题决定，如儿童游乐区、公共游览区、文化娱乐区等，不同类型的园区之间空间比例关系不同。园林种植设计也存在比例问题。一般需根据当地的气象、风向、温度、雨量及阴雨日数等资料来确定园区草坪面积及乔灌草花的种植比例。例如，乔木可以挡风庇荫，但过量种植乔木易造成园区内明暗对比失调。又例如，北方常绿树与落叶树数量比一般为 1：3，乔灌比为 7：3，到了热带亚热带地区，常绿树与落叶树比例为 2：1 甚至 3：1，乔灌比为 1：1 左右。园林中性质不同的景物有时候随着时间的推移会在相比之下演变成恰当或不恰当的相互关系。如苏州留园北山顶上的可亭，旁植生长缓慢的银杏树，200 年前亭小而显山高，亭与山的体量相比取得了预期的效果。但 200 年过去后银杏树长得高大而挺拔，相比之下就显得亭小、山矮，比例失调（图 5-3-7）。

图 5-3-7　随时间推移、植物生长，亭、树比例失调

尺度指与人有关的物体实际大小与人印象中的大小之间的关系。大多数情况下合适的尺度和尺度的表现形式久而久之成为人类习惯和爱好的尺度观念。针对不同的人群，如成年人和儿童，就有不同的尺度要求。

在园林造景中，运用尺度规律进行设计常采用的方法有：

1. 单位尺度引进法

单位尺度引进法即引用某些为人们所熟悉的景物作为尺度标准，来确定群体景物的相互关系，从而得出合乎尺度标准的园林景观（图 5-3-8）。

图 5-3-8　单位尺度引进效果

2. 人的习惯尺度法

习惯尺度是以人体各部分尺寸及其活动习惯规律为准，来确定风景空间及各景物的具体尺寸。如以一般民居环境作为常规活动尺度，大型工厂、机关建筑、环境就应该用较大尺度处理，这可称为依功能而变的自然尺度。而教堂、纪念碑、皇宫大殿等就是夸大了的超人尺度。这些建筑物往往使人产生自身渺小而建筑物的超然、神圣、庄严之感。此外，人的私密性活动使自然尺度缩小，如小卧室、大剧院的包厢、大草坪旁边的小绿化空间等，容易使人有安全、宁静和隐蔽感，也是比较亲密的空间的尺度（图 5-3-9）。

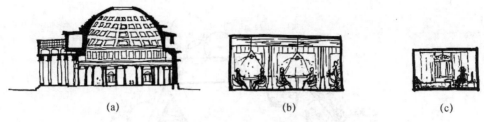

图 5-3-9　尺度的相对关系

（a）神庙——超人尺度；（b）咖啡馆——自然尺度；（c）卧室——亲密尺度

3. 景物与空间尺度法

一件雕塑在展室内显得气魄非凡，移到大草坪、广场中则顿感逊色，尺度不佳。一座假山在大水面边奇美无比，而放到小庭院中则感到拥挤不堪，尺度过大。这都是环境因素造成的相对尺度，也意味着景物与环境尺度应协调统一，如图 5-3-10 所示。

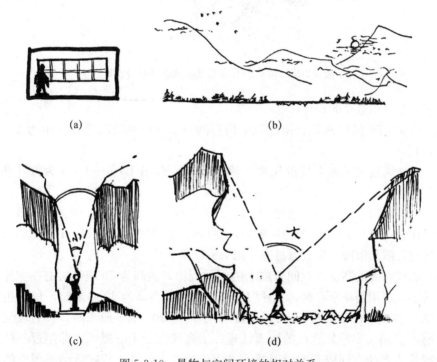

图 5-3-10　景物与空间环境的相对关系

（a）小中见大；（b）大中见小；（c）小中见大——峡谷深涧感；（d）大中见小——河道、水岸感

4. 模度尺设计法

运用好的数比设计或被认为是最美的图形，如圆形、正方形、三角形、正方形内接三角形作为基本模度，进行多种划分、拼接、组合、展开或缩小等，从而在立面、平面或主体空间中，取得具有模度倍数关系的空间，如房屋、庭院、花坛等，这不仅能得到较好的比例尺度效果，也能给建筑施工带来方便。一般模度尺的应用采取加法和减法设计（图 5-3-11）。

总之，尺度既可以调节景物的相互关系，又能造成人的错觉，从而产生特殊的艺术

图 5-3-11　以三角形为基础模数进行亭台设计

效果。下面是一些常见的设计尺度：

（1）建筑空间 1/10 理论：指建筑室内空间与室外庭院空间之比至少为 1：10［图 5-3-12（a）］。

（2）景物高度与场地宽度的尺度比例关系，一般用 1：6～1：3 为好［图 5-3-12（b）］。

（3）地与墙的比例关系。地与墙分别为 D 和 H，当 $D：H<1$ 时为夹景效果，空间通过感快而强；$D：H=1$ 时为稳定效果，空间通过感平缓；$D：H>1$ 时则具有开阔效果，空间感开敞而散漫，失去通过感［图 5-3-12（c）］。

（4）墙或绿篱的高度在空间分隔上的感觉规律。当高为 30 厘米时有图案感，但无空间隔离感，多用于花坛花纹、草坪模纹边缘处理；当高为 60 厘米时，稍有边界划分和隔离感，多用于台边、建筑边缘的处理；当高为 90～120 厘米时，具有较强烈的边界隔离感，多用于安静休息区的隔离处理；当高度大于 160 厘米，即超过一般人的视点时，则使人产生空间隔断或封闭感，多用于障景、隔景或特殊活动封闭空间的绿墙处理（图 5-3-12）。

（五）稳定与均衡的原则

从艺术审美角度上讲，构图上的不稳定常常让欣赏者感到不平衡。当构图在平面上取得了平衡，称之为均衡；在立面上取得了平衡，称之为稳定。均衡感是人体平衡感的自然产物，它是指景物群体的各部分之间对立统一的空间关系，一般表现为对称均衡和不对称均衡两大类型。

1. 静态均衡

静态均衡也称对称均衡，是指景物以某轴线为中心，在相对静止的条件下，取得左右（或上下）对称的形式，在心理学上表现为稳定、庄重和理性（图 5-3-13）。

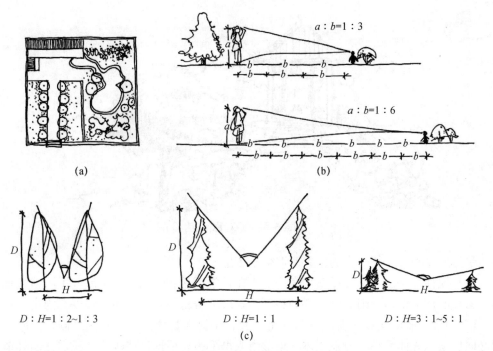

图 5-3-12 视觉空间尺度示例

（a）庭院 1/10 理论；（b）场地宽度与景物高度之间较好的比例关系；（c）地与墙比例关系

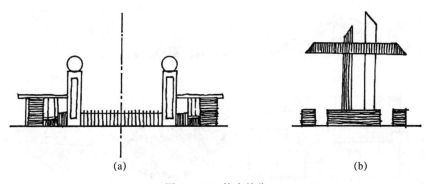

图 5-3-13 静态均衡

（a）大门左右对称；（b）亭子上下对称

2. 动态均衡

动态均衡也称不对称均衡，即景物的质量不同、体量也不同，但使人感觉到平衡。例如，若门前左边一块山石，右边一丛乔灌木，山石的质量重、体量小，却可以与质量轻、体量大的树丛产生平衡感（图 5-3-14）。这种平衡的感受是基于生活经验形成的。动态均衡创作法一般有以下几种类型。

（1）构图中心法：在群体景物中，有意识地强调一个视线构图中心，而使其他部分均与其取得对应关系，从而在总体上取得均衡感。三角形、圆形等规则几何图案的重心为几何构图中心；自然式园林中的视觉重心，也是突出主景的非几何中心，忌居正中。

（2）杠杆均衡法：又称动态平衡法、平衡法，是根据杠杆力矩的原理，使不同体量

图 5-3-14　不对称平衡

或质量感的景物置于相对应的位置而取得平衡感。

（3）惯性心理法：又称运动平衡法。人在日常生活和劳动实践中形成了习惯性重心感，若重心产生偏移，则必然出现动势倾向，以求得新的均衡。如一般以右为主（重），左为辅（轻），故鲜花戴在左胸较为均衡；人右手提起物体，身体必向左倾，人向前跑手必向后摆。人体活动一般在立体三角形中取得平衡，根据这些规律，我们在园林造景中就可以广泛地运用三角形构图法，园林静态空间与动态空间的重心处理，均是取得景观均衡的有效方法（图 5-3-15）。

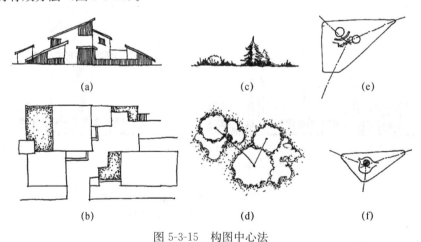

图 5-3-15　构图中心法

3. 质感均衡

质感均衡是指根据造景元素的材质不同，寻求人们心理的一种平衡感受。在我国的山水园林中，主体建筑和堆山、小亭等常常各居一端，隔湖相望，大而虚的山林空间和较为密实的建筑空间分量基本相等。在质量感觉上一般认为，密实建筑、石山分量大于土山、树木。同一要素内部给人的印象也有区别，当其大小相近时，石塔重于木阁，松柏重于杨柳，实体重于透空材料，浓色重于浅色，粗糙重于细腻。

4. 竖向均衡

上小下大在远古曾被认为是稳定的唯一标准，因为地球引力强加于人使得物体越小且越靠近地心就越稳定。上小下大，视觉上稳定感极强，它和对称一样可以给人一种雄伟的印象，而古人将宏大气魄作为决定事物是否美丽的重要气质之一。一旦人们在技术上有可能不依赖这种上小下大的模式而仍可使构筑物保持稳定的话，他们是乐于打破这种常理的。比如采用上大下小营造反差感和视觉冲击，营造一种动态均衡感。如今园林中应用竖向均衡的例子也很广泛，建筑小品如伞形亭、蘑菇亭等倒三角以求均衡的运用。园林是自然空间，竖向层次上主要是地形和植物（大乔木），人们难以完全依照自己的意志进行安排，这就要求不断地创造更新颖、更适合于特定环境的方案。杭州云溪竹径中小巧的碑亭与高于它八九倍的三株大枫香形成了鲜明对照，产生了类似于平面上大而虚的自然空间和小而实的人工建筑两者之间的平衡感（图 5-3-16）。当我们让树木倾斜生长而造成不稳定的动势时，也可以达到活泼生动的气氛，如同生长在悬崖之上苍劲刚健而古老的松树给人的印象一样。它们常常成为舒缓园林节奏中的特强音符。

（六）统觉与错觉的原则

欣赏物象时常常形成的最明显的以部分为中心而形成的视觉统一效应，称为统觉。由于外界干扰和自身心理定势的作用而对物象产生的错误认识，称为错觉（图 5-3-17）。人们的心理定势在通常情况下能够把握住物体的正确形状。

图 5-3-16　碑林与树木体量的对比均衡

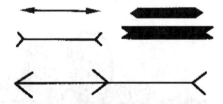

图 5-3-17　相同长度被干扰后的错觉

在人工构筑物及其装饰上，统觉和错觉出现得非常频繁，而错觉较统觉运用得更为广泛。例如图 5-3-18，方、圆两种立柱在立面图和平面图中看不出差别，实际上置身空间中时会感觉圆柱较方柱更为通透。这是因为当荷载相同时，即柱横截面面积相等时，圆柱一般较方柱减少遮挡面积达 20% 以上。我国南方园林中圆柱多于方柱，与此不无关系。因此，我们需要正确理解和掌握错觉的规律，尽量消除或者减弱它带来的消极影响，并利用其特点在设计中使其成为园林造景中的积极因素。例如，由于人们的视觉中心点常聚焦在物象的中心偏上，等分线段上半部就会比下半部显得要近，仿佛就更大一些。如：匾额、建筑上的徽标、车站时钟、建筑阳台；从人体尺度上看，全身的重要视点中心在胸部，如胸花；上半身的视点在领，如领花；面部的视点在额头，如点红点等。我们在进行某些规划设计时，可以充分利用这一错觉开展人们视点中心的注意力布局；反之，为避免头重脚轻，一些符号在平时书写时都下意识做了一些变形或偏移。为了不影响视觉效果，桌子的四脚会外扩 1°左右（图 5-3-19）。

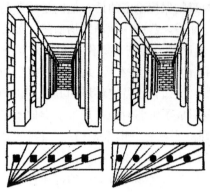

图 5-3-18　方柱与圆柱的视觉比较

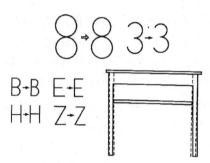

图 5-3-19　符号与物体上下比例的视觉矫正

（七）主从和统一的原则

任何事物总是有相对和绝对之分，也总是在比较中发现重点，在变化关系中寻求统一；反之，倘若各个局部都试图占据主要或重要位置，必将使整体陷入杂乱无章之中。因此，在各要素之间保持一种合适的地位和关系，对构图具有很大的帮助。图 5-3-20 中（a）图中的植物体量相等，形态差别过大，让人感到不够调和；而（b）图中的植物则有主有从，观赏效果就更好些。

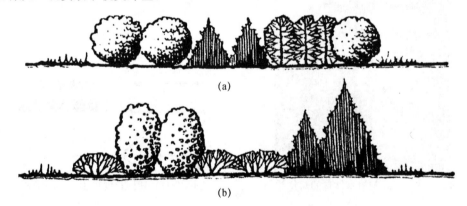

(a)

(b)

图 5-3-20　植物体量与主从关系

综合性风景空间里，多风景要素、多景区空间、多造景形式的存在，需要应用有主有次的创作方法，以达到丰富多彩、多样统一的效果。园林景观的主景（或主景区）与次要景观（或次景区）总是相比较而存在，又相协调而变化的。这种原理被广泛运用于绘画和造园艺术。如绘画方面，元代《画鉴》中有言"画有宾有主，不可使宾盛主"；"有宾无主散漫，有主无宾则单调、寂寞，有时有主无宾可用字画代之"。《画山水诀》中言"主山最宜高耸，客山须是奔趋"。在园林方面，明代《园冶》书中言叠山应"假若一块中竖而为主石，两条旁插而乎劈峰，独立端严，次相辅弼，势如排列，状若趋承"（图 5-3-21）。园林中有众多的景区和景点，它们因地制宜，形成一定的景区序列，其中必然有主有次。中国古典园林由众多大大小小的空间组成，空间皆有主次位序之分。例如北京颐和园以昆明湖为主体，万寿山为制高点，以万寿山上的排云殿作为构图中心强调轴线、控制全园，周围围绕着次要景观节点，形成"众星捧月""百鸟朝凤"的气势（图5-3-22）。

图 5-3-21　假山的主从关系

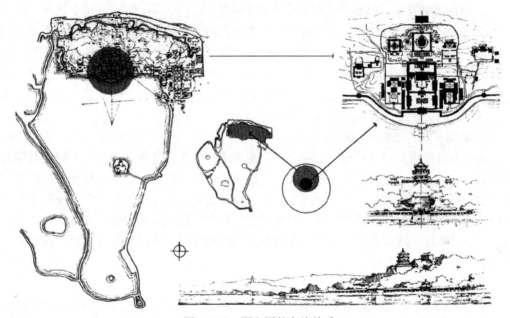

图 5-3-22　颐和园的主从关系

（八）比拟与联想的原则

园林美不仅体现在优美的景色上，更体现在园林景观形成的境界中，园林景观应带给人意境的联想。园林设计要求寓情于景，寓意于景，把情与意通过景的布置体现出来，使观赏者能触景生情，因情而感，把思维拓展到比园景本身更广阔的境界中去，超越时间和空间的客观物质维度，进入诗情画意的境界。这里主要的营造手法有：

1. 以小见大、以少代多的比拟联想

模拟自然，以小见大，以少代多，以精炼浓缩的手法布置"咫尺山林"的景观，使人有真山真水的幻想。如无锡寄畅园的"八音洞"，就是模仿杭州灵隐寺前冷泉旁的飞来峰山势，却不同于飞来峰有自己的独到之处。我国园林在模拟自然山水的手法上有独到之处，善于综合运用空间组织、比例尺度、色彩质感、视觉幻化等，使一石有一峰的感觉，使散石有平冈山峦的感觉，使池水迂回有曲折不尽的感觉。犹如一幅高明的国画，意到笔随，或无笔有意，使人联想无穷。

2. 运用不同植物的特征、姿态、色彩给人以不同的感受，产生比拟联想

不同植物因其特性具有不同的象征意义，如：松象征坚贞不屈，万古长青的气概；竹象征虚心有节，清高雅洁的风尚；梅象征不畏严寒，纯洁坚贞的品质；兰象征居静而芳，高峰脱俗的情操等。不同的植物颜色也有不同的象征含义，如通常情况下，白色象征纯洁，红色象征热烈，绿色象征平和，蓝色象征幽静，黄色象征高贵，黑色象征悲哀肃穆等。不同的植物在不同的地区，因其不同的风俗、民族、处理手法等均代表不同含义，如"松、竹、梅"组合代表"岁寒三友"，"梅、兰、竹、菊"象征"四君子"，这些均为诗人、画家的封赠。在广州，红木棉树被称为英雄树，长沙的岳麓山广植枫林，颇有"万山红遍，层林尽染"的景趣，而爱晚亭的枫林则让人想到"停车坐爱枫林晚，霜叶红于二月花"的诗句。

3. 运用园林建筑、雕塑的造型，产生比拟联想

园林建筑、雕塑的造型，常与历史、人物、传闻、动植物形象有关，能使人产生思维联想。如布置蘑菇亭、月洞门、小广寒殿等，置身其中会产生宛若身临月宫之感。儿童游乐场布置大象和长颈鹿滑梯，能培养儿童的勇敢及友爱精神，使其觉得大型动物其实没那么可怕甚至可爱可亲。纪念公园常设名人雕像，名人音容笑貌犹然在目，使人肃然起敬的同时更能感受到名人的高尚品德。

4. 运用文物古迹而产生的比拟联想

文物古迹在观赏游览的过程中除具有审美价值和纪念意义外，还具有一定的背景教育意义。如游成都武侯祠，会联想起诸葛亮鞠躬尽瘁死而后已的忠义政绩和三国时期三足鼎立的局势；游杭州岳飞庙，会想起岳飞忠肝义胆但为奸人所害的故事。园林中若有文物古迹，在布置中应掌握其特征，并加以发扬光大。如系国家或省、市级文物保护单位的文物、古迹、故居等，应依据具体情况，"整旧如旧"，还原其本来面目，保留其原始意味，突出其历史价值。

5. 运用景色的命名和题咏等产生的比拟联想

好的景色命名和题咏，对景色本身可以起到画龙点睛的作用。如含义深、兴味浓、意境高，能使人产生诗情画意的联想。陈毅同志游桂林有诗云："水作青罗带，山如碧玉簪。洞穴幽且深，处处呈奇观。桂林此三绝，足供一生看。春花娇且媚，夏洪波更宽，冬雪山如画，秋桂馨而丹。"短短几句，描绘出桂林的"三绝"和"四季"景色，增加了风景游览的艺术效果。

第四节　园林观赏

一、园林观赏的技术方法

（一）景观视觉分析的应用

1. 视觉心理

视觉心理是人类对外界信息进行的选择加工。它并不是被动式地进行，与人类的其他行为一样，表现出一定的能动性和思维过程。1912 年前后，在德国兴起的格式塔学派，对视觉系统共同的相互作用类型进行分类，并把它们称为知觉定律。此组合定律包括接近性、相似性、连续性和封闭性等。

　　1）接近性

　　接近性（Proximity）指距离上相近的物体容易被知觉组织在一起，即人们倾向于将相互靠得很近且离其他相似物体较远的东西组合在一起。

　　2）相似性

　　相似性（Similarity）指将那些明显具有共同特性（如色彩、运动和方向等）的事物组合在一起。

　　3）连续性

　　连续性（Continuity）指凡具有连续性或共同运动方向的刺激易被看成一个整体。

　　4）封闭性

　　封闭性（Closure）指人们倾向于将缺损的轮廓加以补充，使知觉欲成为一个整体的封闭图形。

　　5）良好图形

　　良好图形（Goodness）指具有简明性、对称性的客体更容易被知觉，即视觉系统对输入视觉信息做出最简单、最规则和具有对称性的解释。

　　6）"图底"关系

　　"图底"关系即判定哪些形从背景中突出出来构成图，哪些形仍留在景中作为底。"图底"关系的识别一方面取决于景物的视觉特征，另一方面取决于观者的知觉判断能力。

　　格式塔学派认为对物体的知觉是整体的，不是各部分的复杂总合。以此理论为依据可以说明人们能理解和欣赏城市街道景观，通过学习可以发现并且拓展这种能力。

　　2. 透视规律的运用

　　人们观察物体时，由于观察位置不同，所得到的视觉效果也不同，位于视平线以上或以下，物体的形状和尺寸要发生变化，这就是透视规律。在大多数情况下，人们对远处物体的实际尺寸和形式的判断是按其透视缩小的程度做出的。因此，运用透视规律进行视觉设计和变形校正是非常有意义的。

　　1）利用近大远小规律增加高度

　　柱子越靠上部柱径越小，除了结构上的稳定需要外，这样的处理还会使人仰望柱子时更感其高大。从我国古代很多塔的建造上也能看到这一点，如河南登封嵩岳寺塔，从下到上每层塔高在逐渐缩小，以增加高度感。上海的金茂大厦也仿效古塔，厦身越靠上间隔分割越短，处理越精细，有力地增加了其高耸入云的气势（图5-4-1）。

　　2）利用近大远小规律增加深度

　　为了增加纵深感，将台阶或两纵边向内倾斜形成梯形，尤其在功能严肃且需要增加气势的建筑前常用到，如宫殿、教堂、法院、陵墓等，人在看时不会注意两个纵边相互接近，反而会因为透视而觉得纵深感更强。南京中山陵的梯形台阶是运用该原理的一个范例（图5-4-2）。

　　3）利用梯形广场突出中心建筑

　　建筑处理有时会因地形限制造成视觉困难，视点不够理想。此时可调整视觉焦点加以矫正。为了突出中心建筑物，将广场的两纵边向外倾斜形成桶形，这是文艺复兴时期

河南登封嵩岳寺塔　　　　　上海金茂大厦外貌

图 5-4-1　利用近大远小规律增加高度示例

图 5-4-2　南京中山陵梯形台阶

开始运用的手法。一般沿梯形广场的两边修建高度相等的建筑，入口放在窄边，其对面广场的端头布置主要建筑。这样，侧边建筑物的灭点离开立面中心轴，使广场显得比实际更宽，广场的端头的建筑则显得更加高大。运用这种手法典型的例子有威尼斯圣马可广场和罗马圣彼得广场（图 5-4-3）。

4）视错觉的矫正和运用

视错觉是指个体利用视觉感受器接收信息时，对外界事物产生的歪曲的视知觉，是一种不可避免的特殊视觉感受，又称为错视。了解视错觉的类型和视觉的表现规律，可以帮助设计师在设计中矫正和避免视觉错误。视错觉类型包括几何图形错视、分割错视、图底错视、光渗错视、变形错视、透视错视和色彩错视等。

几何图形错视是指在单纯的平面图形中，图形或线条在周围不同状况的线条或图形影响下，会使原来的图形或线条发生一些变形。几何图形错视是最常见的视错觉（图 5-4-4）。

同一几何形状、同一尺寸的物体，由于采取不同的分割方法，就会使人感到它们的

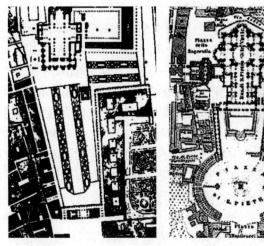

威尼斯圣马可广场平面　　　　罗马圣彼得广场平面

图 5-4-3　梯形广场示例

图 5-4-4　不同的几何图形错视

形状和尺寸都发生了不同的变化，这就是分割错视。一般来说，间隔分割增多，物体会显得比原来宽些或高些。因此，可以根据审美的需要，用装饰造型的手法调节景观空间的视觉感受。多用竖向的垂直有序的装饰线条给人以视觉空间的高耸感；多用有序的水平线条给人以视觉空间的宽阔感；在空旷的空间用小块的铺装，可以使人感觉缩小了空间的尺度。

图底错视是指图形本身具有两重性，图形与背景在视觉上可以互换。在现代装饰中，不同形式、材料、色彩的地面铺装，把空间划分为不同的功能区域，使需要被突出的空间地面与周围次要空间地面形成了图底关系。

当物体尺寸相同时，在深色背景下的浅色物体比在浅色背景下的深色物体的轮廓感觉要大一些，这种现象即为光渗错视。例如，天安门广场的人民英雄纪念碑的碑身向外微凸，就是考虑到了光渗错觉：若碑身为一直线，在天空明亮背景的映衬下就会有向内收缩之感，令人感觉不太稳定，而调整后的纪念碑则显得庄严、稳重。另外，纪念碑浮雕上的小平台，也不是水平的，而是中部处理得略高些，以达到视觉上的水平感。如果做成水平的，在纪念碑的质量影响下，会在视觉上产生内陷的感觉。

视错觉作为一种特殊的视觉感受，常常会愚弄人的眼睛，使观者产生疑惑，而正是这种疑惑会引起人们浓厚的兴趣，因而使视错觉现象具有强烈的趣味性。因此，在景观设计中合理地应用视错觉，可以给设计创作带来与众不同的艺术效果。除了以上几种视错觉可以在景观设计中应用之外，还可以把平面绘画和空间构筑物相结合，利用墙面上的浮雕或壁画，摹拟真实视觉感受，使视觉上有延续感，形成亦真亦幻、虚虚实实的景观效果。目前颇为流行的 3D 街头地面，就是利用平面透视的原理，直接以地面为载体进行绘画创作，创造出视觉上的虚拟立体效果，令观者有一种身临其境的感觉。不同于以画面本身的透视为依据的绘画形式，3D 街头地面是参照了观者的站位视点，整个画面的构成以人的视点为视觉原点，使得 3D 街头地面不仅仅是一幅画，还成为一个真实的视觉空间，观者可以融入到画面当中，从而引起观者的视觉共鸣（图 5-4-5）。

图 5-4-5　3D 街头地面

色彩错觉，包括膨胀与收缩的面积错觉、前进与后退的距离错觉、轻色与重色的量感错觉、冷色与暖色的颜色错觉。如法国国旗红：白：蓝三色的比例为 35：33：37，而人们却感觉三种颜色面积相等。这是因为白色给人以扩张感觉，而蓝色则有收缩的感觉（图 5-4-6）。

图 5-4-6　法国国旗的色彩错觉

（二）景观环境中视觉秩序分析方法

视觉秩序分析方法注重城市空间和体验的艺术质量，通过提取视觉感知范围、视觉感知频度、感知对象的形式和实体构成等方面的信息，探求获取景观结构视觉美感的方式和途径。戈登·卡伦（Kalun Gordon）在其著作《城镇景观》中，提出"秩序视景"的分析方法，即在待分析的城市空间中，对空间视觉特点和性质进行观察。在实践中，人们可以在待分析的城市景观中，有意识地利用一组运动的视点和一些固定的视点，选择适当的路线对城市景观视觉特点和性质进行观察，记录视景实况，发掘城市中有视觉意义的轴线、空间对位和空间关联性，分析控制视觉景观形态元素，如对景、地标、视廊、视轴、天际线等，重点是其空间艺术和构成方式。

1. 景观主导面分析

景观主导面是某一区域中景观的主要观察面，也是在可能的视点中所观察到的最能反映该景区景观特征的面。把握景观主导面是创造景观特色的主要手段之一。

2. 竖向分析

竖向分析包括竖向剖面分析和正立面分析。竖向剖面主要体现相邻景物和建筑物的竖向尺度对比，可提供重要的建筑物高度控制信息。正立面是景观主导面的一种，反映沿主要游览路线观赏立面上的景物构成。

3. 天际轮廓线分析

天际轮廓线是指城市景观、地形与地物要素以天空为背景的连续画面。天地交接处景观丰富，特别吸引人们的视线。天际轮廓线分析的目的之一就是要控制有关的建筑尺度，保持在主要视点上观察到的天际轮廓线的完整性，使之体现一定的韵律节奏。

4. 空间尺度分析

空间尺度是指各类景观实体的长、宽、面积和体量及相互之间的比例。景观设计追求空间尺度的平衡与和谐。

5. 轴线分析

一般来说，城市轴线是通过室外空间与周边建筑的关系表现出来的空间形体轴，是人们认识景观环境和空间形态的一种基本途径。总的来说，城市轴线分为两种：一种是实际存在的轴，它既是人的视线轴线，同时也是景观空间中的游览路线，具有强烈的功能性；另一种是隐形的轴，只是人的视线轴或景观构图的一种轴向意念。通过轴线的分析，可以更深入地理解景观空间的结构，发掘景观设计中有视觉意义的轴线、空间对位、空间关联性，以找到景观空间中隐含的秩序。

6. 景观序列

景观序列是景观空间依次排列的组合方式，也可以说是不断改变着视点的一幅幅风景画面的连接。观赏路线引导着人们依次从一个空间转入另一个空间，随着整个观赏过程的进行，人们一方面保持着对前一个空间的记忆，另一方面又怀着对下一个空间的期待，由局部的片段而逐步叠加，汇集成为一种整体的视觉感受。不仅可以从某些点上获得良好的静观效果，而且在行进的过程中又能把个别的景连贯成完整的序列，进而获得良好的动观效果。

景观序列空间的典型过程可以概括为：起始段—过渡段—高潮段—结束段。序列的起始预示着将要展开的内容；过渡段是培养人的感情并引入高潮的重要环节，具有引导、启示、酝酿、期待及引人入胜的作用；高潮段是主体，使人在环境中产生种种最佳感受；结束段则由高潮回复到平静，可使人追思高潮的余音。通过对视觉感知的研究，可以指导序列自身空间形态的塑造，并有利于调整序列引入其他空间信息的方式，以协助完善空间的感受。

（三）视觉观景以外的空间维度拓展

园林观赏不仅仅是单一维度的艺术欣赏行为。置身于园林中，除了要用视觉感受和分析园景的艺术美感外，还需结合多重感官拓展园林视觉以外的空间维度。用嗅觉感受花香、听觉感受水声莺歌、触觉感受不同区域的质感和气候差异，再结合思维的空间去营造一种全方面的艺术欣赏体验，例如了解历史、人文资料，甚至曾经和园子相关的发生在自己或他人身上可能触发共鸣和联想的故事等，都应该是园林赏景多维感受的重要组成部分，最终形成属于每个人对园子观赏的独特感受。

二、园林观赏与文化

在漫长的文化发展过程中，东西方园林因不同的历史背景、不同的文化传统而形成迥异的风格。园林作为文化的体现，在东方，以中国古典园林为代表；在西方，则以法国古典主义园林为典型。前者着眼于自然美，追求"虽由人作，宛自天开"的效果；后者讲究几何图案的组织，表现人工的创造。尽管园林姿态各异，但是不论是几何式的西方园林还是自然式的中国园林，都反映了人们追求理想生活的愿望。同时作为同一艺术类属，必然具有世界园林艺术的共通性，即通过典型形象来反映现实以表达作者的思想感情和审美情趣，并以其特有的艺术魅力影响人们的情绪、陶冶人们的情操。

（一）东西方园林的共通性

东西方园林的共通性主要表现在园林的物质构成、艺术与功能的结合、社会同一性和综合性四个方面。

1. 园林艺术是有生命的物质空间艺术

从园林的构成来看，无论哪一种园林都是利用植物的形态、色彩和芳香等作为造景的主题以及利用植物的季相变化构成一年四季的绮丽景观，并随岁月的流逝不断变化着自身的形体以及植物间相互消长而不断变化着园林空间的艺术形象。虽然西方规则式园林中建筑布局严整，水体开凿规则，花木修剪整齐，但与东方自然式风景园林相似，造园材料不外乎建筑、山水和花草树木等物质要素。

2. 园林艺术是艺术与功能相结合的科学艺术

东西方园林在考虑艺术性的同时，均将环境效益、社会效益和经济效益甚至是实用价值等多方面的要求放在重要的位置，做到艺术性与功能性的高度统一。因此，在规划设计时，就对其多种功能要求综合考虑，对其服务对象、环境容量、地形地貌、土壤、水源及周围环境等进行周密调查后才能设计施工。从园林建筑、道路、桥梁、挖湖堆山、给排水工程以及照明系统的工程技术到园林植物的因地制宜，无一环节离开科学。

3. 东西方园林艺术的社会同一性

园林艺术作为一种社会意识形态，是上层建筑，受制于社会经济基础。在封建时代，社会财富集中在少数人手里，园林只是特权阶级的一种奢侈品，所以，在历史上，无论东西方园林均只为少数的富豪所占有和享受。直到19世纪50年代美国纽约中央公园的建造开创了世界城市公园的先河，使更多的人享受到这种情感与自然的交融艺术。

4. 东西方园林艺术的综合性

园林艺术的综合性一方面体现在具有空间的多维性，另一方面又体现在具有极强的兼容性。东西方园林均融合了文学、绘画、音乐、建筑、雕刻、书法、工艺美术等诸多艺术于自然的独特艺术，它们为充分体现园林的艺术性而发挥各自的作用。同时，各门艺术彼此渗透、融会贯通形成一个能够统辖全局的综合艺术。

然而东西方由于文化背景，特别是哲学、美学思想上都存在着极大的差异，园林艺术风格具有非常明显的差异。

（二）东西方园林艺术的差异

尽管世界各国造园艺术具有园林艺术的同一性，有着世界文化的一般内容与特征，但由于世界各民族之间存在着自然隔离、社会隔离和历史心理隔离等，园林艺术才形成了不同的风格。如中国古典园林、法国古典主义园林、意大利文艺复兴园林、英国自然风景园林、伊斯兰园林、日本园林等，这些园林都自成体系，具有突出特点并取得了很高的艺术成就。

东西方园林由于在不同的哲学、美学思想支配下，其形式、风格差别还是十分鲜明的（表5-4-1）。尤其是15—17世纪的意大利文艺复兴园林和法国古典主义园林与中国古典园林之间的差异更为显著。

表 5-4-1　东西方园林艺术比较（这里东方园林以中国园林为例探讨）

类别	西方园林艺术	东方园林艺术
园林布局	规则式布局	自由式布局
园林道路	轴线笔直式林荫大道	迂回曲折，曲径通幽
园林树木	整形对植、列植	自然形孤植、散植
园林花卉	图案式花坛、重色彩	自然式花境、盆栽，重姿态
园林水景	喷泉瀑布	溪流、池塘、滴泉
园林空间	大草坪铺展	假山起伏
园林雕塑	人物、动物雕像	造型独特的置石
园林取景	开敞袒露	幽闭深藏
园林风格	骑士的罗曼蒂克	诗情画意、情景交融
美学理念	科学、秩序、自然的建筑化	强调感情的倾注、建筑的自然化
文化心理的审美观	形式美的多样统一性中强调"统一"；集权与秩序的象征	形式美的多样统一性中强调"多样"；隐逸生活的象征
思维模式	探究内在规律，形成清晰的认识——理性思维与哲学思辨；动态的、进取的	对经验的总结和对想象的描述，意会的模糊感——感性主义；静态的、隐逸的

中国园林所表达的意义从表层到深层，依次为观赏性、意象性和哲理性。园林的观赏性是园林美的最表层语义。中国传统园林的直接目的就是观赏、游憩，而园林中的自然景物，则是最理想的观赏和游憩的对象。

中国传统园林之最深层，最精辟的意义，是对中国社会文化的结构和哲学观的表述。园林"虽由人作，宛自天开"表述的不是纯自然，而是人心目中的自然，是人与自然最理想的关系——"取其自然，顺其自然"。如园中植物的形态，都保持着它们的天然姿态。又如中国园林中的水池，多为自然的形态，池岸为自由的曲线，岸边有高低错落的驳石。表层的意义是艺术手法，深层的意义却是一种"顺其自然"的哲理。

西方造园表现的是"征服自然，为人而用"的思想，艺术上则遵循的是形式美的法则，这一思想和艺术法则支配着西方的建筑、艺术、绘画、雕刻等视觉艺术，同时影响着音乐和诗歌。而园林的设计和建设自然而然地也在这一法则的指导下，并更加刻意追求形式上的美。

第六章

风景园林场地类型

第一节　城市公园

一、综合公园

（一）综合公园的功能

综合公园是城市公园系统的重要组成部分，是城市居民文化生活不可缺少的重要场地，它不仅为城市提供大面积的绿地，而且具有丰富的户外游览休憩活动内容，适合各种年龄和职业的城市居民进行一日或者半日游赏活动。它是群众性的文化、教育、娱乐、休息场所，并对城市面貌、环境保护、社会生活具有重要作用（图 6-1-1）。

综合公园除具有绿地的一般作用外，在丰富城市居民文化娱乐生活方面的功能更为突出：

1. 政治文化方面

宣传党的方针政策、介绍时事新闻、举办节日游园活动和中外友好活动，为集体活动尤其少年、青年及老年人组织活动提供合适的场所。

2. 游览休憩方面

全面照顾不同年龄段、职业、爱好、习惯的不同要求，设置游览、娱乐、休息设施，满足人们的游览、休憩需求。

3. 科普教育方面

宣传科学技术新成果，普及生态知识与生物知识，通过公园中各组成要素潜移默化地影响游人，寓教于游，提高人们的科学文化水平。

4. 运动健身方面

由于现代人们对于身心健康的要求越来越高，可根据不同年龄层对运动健身的不同需求，设置多种类型的锻炼、健身设施，满足各类人群的需求。

（二）综合公园的类型

在我国，根据综合性公园在城市中的服务范围可将其分为以下两种：

1. 全市性公园

全市性公园为全市居民服务，是全市公园绿地中集中面积最大、活动内容和游览休憩设施最完善的绿地。公园面积一般在 10 公顷以上，随市区居民总人数的多少而有所不同。其服务半径为 2～3 公里，步行 30～50 分钟可到达，自驾 10～20 分钟可到达。如上海长风公园、北京朝阳公园、上海浦东世纪公园（图 6-1-2）等。

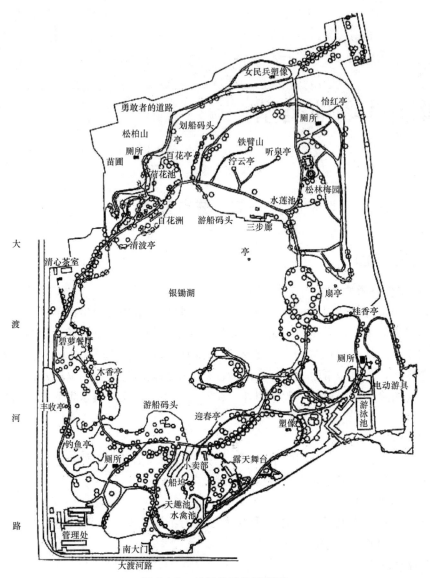

图 6-1-1 长风公园总平面图

2. 区域性公园

区域性公园在面积较大、人口较多的城市中为一个行政区的居民服务，面积一般在10公顷以上，特殊情况也可在10公顷以下。如上海徐家汇公园、北京海淀公园、北京紫竹公园等。

（三）综合公园的活动内容与设施

1. 活动内容

1）游览休憩

按游人的年龄、爱好、职业、习惯等不同要求，安排各种活动。如观赏游览、安静休息、文化娱乐、园艺参与、儿童活动、老年人活动和体育活动等，尽可能使游客各得其所。

（1）观赏游览。

游人在公园中，可观赏山水风景、奇花异草，浏览名胜古迹，欣赏建筑、雕塑、盆

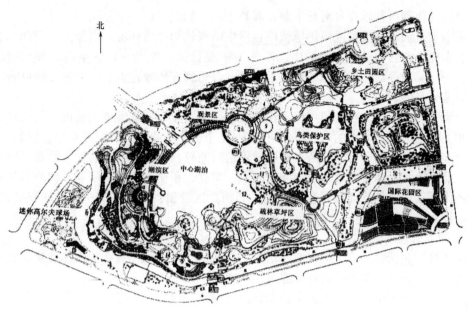

图 6-1-2　上海浦东世纪公园平面图

景、假山、鸟兽虫鱼等。

（2）安静休息。

可在公园进行散步、品茗、垂钓、弈棋、书法、绘画、学习静思、练习气功等相对较为安静的活动，一般老年人、中年人、学生等人群较喜欢在环境优美、干扰较少、安静的公园绿地空间进行以上活动。

（3）文化娱乐。

可在公园中进行群众娱乐、游戏、游泳、划船、观赏电影、音乐舞蹈、戏剧、杂技等娱乐活动。一般需要设置露天剧场、游艺室、展览厅、音乐厅、广场等设施。

（4）园艺参与。

在公园中设置可供游人参与种植、修剪等园艺体验活动的农田、花圃等活动区域，以此满足城市居民对于返璞归真的向往，获得精神上的熏陶，同时也可以宣传普及园艺知识。

（5）儿童活动。

我国公园的游人中儿童占很大比例，在 1/3 左右。公园中一般设有供学龄前儿童与学龄儿童活动的设施，如游戏娱乐广场、少年宫、迷宫、障碍游戏场、小型动物角、植物观赏角、少年体育运动场、少年阅览室、科普园地等。

（6）老年人活动。

随着社会的发展，老年人的比例不断增加，大多数离退休老人身体健康、精力充沛，喜欢在户外活动，公园中宜设置适于老年人活动的区域，设计老年人活动的设施、场地等。

（7）体育活动。

游人可在公园内进行跑步、漫步、游泳、滑冰、旱冰、打球、武术、滑雪或骑车等体育运动，尤其在人们日益重视身体健康的当代，在公园中设置体育运动场地、设施是十分必要的。

2）文化、科普及教育和生态示范展示

通过展览、陈列、阅览、广播、影视、演说等活动及相关设施，对游人进行潜移默化的政治文化和科普教育，寓教于游，寓教于乐，如北京红领巾公园。

生态示范展示以保留或模仿地域性自然生境来建构主要环境，以保护或营建具有地域性、多样性和自我演替能力的生态系统为主要目标，提供与自然生态过程和谐的游览、休憩、实践等活动的生态园林展示区域，以达到宣传教育生态环境建设的目的。

2. 服务设施

公园中的服务设施视公园用地面积的大小及游人量而定（参考《城市公园设计规范中的相关规定》）。在较大的公园里，可设 1~2 个服务中心，或按服务半径设置服务点，结合公园活动项目的分布，在游人集中或停留时间较长、位置适中的地方设置。服务中心的功能有饮食、休息、电话、询问、摄影、寄存、租借和购买物品等。此外，还需要根据各区活动项目的需要设置服务设施，如钓鱼区设租借渔具、购买鱼饵的服务设施，滑冰场设租借冰鞋的服务设施等。

3. 园务管理

园务管理包括办公室、会议室、给排水、通信、供电、广播室、内部食宿、杂物等用地并附设不开放的苗圃、花圃及温室、车库等。以上内容之间互有交叉。

在综合性公园中，可以设置上述全部内容或部分内容。如美国旧金山金门公园、日本昭和纪念公园、中国广州越秀公园。如果只以其中的某一项为主，则成为专类公园。

二、社区公园

（一）社区公园的功能

1. 社区公园的功能

1）改善社区生态环境质量

由于公园内绿色植物种类繁多，植物材料使绿地空气负氧离子积累，适宜活动。绿色植物在阳光下进行光合作用，使空气更加清新，能促进居民的身心健康。

2）提供日常休闲健身场所

随着社会的进步和生活水平的提高，人们越来越重视生活的质量。越来越多的人渴望回归自然、放松身心，在工作之余参加各式各样的休闲和健身、娱乐项目。社区公园利用良好的绿地生态系统环境、清新的空气，为居民开展休闲和体育健身项目提供场所。

3）提升居住区环境景观品质

社区公园景观的建设要从非自然造景要素，如人文景观小品、建筑灯光、道路等景观设施，以及人类思维行为特点等诸方面来规划住宅绿地生态系统，使社区公园这片大都市中的宁静乐土更能产生美学效果，更能满足人们提升生活品质的要求。

2. 社区公园的特点

1）便利性

社区公园多位于城市居住区内，距离市民住所较近且方便到达，为附近居民提供游览休憩、健身及文化休闲活动场地与设施。

2）功能性

社区公园面积规模一般较小，功能简单，公园内配套的设施内容只需满足附近居民日常基本的休闲、游戏、健身等功能要求，通常不会作为城市旅游景点使用，也很难承载大型社会活动。

3）开放性

社区公园注重体现社会的公益性，具有很高的开放程度，公园绿地的使用频率很高，需加大社区公园在安全、卫生以及园容维护等方面的管理力度。

4）效益性

社区公园规模一般较小，建设投资数额不大，建设周期较短，能满足附近居民的使用需求，最大限度地发挥城市公共基础设施的社会效益。

（二）社区公园的类型

1. 居住区公园

居住区公园为一个居住区的居民服务，是居住区配套建设的集中绿地，服务半径为500～1000米，步行5～10分钟可以到达，如北京阳光星期八公园。

2. 小区游园

小区游园是为一个居住小区的居民服务、配套建设的集中绿地。小区游园服务半径为300～500米。位置在小区适中地段，可布置运动场、儿童青少年活动场地、老年人休息场地等。植物种植应较丰富，形成良好的小区中心景观（图6-1-3）。

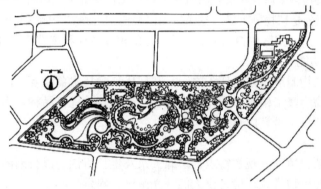

图 6-1-3　芳城小区游园平面图

（三）社区公园的活动内容与设施

1. 社区公园的活动内容

1）休闲活动

休闲活动主要有闲坐、站立、交谈、观望、带小孩、晒太阳、乘凉、散步等，多为静态活动，要求空间场所较为安静阴凉。

2）文化活动

文化活动，如棋牌娱乐、吹拉弹唱、宣传表演等，对场地设施要求与休闲活动相同。

3）康体活动

康体活动多为居民自发组织，需进行一定的引导，如跳舞、打拳、做操、打球、骑自行车、慢跑、放风筝、抖空竹、踢毽子等。此类属动态活动范畴，需要有充裕的场地供其开展活动。

4）游戏活动

儿童是社区公园的活动主体，他们在公园里的行为不仅仅局限于游戏器械的使用，更专注于比较淳朴的游戏行为，需要更多的创造开发，如爬树、捉迷藏、玩滑板车等。

社区公园内市民的行为多种多样，因公园场地设施和活动场所不同而随机形成，需要对市民的游园行为进行密切调研，才能了解其活动规律。

2. 社区公园的活动设施

一般情况下，社区公园必备的设施场地主要包括：儿童游戏场、康体健身场和休闲绿地 3 项。社区公园的园路建成：用地面积约占公园总用地的 7.3％；园林建筑用地面积平均约占公园总用地的 2％；垃圾筒、座椅、园灯等设施则按实际需要设置。

社区公园的停车场使用率较低，尤其是小规模的社区公园。由于社区公园服务半径较小，附近居民一般步行可达，无须设置专门的停车场。有些公园的停车场是作为社区服务的配套设施，与公园集中布置。

受建设用地规模的影响，大多数社区公园的运动场地不能满足居民需求。公园里的运动场地使用频度较高，但多数社区公园运动场地数量较少。

三、专类公园

（一）植物园

植物园是把植物科学研究、文化教育和城市居民休息等活动组合在一起的多功能组合体。其主要组成部分是植物陈列区，这个区的面积通常占到整个园区总面积的 50％～70％（最小不得少于 35％）。园区内植物通常按照一定的植物特征和观赏特点进行布置。

1. 植物园的功能

科学研究是植物园最主要的任务之一。在现代科学技术蓬勃发展的今天，利用科学手段驯化野生植物为栽培植物，驯化外来植物，培育新的优良品种，为城市园林绿化服务等，是植物园的科学研究内容。

1）观光游览

植物园还应结合植物的观赏特点、亲缘关系及生长习性，以公园的形式进行规划分区，以创造优美的植物景观环境，供人们观光游览、娱乐身心。

2）科学普及

植物园通过露地展区、温室、标本室等的室内外植物材料的展览，并结合铭牌、图表的说明、讲解，丰富广大群众的自然知识。

3）科学生产

科学生产是科学研究的最终目的。通过科学研究得出结果，推广应用到生产领域，创造社会效益和经济效益。

4）示范作用

植物园以活植物为材料进行各种示范，如科研成果的展出、植物学科内各分支学科的示范以及按地理分布及生态习性分区展示等，最普遍的是植物分类学的展示。活植物按科属排列，几乎世界各植物园均无例外。游人可从中了解到植物形态上的差异、特点及进化的历程等。

2. 植物园的类型

1）按性质分类

（1）综合性植物园。

综合性植物园兼有多种职能，包括科研、游览、科普及生产。一般规模较大，占地面积在 100 公顷左右，内容丰富。

目前在我国，这类植物园有隶属于科学院系统的，以科研功能为主，如中国科学院北京植物园、南京中山植物园、武汉植物园、昆明植物园等；有隶属于园林系统的，以观光游览功能为主，结合科研科普和生产功能，如北京植物园（图 6-1-4）、上海植物园（图 6-1-5）等。

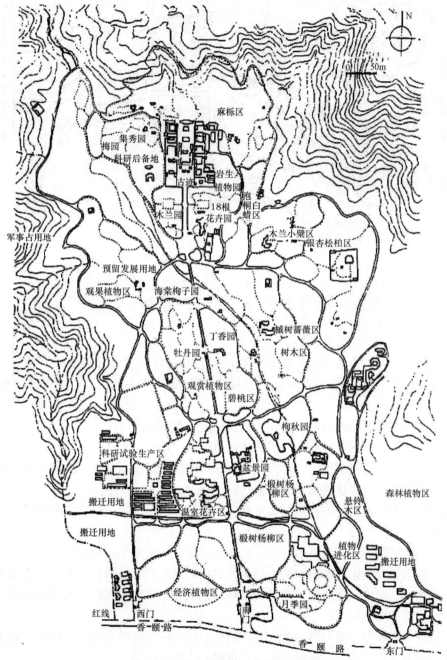

图 6-1-4　北京植物园（北园）平面图

（2）专业性植物园。

专业性植物园指根据一定的学科专业内容布置的植物标本园，如树木园、药圃等。这类植物园大多数属于科研单位、大专院校。所以，其又可以称为附属植物园。例如，浙江农林大学植物园、广州中山大学标本园、美国哈佛大学阿诺德树木园（图 6-1-6）。

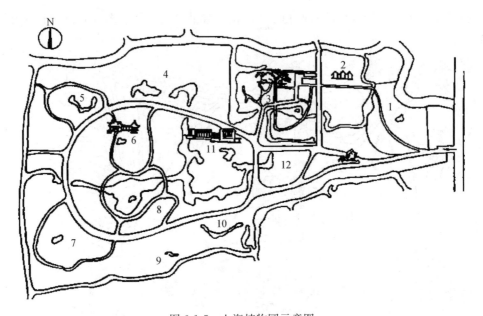

图 6-1-5　上海植物园示意图

1—草药园；2—温室群；3—盆景园；4—松柏园；5—杜鹃园；6—牡丹园；

7—槭树园；8—蔷薇园；9—桂花园；10—竹园；11—植物学馆；12—环境保护植物区

2）按业务范围分类

（1）以科研为主的植物园。这类植物园拥有充足的设备、完善的研究所和实验园地，主要从事植物方面的深入研究，在科研的基础上对外开放，如英国皇家植物园（图 6-1-7）。

（2）以科普为主的植物园。这类植物园通过植物挂名牌的方式普及植物学的知识。此类植物园占总数比率最高，如美国芝加哥植物园。

（3）为专业服务的植物园。这类植物园展出的植物侧重于某一专业的需要，如药用植物、竹藤类植物、森林植物、观赏植物等。

（4）属于专项搜集的植物园。从事专项搜集的植物园很多，也有少数植物园只进行个属的搜集。

3）按植物园的不同归属分类

（1）科学研究单位办的植物园。如各科学院、研究所的植物园，主要从事重大理论课题和生产实践中攻关课题的研究，是以研究工作为中心的植物园，在全国植物园系统中进行协作性的综合研究。

（2）高等院校办的植物园。如农林院的树木园、医学院的药用标本园等。此类植物园以教学示范为主要任务，有时亦兼有少量研究工作。

（3）各部门公立的植物园。如国立、省立、市立以及各部门所属的植物园。服务对象比较广泛，多由各所属部门提供经费。这类植物园任务也不一致，有的侧重研究工作，有的侧重科普。例如，杭州植物园（图 6-1-8）。

（4）私人捐助或募集基金创办的植物园。这类植物园大多以收集和选育观赏植物及经济植物为目的。

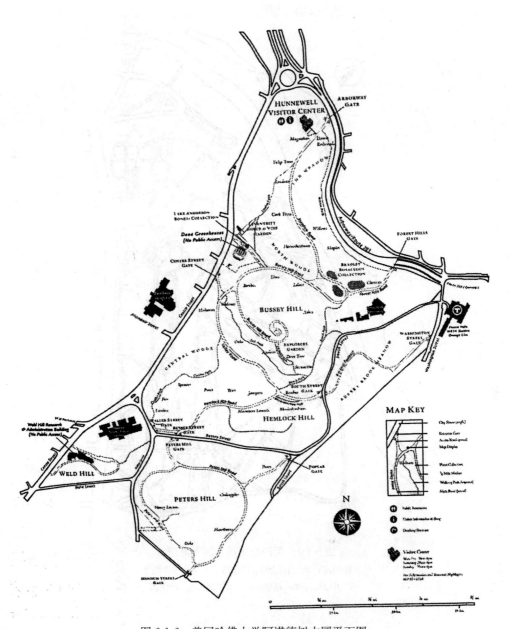

图 6-1-6 美国哈佛大学阿诺德树木园平面图

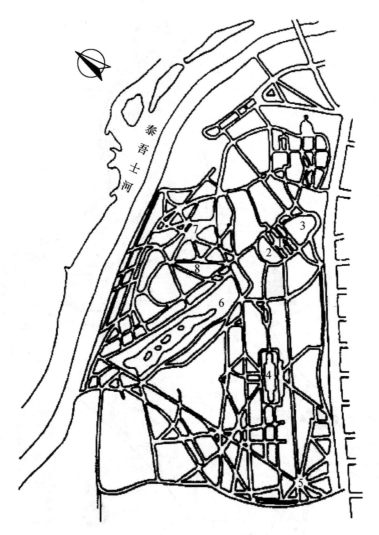

图 6-1-7 英国皇家植物园平面图
1—棕榈园；2—月季园；3—人工湖；4—中控温室；
5—中国塔；6—苗圃；7—木兰属；8—杜鹃园

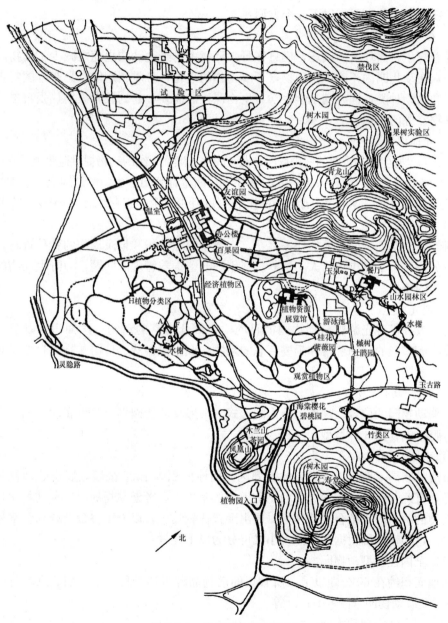

图 6-1-8　杭州植物园平面图

（二）动物园

动物园是收集饲养各种动物，进行科学研究和科学普及，并供人观赏、游览的园地。动物园分专设于公园内和附设于公园内两种。园中有饲养各种动物的特殊建筑和展出设施，需按动物进化系统，并结合自然生态环境规划布局。

1. 动物园的功能

动物园的功能主要有以下几个方面：

1）科学普及教育

随着野生自然环境的破坏，栖息在野生环境中的野生动物也随之减少。动物园能起到使公众在动物园内正确识别动物，了解动物的进化、分类利用以及具有本国特点的动物区系和动物种类，同时满足学生学习生物课程的需要，起到教育人们热爱自然、保护野生动物资源的作用。

2）异地保护

动物园是野生动物重要的庇护场所，尤其能够给濒临灭绝的动物提供避难地。它保护野外正在灭绝的动物种群能在人工饲养的条件下长期生存繁衍下去，增加濒危野生动物的数量，起到种子（精子、卵子和胚胎）库的作用，使动物的"物种保存计划"得到很好的实现。

3）科学研究

科学研究是动物园主要的任务之一，它要系统地收集和记录动物的各种资料，并对其进行分析，用于解决动物人工饲养、繁殖和改善饲养管理的问题，为野生动物的保护提供科学的依据。

4）观光游览

为游人提供观光游览是动物园的目的，它结合丰富的动物科学知识，以公园的形式，让绚丽多彩的植物群落和千姿百态的动物构成生机盎然、鸟语花香的自然景观，供游人观光游览。

2. 动物园的类型

依据动物园的位置、规模、展出的形式，一般将动物园划分为市属动物园、专类动物园、野生动物园 3 种类型。

1）市属动物园

市属动物园一般位于大城市的近郊区，用地面积大于 20 公顷，展出的动物种类丰富，常常有几百种至上千种。在动物分类学的基础上，考虑动物的习性和动物生理、动物与人类的关系等，结合自然环境，展出形式比较集中，以人工兽舍结合动物室外运动场为主。这类动物园根据规模的大小又可分为以下几种：

（1）全国性大型动物园。

用地面积约在 60 公顷以上，所收集的动物品种可达千种左右，如北京动物园（图6-1-9）、上海动物园（图 6-1-10）等。

（2）综合性中型动物园。

用地面积约在 60 公顷以下，所收集的动物品种可达 500 种左右，如西安动物园、成都动物园、哈尔滨动物园等。

（3）特色性动物园。

以展出本地区特产的动物为主，500 个品种以下，一般用地在 60 公顷以下，如杭州动物园（图 6-1-11）、南宁动物园等。

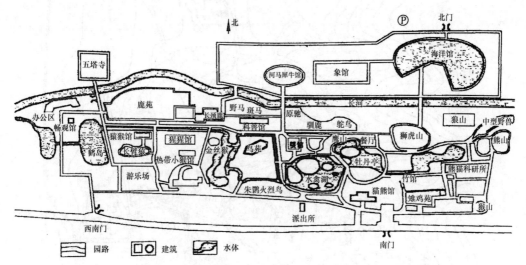

图 6-1-9　北京动物园平面图

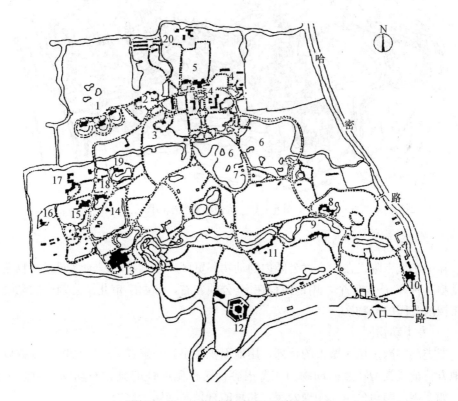

图 6-1-10　上海动物园平面示意图

1—狮虎；2—熊猫；3—熊；4—鹅禽、猛禽；5—中型猛兽；6—水禽、涉禽；7—企鹅；

8—金鱼；9—爬虫；10—办公室；11—休息廊；12—猴类；13—象；14—鹿；15—长颈鹿；16—野牛；

17—河马；18—斑马；19—海狮；20—饲养管理室

图 6-1-11 杭州动物园平面图

（4）小型动物园。

在中小城市附设在综合性公园内的动物展览区，也称为附属动物园或动物角。其展览动物品种 200～300 个，用地面积在 15 公顷左右，如西宁市儿童公园内的动物角、咸阳市渭滨公园的动物区。

2）专类动物园

专类动物园多位于城市的近郊，用地面积较小，一般在 5～20 公顷。多数以展出具有地方特征或类型特点的动物为主要内容，这种专业性的分化对动物的研究工作很有益。如泰国的鳄鱼公园、蝴蝶公园，北京的百鸟园均属于此类。

3）野生动物园

野生动物园多位于城市的远郊区，用地面积较大，一般上百公顷。展出的动物种类不多，通常为几十个。一般模拟动物在自然界的生存环境群养或开敞放养，富于自然情趣和真实感。参观形式多以乘坐游览车为主。此类动物园环境优美，适合动物生活，但较难管理。此类动物园在世界上呈发展趋势，全世界已有 40 多个，其中我国已有 15 个以上，如上海野生动物园、台北市立动物园（图 6-1-12）。

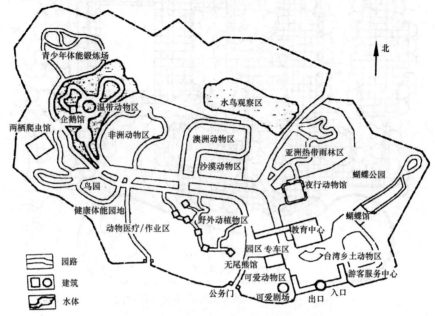

图 6-1-12　台北市立动物园平面图

（三）儿童公园

1. 儿童公园的功能

儿童公园是城市中儿童游戏、娱乐、开展体育活动，并从中得到文化科学普及知识的专类公园。其主要任务是使儿童在活动中锻炼身体，增长知识，培养热爱自然、热爱科学、热爱祖国等品质，以形成良好的社会风尚。

2. 儿童公园的类型

1）综合性儿童公园

综合性儿童公园有市属和区属两种。综合性儿童公园内容比较全面，能满足多样活动的要求，可设各种球场、游戏场、小游泳池、戏水池、电动游戏、露天剧场、少年科技活动中心等。如杭州儿童公园，湛江市儿童公园，西安建国儿童公园，北京红领巾公园。

2）特色性儿童公园

特色性儿童公园突出某一活动内容，且比较完整。如哈尔滨小火车儿童公园总面积 16 公顷，布置了 2 公里长的铁轨围绕儿童公园周围，自 1954 年建园以来深受游人的喜爱（图 6-1-13）。

3）一般儿童公园

一般儿童公园主要为少年儿童服务，活动内容可不求全面，根据具体条件而有所侧重，但主要内容仍然是体育和娱乐。这类儿童公园具有便于服务、可繁可简、管理简单等特点，如上海海伦儿童公园（图 6-1-14）。

4）儿童乐园

儿童乐园的作用与儿童公园相似，但占地面积较小，设施简易，数量也少，通常设在综合性公园内或社区内。

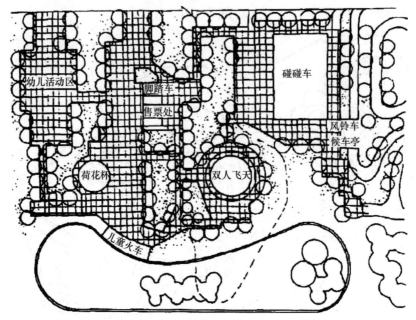

图 6-1-13　哈尔滨小火车儿童公园平面图

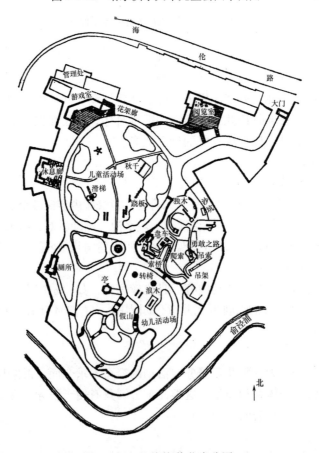

图 6-1-14　上海海伦儿童公园

3. 儿童公园的活动内容与设施

根据不同儿童的生理、心理特点和活动要求，儿童公园一般可分为以下几种功能区：

1）学龄前儿童区

为 1.5～5 岁的学龄前儿童活动的场所。设施有供游戏用的小屋、休息亭廊、荫棚、凉亭等，有供游戏用的室外场地，如草地、沙池、假山、硬地等，还有供游戏用的玩具设备，包括学步用的栏杆、攀缘用的梯架、跳跃用的跳台等。

2）学龄儿童区

为小学一二年级儿童游戏活动的场所。其设施有供室外活动的场地，如体操舞、集体游戏、障碍活动的场地及水上活动的设施（如戏水池）等；有供室内活动的少年之家，内设供科普游戏活动的"漫游世界""哈哈镜""称体重""看温度""打气枪"及"电动游戏"等；同时还可酌情设置供少年兴趣小组活动、表演晚会、阅览、展览的地方；也有供业余动植物爱好者小组活动的小植物园、小动物园和农艺园地。

3）青少年活动区

为小学四五年级及初中低年级学生活动的场所。设施主要有培养青少年勇敢攀登、不怕艰险的高架滑梯、独木桥、越水、越障、战车、索桥等，也有培养青少年课余学习音乐、绘画、文学、书法、电子、地质、气象等方面基础知识的青少年科技文艺培训中心。

4）体育活动区

儿童青少年正值成长发育阶段，所以在儿童公园中体育活动是十分重要的活动内容。在公园的环境中开展体育活动有着优雅和舒适的感觉。体育活动设施包括健身房、运动场、游泳池、各类球场、射击场等，有条件还可以设自行车赛场，甚至汽车竞赛场等。

5）文化娱乐区

文化娱乐区主要培养儿童的集体主义情操，扩大知识领域，增强求知欲望和对文化的爱好。可同时结合电影厅、演讲厅、音乐厅、游艺厅的节目安排，达到寓教于乐的目的。

6）自然景观区

长期生活在城市环境中的少年儿童渴望投身自然、接触自然。因此在有条件的情况下，可考虑设计一处自然景观区，尤其是有天然水源的区域，可结合溪流、浅沼、深潭，布置一个小的自然绿角，让孩子们安静地读书、看报、听故事。

第二节　风景名胜区

一、风景名胜区的发展

（一）风景区的萌芽阶段

中国风景区萌芽于农耕与聚落形成的时代，即公元前 21 世纪以前的氏族社会和奴隶制社会早期。

远古社会时代是一个自然崇拜、图腾崇拜、万物有神灵的时代。先民们认为日月、星辰、山川、水火、风雨、雷电、土地、生物等自然物和自然现象都具有生命、意志、灵性和神奇的能力，并能影响人的命运，因而将其作为崇拜的对象，向其表示敬畏，祈求其佑护和降福。各部族或民族因其生存环境的差异而有不同的崇拜对象。在自然崇拜中，近山者拜山，傍水者拜水，多风地带则拜风，伴随着历史步伐进一步孕育演绎出天地神灵与宗教、名山大川与领土、山水风光与审美等意识的萌芽。在图腾崇拜中，从旧石器渔猎阶段开始，经过新石器的农耕阶段，直到夏商早期奴隶制门槛前，高扬着的龙凤图腾旗帜，正是审美意识和艺术创造的萌芽。

随着农耕的兴起和发展，人类开始定居，建造简易房屋，进而形成了原始居民点和聚落。这时期的人类，开始从大自然环境中，改造出适于生存与居住的人工建筑环境，有了立足之地。公元前3000年中叶，出现了城堡式聚落，充作部落或部落联盟的基地，可以被视为"城"的雏形，大约相当于夏禹之父"鲧作城廓"的时代。这种摆脱自然而走向独立的活动，使人与自然有了分离，由此便开始了人类及其人工环境同大自然的矛盾演化，封神祭祀、五岳四渎、名山大川是早期风景区的直接萌芽形式。

（二）风景区的发端阶段

中国风景区肇始于农业与都邑形成的时代，相当于夏、商、周，即公元前20世纪至公元前256年的奴隶社会末期。大禹治水的实质是我国首次国土和大地山川景物规划及其综合治理；从甲骨文出现"圆"字和诗经记述的灵合沼囿可知，圆是在山水生物丰美地段，挖沼筑台，以形成观天通神游娱乐、生活生产，并与民同享的境域；《诗经》还描绘了风景游驰和寓教于游的史实；石鼓文首次记载了我国早期的古秦水圆风景区的开发过程及其敬天习武、狩猎养护的功能活动；公元前17世纪出现的爱护野生动物、保护自然资源、有节制狩猎并进而把保护自然生态与仁德治国等同的思想，应是中国风景区发展的传承动因，也是当代永续利用与可持续发展等概念的源头；春秋战国之际的城市建设推动了邑郊风景区的发展，离宫别馆与台榭苑囿的建设促进了古云梦泽和太湖风景区的形成与发展；战国中叶为开发巴蜀而开凿栈道，形成举世闻名的千里栈道风景名胜走廊；李冰率众兴修水利形成了都江堰风景区；《周礼》规定的"大司马"掌管和保护全国自然资源，"囿人"掌囿游禁兽等制度，对风景区的保护管理和发展起着保障作用；先秦的科技发展，引导人们更加深入地观察自然、省悟人生，成为风景区发展的科技基础；诸子百家的争鸣创新，不仅奠定了互补而又协调的古代审美基础，也蕴含着后世风景区发展的动因、思想和哲学基础。

（三）风景区的形成阶段

中国风景区形成于土地私有、农工商外贸并举和城市形成的时代，相当于秦、汉，即公元前221至公元220年的封建社会早期。

频繁的封禅祭祀及其设施建设，促使五岳五镇以及以五岳为首的中国名山景胜体系的形成与发展；佛教和道教开始进入名山，加之盛传的神仙思想和神仙境界的影响，使人们更多地关注山海洲景象，并在自然山川和苑景中寻求幻想中的仙境；秦始皇为统一岭南军需运粮，特开凿漕运——灵渠，促进了桂林山水的发展；宏大的秦汉宫苑建设，形成了长安西北的甘泉山（海拔1809米）景区和地跨一市四县、纵横300里、具有大型风景区特征的上林苑；汉代华信修筑钱塘，使杭州西湖与钱塘江分开，并进入新的发展阶段；秦汉的帝王巡游、学者远游、民间郊游等游览之风大盛，刺激着对自然山水美的体察和山水审美观的领悟；司马迁游踪遍及南北、博览采集，游历已具有观览江山探求知识的科学考察意义；秦汉的山水文化和隐逸岩栖现象，不仅使一批山水胜地闻名，也反映着山水审美观的发展并走向成熟。

秦汉时期，因祭祀和宗教活动而形成的风景区有五台山、普陀山、武当山、天柱山、皇帝陵等；因游乐发展而形成的风景区有秦皇岛、云台山、胶东半岛、岳麓山、白云山等；因建设活动而形成的风景区有桂林漓江、三峡、都江堰、剑门、大理、滇池、花山、云龙山、古上林苑等。

（四）风景区的快速发展阶段

公元 220 年至 581 年的魏晋南北朝时期，是社会动荡和历史重大转折时期。由于政治分裂、战乱不止，城市和经济相对萎缩，自给自足的庄园经济相对独立的发展，意识形态的儒、道、佛、玄等诸家争鸣，产生了思辨与理性的纯哲学，抒情与感性的纯文艺，呈现出思想解放与人性觉悟的特征。整个意识形态的变化，引发了游览山水、民俗游乐、经营山居、隐逸岩栖、山水文化、佛教道教的盛行和发展。文化艺术活动及其作品很活跃地进入了风景区，进而促进了风景名胜和宗教圣地的开发建设。

魏晋南北朝时期，佛教、道教盛行，寺观广建。其中，汉地佛寺数以万计，大多建在城镇之中及其附近，并逐步向远郊及山林地带发展。在统治者的支持下，还大力开拓幽山、地石以形成活动中心，如莫高、麦积山、云冈、龙门、炳灵寺等石窟区。佛教雕塑和陵墓成就卓著，并发展流传至今，如石意风景区。道教也逐步创立并完善了体系、教团组织、教义理论和文字经典，建立了一系列理想和现实的仙山胜境与道教圣地。例如海上的三岛和十洲，传统的五岳五镇和昆仑山，道士们纷纷到这些山水地带建置道观。

在郊野或山水圣地营建寺观，需要配备开展宗教活动的场所，接待僧道与信徒的条件，必要的道路与相关设施。同时，在一些风景优美的名胜区，逐渐有了文人名流的山区别业、庄园和聚徒讲学的精舍，也有舍宅为寺的宅园。这些众多的人文因素，逐步融汇成风景发展中的重要特色。例如庐山就是佛儒道共尊和文人名士聚集的风景胜区。

大量史料表明，中国风景区快速发展于庄园经济相对发展和意识形态争鸣转折的时代，相当于魏晋南北朝，即公元 220 年至 581 年的封建社会早、中过渡期。佛教、道教空前盛行，宗教与朝拜活动及其配套设施的开发建设，促使山水景胜和宗教圣地的快速发展。例如，寺观建设促进杭州西湖、九华山、云山、苍岩山、丹霞山、雪窦山、罗山、邛山、天台山等景胜发展；开山岩石窟促成莫高窟、麦积山、云冈、龙门等地区的发展。游览山水、民俗春游、隐逸岩栖等成为社会时尚，经营庄园，山居和山水景物之风大开，山水诗文与绘画空前活跃并探求新的艺术境界，山水与园林景观的塑造转向高深和精细，并升华为艺术创作，诸多山水文化因素促使风景区的游玩和欣赏审美功能明显发展，并促进雁荡山、天台山、溪江、富春江、新安江、桃花源、武夷山、钟山等风景区的发展。经济建设与社会活动还促进了武汉东湖、云南丽江、湖南洞庭、湖北隆中、山西晋祠、贵州黄果树等风景区的发展。

（五）风景区的全面发展阶段

隋、唐、宋（881—1279 年）是中国封建社会的上升与全盛时期，政治统一、经济发达、科技领先、军事强盛，社会思想则是古今中外空前的交流与融合、引进与吸收、创造与革新，文化艺术呈现出灿烂夺目的情景。隋的统一、唐的强盛、宋的成熟，使其成为中国古代最为辉煌的篇章，是城市体系形成时期，也是中国风景区的全面发展和全盛时期，主要表现在：

（1）数量与类型增多，分布范围大大扩展。在当代的 119 个国家级风景名胜区之中，近 30 个是在这个时期新发展起来的，当时的全国性风景区已达 80 多个，其中有 1/3 左右进入了盛期；除此之外，分布在各地区的大量中小型和地方性的风景区、风景点，大多也是在这个历史时期发展起来的，中国风景区体系形成。

（2）风景区的内容进一步充实完善，质量水平提高，人文因素与自然景源结合更加紧密并协同发展，成为以保护与利用自然、游览与寄情山水、欣赏与创造风光美景为主要内容的风景胜地。

（3）发展动因多样，并且强劲持久。例如：

①隋唐的佛寺丛林制度、寺院经济实体和四大佛教名山的出现，隋唐的道教宫观制度、五岳与五镇定为道教名山、道教 118 处洞天福地的确定等因素，均有力地推动了风景胜地的发展。其中，仅隋文帝就建寺 3792 所，造塔 110 座，使五岳各有一寺，在五镇山麓建五镇祠，而石窟造像更是迅速地兴起。隋、唐、宋著名的石窟造像胜区多达 30 多处，成为世界石窟艺术的精华。这时期，因佛、道两教鼎盛而新发展起来的风景区有千山、盘山、鼎湖山、雅砻河、百泉、清源山、鼓浪屿等地。

②唐宋文人名流的游览游历活动成为其生活的要事，"行万里路，读万卷书"成为社会地位的标志；群众性的文化旅游经久不衰并流传为社会习俗；官员的"宦游"及开发经营风景名胜则成为传统风尚；退隐者在山水胜地结庐营居或开发经营景胜也成为时尚；学者开创性地探讨山水风景的成因与规律；宋代儒家的书院制度使学术和教育活动同山水景胜结缘。

③山水文化的发展和"外师造化、中得心源"的创作准则不仅使山水审美观进一步充实提高，也有力地影响着山水风景的开发水准，追寻情趣和意境成为中国风景区开发的重要目标。

这期间，因游览游历和山水文化发展而形成的新风景区计有 15 个之多，有黄山、方岩、太姥山、五老峰、双龙洞、石花洞、仙都、鼓山、江郎山、玉华洞、太极洞、青州、惠州西湖等。

④因开发建设和生态因素而形成的新风景区，有镜泊湖、凤凰山，沃阳河、青海湖等；还有因陵墓建设而形成的新风景区如夏王陵，更有唐代十八帝陵分布在渭水以北，形成东西绵延 200 里的壮观陵群。

（六）风景区的进一步发展阶段

元、明、清（1279—1911 年）是中国封建社会后期的三个王朝，蒙、汉、满三族轮番掌管大统封建帝国的大权，促进了民族融合，形成了多元化的民族文化和地方特征，并不只一次地出现过经济繁荣、政治安定的封建盛世，中国的城市体系成熟，名城辈出。

元明清，也是中国风景区进一步发展和成熟时期。全国性风景区已超过百个，并且大都进入盛期，各地方性风景区和省、府、县的景胜体系也都形成，各类名山、名湖、名洞、名瀑、名泉、名楼、名塔、名桥、书院寺观、山林别墅、名园胜景星罗棋布，各级各类志书也成体系。山水文化中出现了大量的游记杰作，使山水审美、风景鉴赏评价和开发提升到一个更高境界，风景游览欣赏成为风景区发展的主导因素。

同时，知识界更加关注科学与技术，他们通过对名山大川的实地考察，对自然景物和现象的成因给予系统的、科学的推断与评价，把风景鉴赏与科学探索结合起来，促进了社会对自然山水认识的深化，使风景名胜与人们生活的关系更加密切。"问奇于名山

"大川"的徐霞客即是一者，李时珍、顾炎武、吴其浚、魏源等人的成就都与游览游历有着密切关系。

风水堪舆学说兴起，这是一种虽有迷信色彩，但又有科学与审美内容的综合性环境学说，对风景区的人工与自然的关系、景观组织、建筑选址都有重要影响。

风景区的规划设计原则、建设施工组织、经济与经营管理都已形成体系。

元明清朝间，因游览游历和开发建设而形成的风景区有避暑山庄外八庙、鸡公山、黄龙、兴城海滨、蜀南竹海、金佛山、嶂石岩、北武当山、莫干山、桃源洞、金湖、三亚海滨、建水、石林天池，共 16 个。

因文化和纪念因素而形成的新风景区有西樵山、大连旅顺海滨、长城、十三陵、大洪山、九宫山、金田、龙门山，共 7 个。

清朝末年以后的"百年屈辱史"之中，半殖民地半封建的近代历史状况，使我国大部分风景区落入衰败状态。后来也出现了若干个避暑胜地，比较著名的有北戴河、鸡公山、庐山牯岭、青岛海滨等地。

（七）风景区的复兴阶段

20 世纪 60 年代以后，我国风景区开始了复苏。首先是从公共卫生和劳动保护出发，在海滨和有温泉分布的风景胜地，发展了一大批各种类型的休养疗养设施。比较著名的如太湖、西湖、北戴河、太阳岛、大连旅顺、青岛海滨、湛江海滨以及从化温泉等众多的温泉疗养设施。

继而因外事接待需求，在著名开放城市和风景胜地发展了一批旅行游览接待服务设施，例如苏、杭、桂等城市。同时，也开始了新时代的风景区规划设计探索，其中 1964 年 4 月至 9 月的桂林规划有其典型意义。在当时中南局、广西壮族自治区、桂林市三级党和政府的主办下，由北京市建研院与广州、南宁、桂林等地的建筑、风景园林、城市规划、生物、园艺、林业、水利、测绘、地质、文物等领域的专业技术人员共 70 多人组成的规划工作组，在普查桂林山水风景资源和社会经济因素的基础上，框定了桂林山水的组成范围、性质特征、发展目标，完成了主要景区、公园、主要城镇的发展规划，提交了近期开发景点、游线、建设项目设计方案，最后汇集成册的图纸有 200 多张。这次规划基本上满足了中南局负责人提出的"吃住玩看带"五字要求，为桂林山水风景区的有序发展奠定了良好基础。

20 世纪 80 年代以来，改革开放后的中国社会经济快速进步，中外学术思想新一轮交流，更促使着景区急速发展。1985 年国务院颁发了《风景名胜区管理暂行条例》，展开了全国性的风景资源普查，并连续公布了国家重点风景名胜区 119 处。至 20 世纪末，中国三级风景区体系面积已占国土总面积的 1%，风景区已经是兼备游憩健身、景观形象、生态防护、科教启智以及带动社会发展等功能的重要地域。1999 年发布了国家强制性技术标准《风景名胜区规划规范》，促使风景区的规划建设管理纳入科学化、规范化、社会化的轨道。

从上述风景区发展沿革中可以看出，中国风景区是在三四千年历史中形成和发展起来的，其直接发展动因可以归纳为九类：

（1）自然崇拜、封禅祭祀和纪念先人、先事、先物；

（2）修禊游、民俗野游和游览游历、观览江山；

（3）隐逸岩栖、寄情山水和儒道互补的自然山水审美观；

（4）保护自然与仁德治国等同，使百物平衡其利、万物各得其所；

（5）寺观建设、石窟造像、佛道名山和宗教活动；

（6）问奇于山水、探求考察和科教活动；

（7）避暑寒、休疗养、卫生保健和劳保休假制度；

（8）相关的社会活动，例如庙会、节庆、选各级景胜等；

（9）相关的经济活动，例如上林苑、武当山及五台山等地出现的经济现象。

中国风景区历经数千年的文化选择没有追求某种单一的极端化观念，而是以海纳百川的中华文化弹性结构，机智地融汇、汲取、同化、整合多种文明成果，在多样统一之中充实完善，发展自身，树立人与自然和谐共生的文明旗帜和文化特征。

（八）我国风景名胜区制度的建立

1982 年 11 月国务院审定并公布了第一批国家重点风景名胜区，标志着我国重点风景名胜区制度的建立，也标志着借鉴国外管理体制和经验，探索国家保护特殊自然文化遗产资源道路的开始。

尽管中国尚未建立真正的国家公园管理体系，但我国创建于 1982 年的国家风景名胜区，就性质、功能和保护利用而言，相当于工业文明时代的国家公园。1982 年 11 月 8 日，国务院审定公布了我国第一批国家级重点风景名胜区。至今已有泰山、黄山等 12 处国家级重点风景名胜区被列入世界遗产名录。中国在国际自然保护领域中占据着重要地位。

古代天下名山是江山社稷之代表，具有高于帝王的地位。现代的国家公园，被定为"国家最美的形象"和国家文明的标志。我国的风景名胜区，应是祖国壮丽河山的缩影，国土景观的精华，是国家和人类拥有的具有突出价值的自然文化遗产。

二、风景名胜区的功能

风景名胜区一般具有独特的地质地貌构造，优良的自然环境，优秀的历史文化积淀，具有游憩、审美、教育、科研、生态保护、历史文化保护、带动区域发展等功能。风景资源能引起审美与欣赏活动，可以作为风景游览对象和风景开发利用因素的总称。风景资源是构成自然景观环境的基本要素，是风景区产生环境效益、社会效益、经济效益的物质基础，对提升保护城市的景观生态环境和可持续发展具有重要的战略意义。根据现代的社会需求和定位特征，可以将风景名胜区的功能概括为以下五个方面：

（1）生态功能。风景名胜区具有保护自然资源、改善生态环境、防害减灾、造福社会的生态防护功能。

（2）游憩功能。风景名胜区有提供游憩地、陶冶身心、促进人与自然和谐发展的游憩健身功能。

（3）景观功能。风景名胜区有树立国家和地区形象、美化大地景观、创造健康优美的生存空间的景观形象功能。

（4）科教功能。风景名胜区有展现历代科技文化、纪念先人、增强德智育人的寓教于游的功能。

（5）经济功能。风景名胜区有一、二、三产业的潜能，有推动旅游产业经济，带动地区经济全面发展的功能。

三、风景名胜区的分类

实际应用比较多的风景名胜区的分类方法是按照等级、规模、景观、结构、布局等特征划分，也可以按照设施和管理特征划分。

（一）按等级特征分类

主要是按照风景名胜区的观赏、文化、科学价值及其环境质量、规模大小、游览条件等，划分为三级：

（1）市、县级风景名胜区。由市、县级人民政府审定公布，并报省级主管部门备案。

（2）省级风景名胜区。由省、自治区、直辖市人民政府审定公布，并报国务院备案。

（3）国家重点风景名胜区。由省、自治区、直辖市人民政府提出风景资源调查和评价报告，报国务院审定公布。

（二）按用地规模分类

主要是按照风景名胜区的规划范围和用地规模的大小，划分为四类：

（1）小型风景名胜区：用地范围在 20 平方公里以下。

（2）中型风景名胜区：用地范围在 20～100 平方公里。

（3）大型风景名胜区：用地范围在 100～500 平方公里。

（4）特大型风景名胜区：用地范围在 500 平方公里以上。此类风景名胜区多具有风景名胜区域的特征。

（三）按景观特征分类

1. 按典型景观的属性特征分类

按照风景名胜区的典型景观的属性特征，划分为十类：

1）山岳型风景区

以高、中、低山和各种山景为主体景观的风景区，如五岳和各种名山风景区。

2）峡谷型风景区

以各种峡谷风光为主体景观的风景区，如长江三峡、三江并流等风景区。

3）岩洞型风景区

以各种岩溶洞穴或熔岩洞景为主体景观的风景区，如贵州龙宫、本溪水洞等风景区。

4）江河型风景区

以各种江、河、溪、瀑等动态水景为主体景观的风景区，如楠溪江、黄果树、黄河壶口瀑布等风景区。

5）湖泊型风景区

以各种湖泊水库等水体水景为主体景观的风景区，如贵州红枫湖、青海湖等风景区。

6）海滨型风景区

以各种海滨海岛等海景为主体景观的风景区，如嵊泗列岛、三亚海滨等风景区。

7）森林型风景区

以各种森林及其生物景观为主体景观的风景区，如西双版纳、蜀南竹海、百里杜鹃等风景区。

8）草原型风景区

以各种草原、草地、沙漠风光及其生物景观为主体景观的风景区，如太阳岛、扎兰屯等风景区。

9）史迹型风景区

以历代园林景观、建筑和史迹景观为主体景观的风景区，如避暑山庄外八庙、八达岭、十三陵、中山陵等风景区。

10）综合型风景区

以各种自然和人文景观资源融合成综合性景观为其景观特点的风景区（表 6-2-1），如丽江、大理等风景名胜区。

表 6-2-1　风景资源分类简表

大类	中类	小类
自然风景资源	天景	日月星光；虹霞蜃景；风雨阴暗；气候景象；自然声像；云雾景观；其他天景
	地景	大尺度山地；山景；奇峰；峡谷；洞府；石林石景；沙景沙漠；火山熔岩；蚀余景观；洲岛的礁；海岸景观；海底地形；地质珍迹；其他地景
	水景	泉景；溪润；江河；冶；潭池；瀑布跌水；沼泽滩涂；海湾海域；冰雪冰川；其他水景
	生景	森林；草地草原；古树名木；珍稀生物；植物生态群落；动物群栖息地；物候季相景观；其他生物
人文风景资源	园景	历史名园；现代公园；植物园；动物园；庭宅花园；专类游园；陵园墓园；其他园景
	建筑	风景建筑；文娱建筑；商业服务建筑；宫殿衙署；宗教建筑；纪念建筑；人文风景资源纪念建筑；工交建筑；工程构筑物；其他建筑
	胜迹	遗址遗迹；摩崖题刻；石窟；雕塑；纪念地；科技工程；游娱文体场地；其他胜迹
	风物	节假庆典；民族民俗；宗教礼仪；神话传说；民间工艺；地方人物；地方物产；其他风物等

2. 按结构特征分类

依据风景名胜区的内容配置所形成的功能结构特征划分为三种基本类型：

1）单一型风景名胜区

内容和功能比较简单，主要是由风景游览欣赏对象组成单一的风景游赏系统。

2）复合型风景名胜区

内容和功能比较丰富，不仅有风景游赏对象，而且还有相应的旅行游览接待服务设施组成的旅游设施系统。很多中小型风景名胜区就属于复合型风景名胜区。

3）综合型风景名胜区

内容和功能比较复杂，不仅有风景游赏对象、相应的旅行游览接待服务设施，而且还有由相当规模的居民生产和社会管理内容组成的居民社会系统。如很多大中型风景名胜区就属于综合型风景名胜区。

3. 按功能设施特征分类

1）观光型风景名胜区

有限度地配备必要的旅行、游览、饮食、购物等为观览欣赏服务的设施，如大多数城市郊区风景名胜区。

2）游憩型风景名胜区

配备有较多的康体、浴场、高尔夫球等游憩娱乐设施，有一定的住宿床位，如三亚海滨风景区。

3）休假型风景名胜区

配备有较多的休养、疗养、避寒暑、度假、保健等设施，有相应规模的住宿床位，如北戴河风景区。

4）民俗型风景名胜区

保存有相当的乡土民居、遗迹遗风、劳作、节庆庙会、宗教礼仪等社会民俗民风特点与设施，如泸沽湖风景区。

5）生态型风景名胜区

配备有必要的保护检测、观察试验等科学教育设施，严格限制行、游、食、宿、购、娱、健等设施，如黄龙、九寨沟风景区。

6）综合型风景名胜区

各项功能设施较多，可以定性、定量、定地段综合配置，大多数风景名胜区均有此类特征。

第三节　国家公园

一、国家公园的发展

国家公园是一国政府对某些在天然状态下有其独特代表性的自然环境区划出一定范围而建立的公园，属国家所有并由国家直接管辖，旨在保护自然生态系统和自然地貌的原始状态，同时又作为科学研究、科学普及教育和供公众旅游娱乐、了解和欣赏大自然神奇景观的场所。国家公园相当于我国的国家级风景名胜区，面积从几百万公顷到成千上万公顷不等。

国家公园（National Park）的概念最先由美国人乔治·卡特林（George Catlin）于1832年提出。在社会和经济变革，工业化与环境污染引发了人们对自然环境的不断反思，从而引起公园运动的大背景下，他针对印第安文明、野生动植物和荒野在美国西部大开发中所遭受的破坏问题提出了"政府可通过一系列的保护政策设立一个大的公园——国家公园以保护它们"的构想。美国国会在1872年正式批准设立黄石国家公园，作为"为人民福利和快乐提供公共场所和娱乐活动的场地"，世界上第一个国家公园就此诞生。之后这一概念开始被其他国家采用，国家公园作为一种合理处理生态环境保护与资源开发利用关系的保护模式在各国掀起了建设的热潮。截至2003年，世界上共有225个国家和地区建立了自己的国家公园体系，保护总面积为440多万平方公里，占保护地总面积的四分之一。尽管世界保护联盟（IUCN）一直致力于为世界各国建立和经营管理国家公园设立共同的标准，但由于文化、体制以及政策的不同，各国根据自己的国情在遵循IUCN标准的基础上，不断地进行创新并积累了大量的国家公园管理与经营经验。

二、我国国家公园建设进程

与国外国家公园的发展进程相比，我国的国家公园起步较晚，起初我国对国家公园的叫法通常是自然保护区。纵观我国的国家公园建设与发展进程，大致可以将其分为三个主要阶段：萌芽阶段、缓慢发展阶段、快速发展阶段（图6-3-1）。

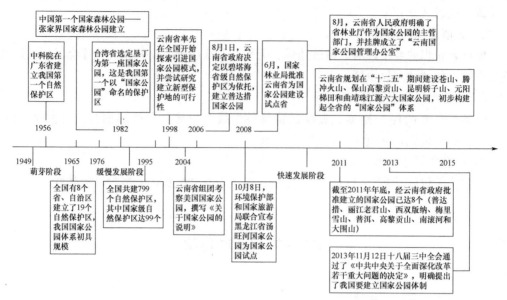

图 6-3-1　我国国家公园发展进程大事记

（一）萌芽阶段（1949—1965 年）

新中国成立之后，我国各项事业百废待兴。国家的相关部门在自然保护区建设方面也纷纷学习和借鉴国外先进的管理经验，经过多方调查研究和论证，中科院在广东省肇庆市建立了第一个自然保护区——鼎湖山国家自然保护区。我国国家公园也正式开始以自然保护区的方式登上世界国家公园舞台。到 1965 年年底，全国有 8 个省、自治区建立了 19 个自然保护区。

（二）缓慢发展阶段（1976—1995 年）

"文化大革命"期间，我国自然保护区的建设工作被迫终止。"文化大革命"结束后，我国部分省区开始重新恢复自然保护区的建设工作。1982 年，我国建立了第一个国家森林公园——张家界国家森林公园。到 1995 年，全国共建立了 799 个自然保护区，其中国家级自然保护区 99 个。在自然保护区数量不断增长的同时，我国不断规范了自然保护区的建设和管理工作，相继出台了《中华人民共和国自然保护区条例》等一系列法律法规，为自然保护区的发展提供了法律依据。同时，还成立了国家海洋保护局，负责海洋自然保护区的管理工作；成立了各种类型的陆地自然保护区委员会，负责内陆自然保护区的管理，进一步完善了自然保护区的管理体制。

（三）快速发展阶段（1996 年至今）

自 1996 年起，云南省就开始探索建立国家公园这种资源保护模式。1998 年，云南省率先在全国探索引进国家公园模式，并尝试研究建立新型保护地的可能性。

2004 年，云南省政府研究室组团专项考察了美国的国家公园，并撰写了《关于国家公园的说明》，后来被列入了省政府工作报告的背景说明材料。该报告提出，在滇西北地区建设一批国家公园，形成云南最美丽的生态旅游区和科教探险基地，促成生态保护、经济发展、社会进步的多方面共赢。其后，云南省政府成立了国家公园建设领导小组作为议事和决策机构，有序推进国家公园建设。同时，我国第一个"国家公园发展研究所"在西南林学院成立，为国家公园的科学研究、宣传教育、人才培养提供了支撑。

2006年8月1日，云南省迪庆藏族自治州借鉴国外经验，以碧塔海省级自然保护区为依托，建立了普达措国家公园。

2008年6月，国家林业局批准云南省为国家公园建设试点省，同意依托有条件的自然保护区开展国家公园建设试点工作，这标志着我国开始从云南省起步建立国家公园。2008年8月，云南省人民政府明确了省林业厅作为国家公园的主管部门，并挂牌成立了"云南国家公园管理办公室"。紧随普达措国家公园之后，云南省又着手建设"云南省国家公园体系"，提出了构建"老君山国家公园""梅里雪山国家公园""西双版纳热带雨林国家公园""怒江大峡谷国家公园"等一系列相关国家公园，旨在将云南省建设成为我国国家公园试点省份的先行者。

2008年10月8日，环境保护部和国家旅游局联合宣布黑龙江汤旺河国家公园为国家公园试点。环境保护部和国家旅游局决定开展国家公园试点，主要是为了在中国引入国家公园的理念和管理模式，同时也是为了完善中国的保护地体系，规范全国国家公园建设，有利于将来对现有的保护地体系进行系统整合，提高保护的有效性，切实实现保护与发展双赢。

截至2011年年底，经云南省政府批准建立的国家公园已达8个（普达措、丽江老君山、西双版纳、梅里雪山、普洱、高黎贡山、南滚河和大围山）。云南省的8个国家公园共接待游客452万人次，门票等直接收入达3.8亿元。在5年的试点过程中，云南省国家公园管理办公室编制完成并颁布实施了国家公园系列技术标准，并逐步开展了国家公园建设与管理规范研究、生态补偿标准研究、技术标准体系研究等课题。

云南省规划在"十二五"期间建设苍山、腾冲火山、保山高黎贡山、昆明轿子山、元阳梯田和曲靖珠江源六大国家公园，初步构建起全省的"国家公园体系"。同时，新疆的喀纳斯、陕西的太白山也在积极进行着国家公园建设方面的探索工作，而我国已经或正在使用"国家公园"概念的地区还有江西的庐山、吉林的拉法山、拟建中的四川龙门山等。

到2012年，我国自然保护区由1995年的799个增加到2640个（不含港澳台地区）。总面积为149万平方公里，占全国国土总面积的15%。这其中有各种生态系统的代表，也有一些野生动物保护区、各种天然风景区和各种特殊地质区等；有国家级自然保护区373个，有26个被联合国教科文组织列为"国际生物圈自然保护网"，30个列入"国际重要湿地名录"。

这一阶段，国家特别加大了对自然保护区的管理工作，制定了《中国自然保护区发展规划纲要》。2001年正式启动《全国野生动物保护及自然保护区建设工程》，计划用50年的时间，到2050年建成野生动植物、森林和湿地类型的自然保护区。与此同时，我国自然保护区与国际间的合作不断增强，与国际接轨不断加快。

三、国家公园生态规划

国家公园生态规划本质上是通过土地和空间管理，实现生态系统保护和开发之间的最合理的平衡，有效地发挥生态系统的功能，从而达到可持续利用与发展。而世界范围内国家公园生态规划大都以景观生态学作为理论支撑，其关于空间的关键概念包括核心保护区、边界与缓冲区、生态廊道与网络构建。在秘鲁，生态保护规划中核心内容包括核心区的划定，缓冲区和不同保护区的类型划分。在希腊，国家公园保护区域主要包括两大区域：一是核心严格保护区，即自然生态资源最为珍贵和敏感的地带；二是外围区域，面积至少等同或大于核心区域。美国国家公园体系不仅关注个体公园的建设，同时强调基于国家尺度的国家公园之间的廊道建设以及整体的网络建设。综合而言，国家公园的空间规划集中在三个方面：一是核心保护区域和内部保护等级区划；二是核心区外边界与缓冲区划定；三是核心保护区之间廊道及生态网络建设。

（一）核心保护区与区划方法

核心区的划定及不同保护区的类型划分是国家公园生态规划的核心空间规划内容。不同国家的核心保护区类型及划分方法不完全一致。20 世纪 70 年代，承载力成为指引国家公园合理发展的重要生态理念，后被扩充为包括生态承载力、感知承载力以及经济承载力在内的综合体系。休闲娱乐承载力的概念作为管理和协调保护与休闲娱乐利用之间的关系广泛被接受。基于承载力概念，不同的国家根据各自不同的资源现状对国家公园实施了不同的区划与差异化规划管理方法。

以加拿大为例，鉴于休闲娱乐活动的开展对自然资源的消极影响，加拿大相关部门在 1960 年首次制定了针对国家公园、自然保护区的区划空间政策提案，用于限制游客行为对自然价值的破坏。在最初的区划提案中，仅存在"保护"和"发展"两种类型的区块，这种基本的区划方法在加拿大不同的国家公园中被差异化地实施。1965 年后，第三种区块类型"过渡区"出现，1967 年五类区划方法被广泛认可（表 6-3-1），并形成了关于识别和鉴定土地区划的基本体系和方法，其中特殊区域延续自然保护的理念，成为国家公园核心资源保护区。不涉及人类活动的区域，传统的农业、畜牧业、野生动物、文化旅游和某些形式的探险旅游将被允许在严格保护区的某些特殊用途的区域开展。

表 6-3-1　加拿大国家公园内部土地划分类型及特征

区划类别		特征
A. 保护土地	类型Ⅰ特殊保护区域	鉴定特殊属性，例如，罕见的、唯一的、突出的、容易受到损害或者更极端的情况（如物种容易濒危、灭绝）。这些区域可以得到最大限度的保护和保全，公共活动受到限制
	类型Ⅱ野生游乐区	具备自然历史特质，资源现状保存良好，受其他冲击非常小
	类型Ⅲ自然环境区	土地适合分散的休闲娱乐活动，如野餐，向游客进行有价值的展示服务等；另外，特征介于Ⅱ和Ⅳ之间的地块都可以归属于Ⅲ区，如具备文化重要性的农业景观
B. 发展土地	类型Ⅳ一般户外游乐区	有很大的游客压力，较适合作为集中利用区域
	类型Ⅴ集约利用区	

在东欧的克罗地亚，建筑师和规划师 Ante Marinovic-Uzelac 在国家公园的生态规划理论中提出了很多有影响力的意见，其中包括对水文—生态系统的重视，他对于国家公园自然资源的认知不同于 1972 年以来国际自然保护协会的类别定义。基于现象的特征区域被归为自然保护的类型之一，在他的体系中自然和文化为两大属性，其中自然类型区域包括：国家公园基础景观区；基于目标的保护区；特殊区域。文化类型区域包括：农业景观区；民族区；考古、文化和历史区；人类学区；基于开发利用的混合区。他更为强调每个国家公园的独特性，生态规划均基于严谨的科学分析及对空间价值的高

度敏感，生态规划的结果建立在对生态理论和生态系统复杂过程的理解，同时务实地考虑游客自然教育的需求。

　　加拿大和东欧的案例经验，一个是跟很多国家有相似性的基础分区保护与管理方法，另一个是根据国土情况进行自定义的分区方法。中国国家公园的保护分区既要借鉴国际上通用的一些经验，又要根据国情研究制定符合中国自然资源特性的核心区保护与分区方法。

（二）边界和缓冲区

　　1992 年的第四届关于国家公园和保护区的国家大会后，保护区管理突破国家公园边界，建立延伸到周边人类居住区域的缓冲区成为一种规划趋势，缓冲区被认为是一种综合的管理途径，在核心保护区施加严格的保护措施，而在缓冲区，外界和保护区可以进行一定的交流，以减缓外界需求对核心保护区的压力。

　　边界和缓冲区的几何形态是在核心保护区之外争论较多的话题。图 6-3-2 是美国国家公园研究与管理部门基于美国国家建设实践经验对几种关于边界和保护区的讨论

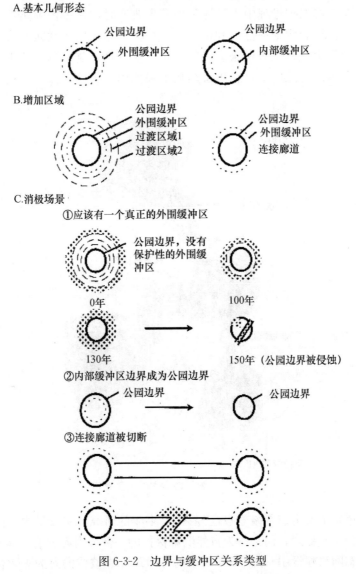

图 6-3-2　边界与缓冲区关系类型

和总结。情景 A 是最基本的边界与缓冲区的设置方式，一种是在国家公园边界外部设置一圈环形的保护区；另外一种是将缓冲区划入国家公园的内部，从而外延国家公园的地理边界。情景 B 是在缓冲区之前附加额外的过渡区域，一种是在国家公园边界首先设立缓冲区，然后在缓冲区之外再设置两层过渡区域；另一种是在国家公园缓冲区外增加保护性廊道。情景 C 是通过预警的形式评价不同形式的缓冲区的设置方式在未来可能存在的危险。第一种情况是在缓冲区保护不足的情况下，缓冲区在未来有被逐渐蚕食的危险；第二种情况是缓冲区在国家公园内部，缓冲区的内缘边界成为新的公园边界；第三种情况是当不同的国家公园之间通过生态廊道建立联系时，需要防止生态廊道被阻断。

从上述关于边界和缓冲区的弊端描述中可以发现，在合理的空间规划之外还必须依靠合理的法律和管理制度使国家公园的保障边界和缓冲区发挥作用。

（三）廊道与网络构建

在欧洲，在自然保护过程中当环境条件发生改变时，许多物种能否继续生存依赖于其是否有重新拓展新领地的能力和机会。保护区的景观联系性尤其重要，这种联系性表现在物质规划上就是生态网络。必须将重点从管理好越来越多的生态孤岛转移到重构内部相互联系的自然区域，在生态结构上强调国家公园（保护区）间的生态廊道上（图 6-3-3）。

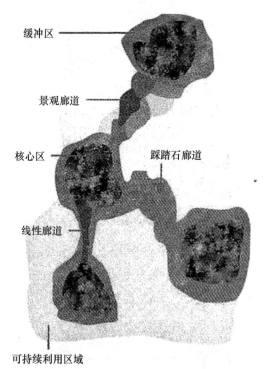

图 6-3-3　景观生态学中的生态廊道

欧洲的绿色廊道及生态网络建设已经有 30 多年的研究与实践历史，国家公园不是一个独立的保护空间概念，而是作为自然资源保护的一部分内容被纳入国家和大陆尺度上的绿道及生态网络建设中。图 6-3-4 所示的是 IUCN 在波罗的海的先驱性欧洲生态网络项目，其中国家公园和其他保护地之间通过廊道连接成一个完整的网络。另外，欧洲大部分国家的国家公园建设和国土、欧洲大陆尺度的生态网络息息相关，如泛公园网络。总而言之，国家公园作为一种自然资源保护的战略，其廊道和网络构建不可忽视。

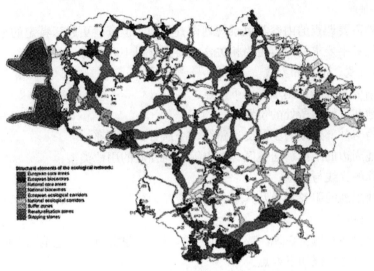

图 6-3-4　IUCN 发起的欧洲生态网络项目

第四节　场地规划

一、场地规划的方法与步骤

(一) 项目策划、编制任务书

每一项规划都要有明确的目标，而这一目标的内容往是由业主（开发商或政府机构）给定的。作为设计师，为了使项目能够成功，首先应理解项目的特点，了解业主的要求和愿望；并通过研究和调查（包括市场与社会的调查），向业主、潜在用户、管理维护人员、同类项目的规划人员、合作者以及任何能提供建设性意见的人进行咨询；进行前瞻性的预想，如新技术、新材料、新理念和新方法的运用，市场的潜力、环境的影响等。然后，根据这些资料进行分析，对业主确立的目标提出建设性的修改意见，进而编制一个全面的规划任务书。设计师不能只是盲目地接受业主的观点，待项目实施遇到问题时推卸自己的责任。

(二) 场地规划调查与分析

场地规划调查一般包括选址、基地调查、基地分析三个方面。

1. 选址

任何规划项目的成功，其场址选择都是首要因素。场址选择的原则首先是要最能有利于达成项目的目标，位置、交通、地质条件、小气候、植被、周边环境等要素，都需要进行充分考虑与评估。其次是要在业主指定或已被评估适宜的区域内进行具体的场址筛选。传统的办法是现场勘察，现在还可以利用地质测量图、航空和遥感照片、各种地图和规划图等，使得筛选过程更准确和方便。此后，应当了解并熟悉场地情况，充分理解供选方案。这样，规划师就能提出有说服力的论据来说服业主在场地选择上更尊重规划者的决定，理性的选择就更为可能。

2. 基地调查

场地规划需要调查的内容与风景规划调查类似，但资料更趋于特定的范畴，其表达与场地规划任务书要求的内容更为相关，主要包含以下几个方面的内容：

1）基地位置、范围和界线

利用地图以及现场勘测掌握如下要点：

（1）基地在区域内所处的位置；

（2）基地与外部连接的主要交通路线、交通方式与距离；

（3）基地周边的工厂、居住区、农田等不同性质的用地类型；

（4）基地的界线与范围；

（5）基地规划的服务半径及其服务人口情况。

2）气象资料

气象资料包括基地所在地区或城市长年积累的气象资料和基地范围内的微域气象资料两个部分，具体掌握如下要点：

（1）日照条件。

①根据基地所处的地理纬度，查表或计算得出夏至日与冬至日的太阳高度角、方位角并计算水平落影长率；

②根据上述计算，界定出全年夏至日与冬至日基地内阳光照射最长的区域，夏至日午后阳光暴晒最多区域以及夏至日与冬至日遮荫最多的区域，这些与场地中不同活动场地的安排、建筑布局以及植物栽植等因素有关。

（2）风的条件。

①整年的季风情况，主导风向强度与风频，一般利用风玫瑰图；

②在基地图上界定并标出夏季微风、冬季冷风吹送区域并划出保护区域。

（3）温度条件。

①年最高与最低温度及年平均温度；

②月最高与最低温度及月平均温度；

③持续低温与高温的阶段及历时天数；

④冬季最大的土壤冻土层深度；

⑤白天与夜晚的极端温差。

（4）降水与湿度条件。

①年平均降水量，降水天数，阴晴天数；

②最大暴雨的强度、历时、重现期；

③最低降水量与时期；

④年平均空气温度、最大最小空气湿度及历时。

（5）地形影响的微域气候。

地形的起伏、凹凸、坡度和坡向、地面覆盖物（如植被、混凝土、裸土等）的不同都会影响基地对阳光的吸收，湿度与温度的变化，形成空气流动，甚至带来干燥或降水。在分析微域气候时，应对这些要素充分考虑，并在规划中加以运用。在地形分析的基础上先做出地形坡向和坡级分布图，然后分析不同坡向和坡级的日照情况，通常选冬季和夏季分析。基地通风状况主要由地形与主导风向的关系决定。作主导风向上的地形剖面可以帮助分析地形对通风的影响。最后，应当把地形对日照通风和温度的影响综合起来分析。

3）基地的自然条件

基地的自然条件主要包括地质、土壤、地形、水文与植被条件。

（1）地质条件。

①地层的年代、断层、褶皱、走向、倾斜等；

②岩石的种类、软度、孔隙度；

③地层的崩塌、侵蚀、风化程度、崩积土情况等；

这些要素关系到地质结构的稳定度、自然危害的易发程度及建筑设施建设是否适宜等。

（2）土壤条件。

①土壤的类型、结构、性质、肥力、酸碱度；

②土壤的含水量、透水性、表土层厚度；

③土壤的承载力、抗剪强度、安息角；

④土壤冻土层深度、冻土期的长短；

⑤土壤受侵蚀状况；

这些要素与植物栽植、设施建设、地形坡度设计、排水设计有关。

（3）地形条件。

①通过地形的类型、特点、（山）谷线和（山）脊线，界定排水方向、积水区域；

②划分基地的坡度等级，作地形坡级分析，以界定不同坡度区域的活动设施限制（表 6-4-1～表 6-4-3）；

表 6-4-1 各种设施的理想坡度

各种设施 \ 理想坡度	最高（%）	最低（%）
道路（混凝土）	8	0.50
停车场（混凝土）	5	0.50
服务区（混凝土）	5	0.50
进入建筑物的主要通道	4	1
建筑物的门廊或入口	2	1
服务步道	8	1
斜坡	10	1
轮椅斜坡	8.33	1
阳台及坐憩区	2	1
游憩用的草皮区	3	2
低湿地	10	2
已整草地	3/1 坡度	—
未整草地	2/1 坡度	—

表 6-4-2　坡度与土地利用

坡度	土地利用类型
0～15%（8°32′以下）	可建设用地、农地
15%～55%（8°32′～28°49′）	农牧用地
55%～100%（28°49′～45°）	林农用地
100%以上（45°以上）	危险坡地（其下方不准有建筑）

表 6-4-3　坡度对于社区使用及活动限制表

坡度项目	土地利用	建筑形态	活动	道路设施	车速（km/h）		水土保持
					一般汽车	公共汽车或货车	
5%以下（2°52′以上）	适用各种土地使用	适于各种建筑	适于各种活动	区域或区间活动	60～70	50～70	不需要
5%～10%（2°52′～5°43′）	只适于住宅或小规模建设	适于各种建筑或高级住宅	只适于非正式活动	主要或次要道路	25～60	25～50	不需要
10%～15%（5°43′～8°32′）	不适于大规模建设	不适于大规模建设	只适于自由活动或山地活动	小段坡度	不适于汽车行驶	不适于公共汽车或货车行驶	不需要
15%～45%（8°32′～24°14′）	不适于大规模建设	只适于阶梯住宅或高级住宅建设	不适于活动	不适于道路建设	不适于汽车行驶	不适于公共汽车或货车行驶	应铺草皮保护
45%以上（24°14′以上）	不适于大规模建设	不适于建筑	不适于活动	不适于道路建设	不适于汽车行驶	不适于公共汽车或货车行驶	水土保持困难

③坡度与视觉特性分析：（视线、视向、端景）眺望良好的地点，景观优美的道路地形、林木、溪流、深谷、雪景等。

另外，独特的景物也可由坡度产生。

（4）水文条件。

①现有基地上的河流、湖泊、池塘等的位置、范围、平均水深、常水位、最低和最高水位、洪涝水面范围和水位；

②现有水系与基地外水系的关系，包括流向、流量与落差、各种水利设施（如水闸、水坝等）的使用情况；

③水岸线的形式、受破坏的程度、驳岸的稳定性、岸边植物及水生植物情况；

④地下水位波动范围、地下水位、有无地下泉与地下河；

⑤地面及地下水的水质、污染情况；

⑥地表径流的情况，包括径流的位置、方向、强度、径流沿线的土壤、植被状况以及所产生的土壤侵蚀和沉积现象。

根据地形及水系情况，界定出主要汇水线、分水线、正水区，标明汇水点或排水点。

（5）植被条件。

①基地现状植被的调查，如现有植物的名称、种类、大小、位置、数量、外形、叶色以及有无古树名木等；

②基地所在区域的植被分布情况，可供种植设计使用；

③历史记载中有无特殊的植物，代表当地文化、历史的植物可供利用；

④评价基地现有植被的价值（包括景观与经济两个方面）、有无保留的必要。

4）基地人工设施条件

（1）基地现有建筑、构筑物的情况，包括平、立面标高等；

（2）基地现有道路、广场的情况，如大小、宽度、布局、材料等；

（3）各种管网设施，如电线、电缆线、通信线、给排水管道、煤气管道、灌溉系统的走向、位置、长度以及各种技术参数、水压及闸门井的位置等。

5）视觉与环境质量条件

（1）基地现有景观情况，如有无视觉品质较高或具有历史人文特征的植物、水体、山或建筑等；

（2）基地自身与外部的视线关系，如从基地每个角落观察的景观效果，从室内向室外看的景观，由邻里观看的视野，由街道观看的视野，基地中何处具有最佳或最差视野；

（3）空间感受，包括基地周边及内部的空间围合，有无特殊气味，有无噪声，有无流水、林涛、海（湖）涛声等；

（4）基地周边污染情况，包括污染源、种类与方位等。

上述这些关系到基地的美学与环境质量，可做出分析图。

6）特殊的野生动植物条件

（1）除了古树名木之外，有无当地独特的植物群落、稀有植物品种、乡土植物群落及其演替，这些都是具有保护价值的独特景观与资源；

（2）野生动植物的种类、分布、数量、栖息地、稀有及特殊品种的分布情况等，要保护野生动物迁徙通道。

上述两点在我国当代城市与区域建设中最不受重视，我们的建设不仅破坏了原有野生动物的栖息地，植被演替规律及动物迁徙通道，还破坏了当地生态循环的链条，风景园林对此应加以特殊关照。

7）社会、经济、历史文化条件

（1）人口。

①人口总数、平均每户人口数、男女比例、年龄分布、种族及其所占总人口的比例等；

②政治结构、社会结构与组织；

③经济结构，包括人均收入、主要经济来源、产业分布与就业情况等；

④人口增长情况，包括自然增长与机械增长等。

（2）历史文化。

历史文化包括历史演变、典故、传说、名人诗词歌赋等，这些都可在规划中为场地增添人文精神色彩，使场地规划更具人文品质。

（3）政策与法规。

①基地所在地有关政府所做的各项土地利用规划，如战略规划、区域与土地规划、城市规划、环境保护规划等；

②基地的所有权、地段权与其他权利，行政地界线与范围等；

③基地的土地价值、经济价值、环境价值等；

④国家或当地政府的一系列法律、法令，如防洪防灾、环境保护等相关法律、法令。

3. 基地分析

基地调查只是手段，其目的是基地分析。基地分析在场地规划中具有重要地位，基地调查得越全面、客观，基地分析就会越全面、深入，从而使方案设计更趋合理。

较大规模的基地，应当进行分项调查，其分析也是先进行单项分析并绘制成单项因子分析图，最后把各单项分析图进行综合叠加，绘制出一张基地综合分析图，这种分析方法也称为"叠加"方法。这一分析方法较为系统、细致、深入，同时很直观，避免了传统方法中"感性"成分过高的弊端，尤其现在可利用计算机分析使得分析更加准确便捷。基地综合分析图上应着重表示各项主要和关键内容，各分项内容可用不同线条或颜色加以区分。不过，一般草图以线条表示，而正式图纸以颜色区分较为多见。

（三）基地土地使用功能及其关系

通过对基地的调查和分析，设计师已基本掌握了场地的自身需求及人群需求，可以进入场地规划方案阶段。在规划阶段设计师应主要考虑：①各土地使用功能分类，各功能间的关系及其关系的强弱；②基地最适合使用功能的分布情况；③各种功能的空间序列或最佳组合方式。

基地土地使用的功能一般都不是单一的，而是综合的，集居住、游憩、教育、自然保护、运动等于一身。这些功能之间有的是兼容的，如游憩与运动；有的是必须分割的，如自然保护和运动；有的虽兼容，但关系的强弱不同，如教育和自然保护之间是兼容的，而教育与游憩之间也有兼容性，但前两者之间的关系明显强于后两者。因此在规划时，应首先列出不同功能，然后根据各功能之间的逻辑关系及其强弱进行功能分析。

（四）方案构思与多方案比较

在场地规划中，尤其是较大规模的场地其功能和基地条件都十分复杂，各功能关系布局也没有绝对唯一的标准，对功能关系进行分析与评价，最终得出最合理的方案的方法就是多方案比较，把各种可能的布局方式以图解方式表达出来，同时把不同布局方式的优缺点一一列出来，最后进行综合评价，根据业主的需求选择最佳的方案，并做出最终的平面图。

二、案例研究

下面结合某城市广场规划设计的例子详细说明场地调查与分析、功能关系图解、方案构思的方法及过程。

（一）基地现状

1. 项目建设条件

规划设计中的项目位于江苏省长江以南地区某地级市。项目位于城市主干道附近，某中心小学和消防站以西，规划总面积大约 5 万平方米。

　　该区位于东经 119°31′～120°36′，北纬 31°7～32°00′，属亚热带季风海洋性气候，温和湿润，四季分明，年平均气温 15.5℃，雨量充沛，年平均降雨量为 1000 毫米，全年无霜期为 230 天左右，年平均日照时数为 2000 小时左右，主导风向为西南风。

　　该市是一个有着千年历史的文化古城，有着诸如水文化、茶文化、吴文化、耕作文化、蚕文化等丰富的文化因素。城市定位为滨海城市，有着如太湖、京杭大运河、古运河道等丰富的水资源。正由于这种独特的历史社会文化特征，吴地吴人千百年来物质文明、精神文明持久不衰的繁荣昌盛，因而具有较其他地方文化更强的开放性、吸收性与融汇性等特点。

　　2. 场地现状

　　场地现状为一片荒地，地势平坦，呈双三角形，其中北部的三角形地块面积较大，近中心为一片水塘，小学围墙处有高压电线穿空而过，南部三角形地块相对面积较小，北面与某中学正对，东南侧为消防站，再东是农贸市场，城市主干道西面为沪宁高速公路，有防护林带相隔（图 6-4-1）。

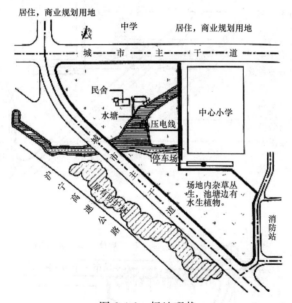

图 6-4-1　场地现状

（二）任务书

　　任务书是甲方根据城市总体规划及相关法律和法规提出的。该案例中甲方提出设计一个健康、积极、有效、安全、充满生机与乐趣的城市广场，作为该区域市民活动休憩之地，兼中小学生户外科教场所，活动内容包括休闲、娱乐、教育、体育锻炼等。

（三）场地分析

　　通过对场地的调查，已经掌握了场地的基本资料，接下来应该对整个场地的条件、周边环境和场地内发生活动加以分析，做出能反映基地潜力和限制的相关分析。

　　1. 场地分析（图 6-4-2）：

　　（1）场地为双三角形，连接两三角形为一狭长过渡空间。

　　（2）原有水质良好、清澈，应该保留为主，改造为辅。

（3）有保留价值的树、水边的杂草适当保留。

（4）场地内仅有一处荒废民舍，据甲方要求拆除。

2. 周边环境分析（图6-4-3）：

（1）主干道有噪声及灰尘干扰，需要有一定的绿色屏障。

（2）场地盛行西南风，需留出风道，设置屏障阻挡西北风。

3. 场地内发生活动分析（图6-4-4）

（1）必要性活动：通行。

（2）选择性活动：参观、游赏、休憩、学习、锻炼。

（3）社交性活动：聚会、群体活动。

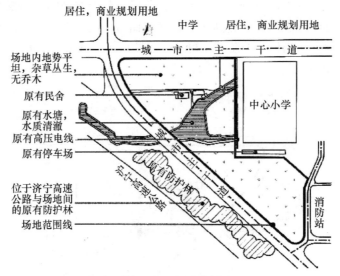

图 6-4-2　场地分析

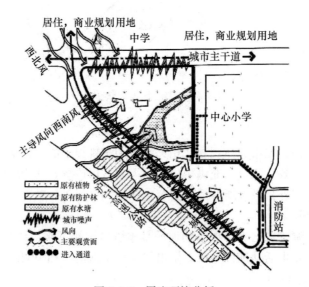

图 6-4-3　周边环境分析

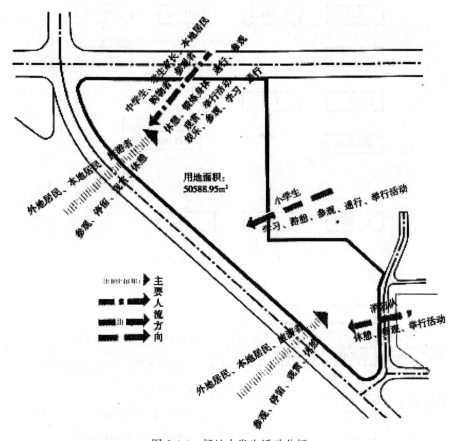

图 6-4-4　场地内发生活动分析

（四）功能关系图解

根据甲方的要求及场地的现状调查分析，广场分为六大功能分区：草坪休闲区、文化广场区、生态娱乐区、水趣过渡区、游园区和体育锻炼区。其中：

A——草坪休闲区，包括草坪休息空间、入口及停车场；

B——文化广场区，包括休闲广场及文化广场；

C——生态娱乐区，包括亲水平台、水岸餐饮建筑及茶室；

D——水趣过渡区，包括步道及休息空间；

E——游园区，包括老人活动，各类型休闲活动；

F——体育锻炼区，包括儿童活动、体育锻炼。

根据各分区的内容，可以得出各功能关系图解（图 6-4-5）。

（五）进行功能布局的多方案比较

场地的功能布局没有唯一的标准，只有把各种可能的布局方式表达出来，并找出不同布局的优缺点，进行综合评价，才能找出最合理的功能关系。本案列出两种功能关系图并将关系合理的标以"＋"，不合理的标以"－"（图 6-4-6、图 6-4-7），功能关系图解只是一种抽象的图式方法，注重相互之间的理想关系，而不涉及平面的大小、位置。通过对两种功能关系的分析和评价，得出一个功能关系最合理的，最后根据业主的需求做出最佳方案。

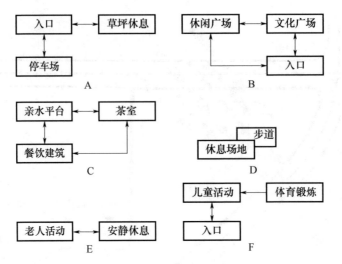

图 6-4-5　功能关系图解

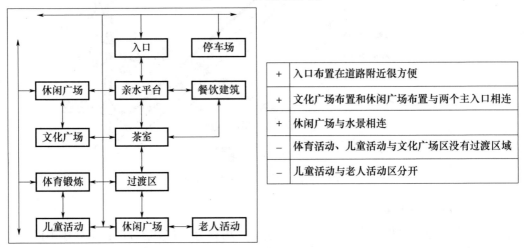

图 6-4-6　功能关系分析及评价Ⅰ

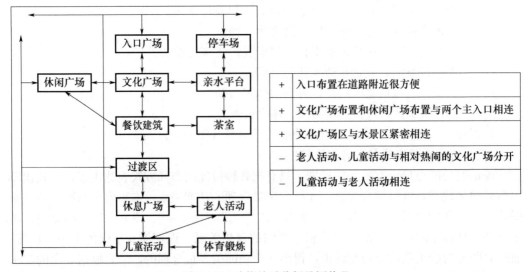

图 6-4-7　功能关系分析及评价Ⅱ

/ 第六章 风景园林场地类型 /

（六）最终方案的形成

在基地分析和功能关系分析和评价后，可以为特定的内容安排相应的场地位置，在特定的基础条件上布置相应的内容。然后进一步深化，确定平面形状、各使用区的位置及大小，做出场地规划设计总平面图（图6-4-8）。

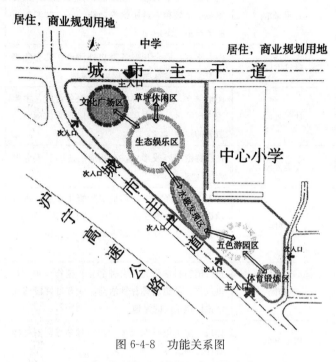

图 6-4-8　功能关系图

第五节　城市绿地系统

一、城市绿地的类型

城市绿地是指以植被为主要存在形式，用于改善城市生态、保护环境、为居民提供游憩场地和美化城市的一种城市用地。

城市绿地分类的研究在我国已经开展了近半个世纪，1992年由国务院颁发了《城市绿化条例》，依据这一条例，过去我国常将绿地分为公共绿地、居住区绿地、单位附属绿地、生产绿地、防护绿地、风景林地、道路交通绿地七类。这一分类方法延续使用近十年，这期间出台的相关规范和标准也常使用上述分类方法和术语。但在长期的实践中，发现不同行业部门对上述绿地分类的认识不尽相同，概念模糊，加之一些绿地的性质难以界定，造成绿地统计数据混乱，影响着绿地系统规划的严谨性和科学性。因此，2017年住房城乡建设部重新修订并颁布了新的《城市绿地分类标准》（CJJ/T 85—2017），该标准按绿地的主要功能进行分类，并与城市用地分类相对应，应用大类、中类、小类三个层次将绿地分为公园绿地（G1）、防护绿地（G2）、广场用地（G3）、附属绿地（XG）、城市建设用地外绿地（EG）五个大类。各大类绿地下分别有不同层次的绿地类型（表6-5-1）。

表 6-5-1　城市绿地分类标准（CJJ/T 85—2017）

类别代码			类别名称	内容	备注
大类	中类	小类			
G1			公园绿地	向公众开放，以游憩为主要功能，兼具生态、景观、文教和应急避险等功能，有一定游憩和服务设施的绿地	
	G11		综合公园	内容丰富，适合开展各类户外活动，具有完善的游憩和配套管理服务设施的绿地	规模宜大于10公顷
	G12		社区公园	用地独立，具有基本的游憩和服务设施，主要为一定社区范围内居民就近开展日常休闲活动服务的绿地	规模宜大于1公顷
	G13		专类公园	具有特定内容或形式，有相应的游憩和服务设施的绿地	
		G131	动物园	在人工饲养条件下，移地保护野生动物。进行动物饲养、繁殖等科学研究，并供科普、观赏、游憩等活动，具有良好设施和解说标识系统的绿地	
		G132	植物园	进行植物科学研究、引种驯化、植物保护，并供观赏、游憩及科普等活动，其有良好设施和解说标识系统的绿地	
		G133	历史名园	体现一定历史时期代表性的园林艺术，需要特别保护的园林	
		G134	遗址公园	以重要遗址及其背景环境为主体的，在遗址保护和展示等方面具有示范意义，并具有文化、游憩等功能的绿地	
		G135	游乐公园	单独设置，具有大型游乐设施、生态环境较好的绿地	绿化占地比例应大于或等于65%
		G139	其他专类公园	除以上各种专类公园外，具有特定主题内容的绿地，主要包括儿童公园、体育健身公园、滨水公园、纪念性公园、雕塑公园以及位于城市建设用地内的风景名胜公园、城市湿地公园和森林公园等	绿化占地比例宜大于或等于65%
	G14		游园	除以上各种公园绿地外，用地独立，规模较小或形状多样，方便居民就近进入，其有一定游憩功能的绿地	带状游园的宽度宜大于12米；绿化占地比例应大于等于65%
G2			防护绿地	用地独立，具有卫生、隔离、安全、生态防护功能，游人不宜进入的绿地。主要包括卫生隔离防护绿地、道路及铁路防护绿地、高压走廊防护绿地、公用设施防护绿地等	

类别代码			类别名称	内容	备注
大类	中类	小类			
G3			广场用地	以游憩、纪念、集会和避险等功能为主的城市公共活动场地	绿化占地比例宜大于或等于35%；绿化占地比例大于或等于65%的广场用地计入公园绿地
XG			附属绿地	附属于各类城市建设用地（除"绿地与广场用地"）的绿化用地。包括居住用地、公共管理与公共服务设施用地、商业服务业设施用地、工业用地、物流仓储用地、道路与交通设施用地、公用设施用地等用地中的绿地	不再重复参与城市建设用地平衡
	RG		居住用地附属绿地	居住用地内的配建绿地	
	AG		公共管理与公共服务设施用地附属绿地	公共管理与公共服务设施用地内的绿地	
	BG		商业服务业设施用地附属用地	商业服务业设施用地内的绿地	
	MG		工业用地附属绿地	工业用地内的绿地	
	WG		物流仓储用地附属绿地	物流仓储用地内的绿地	
	SG		道路与交通设施用地附属绿地	道路与交通设施用地内的绿地	
	UG		公用设施用地附属绿地	公用设施用地内的绿地	

二、各类绿地的用地选择

（一）公园绿地（G1）

（1）选址在卫生条件和绿化条件比较好的地方。公园绿地是在城市中分布最广，与广大群众接触最多、利用率最高的绿地类型。绿地要求有风景优美的自然环境，能满足广大群众休息、娱乐的各种需要，因此选择用地要符合卫生条件好，空气畅通，不致滞留潮湿阴冷的空气的要求。常言说"十年树木"，绿化条件好的地段往往有良好的植被和粗壮的树木，利用这些地段营建公园绿地，不仅节约投资，而且容易形成优美的自然景观。

（2）选址在不宜于工程建设及农业生产的复杂破碎的地形、起伏变化较大的坡地，如果利用这些地段建园，容易形成优美的自然景观。应充分利用地形，避免大动土方，这样既可节约城市用地，减少建园投资，又可丰富园景。

（3）选址在具有水面及河湖沿岸景色优美的地段。我们常说："有山则灵，有水则活。"宋朝郭熙在《林泉高致》中写道"水，活物也，其形欲深静、柔滑，欲汪洋，欲回环，欲肥腻，欲喷薄"，写出了水的千姿百态，园林中只要有水，就会显示出活泼的生气，利用水面及河湖沿岸景色优美地段建园不但可增加绿地的景色，还可开展水上活动，并有利于地面排水。

(4) 选址在旧有园林的地方、名胜古迹、革命遗址等地段。这些地段往往遗留有一些园林建筑、名胜古迹、革命遗址、历史传说等，承载着一个地方的历史。将公园绿地选址在这些地段，既能显示城市的特色、保存民族文化遗产，又能增加公园的历史文化内涵，达到寓教于乐的目的。

(5) 街头小块绿地，以"见缝插绿"的方式开辟多种小型公园，方便居民就近休息赏景。

公园绿地中的动物园、植物园和风景名胜公园，由于其用地具有一定特殊性，在选址时还应当相应作进一步的考虑。

动物园的用地应选择远离有烟尘及有害工业企业、城市的喧闹区。要尽可能为不同种类（山野森林、草原、水域等）、不同地域（热带、寒带、温带）的展览动物创造适合的生存条件，并尽可能按其生态习性及生活要求来布置笼舍。

动物园的园址应与居民密集地区有一定距离，以免病疫相互传染，更应与屠宰场、动物毛皮加工厂、垃圾处理场、污水处理厂等保持必要的防护距离，必要时，需设防护林带。同时，园址应选择在城市上风方向，有水源、电源及方便的城市交通联系，如附设在综合公园中。设置在下风、下游地带的，一般应在独立地段以便采取安全隔离措施。

植物园是一所完备的科学实验研究机构。其中包括有植物展览馆、实验室和栽培植物的苗圃、温室等。除了以上这些供科学研究和科学普及的场所外，植物园还应通过各类型植物的展览，给群众以生产知识及辩证唯物主义观点的知识。因此植物园必须具备各种不同自然风景景观、各种完善的服务设施，以供群众参观学习、休息、游览。植物园同时又是城市园林绿化的示范基地（如新引进种类的示范区、园林植物种植设计类型示范区等），以促进城市园林事业的发展。植物园的规划设计要按照"园林的外貌、科学的内容"来进行，是一种比较特殊的公园绿地。

植物园的用地选择必须远离居住区，要尽可能设在远郊区，但要有较方便的交通条件，以便群众到达。园址选择必须避免在城市有污染的下风下游地区，以免妨碍植物的正常生长。要有适宜的土壤水文条件，应尽量避免建在原垃圾堆场、土壤贫瘠或地下水位过高、缺乏水源等的地方。

正规的植物园址，首先，必须具备相当广阔的园地，特别要注意有不同的地形和不同种类的土壤，以满足生态习性不同的植物生长的需要。其次，园址除考虑有充足水源以供造景及灌溉之用外，还应考虑在雨水过多时也能通畅地排除过多的水。园址范围内还应有足够的平地，以供开辟苗圃和试验地之用。

风景名胜公园主要选址于郊区，可以是历史上遗留下的风景名胜、历史文物、自然保护地；也可以考虑选址在原有森林及大片树丛的地段，地形起伏具有山丘河湖的地段，水库、溶洞等自然风景优美的地段。

风景名胜公园的出入口应与城市有方便的交通联系，同时城市中心到达主要出入口的行车时间不应超过 1.5～2 小时。

（二）防护绿地（G2）

防护绿地是指城市中具有卫生、隔离和安全防护功能的绿化用地。

防护林应根据防护的目的来布局。防护林绿地占用城市用地面积较大，防护林绿地具有使土地利用或气象条件发生变化，影响大气扩散模式的作用，因而科学地设置防护林意义十分重大。

（1）防风林选在城市外围上风向与主导风向位置垂直的地方，以利阻挡风沙对城市的侵袭。

防风林带的宽度并不是越宽越好，幅度过宽时，从下风林带边缘越过树林上方刮来的风下降，有加速的倾向，随着与树林下风一侧的距离增加，不久又恢复原来的风速。所以林带的幅度，栽植的行列大约在 7 行，宽 30 米为宜。

（2）农田防护林选择在农田附近、利于防风的地带营造林网，形成长方形的网格（长边与常年风向垂直）。

（3）水土保持林带选河岸、山腰、坡地等地带种植树林，固土、护坡、涵蓄水源、减少地面径流，防止水土流失。

（4）卫生防护林带应根据污染物的迁移规律来布局。

城市大气污染主要来源于工业污染、家庭炉灶排气和汽车排气。按污染物排放的方式可分为高架源、面源和线源污染 3 类。高架源是指污染物通过高烟囱排放，一般情况下，这是一种排放量比较大的污染源；面源是指低矮的烟囱集合起来而构成的一个区域性的污染源；线源指污染源在一定街道上造成的污染。以防治大气污染为目的的防护林，应根据城市的风向、风速、温度、湿度、污染源的位置等计算污染物的分布，科学地布局。

防护林的布局可根据城市空气质量图，分析城市大气污染物迁移规律，在污染物浓度超标的地区布置防护林，这样才能最有效地防御大气污染、经济地利用土地。对于工业城市的防护林布局，可借鉴环境预测的方法，建立大气污染的数学模型，预测未来城市污染物分布情况。国家环保总局制定的《环境影响评价技术导则——大气环境》，不仅适用于建设项目的新建、扩建工程的大气环境影响评价、城市或区域性的大气环境影响评价，也可作为城市防护林营造的依据。具体步骤为：

（1）调查城市污染源的位置及城市主要污染物的种类。

（2）根据污染的气象条件和各污染源的基本情况，选择扩散条件较差的典型气象日，采用《大气环境影响评价导则》中推荐的方法，求出小于 24 小时取样时间的浓度，并将其修订为 1 小时的平均浓度后，利用方程 $C_d = \dfrac{1}{n}\sum_{i=1}^{n} C_i$，求出地面日均浓度。$C_i$ 其中为一天中的 i 小时的小时浓度（mg/m³），n 为一天中计算的次数，n 取 18。

（3）将城市划分为若干等面积的网格（网格边长一般为 1 公里×1 公里或 500 米×500 米），分别计算各时间各网格交点的地面污染物小时浓度，然后求平均值，绘制出主要污染物的日均浓度等值线分布图、城市年长期平均浓度分布图。

（4）根据污染物浓度分布曲线，结合城市山林、滨河绿带、道路绿化等布局防护林，充分发挥防护林的综合功能。

（三）广场用地（G3）

广场用地是为城市绿化提供具有游憩、纪念、集会和避险等功能的城市公共活动场地。一般广场用地占地面积较大，通常设置在人流较多、需要集散休憩的场所。

（四）附属绿地（XG）

附属绿地是指城市建设用地中除绿地之外各类用地中的附属绿化用地。

（五）城市建设用地外绿地（EG）

城市建设用地外绿地是指位于城市建设用地之外，具有城乡生态环境及自然资源和文化资源保护、游憩健身、安全防护隔离、物种保护、园林苗木生产等功能的绿地。

第七章

风景园林设计方法

第一节　设计基本原则和方法

风景园林设计是一门综合性很强的环境艺术，涉及建筑、工程、生物、社会、艺术等众多的学科。园林设计既是诸学科的应用，也是综合性的创造；既要考虑到科学性，又要讲究艺术效果，同时还要符合人们的行为习惯。正如美国爱荷华州立大学拉特里奇教授在《公园解析》一书中所论述的那样，园林设计应该做到：满足功能要求；符合人们的行为习惯，设计必须为了人；创造优美的视觉环境；创造合适尺度的空间；满足技术要求；尽可能降低造价；提供便于管理的环境。本节中主要介绍形式美的原则、行为和设计的基本方法等内容。

一、景观设计形式

构成园林景观的基本要素有点、线、面、体、质感、色彩。如何组织这些要素创造优美的园林景观，构成秩序空间就需要掌握形式美的一般原则。

（一）统一与变化

统一与变化是形式美的主要关系。统一意味着部分与部分及整体之间的和谐关系；变化则表明之间的差异。统一应该是整体的统一，变化应该是在统一的前提下的有秩序的变化，变化是局部的（图7-1-1）。过于统一易使整体单调乏味、缺乏表情，变化过多则易使整体杂乱无章、无法把握。

（二）对比和相似

相似是由同质部分组合产生的，这种格调是温和的、统一的，但往往变化不足，显得单调。对比是异质部分组合时由于视觉强弱的结果产生的，其特点与相似相反。形体、色彩、质感等构成要素之间的差异是设计个性表达的基础，能产生强烈的形态感情，主要表现在量（多少、大小、长短、宽窄、厚薄）、方向（纵横、高低、左右）、形（曲直、钝锐、线面体）、材料（光滑与粗糙、软硬、轻重、疏密）、色彩（黑白、明暗、冷暖）等方面。同质部分成分多，相似关系占主导；异质成分多，对比关系占主导。相似关系占主导时，形体、色彩、质感等方面产生的微小差异称为微差。当微差积累到一定程度后，相似关系便转化为对比关系（图7-1-2）。

（三）均衡

均衡是部分与部分或整体之间所取得的视觉力的平衡，有对称平衡和不对称平衡两种形式。前者是简单的、静态的；后者则随着构成因素的增多而变得复杂，具有动态感

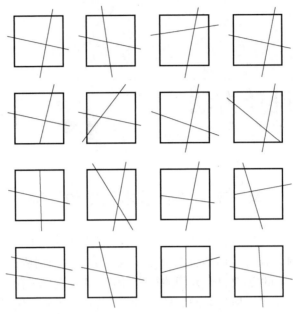

图 7-1-1　统一与变化（作者自绘）

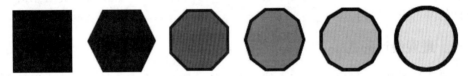

图 7-1-2　相似→对比（作者自绘）

（静态与动态的平衡）。

　　对称平衡是最规整的构成形式，对称本身就存在着明显的秩序性，通过对称达到统一是常用的手法（图 7-1-3）。对称具有规整、庄严、宁静、单纯等特点。但过分强调对称会产生呆板、压抑、牵强、造作的感觉。对称有 3 种形式：（1）以一根轴为对称轴，两侧左右对称的称为轴对称，多用于形体的立面处理上；（2）以多根轴及其交点为对称的称为中心轴对称；（3）旋转一定角度后的对称称为旋转对称，其中旋转 180°的对称称为反对称（图 7-1-4）。这些对称形式都是平面构图和设计中常用的基本形式。

图 7-1-3　轴对称景观

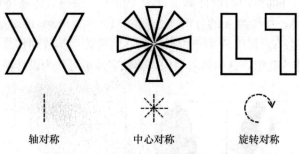

轴对称　　　　　中心对称　　　　旋转对称

图 7-1-4　不同的对称形式（作者自绘）

　　不对称平衡没有明显的对称轴和对称中心，但具有相对稳定的构图中心。不对称平衡形式自由、多样，构图活泼富于变化，具有动态感。对称平衡较工整，不对称平衡较自然。在我国古典园林中，建筑、山体和植物的布置大多都采用不对称平衡的方式。

（四）比例与尺度

　　比例是使得构图中的部分与部分或整体之间产生联系的手段。比例与功能有一定的关系，在自然界或人工环境中，大凡具有良好功能的东西都具有良好的比例关系。例如，人体、动物、树木、机械和建筑物等。不同比例的形体具有不同的形态情感。

　　（1）黄金分割比。分割线段使两部分之比等于部分与整体之比的分割称为黄金分割，其比值称为黄金比。两边之比为黄金比的矩形称为黄金比矩形，它被认为是自古以来最均衡优美的矩形（图 7-1-5）。

　　（2）斐波那契数列。线段之间的比例为 2：3、3：4、5：8 等整数比例的比称为斐波那契数列。由

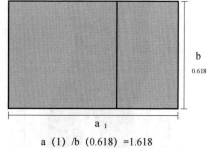

a (1) /b (0.618) =1.618

图 7-1-5　黄金分割矩形

整数比 2：3、3：4 和 5：8 等构成的矩形具有匀称感、静态感，而由数列组成的复比例 2：3：5：8：13 等构成的平面具有秩序感、动态感。现代设计注重明快、单纯，因而斐波那契数列的应用较广泛（图 7-1-6）。

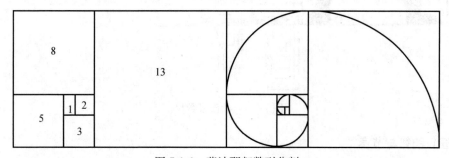

图 7-1-6　斐波那契数列分割

　　（3）勒·柯布西耶（LeCorbusier）模数体系。勒·柯布西耶的模数体系是以人体基本尺度为标准建立起来的，它由整数比、黄金比和斐波那契级数组成。柯布西耶进行这一研究的目的就是更好地理解人体尺度，为建立有秩序的、舒适的设计环境提供一定的

理论依据，这对内、外部空间的设计都很有参考价值。该模数体系将地面到肚脐的高度1130 毫米定为单位 A，身高为 A 的 φ 倍（A×φ≈1130×1.618≈1829 毫米），向上举手后指尖到地面的距离为 2A。将以 A 为单位形成的 φ 倍斐波那契数列作为红组，由这一数列的倍数形成的数组作为蓝组，这两组数列构成的数字体系可作为设计模数（图7-1-7）。

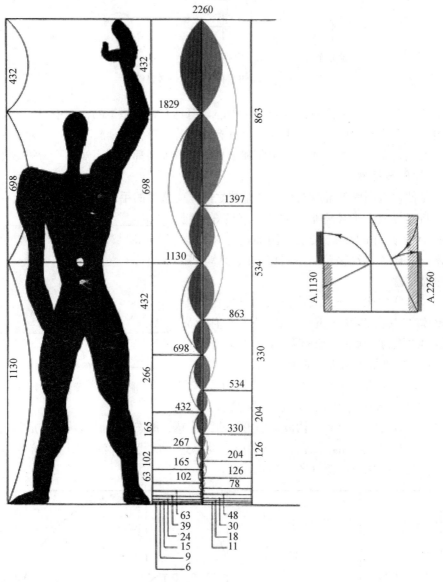

图 7-1-7　勒氏模数尺

（五）韵律与节奏

韵律是由构图中某些要素有规律地连续重复产生的，如园林中的廊柱，粉墙上的连续漏窗，道路边等距栽植的树木都具有韵律节奏感。重复是获得节奏的重要手段，简单的重复单纯、平稳；复杂的、多层面的重复中各种节奏交织在一起有起伏、动感，构图丰富但应使各种节奏统一于整体节奏之中。

1. 简单韵律

简单韵律是由一种要素按一种或几种方式重复而产生的连续构图。简单韵律使用过多易使整个气氛单调乏味，有时可在简单重复基础上寻找一些变化。例如我国的古典园林中，墙面的开窗就是将形状不同、大小相似的空花窗等距排列，或将不同形状的花格拼成的，形状和大小均相同的漏花窗等距排列（图 7-1-8）。

图 7-1-8　洞窗群（扬州何园）

2. 渐变韵律

渐变韵律是由连续重复的因素按一定规律有秩序地变化形成的，如长度或宽度依次增减，或角度有规律地变化（图 7-1-9）。

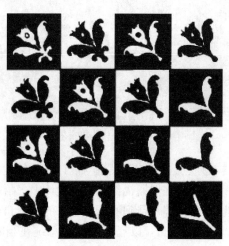

图 7-1-9　渐变纹样

二、设计的基本方法

园林设计作为一门环境艺术，涉及面广，综合性强，既要考虑科学性，又要不失艺术性，处理好这些关系需要有一定的学识与经验，这对初学者来说有一定的难度。但是，园林设计还是有一些方法可循的，下面从构思立意、基地条件分析、视线分析和方案比较等几方面作些简要阐述。

（一）注重构思立意

在一项设计中，方案构思往往占据着举足轻重的地位，方案构思的优劣能决定整个设计的成败。好的设计在构思立意方面多有独到和巧妙之处。例如，扬州个园以石为构思线索，从春夏秋冬四季景色中寻求意境，结合画理"春山淡冶而如笑，夏山苍翠而如滴，秋山明净而如妆，冬山惨淡而如睡"拾掇园林，由于构思立意不落俗套而能在众多优秀的古典宅第园林中占有一席之地。结合画理，创造意境对讲究诗情画意的我国很多古典园林来说是一种较为常用的创作手法。但是，直接从大自然中汲取养分，获得设计素材和灵感也是提高方案构思能力、创造新的园林境界的方法之一。例如，美国著名的风景园林设计师劳伦斯·哈普林（Lawrence Halprin）同保尔·克利（Paul Klee）后的许多现代主义设计师一样，都以大自然作为设计构思的创作源泉。哈普林在他的《笔记》一书中记录了对石块周围水的运动，石块块面、纹理和质感变化等自然现象及变化过程的观察结果，但在设计中既没有照搬，也没有刻意地去模仿，而是将这些自然现象及变化过程加以抽象并且艺术地再现出来。例如，波特兰大市伊拉·凯勒喷泉广场水景的设计就成功地、艺术地再现了水的自然过程（图 7-1-10）。

图 7-1-10　伊拉·凯勒喷泉广场

除此之外，对设计的构思立意还应善于发掘与设计有关的题材或素材，并用联想、类比、隐喻等手法加以艺术地表现。在罗斯福纪念公园设计中，哈普林深入地研究了罗斯福总统生平及其任期时的美国社会环境。受到罗斯福著名的四个自由的启发，设计师将纪念公园按时间分为四个空间（图 7-1-11），以展现罗斯福总统在当时恶劣社会条件下所进行的卓有成效的社会改革和经济复苏工作以及第二次世界大战中为世界和平所做出的贡献。

美国洛杉矶艺术公园是由一系列概念空间形成的，这些概念源自加州的农业景观。公园设计中将这些概念要素很好地与基地条件和大地艺术手法相结合。在波士顿怀特海德生物化学研究中心屋顶花园设计中，玛莎·舒沃兹（Martha Schwarts）巧妙地利用该研究中心从事基因研究的线索，将两种不同风格的园林形式融为一体，一半是法国规则式的整形

图 7-1-11　罗斯福纪念公园

树篱园，另一半为日本式的枯山水，它们分别代表着东西方园林的基因，隐喻它们可通过像基因重组一样结合起来创造出新的形式，因此该屋顶花园又被称为拼合园（图 7-1-12）。

图 7-1-12　拼合园

　　总之，提高设计构思的能力需要设计者在自身修养上多下工夫，除了本专业领域的知识外，还应注意诸如文学、美术、音乐等方面知识的积累，它们会潜移默化地对设计者的艺术观和审美观的形成起作用。另外，设计者平时要善于观察和思考，学会评价和分析好的设计，从中汲取有益的东西。

　　（二）注重基地条件分析

　　基地条件分析是园林用地规划和方案设计中的重要内容，前面已介绍了规划中如何结合基地条件布置园林不同性质用地的方法，下面将结合例子进一步说明基地条件分析在方案设计中的重要性。方案设计中的基地条件分析包括基地自身条件（地形、日照、小气候）、视线条件（基地内外景观的利用、视线和视廊）和交通状况（人流方向、强度）等现状内容。例如，现准备在某两面临街，一侧为商店专用的停车场的小块空地上建一街头休憩空间，其中打算设置坐凳、饮水装置、废物箱、栽种些树木以及一些铺装地。设计要求能符合行人路线，为购物或候车者提供休憩的空间。在做设计之前应仔细地分析基地，充分利用基地现状条件，只有这样才能做到有目的地设计和解决问题。

（三）注重视线分析

视线分析是园林设计中处理景物和空间关系的有力方法。

（1）视域。人眼的视域为一不规则的圆锥形。双眼形成的复合视域称为中心眼视域，其范围向上为 70°，向下为 80°，左右各为 60°，超出此范围时，色彩、形状的辨认力都将下降（图 7-1-13）。头部不转动的情况下能看清景物的垂直视角为 26°～30°，水平视角约为 45°，凝视时的视角为 10°。当站在一物体大小的 3500 倍视距处观看该物体时就难以看清楚了。

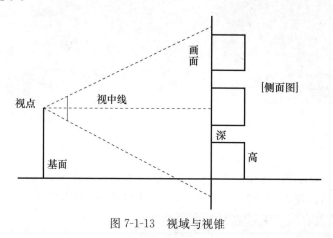

图 7-1-13 视域与视锥

（2）最佳视角与视距。为了获得较清晰的景物形象和相对完整的静态构图，应尽量使视角与视距处于最佳位置。通常垂直视角为 26°～30°，水平视角为 45°时观景较佳，维持这种视角的视距称为较佳视距。

最佳视域可用来控制和分析空间的大小与尺度，确定景物的高度和选择观景点的位置。例如，在苏州网师园（图 7-1-14）中部，水池及周围岸景的整个空间小巧而不局促，水池居中，亭廊轩树依水而建。从月到风来亭观赏对面的射鸭廊、竹外一支轩时，垂直视角约为 30°，水平视角约为 45°，均处在较佳的范围内，观赏效果较好。

（3）确定各个景物之间的构图关系。当设计静态观赏景物时，可用视线法调整所安排的空间中的景物之间的关系，使前后、主衬各景物之间相互协调，增加空间的层次感。

（四）注重方案比较

根据特定的基地条件和设置的内容多做些方案加以比较，也是提高做方案能力的一种方法。方案必须有创造性，各个方案应各有特点和新意而不能雷同。由于解决问题的途径往往不止一条，不同的方案在处理某些问题上也各有独到之处。因此，应尽可能地在权衡诸方案构思的前提下确定最终的合理方案。最终方案可以以某个方案为主，兼收其他方案之长；也可以将几个方案在处理不同方面的优点综合起来。

多做方案加以比较还能使设计者对某些设计问题做较深入的探讨。例如，美国现代主义园林开拓者之一，著名园林设计师盖瑞特·埃克博（Garrett Eckbo）早在学生时期就十分注重方案的研究。为了研究小庭园的设计，盖瑞特·埃克博在进深仅 7.5 米的基

图 7-1-14　网师园

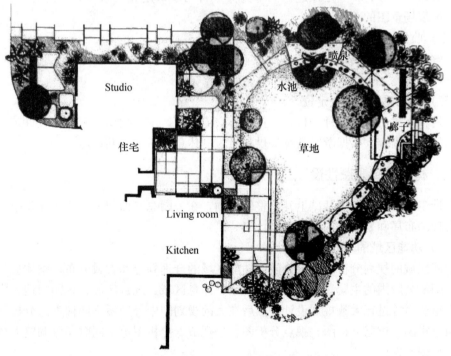

图 7-1-15　盖瑞特·埃克博的 Alcoa 花园

地上做了多个不同方案，以探索解决设计问题的多面性（图 7-1-15）。由于空间狭窄，整个庭园空间基本上没有分隔，着重考虑整体布局设计要素及其形式。

第二节　园林设计过程

园林设计的过程是一个由浅入深、从粗到细的不断完善过程。设计师应首先进行基地调查，熟悉场地环境、社会文化环境和视觉环境，并对所有与设计有关的内容进行概括和分析，在此基础上提出合理的方案。在方案确定后，需进一步结合工程技术、使用、景观等方面的要求与规范，对方案进行深化设计以达到可以实施的深度，最终完成设计。这种调查、分析、综合的设计过程可划分为五个阶段，即任务书阶段、基地调查和分析阶段、方案设计阶段、详细设计阶段以及施工图阶段。园林设计的每个阶段都有不同的内容，需要解决不同的问题，并且对设计表达和图纸也有不同的要求。

一、调查收集资料

设计前的调查十分重要，它是设计的依据，设计中要不停地考虑到调查的一些设计因素。一般调查主要有以下内容：

（一）实地调查

实地调查包括地势环境、自然环境、植物环境、建筑环境、周边环境等，对现场哪些是该保留的部分、哪些是该遮挡的部分等进行初步认定和大致设想。同时进行测量、拍照、做现场草图的关键记录。

（二）收集资料，信息交流

了解地方特色、传统文脉、地方文化、历史资料等，对综合资料信息有个明确的认知。

（三）根据调查，分析定位

在资料收集后进行各种分析，与投资方交流磋商，求得共识之后进行设计定位，确定公园的主题内容。根据游客数量提供相对应的休息场所和公共设施。

二、构思构图概念性设计

设计定位后在调查的基础上开始整体规划，在公园总平面图上对公园面积空间初步进行合理的布局和划分，构画草图设计第一稿。

（一）功能区域的规划分析图

功能区域的规划分析图包括公园内功能区域的合理划分和大致分布，整体规划设计草图。围绕公园内的主题，对中心活动区域、休息区域、观赏区域、花园绿地、山石水景、车道步道等进行大致规划设计，然后在大的规划图中分别做不同种类的分析图如功能区域分析图、道路分析图、视点分析图、景观节点分析图等，同时还可调整大规划图的不足（图7-2-1）。

（二）景观建筑分布规划图

景观建筑分布规划图包括桥、廊、亭、架等面积、大小、位置的平面布局。构思平面的同时，设计出大体建筑造型式样草图（图7-2-2）。

（三）植物绿地的配置图

凡公园都少不了植物绿地。植物绿地的面积划分、布局以及关键植物类型的指定，

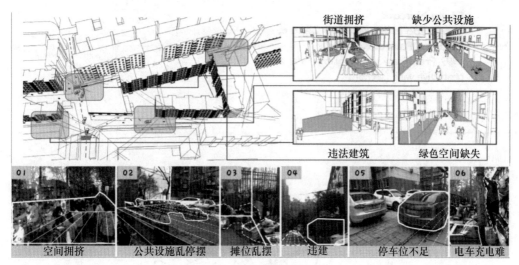

图 7-2-1　基地分析

在规划时都要大致有个整体配置草图，可以体现植物绿地面积在公园中所占比例，突出自然风（图 7-2-3）。

（四）设计说明

设计说明一般是在设计理念确定后，在设计前调查分析的基础上撰写的设计思考，解决设计中的诸多问题及设计过程都是撰写设计说明的有利依据。设计说明不是说大话、说漂亮话，而是实实在在写解决问题的巧妙方法，写如何执行设计理念的过程，充分亮出设计中的精彩处。要写出设计的科学规划与合情合理的设计布局，总结设计构思、创意、表现过程，突出公园设计主题以及功能等要素，阐明公园设计的必要性。为了能准确地分析现状地形及高程关系，也可作一些典型的场地剖面。

三、设计制作正式图纸

总规划方案基本通过和认可后，进行方案的修改、细化、具体和深入设计（图 7-2-4）。

（一）总规划图的细化设计

总规划图仅仅是大概念图，具体还需要分解成几块来细化完成。一般图纸比例尺在 1∶100、1∶200 以下制图为宜，比例尺太大无法细化。图纸是表达设计意图的基本方式，因此，图纸的准确性是实现设计的唯一途径，细化图纸是在严格的尺寸下进行的，否则设计方案无法得以实现。

（二）局部图的具体设计

分块的平面图中不能完全表现设计意图时，往往需要画局部详细图加以说明。局部详细图是在原图纸中再次局部放大进行制作的，目的是更加清晰明了地表现设计中的细小部分。

（三）立面图、剖面图、效果图的制作与设计

平面图只能表现设计的平面布局，而公园设计是在三维空间的设计，长、宽、高以及深度的尺寸必须靠正投影的方式画出不同角度的正视、左右侧视、后视的立面图。因

Glenn Murcutt
Landscape Interpretation Centre,
National Park of Kakadu
1992. Preliminary sketch (plan), under a
protective wing (section)

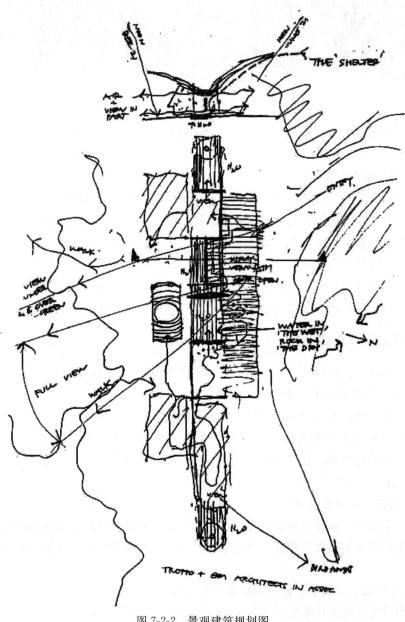

图 7-2-2　景观建筑规划图

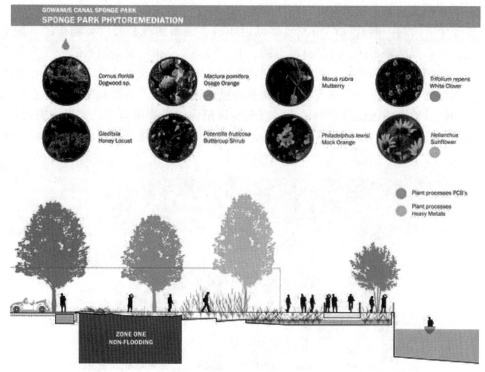

图 7-2-3　植物分析图

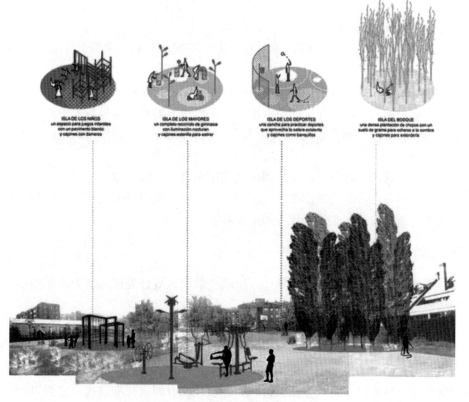

图 7-2-4　设计说明

此，在平面图的基础上拉出高度，制作立面图。

设计中有时对一些特殊的情况要加以说明时，剖面图也是经常要制作的（图 7-2-5）。比如：高低层面不同、阶层材质不同、上下层关系、植物高低层面的配置等都需要借助剖立面图来表达和说明。而效果图则是表现立体空间的透视效果，根据设计者的设计意图选择透视角度。如果想表现实地观看的视觉感，则以人的视角高度用一点透视来画效果图，其效果图因视角范围较小，表现的视角内的景物很有限。如果想表现较大、较完整的设计场面，一般采用鸟瞰透视的效果图画法。这要根据设计者的具体设计意图来决定。

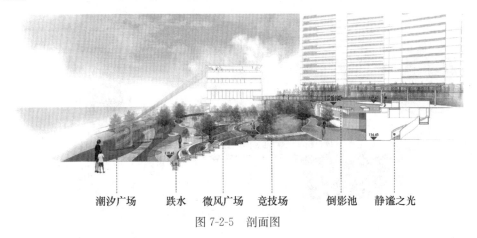

图 7-2-5　剖面图

（四）材料使用一览表

设计中选用材料也是需要精心考虑的。使用不同的材料，实际效果也会完全不一样，但无论用什么材料都必须有一个统计，需要有个明细表，也就是材料使用一览表。在有预算的情况下还必须考虑到使用材料的价格问题，合理地使用经费。

材料使用一览表一般要与平面图纸配套，平面图上的图形符号与表中图形符号相一致，这样可以清晰地看到符号代表哪些材料以及使用情况，统计使用的材料可通过一览表的内容作预算。

材料使用一览表可以分类制作，如植物使用一览表、园林材料使用一览表、公共设施使用一览表等，也可混合制作在一起。但原则上是平面图纸上的符号与材料使用一览表配套制作，图中的符号必须一致（图 7-2-6）。

四、设计制作施工图纸

设计正式方案通过，一旦确定施工，图纸一般要做放样处理，变为施工图纸。施工图纸的功能就是让设计方案得到具体实施。

（一）放样设计

图纸放样一般用 3 米×3 米或 5 米×5 米的方格进行放样。可根据实际情况来定，根据图形和实地面积的复杂与简单来定方格大小、位置。有的小面积设计，参照物又很明确的则无需打格放样，有尺寸图就行。放样设计没有固定标准格式，主要以便于指导施工现场定点放样为准，方便施工就行。

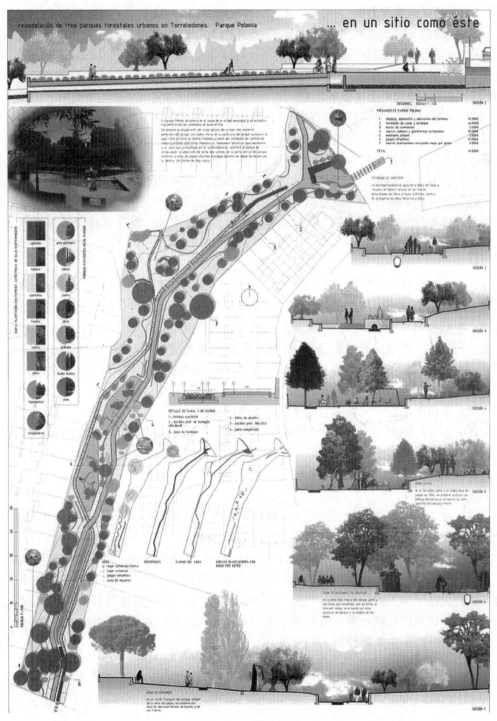

图 7-2-6　总平面图

（二）施工图纸的具体化设计

施工图内容包括很多，如河床、小溪、阶梯、花坛、墙体、桥体、道路铺装等制作方法，还有公共设施的安装基础图样、植物的栽植要求等。

（三）公共设施配置图

在调查的基础上合理预测使用人数，配置合理的公共设施是人性化设计的具体体现，如垃圾箱放置在什么地方利用率高，使用方便；路灯高度与灯距怎样设置才最经济、最实用。这些都是围绕人使用方便的角度去考虑的，不是随意配置。胡乱地配置是一种浪费而不负责的行为，我们应该尊重客观事实合理配置，配置位置要按照实际比例画在平面图上。

公共设施不一定是设计师本人设计，可以选择各厂家的样本材料进行挑选。选择样品时要注意与设计的公园环境相统一的，切忌同一种功能设施却选用了各种各样的造型设施。比如：选择垃圾箱，选了各种各样的造型放置在一个公园内，则会使人感到垃圾箱造型在公园中大汇集，这样杂乱的选择会严重破坏环境的整体感，一定要注意避免。

选用的样品必须在公共设施配置图后附上，并在平面图上用统一符号表示清楚。这样公共设施配置图就一目了然了，什么样的产品设置在哪儿，施工的位置就很明确。

五、绘图表现

近几年来，我国计算机行业的发展非常迅速，大量的手工作业被电脑代替，但在国外，人们仍依然留恋手绘方式。在现代计算机绘图热中，保留传统的绘画方式自然有其道理。电脑制图与手绘各有长短，我们应该学会扬长避短，发挥其中的优势。这样我们才能胜任工作。在这里简单地比较一下电脑制图与手绘的区别，作为一个初步的了解。

（1）计算机制图省时不省工，它必须在严密的数据之下操作。在很短的时间内制作效果图的话，一般不如手绘快。

（2）手绘图纸在设计思考中徒手而出，利于构思、构图、出效果。

（3）手绘的图纸有亲切感，柔和。在表达曲线、柔软的物体方面要比计算机自然。虽然计算机可贴相片，图形很真实，但角度的调整、树姿的多变等方面与手绘相比要差。电脑制作的图比较生硬，面面俱到。手绘的画面可以用艺术手法强调或减弱所想表现的内容。

（4）在画局部小景观时手绘要方便得多。计算机在绘制大型景观规划时比较擅长，尤其是需要反复修改的图纸，比手绘方便，利于保管。

（5）手绘效果图常常在与顾客洽谈中，就可以勾勒出草图来，可随时与顾客交谈决定最初方案。手绘的优点大大超过计算机的方便，因此国外至今仍保留了手绘效果图的传统。设计精彩动人的效果图，往往会打动人的心灵，像艺术作品样被人们采纳、欣赏。可惜，因现代化的发展，人的手工能力在退化，效果图画得很好的人越来越少，但手绘效果图的高手也越来越被人们看重。

第三节　由设计到表现

一、设计表现中的基本元素

（一）点的概述

1. 点的含义

在园林景观艺术中，点的因素通常是以"景点"的形式存在，景点是一个具有审美价值的物质形象。景点相对于整个园林景观的大范围而言，就是一个点的概念。

景观设计中的点是为了便于人们理解和分析景观格局，而从美学的角度出发抽象出来的元素。景观设计中的点严格地说没有大小，但可以在空间中标定位置。根据人们看这些物体的具体情况，人们与它们之间相对距离不同而不同。如在森林景观中，一个湖面相对周围的山脉它是一个点，而湖面中的一个小岛或者一条小船相对湖面来说，它又是一个点，而湖面则上升为一个面。就整个社会而言，个体相对团体来说是一个点，而团体相对整个社会也变成个点。

实际上，一个点需要某种尺寸以吸引注意力。在景观中，小的或者远的物体可以看作是点。如园林景观中的一个景点或者兴趣点、小品雕塑、置石、建筑等；植物造景中一棵孤植的树、花坛等都是常见的例子。景观设计中，点是大量的，也是重要的。人们必须通过对元素点作外在和内在的两方面分析，即点的物理形式和精神价值，然后通过平面构成艺术法则对点在景观中的位置、重要性、空间氛围等进行营造。如在过去，点经常被用于一个特定的目的，如标志领土、确定所有权以及在一片土地上的统治权、作为重大设计的焦点等，实例包括远古时代突出的巨石、孤独的教堂顶尖、一条大道尽头的方尖塔、一个战争纪念馆或者纪念碑等。所有这些都讲述着社会以及把它们放置在这里的，人在社会中的地位。在现代景观设计中为了突出设计主题或者给景观提供些兴趣点，人为创造的一些景点也可以作为点来理解，如入口节点、中心广场、景墙、雕塑、喷泉等。这些节点一般都造型比较丰富，空间位置特殊，是视觉的焦点，是构图的重点。其实是一种具有中心感的缩小的面，通常起到画龙点睛的作用，是整个景观风格和主题的体现，很容易引起人们的关注，达到设计的目的。

同时，点景艺术是中国传统园林历来所推崇的，它具有点缀、装饰的意思。园林点景的技术与艺术方法可概括为：重视天然，不强为，因地制宜，因势利导地完善表现诗情画意。比如在中国古典园林中点缀一个小亭，便有"万绿丛中一点红，动人春色不须多"的诗意；在临水竹丛边点缀几株桃花，便有"竹外桃花三两枝，春江水暖鸭先知"的诗意等。

2. 点的感觉与位置

点的感觉与人的视觉相联系，依赖于与周围造型要素相比较，或者与所处的特定空间框架相比较，显得细小的时候被感知的。比如，放在桌面上的书，书相对于桌面而言，成为点的形象；当图钉与书相比较时，书由点的形象转化为面的形象，图钉成为点的形象了，这就是相对性关系（图7-3-1）。

图 7-3-1 不同点的示意

点有各种各样的形状，有规则形的和非规则形的。越小的点，点的感觉愈强，但显得柔弱。点逐渐增大时，则趋向于面的感觉。这时，点的形状起着重要的作用，或以几何形出现，或以具象形出现。但无论如何，作为细小特征的点，应尽可能采用单纯简洁、强劲有力的形状。

点是非常灵活的要素。即使很小的点，也具有放射力。当画面中只有一个点时，常常容易成为视觉中心，吸引人的视线，点从背影中跃出，与画面周围空间发生作用。点居于画面中心位置，与画面的空间关系显得和谐；当点位于画面边缘时，就改变了画面的静态平衡关系，形成了紧张感而造成动势。如果画面中有另一个点产生时，它形成了两点之间的视觉张力，大的视线就会在两点之间来回流动，形成一种新的视觉关系，而使点与背景的关系退居为第二位。当两个点有大小区别时，视觉就会由大的点向小的点流动，潜藏着明显的运动趋势，具备了时间的因素。推而言之，画面中有三个点时，视线就在这三个点之间流动，令人产生三角形面的联想。众多点的聚集或扩散，引起能量和张力的多样化，这种复杂性常常带给画面生动的情趣。

3. 点的应用

1）点的线化

点的线化就是点连续排列，在视觉上给人以线的冲击，就像一条虚线。点的线化应用比实线的直接应用更有美感，有层次感，有韵律感，也更加动人。点的线化可起到线的作用，避免了视线在道路两侧一览无余、平铺直叙的景观直白感，同时也可形成立面上的绿化，尽量满足增加绿量的生态要求。在道路两侧或广场四周方向摆放大型石头或排植乔木，可使空间的围合更有线的神韵，使步行道与车行道具有明显的界线，即具有了景观的点景作用，还可以提醒过往车辆注意弯道，同时可以使单调的行车过程变得丰富，缓解司机的视觉疲劳，增加了行车的趣味性。

2）点的面化

点的面化就是多数点的集合，易产生面的感觉（图 7-3-2）。在景观设计中，同一造景元素的疏密不同的排列，会产生明暗不同的变化，丰富景观层次；同一造景元素的均匀、重复运用，会形成一种严谨的结构，具有严格的秩序性，有助于渲染严肃庄重的气氛。

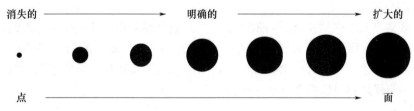

图 7-3-2　点的面化

3）点在艺术领域中的应用

在所有的艺术中都能找到点，它们的重要性将越来越多地撞击艺术家的意识，它们的美学价值将不会被忽略。

在雕塑和建筑中，点得到比面更多的重合结果——它一方面是空间转角的角点，另一方面又是这些面的起点，面直接引出的点并由点向外延伸。在哥特式建筑中，点尤其通过角的形式突出出来，并经常在雕塑上得到强调——所达到的正像中国建筑由曲线引向点的效果一样。对于这种严谨的建筑来说，人们可以将它归之于点的有意识的运用，因为它在这里使人们按分布的秩序引向尖状结构。

4. 点的布局原则

1）重点突出，疏密有致

点在园林构图中，是以景点的分布来控制全园的。在功能分区和游览内容的组织上，景点起着核心作用。景点分布要做到"疏可走马，密不透风"，避免均衡分布，景点在注重"聚"的同时，要考虑到游客的过分集中可能造成功能失调。因此，景点亦应当有"散"，以疏散游客。聚散有致，动静结合，形成丰富多彩的景观效果。

2）相互协调，互相映衬

一个点构成了核心，成为游人视线的焦点。两个景点在同一视域或空间范围内，游人的视觉将其联系起来，因此，景点之间应该相互协调，互为背景。当人们从园林的某一个景点朝外望，周围的景物都成了近景、背景；反之以别的景点看过来，这里的景物又成了近景、背景。这样互相借景的布局手法，能增加空间层次和增强景物的美感。

3）主次分明，重点突出

一个完整的园林景观应该有一突出的主景，成为全局的标志或者焦点。它往往是园林景观的构思立意中心，它既可以是自然景观，也可以是人文景观（图 7-3-3）。

稳定的点　　　　灵动的点　　　　逃离的点　　　　对比产生的点

图 7-3-3　点的不同位置产生的感受

5. 景点的组成要素

1）置石、筑山

置石的要领是取其天然奇趣和推敲石形的个性，以及与其他景物间的配合、协调关系。置石的大忌是散乱无序、均等铺排与周围景物毫无呼应关系。人工景观造山应突出一个"奇"字，并贵在形神兼备。再者，山应有脉络可寻，取蜿蜒不尽之意。景观中的山只为孤置观赏者较为鲜见，而多是与水体、景栽、建筑的配置相结合，它们在尺度、造型上的协调至关重要。

2）水景

水景表现有多种形式，如装饰水景、休闲水景、居住水景、自然水景等。而作为主景的水景设计须结合其形状、声响、色彩及其他造园要素（园林建筑与小品、植物、铺地等），给人以美的享受和心灵的升华。

3）植物

景观设计中植物配置对塑造富有诗情画意的意境空间作用很大。植物在园林设计中具有多种功能，它既可以作为主景单独欣赏，也可以作为衬景，同时它本身可以传达色、香、味、形、四季变化等多种信息。

4）建筑

园林建筑力求"小、少、朴"。即体量小，数量少，造型朴素，材料多选木、竹、茅草，即使以混凝土建造，也以木、竹、茅草、藤等进行装饰与覆盖，体现朴素、自然的情趣。同时建筑造型要与园林主题风格一致。

5）小品、雕塑

小品、雕塑在园林景观设计中必不可少，其多样化的功能、优美的造型、精制的质地能给园林景点增添许多情趣。

（二）线的概述

线条具有象征意义，使人产生一定的联想。垂直线代表尊严、永恒、权力，给人以岿然不动、严肃、端庄的感觉；水平线表示大海的平静，常常给人以平衡的感觉；斜线意味着危险、运动、崩溃，无法控制的感情和运动；放射线使人联想到光芒，给人以扩张、舒展的感觉；圆形的和隆起的曲线象征着大海的波涛，象征着优雅、成长和丰产。

1. 线的含义

严格地说，点没有尺寸，而线是点在一个方向上的延伸。线需要一定的厚度来标记，并且根据画出或生成时的情况可以有特殊的性质，例如干净的、模糊的、不规则的或者不连续的。平面的一条边缘或多条边缘都是在一定距离下的线。不同颜色和纹理之间的边界也是线。线还可以有独特的形状，含有方向、力量或能量的意思。现代主义大师勒·柯布西耶在《走向新建筑》一书中写道："我们的眼睛是生来观看光线下的各种形式的。基本的形式是美的形式，因为它们可以被辨认得一清二楚。"勒·柯布西耶同时强调："艺术作品必须形式清晰。"因为简洁的艺术形式最富魅力，而最简单的艺术设计形式，如空间中的直线和平面中的直线，在三维与二维的世界里，却是最具张力、最具审美价值的形式。

从物理学上来讲，点的运动就构成了线。从感知事物的角度来讲仅从某点和某瞬间的观察不可能理解对象的全体，对实体的感知是通过运动形成印象流来完成的，因此对于园林景观设计而言，线有极其重要的意义。园林景观中线的概念可以从两个角度来理解。其一，线是通道，即园林景观内的道路。它除具有游览线路的交通功能外，更重要的作用是作为园林景观的结构导引脉络，为决定园林景观的结构而存在。其二，线是边界，它又可以分为两种情况：一种是同质面域之间由高差方向不同引起的边界加下沉式广场的两个台面之间的边界；另外一种是异质面城之间的边界加水面与陆域之间或草地与铺地之间的交界线。

各种线条在造型表现中变化万千，其视觉中心也随着线条的变化而转移，景观的结构就是由不同性质的线条组合而成的，形式的变化也是凭着线条的操纵而设计。运用各种不同的线形设计，可以产生各种风格不同的样式。例如，运用直线的设计，显得强劲有力、大方；运用平行线的设计，能够产生安定、柔和的气氛；运用相互变化的斜线设计，能够使线条随着人体的运动产生变幻与活泼之感；运用自由曲线的设计，能产生丰富优雅的感觉，如苏州古典园林，讲究峰回路转，曲折迂回。

在景观中，线是大量存在的，而且非常重要。其主要的形式为直线和曲线。陈从周说："园林中曲与直是相对的，要曲中寓直，灵活应用，曲直自如。"以明计成的话要做到："虽由人作，宛如天开。"所以，景观设计中，直线和曲线组成了一对基本的对立线。

2. 线与方向

线的另一个重要特征是它所共有的方向性。线运动的方向虽然千变万化，但仍然可以归纳为垂直、水平、倾斜三种基本形式。如同人们写毛笔字时所见的米字格一样，它概括了方向的基本形式，以便人们在组合笔画时，将其作为对方向把握的参照构架。水平方向的线使人联想到辽阔宽广的平原、一望无际的海洋，使人产生开阔、安静、安稳和无限的感受。垂直方向的线使人联想到高耸的建筑、挺拔的乔木，令人产生向上、崇高的感受，或上升与下落的运动进展感。由水平与垂直方向为主所构成的生活环境，会造成种坚实与安定的氛围。相反，类似那种飞翔、投射等运动倾斜方式的线有强烈的动势，具有现代的动态特征和朝气。但倾斜的过渡应用，又会带来心理失衡的不安定感。

众多的线通过中心点的交叉排列，或线以方向变换方式组合，就会形成发射、向心、旋转、波动等运动方向的图形。

线沿一定的方向运动，它一方面围筑图形的轮廓或画面的边框，另一方面又对画面起到分割或连接的作用，形成画面整体的结构和动势，因此是非常有力的表现手段。

3. 线的构成

在图形的构成中，形状和大小都相同的两个形，由于所处的明暗不同，其同等大小的形会有大小差异的变化。处在黑色背景上的白色的形，看起来会比处在白色背景上的黑色的形大些，这就是一种错觉。白色的形具有扩张感，而黑色的形会有收缩感。因此，将白色底子上的黑色线条画细，它会失去线条原有的力度而变灰；相反，同样粗细的白色线在黑色底子上会获得更加光亮的效果。所以，人们在构成时，需要审慎地加以调整，才能取得理想的视觉效果。

线通过集合排列，形成面的感觉。运用线的粗细变化、长短变化、疏密变化的排列，或者间隔距离大小渐变排列，可以形成有空间深度和运动感的组合，能形成有规律的逐渐变化的空间感。应用线的不同交叉方式或方向变动，可以创造放射、旋转具有强烈动势结构的图形。

4. 线的应用

1）直线

直线是最简单的几何形式之一。直线给人以坚硬、刚直、单纯、冷静、硬朗、顽强、明快的感觉，具有速度、力量、男性美的特征。直线方向感极强，且力度大于曲线，因此直线形态给人刚劲、有力的美感。直线最容易与建筑物的线相融合。而在景观设计中，直线往往被界定为"一种长度大于宽度的标记，因为与其背景的明度或色影有别而可以被认出来"。如景观中满足各种功能需求的园路，水景设计中的人造溪流，建筑廊道、铺装设计中的收边及不同材料的交界线等。

由于本身所具有的规则感和秩序感等特性，直线往往比复杂的设计构图形式更能凸显作品简洁、清晰、和谐的特点。因此，直线在凸显整个景观空间构图的完整性中具有重要的作用，如简洁地分割空间、形成块面的整体效果等。

2）曲线

蜿蜒的曲线是自由流动的线条，是点在空间中无规律、任意运动的轨迹。曲线，由于互相之间弯曲程度和长度都不相同而具有装饰性。设计师在创作过程中的心理感受、情绪波动都可以反映在他所绘制的曲线中，如充满激情而富有动感的线条、起伏平稳的水波曲线等。

曲线的流动性比直线大得多，比直线更灵活，通常给人以优雅、流畅、轻快、丰满、活泼、柔软的感觉，具有灵活、优柔、女性美的特征。曲线与自然景观能够取得最好的协调。美国建筑师波特曼说："人们对曲线形式感到更有吸引力，因为它们更有生活气息，更自然。无论你观看海洋的波涛、起伏的山岳，或天上的朵朵云彩，那里都没有生硬笔直的线条。"在未经人们改造过的大自然，你看不到直线。人们的才智与直线有关，但感情却与大自然的曲线形式相联系。"曲径通幽"屈曲有情，这些对曲线的感性描述，可以帮助设计师抓住曲线特性（图7-3-4）。

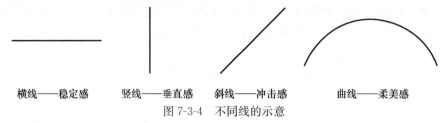

横线——稳定感　　　竖线——垂直感　　斜线——冲击感　　　曲线——柔美感

图 7-3-4　不同线的示意

5. 线的功能

1）线的审美功能

线条是最基本的视觉要素之一，园林景物的轮廓和边缘形成特定的园林风景线，在构图中十分重要。因为每一种线的变化都具有特殊的视觉效果。线条有粗细、曲直、浓淡、虚实之分。不同的线条，给人以完全不同的视觉印象。

2）线的导向功能

线具有方向性，可以引导人流。园林景观中的道路主要以步行交通为主，通过路径交叉、宽窄、曲直、坡度的变化，可以使人流加速、停滞、分流、汇集、定向（图7-3-5）。

3）线的分隔功能

线具有界定空间的功能，面是通过线来界定的。建筑是通过墙体来分割空间，而在园林规划设计中，划分空间的线非常丰富，它包括路径、构筑物、植物、地形等。例如用排树、一个花坛、地形起伏等都可以界定分隔特定的空间。

6. 线的布局原则

1）自然性原则

园林是自然景物的精华集粹，如假山的玲珑剔透、树木的红花绿叶、山水的清秀明洁等，都体现了园林美的第一种形态——自然美。因此线的形态首先要追求自然，要"虽由人作，宛自天开"，表现一种崇尚自然的美学原则。

2）序列性原则

路径从空间功能上而言，是连接两个景点的通道，自然景色通过布局空间组合序列的巧妙安排，在有限的空间中通过分合、围放、虚实、转折、穿插、渗透等各种手段使视觉上产生多种企盼和悬念，从而取得扩张时空、变有限为无限的艺术审美效果。所以，人一进入园子，园中景物便一览无遗的做法，一向被视为中国传统造园的大忌。

3）功能性原则

线除了形态上的要求外，往往还有功能上的要求，如路径设计要满足人们交通、观赏、休憩、交往等各种需求，植物的轮廓线也往往有遮挡、避风等功能。

7. 线的组成要素

1）路径

公园的游览路可供人们散步、休闲、观赏自然风景，因此以曲折为上，结合道路两

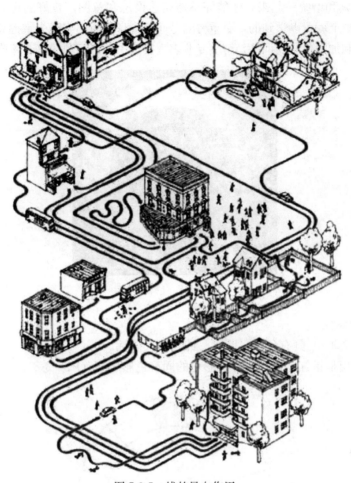

图 7-3-5　线的导向作用

旁的自然景观、人工景观，空间或抑或扬，步移景异，美不胜收。

　　2）滨水带

　　陆域与水域的交界线，一般组织游览路，保留足够的空间进行堤岸绿化，布置坐凳等休息设施，使人们在静观大自然美景的同时，能享受湖面掠过的凉风。堤岸走势曲折自然，其色彩、质地应与环境相协调。

　　3）景观轮廓线

　　公园中的轮廓线无处不在，大到山体、水面；中到植物、建筑；小到花卉、小品的轮廓。轮廓线要考虑到远观、中观、近观的不同要求：远观主要是轮廓线的优美；中观是面的起伏变化；近观是景物的颜色、质地、形态俱全。

　　（三）色彩

　　色彩在表现技法中是至关重要的，设计师要表现的空间环境的色调以及环境中物体的材料、色泽、质感等都需要通过色彩的表现来完成。

　　色彩对于人的心理和情绪的影响是很大的，不同的色彩会给人以不同的感受，例如：暖色会使人感到兴奋，冷色使人感到宁静。色彩的选择必须与空间的使用功能和整个空间环境气氛和谐统一起来，才能完整地表达设想和意图。良好的色彩感觉与技巧并不是单纯从理论上就可以学到的，更重要的是通过自身不断的实践去掌握和总结，掌握色彩的理论知识和加强色彩的训练是解决专业表现技法中色彩问题的重要环节（图 7-3-6）。

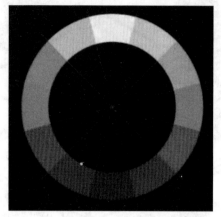

图 7-3-6　色相环

1. 色彩的属性

色彩（图 7-3-7）具有色相、明度、纯度三大属性。

色相：色相是指红、黄、蓝等有彩色的固有色彩属相（图 7-3-8）。

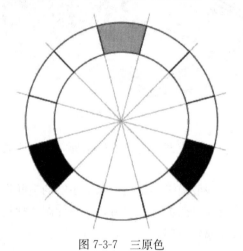

图 7-3-7　三原色

图 7-3-8　色相变化

明度：明度是指色彩的明亮程度。明度最高的是理想的白色，明度最低的是理想的黑色。黑白之间按不同的灰度排列即显示出明度的差别。有彩色的明度是以无彩色的明度为基础来识别的（图 7-3-9）。

图 7-3-9　明度变化

纯度：纯度是指色彩的鲜艳饱和程度。色彩的相对纯度取决于在色彩里加入黑色、白色或灰色的多少（图 7-3-10）。

图 7-3-10　纯度变化

2. 色彩的对比和调和

在表现图中处理好各种色彩之间的对比与调和关系，才能取得令人满意的效果。

1）色彩的对比

所谓对比，即两个或两个以上的色彩放在一起，有比较明显的差别。色彩对比的强弱与它们在色彩的三大属性上的差距成正比。对比强烈，容易形成鲜明、刺激、跳跃的感觉，能增强主体的表现力和运动感（图 7-3-11）。

色彩对比主要是为了在表现图上达到以下意图：渲染环境，追求热烈、跳跃乃至神秘的气氛；突出某些部分或主体，强调背景与重点的关系，如某些运动和娱乐场所的表现图，最好采用对比色调，以便表达出强烈的动感和热烈的气氛。在色彩对比中应注意对比色之间面积上要有主从关系，否则会造成多元对比，使画面产生生硬、呆板、支离破碎之感。

2）色彩的搭配

使色彩具有明显的、共同的或相互近似的色素，各种色彩之间具有同一性，就是色彩的调和。

（1）单色

单色也叫同种色，是指色相相同而明度不同的一组颜色。用单色处理画面，很容易取得协调的效果，但要尽量拉大色彩的关系，以防止画面过于单调（图 7-3-12）。

图 7-3-11　色彩对比

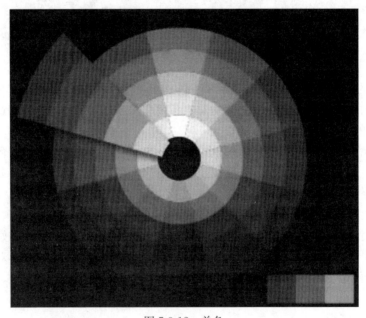

图 7-3-12　单色

（2）类比色

　　类比色就是色相环上距离较近的一组颜色，如橘红与大红、蓝与蓝绿、蓝与紫等都属于同类色。用同类色处理画面，具有统一的基调，而各部分的色彩之间又有一定的冷暖、浓淡、明暗等差异，可以达到庄重、高雅的画面效果（图 7-3-13）。

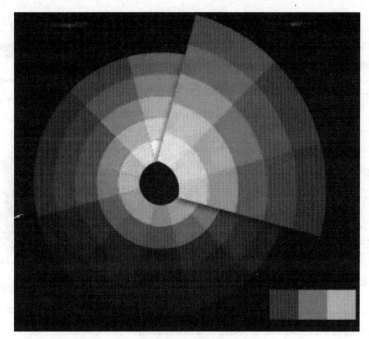

图 7-3-13　类比色

（3）近似色

近似色是色相环上色距大于同类色而未达到对比色的色彩，如黄、淡绿、绿等。近似色组合在一起则画面统一，色彩更加丰富。近似色的色距有一定的范围，色距较近的色彩相协调，有明显的调和性；色距较远的色彩也协调，但要有一定的对比性。这主要根据不同的表现要求来决定。

二、设计快速表现基本流程

（一）构图

在绘制表现图之前，设计方面的问题已基本完成，因此，便要考虑到设计的创意，设计所要表现的是什么，最需要加以表现的部分在哪里，选择用什么纸表现，然后选择透视画法和角度，决定画面的构图和气氛。

（二）表现方法

构图方面的要素思量周全后，接着便是表现方法了。确定使用什么作表现材料，并在考虑整体调和的前提下，做出技法及配色等各方面的选择。

（三）草图描绘

首先在脑海中将所有的要素组合起来，想象完成后的情形以及进展过程，制订出一个计划来。然后使用铅笔或签字笔等，在纸上进行草图描绘，把主体予以强调，安排好配景的位置，完成后可把主体染上简单的色彩。草图描绘的工作，可以说是实际描绘表现图的第一个阶段（图 7-3-14）。

好的草图是描绘优秀表现图的基础。绘制草图过程可以被看作绘制者的自我交谈，在交谈中作者与设计草图相互交流。描绘草图的过程是将设计重新筛选，着重于从整体

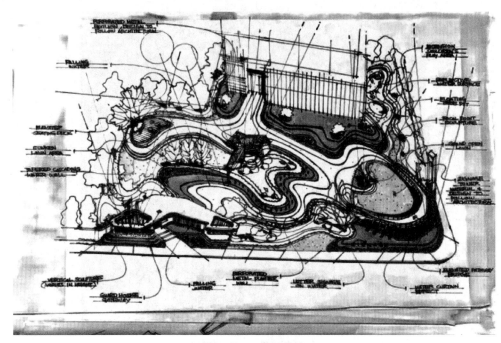

图 7-3-14　草图描绘

到局部的过程，然后再重新加以组合。在绘制草图时有可能对设计信息进行添加、削减或者变更。

我们想画的与实际所画的之间往往存在差异。绘图技能、材料、作者的情绪都可能是引起差异的原因。当然，草图反映出来的形象也会和脑中设想的形象有差异：明暗度和角度的微小变化、形象的尺度和离视点的距离等，都有可能产生不同程度的变化。通过对草图的推敲可以帮助我们做出正确的选择。

草图可以使设计师之间、共同工作的人们之间打开交流的渠道。草图之所以重要是因为它形象化地表现了设计中创造性的设想，展示了设计师是如何思考问题的，使之可以与同事们共享。这一形式远远胜过内在思考。草图即时的、激发的、快速的特性使我们在短时间内可以看到大量的信息，展示了整体空间与局部空间的相互关系。草图是直接而富有表现力的设计手段。

草图的作用在于从纸面经过眼睛到大脑，然后再返回纸面的信息循环。根据实际经验可知，这一循环的次数越多，提供变化的机会也越多。当然，并非有了草图就能够解决全部问题，表现图最终的成败和设计有着直接的关系。通过草图提供的信息反馈，可以对设计的不足之处加以调整和更正。草图的绘制工具主要有铅笔、签字笔、针管笔、钢笔、马克笔、彩色铅笔等（图 7-3-15）。

（四）最终表现

最终表现阶段只要把前面所研究过的事项，在画纸上表现出来便足够了。对于初学者来说，这时候所面对的另外一个困惑的问题，就是应该从什么地方着手画才好呢？这要看实际情况，照道理应该是先勾出主体来，但有时却需要把前面的物体先行画出（这取决于表现技法的选择）。

图 7-3-15　绘制工具

保持画面的洁净是绘制表现图时应遵守的重要规则（图 7-3-16 至图 7-3-18）。

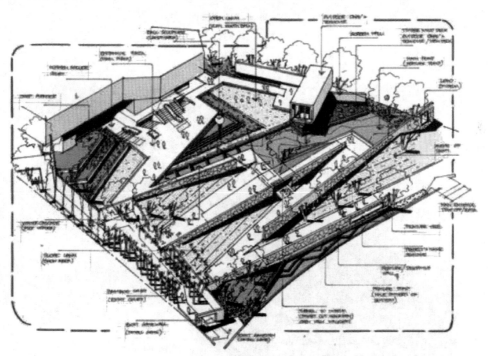

图 7-3-16　景观设计表现图（1）

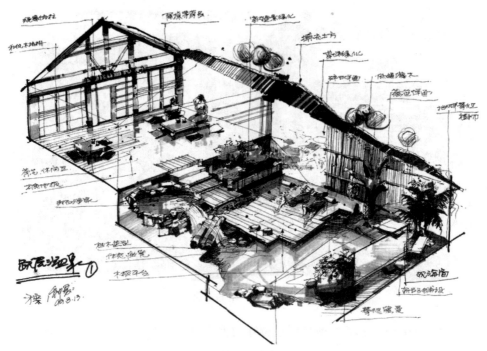

图 7-3-17　景观设计表现图（2）

图 7-3-18　景观设计表现图（3）

第八章

风景园林学研究方法

第一节　解释性历史研究

一、解释性历史研究相关概念

解释学亦称"阐释学""诠释学"。广义指对于文本之意义的理解和解释的理论或哲学。涉及哲学、语言学、文学、文献学、历史学、宗教、艺术、神话学、人类学、文化学、社会学、法学等问题，反映出当代人文科学研究领域的各门学科之间相互交流、渗透和融合的趋势。既是一门边缘学科和一种新的研究方法，又是一种哲学思潮。狭义指局部解释学、一般解释学、哲学解释学等分支、学派。一般解释学是对本文的理解和解释的一种方法论研究，指通过种种方法和手段对调查搜集来的各种资料进行整理分析，以阐明所了解到的社会现象发生原因，强调忠实客观地把握文本和作者的原意。解释性研究的目的，一是回答已经发生的社会现象为什么会发生和如何发生的问题，二是对已经发生的社会现象在何种条件下将导致另一社会现象发生的可能性进行预测。

解释性研究是以一定的命题或假设为前提，运用演绎方法探讨事物之间的相互关系或因果关系的研究类型。它的主要目标是回答"为什么"的问题，注重对所研究的各种社会现象或事物的特性、内在联系、成因和规律做出明晰的理论说明或阐释，在社会研究中占有相当重要的地位，是一种比探索性研究和描述性研究更深层的研究类型。

著名哲学家伽达默尔在其著作《真理与方法》中提到黑格尔的哲学史观对他的解释学方法上有诸多启示，如要将解释学进行历史性的理解和梳理。他在《真理与方法》一文中所提出的解释学理论是在历史地考察对解释学有理论贡献的思想家基础上完成的，因此他的解释学其实就是一部解释学史前史和解释学史，因此更具有历史感而成为历史性的解释的研究方式。

通俗地讲，解释性历史研究可以理解为相对于研究者而言，所讨论的现象是过去情况的反映，具有明显的历史性特征，再运用解释学方法进行资料收集、理解、分析和探讨的研究方式。这种研究方式与一般意义的定性研究非常类似，在每一个案例中，研究者试图收集一个复杂社会现象尽可能夺得证据，然后试图对该现象做出解释，在这个过程中，需要寻找证据，收集和组织证据，评估证据，最后从证据中建立起整体可信的叙述。而整个过程中，解释是关键（图 8-1-1）。

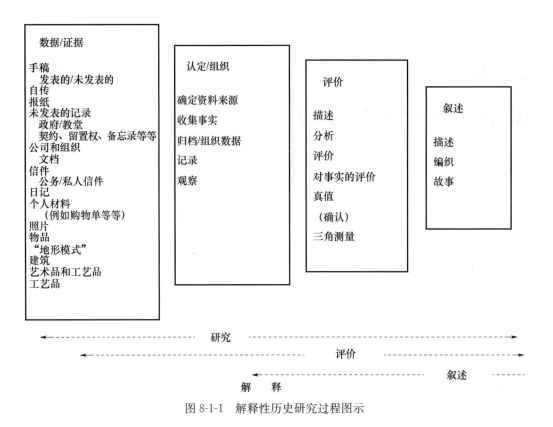

图 8-1-1 解释性历史研究过程图示

二、历史性解释的理论思潮

(一)历史因果解释和"普遍法则"

西方思想中,自然科学受到非常大的重视。科学家试图发现控制自然现象的法则并提炼出因果关系,使得该现象可以预测。例如重力法则、热力学法则和动力学法则。拥有了一个普遍法则,研究者就拥有了检验在该法则有效范围中所有自然现象的强大工具。

历史研究也是如此。历史因果派由海坡(C. G. Hemple)领头,这个派系认为自然现象和社会现象没有本质不同,因此普遍法则在两者中都适用。但在海坡的理论中,不存在严格意义的历史文献,只有"解释草图",因为所有的文献都找不出隐藏于它们描述现象之后的适用法则。而一旦发现了适用法则,解释该法则适用的时间就等于预知了未来的此类事件。

相反的,卡尔·坡普(Karl Popper)否认了大范围预知的可能性,认为人类知识的成长是不可预知的,建立在未来知识之上的未来行动也是如此。因此,在社会科学的领域,也只能实现小范围预知。坡普称之为"逐步工程",在该工程里,社会科学家和自然科学家一样,在可以获得知识的基础上小步迈进,观察结果、更正错误、避开所有关于普遍未知的重大的"乌托邦式"论点,即坡普所说的"预言"。

坡普对小范围因果关系的关注,是对海坡的适用法则模式的有益修正,但这并不是说对主要法则的说明还未知。对该适用法则的批评指出,人类思维天生就会为某个东西或者事件为什么如此而寻找理由,而不会要求这些理由成为具有普遍适用法则。

412

（二）绝对精神

另一种解释方法，来源于哲学家黑格尔（G. W. F. Hegel）的思想，他认为历史是对公共意识或者思想正在进行的评价。简单地说，公共意识就是所有人类个体意识的综合。更甚者，整体大于部分之和。也就是说，全体的意识，如果不仅仅是意识本身，至少有动机或者意向，这就超越了任何个体意志并牢牢地抓住了它们。所以，一个单独的主体常常会陷入一个他/她所不能理解的更大的时代精神之中。这就是由"精神"表示的公共意识的整体大于部分之和的本质。该方法对建筑史的影响在 19 世纪末 20 世纪初非常巨大。

实际上，现代主义设想他们的时代实现了黑格尔思想：绝对精神的评价将会在完全的知识条件下达到顶点。他们更注重挖掘机械的潜能，认为过去所有的一切都仅仅是为一个光明的新世界做准备，而他们正要实现这个新世界。该时期的许多历史著作也都带上了现代主义思潮的色彩。例如，对跨时间风格变化的解释，对特定时间中风格统一性的解释，对个体和他们作品的研究，这一类的主体都着重强调精神法则对设计目标的实现。

（三）结构主义

黑格尔公共精神的概念未解答的一个问题是：为什么在各个分散的文化中，会时常出现与物质文化产品类似的风格。从历史文化发展的而角度来说，风格的相似肯定是现实交流的结果。但由于此交流缺乏历史学证据，故哲学家莱维·斯特劳斯提出了结构分析的方法。

从特伦斯·何克斯（Terence Hawkes）的著作中可以理解到结构主义历史研究的重要内容，即意义系统有其自身的组织特性，这种结构的组织特性可以归纳为自我包含、自我调节、自我变化，语言就是这样一个系统。另从语言学理论中提取出，意义不需要借助任何系统外的参照物，只取决于产生这个意义的人群的认同。例如深层结构分析思想，用来解释建筑的生成，认为建筑作为一种广义的人类语言，是从思想内部天生的结构导向中生成的。

（四）后结构主义

后结构主义质疑存在的价值本身，认为"真实"是"讲述"的副产品，因此屈从于"讲述"。它放弃了所有对"真实"普遍的、超越历史理解的概念，其中某些基准虽然仍保持不变，但也不过是一个纯粹的虚构。作为实体真实意义的任何伪饰都被剥下，讲述和精神是意义的来源。后结构主义者把"讲述"理解为类似思想交流的文化表现形式，分散到很多主题中，也依次保留在观察的默认方式中，结果就是一个意义网定义了一个时代。文化表现形式的代表可以是一个时代的文学、艺术或者信仰。主题包含在类似"自然"、"多元化"，甚至"人类"等概念下的一些特定的推论性标题。观察方式通常被具体化为制度力量的表达。换句话说，这种后结构主义没有假设出一个特别的超越所有文化的人性，而是把"人性"本身看成是近代西方观察方式的副产品。

后现代主义的历史解释策略需要花费更长的时间，也就是说：第一，它并不根据此前的情况来解释一组特定的情境；第二，结构主义者倾向于把人类存在系统看成是普遍的，而后结构主义者并不寻找那些在某种程度上确认"人性"的超越文化的系统性存在。

三、解释性历史研究的方法

对园林的研究通常关注的是组成园林环境的物质对象，因此很难将其归入哲学家对历史作品研究的某一分类中，即政治、传记、思想、经济、社会、精神。物质对象和所有这些分类都有关系，因此，分析和叙述必须从每一个类别中找出相关信息，才能尽可能找出需要研究问题的整体面貌。解释性历史研究中数据收集和评价的细节很多，简单的研究设计中的介绍性文字并不能彻底讨论清楚。这里以哲学家托西和巴松提出的思维方式为基础，说明解释性历史研究的方法（图 8-1-2）。

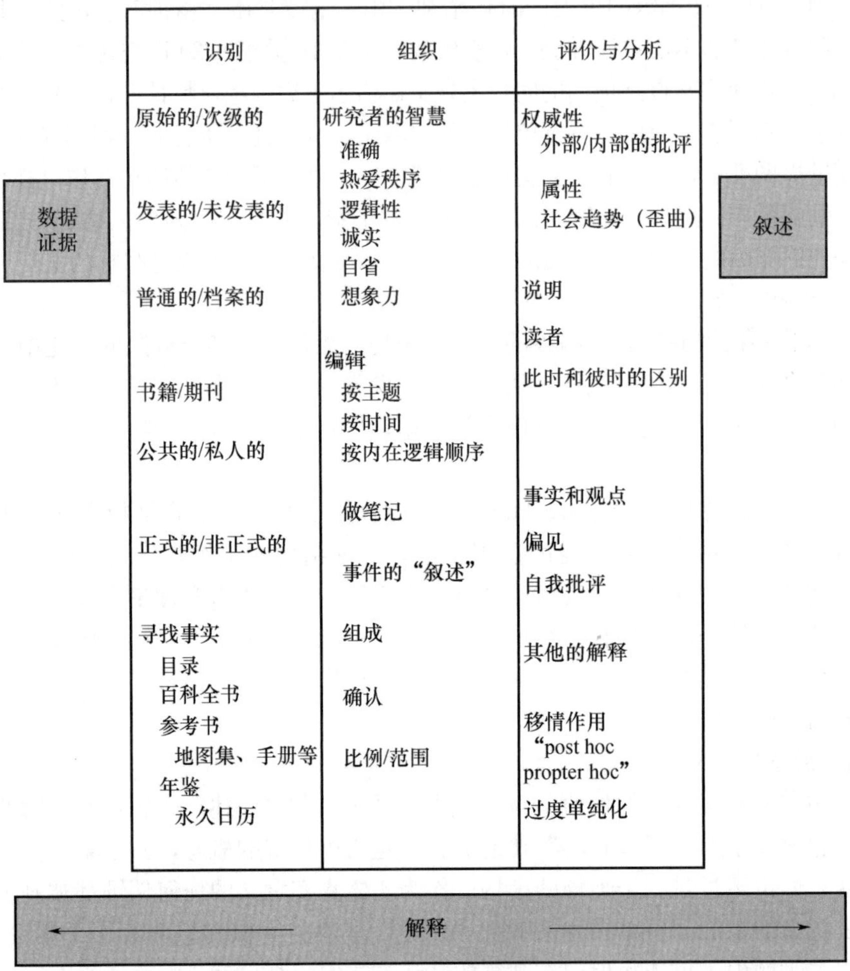

识别	组织	评价与分析
原始的/次级的	研究者的智慧 　准确 　热爱秩序 　逻辑性 　诚实 　自省 　想象力	权威性 　外部/内部的批评 　属性 　社会趋势（歪曲）
发表的/未发表的		
普通的/档案的		说明
书籍/期刊	编辑 　按主题 　按时间 　按内在逻辑顺序	读者 此时和彼时的区别
公共的/私人的		
正式的/非正式的	做笔记 　 事件的"叙述"	事实和观点 偏见 自我批评
寻找事实 　目录 　百科全书 　参考书 　　地图集、手册等 　年鉴 　永久日历	组成 　 确认 　 比例/范围	其他的解释 　 移情作用 　"post hoc 　propter hoc" 过度单纯化

数据证据　←　解释　→　叙述

图 8-1-2　托西和巴松的著作中对数据收集、组织、评价的一些思考

四、解释性历史研究的证据分类

可作为研究的证据可分为四大类：决定性证据、语境性证据、推理性证据和记忆性证据。

1. 决定性证据

决定性证据一个很重要的特点，是可以使研究对象位于统一历史世界的时空中的证据。数据是决定性证据的一种类型。例如考古学的年代确定方法可以作为决定性证据，照片也可以作为决定性证据。

2. 语境性证据

在对园林进行研究的过程中，园林环境的元素通常被作为研究对象放入"语境"

中。例如在对艾博特·舒格（Abbott Suger）的研究中，奥托·范·席桑（认为），艾博特对教堂里面入口的处理可能是受到伯纳德（Bernatd）和柯莱瓦克斯（Clairvaus）观念中柏拉图式思想的影响："两人之间日益友好的关系说明圣·丹尼斯的艺术可能会反映伯纳德的思想"。或者使用已经确定时间坐标的相关实物为语境证据来进行比较。

3. 推理性证据

有时因为客观原因，如时间的接近，或理由已经被充分的解释，或通过逻辑演绎，使得某个命题看起来很可能跟另一个命题有联系，同时又很难找到这种"确实的"联系。能够为命题提供这种"看起来"有联系的证据的类型，就是推理性证据。

4. 记忆性证据

在解释性历史研究中，访问的目的是回忆，而不是目前对事物的反映。在收集证据的过程中，通过回忆这种方式，可能会发现之前提到的所有类别的证据。回忆可以得到数据之类的决定性证据，也可以找出语境信息。它生来就具有推理的性质，因为被访问者在是从主观意志中掏出的这部分证据，几乎是在绘制关于过去时间的推论。访问者在组织被访问者的资料的时候，也是对一个解释必须做的一次解释。因此，回忆性证据的正确性，很大程度取决于被访问者是谁，他与研究对象的关系，他本人的可信度，以及他所回忆的内容有多少可以用别的证据来证实。因此这一类证据可以是辅助，是灵感，但无法作为决定性证据去进行事实判断和还原。

五、应用解释性历史研究的案例

以"印加人史料开采和切割中运用的技巧"为例，该研究主要关注的是从开采到安装的建筑技术，这部分讲述主要梳理解释性历史研究过程，因而对研究具体内容不展开探讨。

1. 熟悉原址

从原址入手，寻找与研究主题相关的第一手资料，并用该方法得到了手绘地图、测量数据和图纸，田野记录（如石块和照片等）（图 8-1-3）。从首都库斯科到伯茨的两个采石场的距离得知印加人对石料的选择绝对重视，否则他们不会选择这么远且难以到达的采石地址。

2. 文献分析

现存文献寻找与原址调研分析内容吻合或相关的内容。这一部分发现印加石匠并没有使用精密的工具，接缝的处理必须经过多次调节。

3. 视觉观察

通过观察现场调研收集到的样本和照片，寻找加工痕迹，从而结合数据、文献资料进行推测。研究发现两个采石场产出的石头质量不同，纹理粗糙的被用到宗教建筑中，而另一个采石场的有条纹的中性长石则被制成石板用到人行道上。在采石顺序上，常在悬挑部分的顶部打开构形切口，并在沟中打出很深的洞。石料的加工也通常在通向工地的坡道修好前就开始进行了，因为有一些已经加工好的石坑还未连上坡道。

4. 实物论证

在通过前期的研究和判断后，研究者大胆假设印加石料加工的主要方法是敲打，再次去现场寻求更多的实物证据来佐证自己的论断（图 8-1-4）。印加石质建筑中普遍存在的小洞被认为是为了敲打从石头两面同时进行而钻出的小孔。

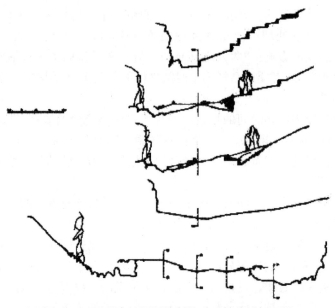

图 8-1-3　通过实地调研绘制的采石场遗址剖面图

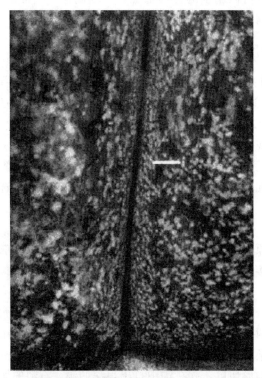

图 8-1-4　研究者观察到随着石块解封距离接近而变小的凹痕

5. 和其他地方的情况作比较

　　根据其他地方文化中类似的情况来推测技术方法，寻求前面论断可能性更全面的认识。假设工业化前的文明用手处理大石头的方法是很有限的，印加建筑石块的切痕与阿斯旺方尖石塔上的痕迹很相似，但使用技术依然不同。

6. 利用当地人提供的信息

当地人提供的信息和知识被证明是很有价值的，可用来质疑或驳斥已有证据和论断，如利用当地的知识划分了采石场的种类。

7. 重现及证明

在进行前期充分推断后，重演石料修琢和建造过程，重现过程，成为更有力的证据佐证前期论断。

8. 对遗留问题的说明

研究者因其专一性而不可能同时对其他技巧进行研究，因为陈述不能解决和无法同时论证的内容是十分必要的，这一过程并没有否认其观点的合理性，相反更增强了所论证观点的可行度。

第二节　质性（定性）研究

一、质性研究的定义及特点

（一）质性研究的定义

质性研究，是一种在社会科学及教育学领域常使用的研究方法，通常是相对量化研究而言。研究者参与到自然情境之中，而非人工控制的实验环境，充分地收集资料，对社会现象进行整体性的探究，采用归纳而非演绎的思路来分析资料和形成理论，通过与研究对象的实际互动来理解他们的行为。

（二）质性研究的特点

（1）自然主义的探究传统：质性研究是在自然情境下，研究者与被研究者直接接触，通过面对面的交往，实地考察被研究者的日常生活状态和过程，了解被研究者所处的环境以及环境对他们产生的影响。自然探究的传统要求研究者注重社会现象的整体性和关系性。在对一个事件进行考察时，不仅要了解事件本身，而且要了解事件发生和变化时的社会文化背景以及该事件与其他事件之间的联系。

（2）对意义的"解释性理解"：质性研究的主要目的是对被研究者的个人经验和意义建构作"解释性理解"，从他们的角度理解他们的行为及其意义解释。由于理解是双方互动的结果，研究者需要对自己的"前设"和"偏见"进行反省，了解自己与对方达成理解的机制和过程。

（3）质性研究是一个不断循环往复的过程（图 8-2-1）。随着实际情况的变化，研究者要不断调整自己的研究设计，收集和分析资料的方法，建构理论的方式。因此对研究的过程必须加以细致的反省和报道。

（4）使用归纳法，自下而上分析资料：质性研究中的资料分析主要采取归纳的方法，自下而上在资料的基础上建立分析类别和理论假设，然后通过相关检验得到充实和系统化。因此，"质性研究"的结果只适用于特定的情境和条件，不能推广到样本之外。

（5）重视研究关系：由于注重解释性理解，质性研究对研究者与被研究者之间的关系非常重视，特别是伦理道德问题。研究者必须事先征求被研究者的同意，对他们所提供的信息严格保密，与他们保持良好的关系，并合理回报他们所给予的帮助。

"质性研究"就是一种"情境中"的研究。质性研究的特点决定了这是一种非常适合风景园林学的研究。

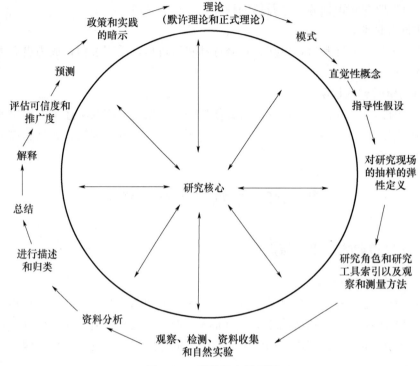

图 8-2-1　质性研究循环图

（三）质性研究与定量研究的区别

质性研究与定量研究的区别见表 8-2-1。

表 8-2-1　质性研究与定量研究的区别

	定量研究	质性研究
目的	证实	解释
内容	局部/因果	整体、过程/意义
设计	预定	演化
手段	数据	文字、图片
工具	量表	研究者
关系	主客对立	互为主体
抽样策略	随机	目的性
收集资料	问卷/封闭观察	访谈/开放观察/实物分析
分析资料	演绎为主	归纳为主
效度检验	真实性	相关性、严谨性
推广度	可控制性推广	认同推广、理论推广
伦理道德	无关	重视

定量研究通过测量、计算和分析，以求达到对事物本质的把握。而质性研究则是通过研究者和被研究者之间的互动，对事物（研究对象）进行长期深入细致的体验，然后对事物的质有一个比较整体性的、解释性的理解。质性研究和定量研究各有优势和弱点，两者不是相互排斥的，而是互补的，质性研究需要定量研究作为研究的一种补充的手段。

二、质性研究的适用范围

（一）课题所研究的问题的类型

（1）特殊性问题：指的是一个特殊的个案所呈现的问题，研究只对这个个案本身进行探讨。

（2）过程性问题：探究的是事情发生和发展的过程，将研究的重点放在事情的动态变化上面，如在电大学生学习过程中网上辅导起到了什么作用？

（3）意义类问题：探讨的是当事人对有关事情的意义解释，如常德地区电大教师是如何看待自己的职业的？

（4）情境性问题：探讨的是在某一特定情境下发生的社会现象，如常德市电大教师每天是如何履行自己的职责的？这类问题是质性研究者经常使用的问题。因为它们反映了质性研究的两个重要长处：①对被研究者的意义建构进行研究；②在自然情境中进行研究。

一般来说，质性研究通常使用"描述性问题"和"解释性问题"，因为这两类问题可以对现象的本质和意义进行研究。

（二）研究的目的和意义

"研究的目的"指的是研究者从事某种研究的动机、原因和期望，可以分成三种类型：个人的目的、实用的目的、科学研究的目的。

（三）如何选择研究的方法

从实际操作的层面看，研究方法主要由如下几个方面组成：进入现场的方式、收集资料的方法、整理和分析资料的方法、建构理论的方式、研究结果的成文方式。

（四）如何对研究的质量进行检测

对研究的质量进行检测，主要包括四个方面：信度问题、效度问题、推论问题（包含推广度和推理）、伦理道德问题。

信度问题和效度问题：信度和效度是量的研究用来检测研究结果的可靠性的。将这两种检测手段用于质性研究需要考察是否适用，因为并非所有的质性研究均适用这两种检测方式。

推广度问题：质性研究的目的是通过深入认识少数个案生活的本质，而达到认识大多数人生活中深层次体验的目的。研究的结论能得到与研究对象处于同一或相似背景的人们的认同，就说明研究具备推广度。

推理问题：对于论点的证明，包括证明的逻辑性、严谨性和完备性等。

伦理道德问题：伦理道德问题贯穿于研究的各个方面和全过程，是一个十分重要的问题。伦理道德主要包括自愿原则、保密原则、公正合理原则、公平回报原则等。

三、质性研究的基本步骤

质性研究的基本步骤如下。

（一）研究设计

质性研究设计主要包括：（1）研究的对象与问题；（2）研究的目的和意义；（3）研究的背景知识；（4）研究方法的选择和运用；（5）研究的评估和检测手段。

（二）研究对象的选择

研究对象不仅包括人，即被研究者，而且包括被研究的时间、地点、事件等。

质性研究因其特性，使用的是"非概率抽样"中的"目的性抽样"，即抽取那些能够为本研究问题提供最大信息量的样本。

目的性抽样有很多具体的策略，如强度抽样、最大差异抽样、同质性抽样、关键个案抽样等。例如强度抽样，指抽取具有较高信息密度和强度的个案，目的是了解在这样一个具有密集，丰富信息的案例中，所研究的问题会呈现什么状况。比如：对"电大成人学生课业负担的现状"的调查，就可以选择一个课业相对繁重的专业中的在职学员人群作为个案调查的基地。那么我们便可以比较充分地了解目前电大的在职学员课业负担可能重到什么程度，这么重的负担对学生的身心发展有什么影响。

（三）资料收集的方法

质性研究资料的收集主要采用观察（Observations）、访谈（Interviews）、实物收集（Documents）等主要方法（表 8-2-2）。

表 8-2-2　质性研究的资料收集方法

技巧	交互式	非交互式
访谈	深入访谈 关注被调查者的访谈 职业史等	
关注群体	在小型的群体中进行测试性的讨论 由参与者帮助手机出适当的问题	
调查	多重分类 投射性调查（游戏）	
观察	参与性观察	非参与性观察 行为流 实地记录
器物或建筑等 文档资料 实物收集		人为的解释 文档的解释

1. 访谈

访谈可以分成三种类型：封闭型、开放型、半开放型。

在封闭型访谈中，研究者对访谈的走向和步骤起主导作用，按照自己事先设计好了的、具有固定结构的统一问卷进行访谈。

与此相反，开放型访谈没有固定的访谈问题，研究者鼓励受访者用自己的语言发表自己的看法。

一般来说，质性研究方法在研究初期往往使用开放型访谈的形式，了解被访者关心的问题和思考问题的方式；然后，随着研究的深入，逐步转向半开放型访谈，重点就前面访谈中出现的重要问题以及尚存的疑问进行追问。

1）访谈前的准备工作

与被研究对象协商；录像、录音与否；设计访谈提纲。

2）访谈中的提问

访谈问题多种多样，通常可以分为三组类型来认识，即开放型和封闭型、具体型和抽象型、清晰型和含混型。具体型问题就是询问一些具体事件或细节。实际访谈中一般多用开放型、具体型和清晰型的问题。

3）访谈中的倾听

对于访谈者来说，在倾听的时候要遵循一定的原则，最为基本的原则有两个：一是不要轻易打断对方的谈话；二是要能容忍沉默。

访谈者要调动自己所有的触觉和情感去感受对方，积极主动地、有感情地与对方交流。

4）访谈中的回应

访谈者对受访者做出的回应方式可以有很多种，一般常用的有：（1）认可；（2）重复、重组和总结；（3）自我暴露；（4）鼓励对方，并且要注意做访谈记录（图 8-2-2）。

采访记录范例

1997 年 10 月 15 日，1：30—3：40 采访对象：DC	DC 是系里的一名教师，采访是系主任安排的
地点：系里的教师办公室。房间明亮温馨——一面墙上有挂毯，其他几面墙上贴着海报，其中一幅巨大海报上写着"I am okay"（我很棒!）。办公室里到处都是书和报纸，办公桌的角落里摆着一些木质游戏用品，如金字塔积木等。 DC 是一名黑人女教师，她身材瘦小，戴着一幅大眼镜，头发被编成细长的辫子，抹着桃色口红。她很活泼. 总是面带微笑，性格爽朗。提到自己的身高，她说："我的学生都比我高，因此我对他们不构成威胁。" 我先给她解释了我的兴趣点和研究计划，告诉她我要了解的三个方面问题：第一，作为一名老师. 她认为优秀教师需要具备哪些品质，她的黑人学生又持什么观点；第二，什么样的教师具备这些品质；第三，我应该采访哪些学生。 DC："好的，没问题，你提问吧。" KK："请简单说一下您的工作内容。" DC："我是这儿的老师，我们有时会和学生们一起坐下来，制定出教学计划，让他们知道自己需要做什么，我喜欢这样。" DC："教学计划中不仅列出教学内容，还包括各种学生社团和活动，列出学生们需要参加的各种活动。" DC 回来后，KK："你有多少学生？" DC："大约 100 个。" KK："100 个！您能同这么多学生都保持联系吗？" DC："我想我是为学生着想的。为了让他们好好学习，我会尽我所能。我会告诉他们不要负担过重，要轻松学习……我认为对学生诚实是很重要的，如果有什么我不懂的，我就坦白承认，其实现在有什么不知道的，我们可以上网查啊！"	DC 在很认真地听。 这对我和她都是一个尴尬时刻，我不知道该做什么。这个笼统问题似乎让她有点惊讶。 她递给我一张她和学生制定的表格。这时，有人走进来告诉她有个重要电话，于是她出去了大约 10 分钟，我也有机会看了看那张表。 我不记得她到底说的什么，大约就是保持联系之类的话。

图 8-2-2　访谈记录范例

2. 观察

除了访谈以外，质性研究中另外一个主要的收集资料的方法是观察。

1）观察的类型

以观察者是否直接参与被观察者从事的活动来分，观察可分为参与性观察、非参与性观察和半参与性观察。

2）观察前的准备工作

明确观察的目的，制订观察计划，预估观察中可能遇到的问题。

3）观察的阶段

观察可分为三个阶段，即初期——全方位的开放式观察；逐渐聚焦的阶段；找出研究焦点后进行选择性观察。

4）观察记录与表格（图8-2-3）

观察记录要求按时序进行，及时补充；记录的语言要具体、清楚、实在。

观察者要进行自我反思，尽量将自己所做的推论与观察到的事情分开。

实地考察记录范例	
1997年11月13日，星期四，12:40 观察内容	观察者评语
教室里有17个孩子，3个大人：1个老师，1个辅导员，1个实习教师（实习教师是一位上了年纪的妇女）。	
教室位于学校主楼地下室。主楼有近100年的历史，教室面积有40英尺×30英尺，教室铺有地毯，用家具隔开。在教室后面左边角落里摆着几本大开本书和一幅图，紧挨着是一个书架，里面摆着小开本书、磁带和放在篮子里的大开本书。书架旁边是用来摆放玩具用品和布娃娃的，前面还摆着几张桌子和配套的小椅子。在教室前面，摆着一张红黄色桌子，左边的角落里摆着一张半圆形的桌子。在教室的墙上，学生们贴满了五颜六色的纸，一面墙的纸上是孩子们画的苹果图案，还有一面墙上则贴着孩子们的照片，纸上写着他们的名字。教室里有几扇小窗户，日光灯似乎是主要的光源。	老师似乎为装扮教室做了很多努力，只是教室位置本身不能让人满意。 大多数孩子都很熟悉这套程序
孩子们刚刚走进教室，他们已经将外套和书包挂在外面大厅里自己的衣钩上。	

图8-2-3　实地考察记录范例

3. 实物收集

实物包括与研究问题有关的文字、图片、音响、物品等。它可以是人工制作的东西，也可以是经过人加工过的自然物；既可以是历史文献，也可以是当时记录。

实物分析方法有助于研究者拓宽视角和增加敏感度，及时和全面地捕捉与被研究对象有关信息，丰富研究内容，并达到互相证实和检验的目的。目前实物分析法多被作为访谈法、观察法等方法的辅助手段来使用，以达到扬长避短的效果。

（四）资料的整理分析

质性研究资料的分析不同于量化研究资料的分析，当资料收集好以后，就需要对资料进行归档、分类、编码、归纳分析。

1. 分析资料的手段

（1）画图、列表；

（2）写反思笔记：描述、分析、方法反思、理论建构、综合；

（3）运用直觉和想象、比喻、类推等；

（4）阐释循环：在部分与整体之间不断对比，建立联系。

2. 初步分析资料

在对资料进行描述整理后，就开始了分析资料的过程。研究者需对资料进行提取、分析并界定这些研究事件如何形成、改变的基本元素和基本特征，以及它们之间的相互影响和相互作用关系。在分析的过程中，研究者努力把自身熟知的答案或前见悬置起来，直面需要探究的现象，并尽可能以自己的理解和同参与者交往过程中的理解和体验进行分析。资料分析的讨论经常是研究计划书中最弱的部分，有些研究案例中，这种讨论完全是从一般性或从方法论的文本中摘取一些"样板式"的语言构成，对理解如何真正分析资料毫无意义。

3. 资料归纳和深入分析方法

（1）类属分析。

"类属"是说按照资料所呈现的某个观点或主题分析，是一个比较大的意义单位。类属分析就是在资料中寻找反复出现的现象以及用来解释它们的概念、术语的过程，包括类属要素、要素之间的关系和结构等。

（2）情境分析。

情境分析就是将资料置身于研究现象所处的自然情境中，按照事件发生的时间顺序对有关事件和人物进行描述性分析。

（五）研究成果的表达

质性研究成果也是以研究报告的形式加以表达，同量化研究报告所不同的是，质性研究报告在写作时首先要考虑读者对象、叙述风格、叙述人称、书写角度、研究者的位置（与被研究者、研究问题的关系）等。

质性研究报告需要对研究过程作详细的叙述，并对关涉主题的各种现象作细致详实的描述，还要详述研究者的研究方法和研究过程中对研究关系的反省历程，这些都有助于读者判别研究的真实性、可靠性。

1. 研究报告的组成

质性研究报告通常包括如下部分：

（1）问题的提出：包括研究的现象和问题。

（2）研究的目的和意义：包括个人的目的和公众的目的、理论意义和现实意义等。

（3）背景知识：包括文献综述、研究者个人对研究问题的了解和看法，有关研究问题的社会文化背景等。

（4）研究方法的选择和运用：包括抽样标准、进入现场、与被研究者建立和保持关系、收集资料和分析资料的方式、写作的方式等。

研究的结果：包括研究的最终结论、初步的理论假设等。

对研究结果的检验，讨论研究的效度、推广度和伦理道德问题。

虽然质性研究报告对涵盖内容有所要求，但其形式通常比较灵活，需根据实际研究情况拟定。

2. 建构理论的方式

质性研究是采用"自下而上"的形式"归纳"出理论的。首先对原始资料进行初步分析和综合，从中提炼出许多概念来，将其中的概念和命题与原始资料之间进行对照和比较，生成一个具有内在联系的理论体系来。

1967 年格拉斯和斯特劳斯提出了"扎根理论"，就是指从经验材料理论中提取和建立的。

3. 处理研究结果的方式

质性研究报告的呈现方式可以分成两大类型：类属型和情境型。这两大类型与前面资料分析的思路有相似之处，但是资料分析中的"类属分析"和"情境分析"指的是资料分析时的具体策略，而这里所说的是写作研究报告时处理研究结果的方式。

叙述是质性研究报告的关键，克瑞斯韦尔将报告的叙述分为两个水平：微观水平和宏观水平。在微观水平，要变化引述的方式，以矩阵方式呈现文本信息，所有分类名应来自收集资料，要以独特的方式标识引用信息，要以第一人称的方式叙述收集资料，将引述与解释交融在一起，要描述双方的交谈，要善于用修辞的手法；在宏观水平尽可能用不同的叙述方法（如 Van Maanen 的叙述方法）。

（六）研究质量的检测

量化研究的评估指标一般是以信度和效度来加以衡量的。早期的质性研究工作者回避使用信度、效度这样的概念，以示质性研究与量化研究的区别，质性研究学者发展了自己的一套评估概念及指标体系，如"信任度（Trust worthiness）"、"真实度（Authenticity）"等（表 8-2-3）。

表 8-2-3 质性研究检测框架

数据性质	检查代表性
	检查研究者的作用
	三角测量
	对证据的权衡
反向考虑	坚持局外人的方法
	使用极端的例子
	跟踪意外
	寻找反面证据
检验解释	进行"如果-那么"测试
	派出虚假的联系
	复制一个发现
	检验相反的解释
反馈检验	从被调查人那里取得反馈

第三节 逻辑论证研究

一、逻辑论证相关概念

逻辑论证就是用一个或一些已知为真的命题确定另一命题真实性或虚假性的思维过程，它包括证明和反驳。这是广义上的逻辑论证定义。狭义上的逻辑论证即逻辑证明。逻辑证明是用已知为真的命题来确定某一或某些命题的真实性或虚假性的思维形式，是人们认识、理解、把握事物的手段，也是人们探索真理、论证认识、检验认识和指导实践不可缺少的重要工具（图 8-3-1 和图 8-3-2）。逻辑证明以实践为基础，也就是说，逻辑证明所依据的说明论题的论据来自实践并为实践所验证，逻辑证明的论证形式是人们从千百万次实践中总结概括出来的，经过逻辑证明得出的结论正确与否最终仍然要由实践检验。但是，在实践的基础上建立起来的，以对具体事物的分析研究为依据的逻辑证明，在认识过程中又有着实践所不能替代的特殊功能。

图 8-3-1 逻辑论证的分布谱图

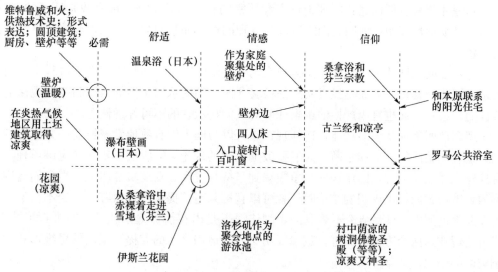

图 8-3-2 赫斯崇在《建筑的热量舒适》提出的逻辑结构的图表

二、逻辑论证的功能

（一）探索真理

逻辑证明探索真理的功能，首先体现在它能够获得真理。人们要正确地认识客观世界，获得真理性认识不外乎两个途径：一是主体通过实践获得真理，二是主体运用间接知识的方法获得他人建立起来的真理。前一种途径是在亲身实践的基础上，从感性认识能动地上升到理性认识而获得真理，在这个认识阶段中，逻辑证明是不可缺少的。因为一个真理性认识，不仅需要经得住实践的检验，而且必须是经过逻辑证明的，否则，就会破绽百出，不成其为真理。后一种途径，即是通过运用间接知识的方法获得真理。由于客观世界是极其复杂的，再加上认识上的局限和各种条件的限制，人们很难全面准确地把掌握客观世界的各种系统，特别是对于不能立即付诸实践加以检验的某些理论，只能首先进行逻辑证明。如果这种新的学说或理论、方案，逻辑证明证实它确无矛盾，是合理的、可靠的，才有可能在实践中证明它的真理性。如果某一理论、方案在逻辑证明中不能成立，那么该理论、方案在实践中也就不可能实现。总之，人们要获得真理，必须借助逻辑证明获得真理的功能。

逻辑证明探索真理的功能，还体现在它能够发展真理。恩格斯指出："如果我们有正确的前提，并且把思维规律正确地运用于这些前提，那么结果必定与现实相符。"这就告诉我们，发展真理必须运用正确的前提和思维规律进行逻辑证明。逻辑证明能够发展真理，一个是依据真实判断，推出科学结论。另一个是创立科学假说。科学理论的发展是有规律的，当人们在实践中获得了一定的知识后，就要应用一定的逻辑方法，创造出一定的理论体系，这样的理论体系就是科学假说。

（二）论证认识

逻辑证明论证认识的功能，首先体现在它能够证明真理。无论在自然科学或社会科学领域，要使人们接受某一真理或者说明某个认识的真理性，都需要逻辑证明，只有这样，真理才能最后形成完整的理论形态和严密的科学体系。已经被实践验证了的真理，还需要借助逻辑证明，说明它们之所以为真理的理由和它们与一般原理或特殊事实之间的关系。

逻辑证明论证认识的功能，又体现在它能够阐明真理。在阐明真理的过程中，也需要逻辑证明。真理一方面是经过实践的检验才向人们揭示出主体的认识和客观规律的一致性的，另一方面也是用严格的逻辑证明向人们显示它的不可怀疑性。

逻辑证明论证认识的功能，还体现在它可以帮助人们有效地发现错误，并以它特有的力量驳倒荒谬的理论和论断。人们要驳倒荒谬的理论，既应摆事实，又应讲道理，只有这样，才能使真理在同谬误的斗争中得到坚持和发展。在逻辑证明中，当人们运用正确的思维形式而推出虚假的结论时，就可以直接判定前提认识在内容上一定不真实。因为在逻辑证明中，只要结论不是真的，则错误不是出在前提上，就是出在推理形式上，或者出现在这两个方面。同理，逻辑证明又可以运用真实的前提，正确的思维形式，驳倒虚假的结论。

（三）检验认识

逻辑证明检验认识的功能，首先体现在日常的工作、生活和科学研究中。人们在日常的工作、生活中到处都应用逻辑证明的方式去判断、检验一种认识是否正确。科学研究中，每当提出一项新的、重大的计划、方案、设计后，常常不是立即付诸实践加以检验，而是首先运用逻辑证明证实它是科学的、可靠的，然后才去进行实践，并在实践中进一步检验它的正确性。如果一个计划、方案、设计在逻辑证明中不能成立，那么，就需要进一步研究和修改。这种逻辑证明的检验愈详细、愈严密，计划、方案就愈有必然性，就愈容易在实践中得到实现；相反，轻视甚至拒绝逻辑证明的检验，就常常会导致实践的失败。当一种新的理论提出后，由于受历史条件的限制，也常常不能马上用实践进行检验，而只能是先加以逻辑证明的检验。

逻辑证明检验认识的功能，在一些高度抽象的科学领域显得更为突出。例如，逻辑证明在数学中就是这样。数学的性质决定了其进行研究方法的特殊性，即不能用一般实验、观察的方法进行，而只能以抽象思维的方式进行。

逻辑证明检验认识的功能，还突出地体现在一些分析、推论占主导地位的学科和工作中。例如，对极其复杂的历史过程及历史事件的研究，我们谁也不可能让历史重演，通过直接的观察来证明我们现在对它认识的科学性，也不能通过实践的办法再现几十亿至几百亿年的过程，只能对搜集到的历史残留下来的"遗迹""碎片"进行分析、综合，这样的逻辑加工，才能在一定程度上揭示出历史的真相，做出正确的判断。

（四）指导实践

逻辑证明指导实践的功能，体现在它能够成为实践的先导。逻辑证明与实践是有区别的，实践是主观见之于客观的东西，而逻辑证明则是客观见之于主观的东西。实践的结果具有直接现实性，逻辑证明则不具有直接现实性，它的功能在于用其证明所获得的结论去指导人们的实践。例如，人们在进行一项科学研究之前，必须根据以往在实践中得到的知识，提出方案，而在方案提出过程中是离不开逻辑证明的，进一步说，就是在这个方案付诸实践后和整个研究过程中，也始终是离不开逻辑证明的，尽管这个方案是否正确最终要由实践来证明。

三、逻辑论证的分类

不同的论证有着不同的论证结构模式。不同的论证在实际运用中发挥不同的作用。根据论证中论证方式即所运用的推论形式的不同，可将论证分为三种类型：演绎证明、归纳证明和合情证明。

（一）演绎证明

演绎证明是运用普遍原理、原则来说明特殊事实的合理性。在有效的演绎证明中，若论据条件是真实的，那么结论错误在逻辑上是不存在的。

我们用一个典型形式来解释演绎证明：

$$若 A 则 B$$
$$B 假$$
$$所以 A 假$$

由此我们能看出这个证明模式的各种显著特征：它是个与个人无关的、具有普遍性的、自足的、确定的形式。

（1）与个人无关，是表明推论的有效性并不依赖于推论者的个性，他的情绪、爱好、阶级、信念或肤色。

（2）具有普遍性，即所考虑的（用 A 及 B 指明的）陈述并不属于知识的这个或那个特殊领域（如数学或物理学，法律或逻辑学），而是属于任何一个领域。

（3）自足的，就是说，为了使结论有充分根据，超出前提的东西都不必要，如果前提依然是可靠的，那么没有任何东西会使它失去充分的根据。一般说来，我们的知识和我们的合理信念能被新知识改变。然而在所考虑的演绎中有不能改变的东西。只要承认前提之后，我们就不可避免要承认结论。在以后某个日子里，我们会接受包含在我们的论证中的有关问题的新知识。然而，如果这个知识不改变我们对前提的承认，它就不能合理地改变我们对结论的承认。运用演绎论证，不需要来自外部的任何东西，它与前提中没有明确地提到的任何东西无关。

（4）如果前提是确实无疑的，我们能把结论从演绎法中"拆"开来。也就是说，如果你确实知道"A 蕴含 B"与"B 假"这两者的话，你可以忘记这些前提而只把结论"A 假"当作你确定的结论留下来。

（二）归纳证明

归纳证明是用特殊事实来说明较普遍性命题的合理性。也就是根据对有限对象的考察，推导出对某一类事物的一般性主张。比如，由若干地区环境保护的成就来说明人们对环境认识的提高，根据对某些动物的观察判定该地区动物的生存状态，从某地的自然条件与物产的情况，推断另一自然条件类似的地方的物产情况等。很明显，归纳论证所要证明的主张，大多具有普遍的意义，而论证中所使用的证据，多为一些具体事例，它是一种知识扩展性论证。当人们反复观察到某一事物的某种特征后，总希望将其上升到普遍与一般的高度。科学研究中的发现与发明是离不开归纳论证的。

相比较而言，在归纳证明中，辩论的另一方是有选择余地的，虽然仍受某种特征的限制。归纳论证中，即使论据条件是真实正确的，其主张也不是说不太可能错误。举例来说，在我们调查得到的数据中，受访的中学生都称每周平均上网 10 小时左右。我们由此认为，在今天，所有中学生每周上网时间均在 10 小时左右，网络已经与中学生密切相关了。其实，这个主张只是一种可能性，这种可能性仍有待论证。归纳推论是非单调逻辑，意味着新的论据出现时，论证前提和结论的关系也需重新估价。

（三）合情证明

合情证明是从不完善的前提得出有用结论的推理。它基于可废止的普遍性前提，"典型地（允许例外），我们能够期望，当某物有性质 F 时，它就有性质 G"。相较之下，演绎推理可能基于一个全称的一般命题形式，"所有 F 是 G"。而归纳推理基于概率或统计的一般命题，"大多数或特定百分比的有性质 F 的事物也有性质 G"。在形式上，合情推理和演绎推理都用到条件句，但演绎推理的条件句是所谓的"实质蕴含"，而合情推理中的条件句却是"假设性条件句"，即它是一个允许例外的普遍概括。它是用正常、正规或典范情形说明一般或特殊的合理性。在这种论证中，若条件是合理的，那么结论也是合理的。这种论证以推理的一般正确性为基础，但由于一定有一种例外情况不能包含其中，因而可能被这种例外推翻。这种论证是试验性的。与归纳论证类似，合情推理也是非单调的。但是，合情论证不以概率为基础，而以在某种情况下似乎是正确的预见为基础。它是一种似乎有理的推论，或者是似乎最有理的推论，常在科学论证的初始阶段采用。在此阶段尽管没有或少有试验结果，但是可以提出一种假设。然后，如若搜集到更多的数据，合情论证就可让位于演绎、归纳论证。尽管采用这种论证方法易犯错误，但在某些不确定情况下，它仍然是有用的。

第四节　案例研究

一、案例研究相关概念

案例研究法是实地研究的一种。研究者选择一个或几个场景为对象，系统地收集数据和资料，进行深入的研究，用以探讨某一现象在实际生活环境下的状况。适合当现象与实际环境边界不清而且不容易区分，或者研究者无法设计准确、直接又具系统性控制的变量的时候，回答"如何改变"、"为什么变成这样"及"结果如何"等研究问题。同时包含了特有的设计逻辑、特定的资料搜集和独特的资料分析方法。可采用实地观察行为，也可通过研究文件来获取资料。研究更多偏向定性，在资料搜集和资料分析上具有特色，包括依赖多重证据来源，不同资料证据必须能在三角检验的方式下收敛，并得到相同结论；通常有事先发展的理论命题或问题界定，以指引资料搜集的方向与资料分析的焦点，着重当时事件的检视，不介入事件的操控，可以保留生活事件的整体性，发现有意义的特征。相对于其他研究方法，它能够对案例进行厚实的描述和系统的理解，对动态的相互作用过程与所处的情境脉络加以掌握，可以获得一个较全面与整体的观点。

二、案例研究的内容形式

（一）研究设计

（1）研究的问题。所进行的研究要回答的问题反映了案例研究的目的。研究者通过搜集整理数据能得到指向这些问题的证据，并最终为案例研究做出结论。通过对以前相关研究资料的审查，提炼出更有意义和更具洞察力的问题。

（2）研究者的主张。研究者的主张引导研究进行的线索。它可以来自现存的理论或假设。无论是建立新的理论还是对现存的理论进行检验，主张的提出都是必不可少。

（3）分析单位。分析单位可以是个人，或是事件或一个实体，如非正式组织、企业、班组等。有时候，可以有主要的分析单位和嵌入的分析单位。

（4）连结数据及命题的逻辑。为了把数据与理论假设联系起来，在设计研究阶段时就必须对理论主张进行明确的表述。

（5）解释研究发现的准则。对于分析的结果，研究者就可以针对研究的命题提出一个解释，来响应原来的理论命题。

（6）研究案例数量的选择（单个还是多个）。在以下情况下可以采用单个案例研究：①成熟理论的关键性案例；②极端或是独特的案例；③揭露式案例。

（二）选择案例

案例选择的标准与研究的对象和研究要回答的问题有关，它确定了什么样的属性能为案例研究带来有意义的数据。案例研究可以使用一个案例或包含多个案例。应认为单个案例研究可以用作确认或挑战一个理论，也可以用作提出一个独特的或极端的案例。多案例研究的特点在于它包括了两个分析阶段——案例内分析和交叉案例分析。前者是把每一个案例看成独立的整体进行全面的分析，后者是在前者的基础上对所有的案例进行统一的抽象和归纳，进而得出更精辟的描述和更有力的解释。

（三）收集数据

案例研究的数据来源包括六种：

（1）文件。

（2）档案记录。跟个案研究的其他信息来源连结，然而跟文件证据不同，这些档案记录的有用性将会因不同的案例研究而有所差异。

（3）访谈。访谈主要有三种形式，第一种是开放式，这是最常见的访谈形式。第二种是焦点式，一种在一段短时间中访谈一位回答者的方式。第三种类型是延伸至正式的问卷调查，限定于更为结构化的问题。

（4）直接观察，指研究者实地拜访个案研究的场所。

（5）参与观察，此时研究者不只是一位被动的观察者，真正参与正在研究的事件之中。

（6）实体的人造物，实体的或是文化的人造物是最后一种证据来源。

在做某个案例研究时，并不一定要穷尽所有六个方面的资料，但是研究者要清楚，相对于研究同题来说，每种可能的资料来源都同时兼具优点和缺点（表8-4-1）。

表 8-4-1　六种数据来源渠道的优点和缺点

数据来源	优点	缺点
文献	稳定：可以反复阅读 相对客观：不是为该案例研究的结果而创建的 确切：包含事件中出现的确切名称、参考资料和细节 时间跨度长，涵盖多个事件、多个场景	检索性：低 如果收集的文件不完整，资料的误差会比较大 报道误差：作者无意的偏见可能造成偏差 获取：一些人为因素会影响文件资料的获得
档案记录	同上（同文献） 精确、量化	同上（同文献） 档案隐私性和保密性影响着某些资料的使用
采访	针对性：直接针对于案例研究课题 见解深刻：呈现观察中的因果推断过程	设计不当的提问会造成误差回答误差 记录不当影响精确度内省：被访者有意识地按照采访人的意图回答
直接观察	真实性：涵盖实际生活中发生的事情 联系性：涵盖事件发生的上下文背景	费时耗力 选择时易出现偏差，除非涵盖面 记录不当影响精确度 内省：被访者有意识地按照采访人的意图回答
参与性观察	同上（同直接观察） 能深入理解个人行动与动机	同上（同直接观察） 由于调查者的控制造成的误差
实物证据	对文化特征的见证 对技术操作的见证	选择误差 获取的困难

（四）分析资料

资料分析包含检视、分类、列表，或是用其他方法重组证据，以探寻研究初始的命题。在分析资料之前，研究者需要确定自己的分析策略，也就是先了解要分析什么以及为什么要分析的这个优先级。具体所使用的分析策略有两种情况：（1）依赖理论的命题。案例研究一开始可能就以所确定的命题为基础，而命题则反映了一组研究问题、新的观点和文献回顾的结果。由于资料的收集计划应该是根据命题所拟定的，因此命题可能已经指出了相关分析策略的优先级。（2）发展个案的描述。发展一个描述架构来组织案例研究。这个策略没有理论命题的策略好，但是当理论命题不存在时，是个可以采用的替代方法。

（五）撰写报告

案例研究成果的表述形式具有很大程度的灵活性，并不存在标准或统一的报告格式。但在社会科学研究领域，常常会使用与案例研究过程相匹配的格式，从而将案例研究报告分为相对独立的几个部分：（1）背景描述；（2）特定问题、现象的描述和分析；（3）分析与讨论；（4）小结与建议。

另外，还要确定案例研究写作的陈述结构。案例研究写作的陈述结构共有六种：（1）线性分析结构。这是一种写作研究报告的标准方法，子题目顺序遵照研究的问题或项目的顺序，一般按照以下顺序来组织：研究问题、文献述评、研究方法、资料分析以及从资料分析中得出的结论和启示。这一结构同时适用于解释性、描述性或探究性的案例研究。（2）比较结构。这是将同一案例重复两次或多次，在对同一个案例的描述或解释之间进行比较的方式。可以将同一案例从不同观点角度或运用不同描述模式加以重复，从而理解案例事实如何被更好地分类以达到描述的目的。（3）编年结构。即按年代顺序排列案例资料，章节的排列可能遵循案例历史的早、中、晚期的时间顺序。（4）理论建构结构。即章节顺序将沿着理论建构的逻辑展开。这一逻辑建在一个具体的问题或理论之上，但每一章节要解答理论争论的一个新的方面。（5）悬念式结构。这种结构是线性分析方法的反面。悬念式结构与线性分析相反，直接"答案"或案例研究的结论在一开始的章节就加以阐明。剩余部分则用于解释这种结果的形成，并采用各种阐释方法。（6）无序结构。即章或节顺序的呈现没有特别的重要性。这种结构对描述性案例研究经常是很有效的。人们可以更改书中的章节顺序，而不会影响它们的描述价值（表 8-4-2）。

表 8-4-2　六种结构及其在不同案例研究目的中的适用性

结构类型	案例研究的目的（单案例或多案例）		
	阐释性	描述性	探索性
线性分析	√	√	√
比较	√	√	√
编年	√	√	√
理论建构	√		√
悬念式	√		
无序		√	

三、案例研究的质量指标

(一) 效度

效度是对所研究的概念形成一套正确的、可操作性的测量。在案例研究中，采用多元的证据来源；形成证据链；要求证据的提供者对案例研究报告草案进行检查、核实。该策略所使用的阶段分别为资料收集、资料分析和整理、撰写报告。效度分为内在效度和外在效度。

1. 内在效度

内在效度仅用于解释性或因果性案例研究，不能用于描述性、探索性研究：从各中纷乱的假象中找出因果关系，即证明某一特定的条件将引起另一特定的结果。案例研究策略为进行模式匹配；尝试进行某种解释；分析与之相对立的竞争性解释；使用逻辑模型。策略所使用的阶段是证据分析。

2. 外在效度

外在效度是指建立一个范畴，把研究结果归纳于该类项下。案例研究策略为用理论指导单案例研究，通过重复、复制的方法进行多案例研究。该策略用于研究设计阶段。

(二) 信度

信度表明案例研究的每一步骤，如资料的收集过程，都具有可重复性，并且如果重复这一研究，就能得到相同的结果。案例研究策略为采用案例研究草案；建立案例研究数据库。该策略用于资料收集。

四、案例研究的五种范式

方法论属性与数据搜集方式是划分人文社会科学研究方法的主要依据。按照方法论属性，可将其划分为定量研究法（搜集的是量化数据）和定性研究法（搜集的是质性资料）两种；按照研究数据收集方式，可将其划分为实证研究法（应用实地调查数据进行研究）和非实证研究法（应用二手资料进行研究）两种。将以上二者内嵌于以典型案例为研究对象的案例研究法中，就可以得到以案例为导向的文献计量范式（简称文献计量范式）、以案例为导向的文献荟萃分析范式（简称文献荟萃范式）、以案例为导向的实地观察与访谈范式（简称实地观察与访谈范式）、以案例为导向的问卷调查范式（简称问卷调查范式）、以案例为导向的混合研究范式（简称混合研究范式）五种（图8-4-1）。

(一) 以案例为导向的文献计量范式

与文献综述不同，这一范式并不是对现有研究进行梳理，也不是对现有研究观点进行批判，而是应用定量研究逻辑及数理统计软件（如 CiteSpace）对所搜集到的二手资料进行分析（即计量），以得出新的理论及其知识体系。除不用进入现场进行实证研究外，文献计量研究者采用的研究步骤依次为：

（1）提出问题。提出问题往往比解决问题更为重要，因而有必要提出所要研究的问题，也即从社会现象或社会问题中提炼自变量与因变量及其因果关系。此外，发现问题是做学问的起点，也是所有研究者选择任何一种案例研究范式的必经步骤。

（2）文献综述。要了解研究意义与价值，事先有必要进行文献综述。进行文献综述的目的在于：一是证明研究的新颖性；二是发现现有研究存在的不足，进一步提炼有价

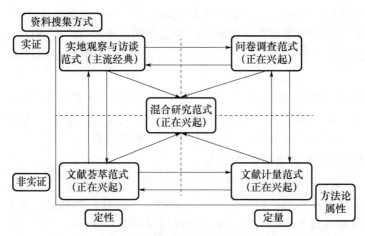

图 8-4-1 根据方法论属性与资料收集方法划分得到的
五种案例研究范式及其内在关联

值的、科学的研究问题；三是寻找与研究问题相关的理论。这一步骤同样是所有案例研究范式都具有的。

（3）明确研究目的。进行文献综述后，可明确该项研究所处阶段及其研究目的。就研究目的而言，可应用文献计量范式建构理论、检验理论或发展理论及其知识体系。明确研究目的既是文献计量范式的必经步骤，也是其他研究范式不可或缺的。明确研究目的为研究者从事研究指明了方向，但究竟出于何种研究目的，还要视文献综述结果及研究者偏好而定。

（4）推测相关构念。研究问题是由"核心词"及其概念构成的，即人们在其生活中对人、事、物的认识、期望、评价、思维所形成的观念。文献计量研究者需要推测与研究问题相关的概念，"对接"研究问题与假设，这也是其他研究范式的必经环节。

（5）（不）预设理论与假设。对接"研究问题"与"推测相关构念"的重要成果就是预设理论与假设。一般来说，是否预设理论与假设有两种观点。其中，反对预设理论与假设者认为，预设理论与假设会给研究者带来偏见，容易限制其发现新理论；支持预设理论与假设者认为，预设理论与假设可以获取很多好处，包括引导研究者关注所要研究的问题，而不会滑向与研究无关的内容，并为研究者指明研究方向，告诉研究者到哪里寻找相关证据等。因此，是否预设理论与假设应视情况而定。在此，鉴于预设理论与假设为研究带来的益处，本研究主张预设理论与假设。

（6）确定案例总体并进行理论抽样。框定文献总体，从中提取有代表性的文献"样本"。

（7）研究设计。进行案例研究规划，包括设计严谨、科学、环环相扣的研究步骤，综合考虑并配备研究所需人力、资金和物质支持等。

（8）不用进入"现场"，主要通过网络或图书馆等渠道搜集所需相关文献。

（9）数据分析。应用文献计量软件统计分析所搜集到的相关文献，如检验其效应量指数，或进行显著性检验等。

（10）形成或检验理论与假设，在此基础上形成理论、检验理论或发展理论。如果是一项建构新理论的全新研究，那就形成新理论；如果旨在检验已有理论，那么可进一步检验理论正确与否；如果旨在发展理论，那么可进一步改进已有理论。

（11）文献对比。将研究结果与已有研究进行对比，归纳其相同点和不同点，并解释其差异。

（12）达到理论饱和，结束研究。这一范式的主要特点是并不必然通过"进入现场"来搜集研究资料，其随着文献计量软件的研发日益受到重视。但是，这也意味着应用这一范式的前提条件是拥有并懂得应用研究所需的文献计量软件。

（二）以案例为导向的文献荟萃范式

将文献荟萃范式与以上文献计量范式相比，除"数据分析"这一研究步骤不同之外，其他研究步骤基本相同。由于是对所收集的二手质性资料进行"结构化分析"，文献荟萃范式与文献计量范式的不同点主要表现在以下 3 个方面：

（1）编制编码表。与文献计量范式不同，文献荟萃范式主要经由各种网络（如百度、谷歌学术等）或实体店（如高校图书馆、国家图书馆等）渠道搜集各类质性资料（也包括以数字为呈现形式的量化资料），将这些资料分类汇总并交由主要研究者组织的研究团队（一般由具有不同研究背景的 3 人及以上研究者组成）单独编码，汇总并对比不同研究者的编码表，找出其差异及原因，反馈给研究者修改，待不同研究者编码结果的相似性达到 70％ 及以上时再形成统一的编码表。值得注意的是，之所以通过多人编码，其目的是尽可能减少个人编码的主观随意性。

（2）数据分析。文献计量范式主要应用专业性、具有统计意义的软件对所搜集的二手资料进行分析。与之不同，文献荟萃范式则主要依靠不同研究者对所搜集的二手资料进行主观分析。

（3）研究结果及其检验。不同研究者根据共同的数据编码与数据分析建构变量及其相互关系，经过对比分析及轮番讨论后得出研究结果。在应用领域，鉴于二手资料的潜在价值及其易得性，但是，应用这一范式进行研究也存在一些缺陷，如二手资料的陈旧性及案例情境的独特性。

（三）以案例为导向的实地观察与访谈范式

与以上两种非实证案例研究范式不同，从这种范式开始，将通过"进入现场"搜集研究数据。实地观察与访谈范式主要通过实地观察与访谈方式搜集研究资料，这种资料以文字为主，然后通过不同研究者的"结构化"编码与分析得出新理论。其研究步骤包括：

（1）提出问题。

（2）文献综述。

（3）明确研究目的。其研究目的也可能是建构、验证或发展理论，但由于所从事的研究较新，或是为了避免研究者的主观限定，研究者往往将其研究目的定位于建构新理论或发展理论（特别是建构新理论）。

（4）推测相关构念。

（5）根据具体情况预设或不预设理论与假设。

（6）确定案例总体并进行理论抽样。但是，与非实证案例研究范式不同，这一范式的研究对象为需要实地调查的某一特定地域的人、事或物。

（7）研究设计。进行案例研究设计，内容包括确定案例总体并选择典型案例、准备访谈提纲（宜采用半开放式访谈）、配备观察与访谈工具（包括照相机或录音笔等）、安排调查人员、联系被访谈者等。

（8）进入现场。与非实证案例研究范式不同，这一范式依靠研究者的实地观察与访谈搜集资料，其所搜集的资料主要是以文字为主的质性资料。

（9）数据编码与分析。召集不同研究者对所搜集的各种资料进行结构化编码与分析。

（10）与预设理论或不预设理论与假设相对应，通过寻找社会现象或社会问题背后的因果关系，以便在检验预设理论与假设基础上形成新理论。

（11）文献对比。

（12）结束研究。

（四）以案例为导向的问卷调查范式

这一范式以数理研究逻辑为支撑，"嫁接"案例研究法与问卷调查法（被称为"问卷调查技术"）。与实地观察和访谈范式相同，其也需要提出问题、文献综述、明确研究目的、推测相关构念、（不）预设理论与假设、确定案例总体并进行理论抽样、研究设计、进入现场、数据分析、形成或检验理论与假设、文献对比、结束研究这12个步骤。但是，其与实地观察及访谈范式又有差别，主要包括：

（1）明确研究目的。应用其他范式往往存在多种目的，但应用这一范式往往是为了评估现有政策或检验已有理论。尽管也有通过在调查问卷中设计探索性问题来建构"全新"理论的，但应用这一范式具有在短时间内搜集大量标准化、结构化数据检验已有理论与假设的功能，因而主要用于评估政策的适用性或检验已有理论的真伪。

（2）预设理论与假设。设计调查问卷需要综述相关理论及其知识体系，甚至借用业界认可的调查量表，因而在形成问卷的同时就已经预设了理论与假设。

（3）研究设计。与实地观察与访谈范式不同，问卷调查范式除了要确定案例总体并选择典型案例、安排调研日程、进行项目预算等外，还要根据研究目的设计结构化、具有信度与效度的"调查问卷"，以及合理安排调查者进入现场等相关事宜。

（4）数据分析。应用 MATLAB、SPSS 等软件分析问卷数据。

（5）检验预设理论与假设。

近年来，鉴于其在短时间内可搜集到大量用于研究的结构化数据，这一范式日益受到研究者的"青睐"，但也因难以建构理论而受到研究者的责难。

（五）以案例为导向的混合研究范式

混合研究范式是相对于以上任何一种研究范式而言的，其由两种及以上案例研究范式构成。这一范式的核心思想是通过不同研究者（三角研究者）应用多种研究方法（三角方法）进行研究，通过多种渠道搜集多种研究资料（三角证据），经过多番论证后得出理论成果。鉴于其应用方法的多样性，可将其视为一项"未竟的研究"（即到所选用的任一范式的12个步骤后尚未结束）。近年来，因其不仅弥补了应用定量研究法在建构新理论方面的不足，还因弥补了应用定性研究法在规范性、严谨性、科学性和研究成果"概推性"等方面的不足而日益受到人们的欢迎（表8-4-3）。

表 8-4-3　5种案例研究范式的研究步骤及差异

研究范式	文献计量范式	文献荟萃分析范式	实地观察与访谈范式	问卷调查范式	混合研究范式
1. 提出问题	√	√	√	√	√
2. 文献综述	√	√	√	√	√
3. 明确研究目的	?	?	?	?	?
4. 推测相关构念	√	√	√	√	√
5. (不)预设理论与假设	?	?	?	?	?
6. 确定总体并进行理论抽样	√	√	√	√	√
7. 研究设计	?	?	?	?	?
8. 进入现场	×	×	√	√	√
9. 数据分析	?	?	?	?	?
10. 形成/检验理论与假设	?	?	?	?	?
11. 文献对比	√	√	√	√	√
12. 结束研究	√	√	√	√	√

注："√"表示某一案例研究范式需要经过这一步骤；"×"表示某一案例研究范式不需要经过这一步骤；"?"表示某一案例研究范式与其他范式在某一研究步骤上存在差异。

五、案例研究范式选择过程

案例研究者在选择案例研究范式时面临着各种限制性因素，其不可能选择"最优"研究范式，也不可能选择最简单的研究范式敷衍了事，而是需要在综合考虑这些限制性因素的基础上，选用适合自身的科学研究范式（图 8-4-2）。因此，可从案例研究者出发，建构选择案例研究范式的分析性框架（匹配案例研究范式与研究者的限制性因素）。这一分析性框架可分解为以下步骤：

（1）从案例研究"行动者"（即案例研究者）出发。

（2）案例研究范式选择过程。其具体包括：首先，根据研究者背景进行选择。研究者能力决定其选用何种案例研究范式。例如，数理思维逻辑较强且擅长应用统计分析软件者，应该选用文献计量范式与问卷调查范式，思维缜密但又不擅长统计软件者，可选用观察与访谈范式、文献荟萃分析范式，案例研究资深人士应选用多种范式进行研究，以得出具有信度与效度的研究结果。其次，根据研究者的支持性资源选择。研究者应根据研究时限、科研经费、科研团队与人际关系来选择案例研究范式。对于有资金支持、时限较长、拥有科研团队与较强的人际关系者，可选用实地观察与访谈范式、问卷调查范式与混合研究范式从事研究；反之，则选用其他范式。再次，根据研究目标选择。如果从事的是一项全新研究，那么应该选用文献计量范式、文献荟萃分析范式、实地观察与访谈范式、混合研究范式。如果旨在通过新案例检验已有理论，或者应用新的研究方法检验已有理论，那么应该选用问卷调查范式或混合研究范式。最后，根据研究范式的优劣进行选择。根据研究者背景及其有限资源进行选择，研究者很有可能选择"次优"案例研究范式。但是，这并不意味着研究者不能选取更好的案例研究范式，因为案例研究者选择案例研究范式是一个不断改进的过程。为了弥补不同范式在信度与效度以及研究结果"概推性"等方面存在的不足，应该选择以定量倾向案例研究范式为主、定性倾向案例研究范式为辅的研究思路。为弥补定量倾向案例研究范式在建构理论方面的不足，应该在之前就选用定性倾向的案例研究范式。由于所研究的是某些比较敏感的社会现象或社会问题，也可采取以非实证为主、实证研究为辅的混合研究范式。

（3）研究结果评价与反馈。案例研究范式选择过程及其研究结果是否为"较优"，还需要通过评价环节来评判，也需要通过反馈环节来改进案例研究范式选择过程。在此，可选效度与信度指标体系来评价，包括构念效度、内在效度、外在效度与信度等。"构念效度"体现在搜集三角证据及其核实方面，内在效度体现在理论与选用案例研究范式匹配方面，外在效度体现在研究设计与研究成果"概推性"方面，信度体现在研究资料搜集方面。其中，案例研究范式与研究者限制性因素匹配过程是案例研究者选择案例研究范式的核心环节，决定着案例研究范式选择质量。

第五节　相关性研究

相关性分析是指对两个或多个具备相关性的变量元素进行分析，从而衡量两个变量因素的相关密切程度。相关性的元素之间需要存在一定的联系或者概率才可以进行相关性分析。相关性不等于因果性，也不是简单的个性化，相关性所涵盖的范围和领域几乎覆盖了我们所见到的方方面面，相关性在不同的学科里面的定义也有很大的差异。

相关关系的概念：

事物是普遍联系的，人的心理和行为也与人的许多内外因素相联系，因此表现出复杂性的一面和随机性的一面。对人的心理和行为与对其有影响的内外因素的关系进行分析是揭示心理活动规律和机制的重要途径，而相关分析是其中初级的但很重要的部分。相关分析可以发现变量间的共变关系（包括正向的和负向的共变关系），一旦发现了共变关系就意味着变量间可能存在两种关系中的一种：

第一，因果关系（两个变量中一个为因、一个为果）；

第二，存在公共因子（两变量均为果，有潜在的共因）。心理学的许多研究就是为了寻找这些因果关系，或者是寻找公共因子。由此可见，相关研究是非常有用的，它是许多深入研究的初始阶段。

现象之间的相互联系，常表现为一定的因果关系，将这些现象数量化则称为变量。

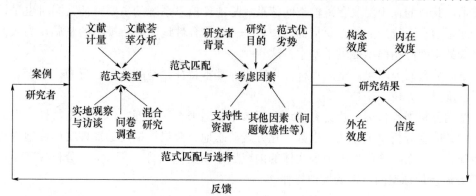

图 8-4-2　案例研究范式选择过程

其中一个或若干个起着影响作用的变量称为自变量，通常用 X 表示，它是引起另一现象变化的原因，是可以控制、给定的值；而受自变量影响的变量称为因变量，通常用 Y 表示，它是自变量变化的结果，是不确定的值。例如：研究居民收入水平与储蓄存款余额的关系，居民收入水平是自变量，储蓄存款余额是因变量。有时相关关系表现的因果关系不明显，要根据研究目的来确定。工业产值与工业贷款额的关系，如果研究工业生产规模对工业贷款额的需求量问题，工业产值是自变量，工业贷款就是因变量；如果研究贷款量对工业生产规模的影响情况，工业贷款额是自变量，工业产值是因变量。

相关关系按涉及变量的多少，可分为一元相关和多元相关；按照表现形式不同，可分为直线相关和曲线相关；按照变化方向不同，可分为正相关和负相关。

一、空间相关性

空间相关性分析是地学上的一个常见的分析空间数据相关关系的方法。其根本出发点是基于地理学第一定律，指一个区域分布的地理事物的某一属性和其他所有事物的同种属性之间的关系。空间自相关的基本度量是空间自相关系数，由空间自相关系数来测量和检验空间物体及其某一属性是否高高相邻分布或高低相错分布，即空间正相关性是指空间上分布临近的事物其属性也具有相似的趋势和取值，空间负相关性指空间上分布临近的事物其属性具有相反的趋势和取值。

用莫兰指数（Moran's I）来表示空间相关性。Moran's I 是用来衡量相邻的空间分布对象及其属性取值之间关系的参考系数。系数取值范围为 $-1\sim1$，正值表示该空间事物的属性分布具有正相关性，负值表示该空间事物的属性分布具有负相关性，0 表示该空间事物的属性分布不存在相关性。其计算公式如下：

$$\text{Moran's} I = \frac{n \times \sum_{i}^{n} \sum_{j}^{n} W_{ij} \times (y_i - \bar{y})(y_j - \bar{y})}{\sum_{i}^{n} \sum_{j}^{n} w_{ij} \times \sum_{i}^{n} (y_i - \bar{y})^2}$$

为了检验 Moran's I 是否显著，在 GeoDA 中采用蒙特卡罗摹拟的方法来检验。

P 值等于 0.0060，说明在 99.4% 置信度下空间自相关是显著的。

应用示例见图 8-5-1、图 8-5-2 和图 8-5-3。

空间分析（spatial analysis，SA）是基于地理对象的位置和形态特征的空间数据分析技术，其目的在于提取和传输空间信息，是地理信息系统的主要特征，同时也是评价一个地理信息系统功能的主要指标之一，是各类综合性地学分析模型的基础，为人们建立复杂的空间应用模型提供了基本方法。

空间分析研究对象：空间目标。空间目标基本特征：空间位置、分布、形态、空间关系（度量、方位、拓扑）等。

空间分析根本目标：建立有效地空间数据模型来表达地理实体的时空特性，发展面向应用的时空分析摹拟方法，以数字化方式动态地、全局地描述的地理实体和地理现象的空间分布关系，从而反映地理实体的内在规律和变化趋势。GIS 空间分析实际是一种对 GIS 海量地球空间数据的增值操作。

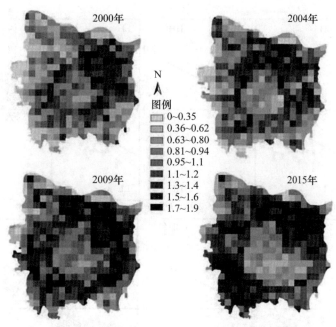

图 8-5-1 基于莫兰指数的郑州市主城区景观多样性空间分布图谱

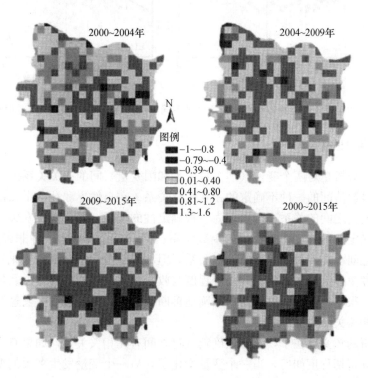

图 8-5-2 基于莫兰指数的郑州市主城区不同年份之间的景观多样性差值图

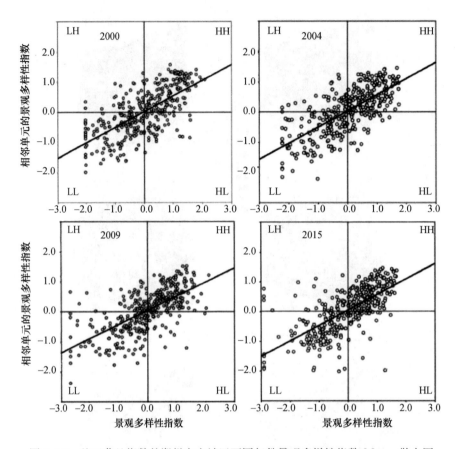

图 8-5-3　基于莫兰指数的郑州市主城区不同年份景观多样性指数 Moran 散点图

二、简单相关性

简单相关分析是对两个变量（一个自变量和因变量）间的相关关系的分析方法。相关关系是变量数值间的一种不确定的相互依存关系。在自然界和社会中，由于受各种因素的影响，变量之间的关系有时表现为一种确定性的关系，即自变量发生变化，因变量就会有一个确定的值与之相对应，如函数关系；但有时也表现为一种非确定性的关系，即虽然变量之间存在着某种程度的依存关系，但却不能由一个变量的变化精确地推断出另一个变量发生多大变化。如受众教育程度与收看电视节目的内容有关，但由于受多种因素的影响，很难由教育程度的高低准确地推断出受众行为的强度。像这种非确定性的关系，就是相关关系。

相关分析的意义就在于，它可以确定变量之间有无相关关系，如果有，其表现形式是怎样的，其密切程度如何，当一个变量变化了，另一个变量发生多大的变化，因变量估计的可靠性有多大，对因变量影响的主要因素是什么，这些因素（自变量）之间关系怎样等。

判断现象数值间有无相关关系和相关关系的表现形式：一是根据研究者个人的定性认识；二是通过编制相关关系表和绘制相关图（图 8-5-4）来确定两个变量之间是直线相关，还是曲线相关（抛物线、双曲线），如果是直线相关，是正相关还是负相关，是完全正相关还是完全负相关；三是要计算相关系数。

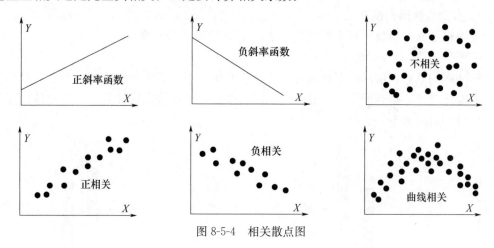

图 8-5-4　相关散点图

三、多重回归与相关

（一）基本概念

由于大自然是复杂的，其中的现象大部分不是一对一的关系，不能用线性回归与相关来解决问题。如：某地区降水数据与地形高程、地形坡向、地形坡度；社区户外活动场地空间环境特征对老年人吸引力与铺装、绿化水体、休息座椅、标识系统、其他设施等各方面有关。

多重回归与多重相关是研究一个因变量和多个自变量之间线性关系的统计学分析方法。

（1）多个自变量与一个因变量的数量关系　　　　　　　多重回归
（2）多个自变量与多个因变量的数量关系　　　　　　　多元回归
（3）多个变量与一个变量的相关关系　　　　　　　　　多重相关
（4）多个变量与多个变量的相关关系　　　　　　　　　典则相关
（5）扣除其他变量影响后一变量与另一变量的相关关系　部分相关

（二）多重回归分析的主要用途

筛选有关变量（主要用途）；可以建立预测模型，用多个自变量预测因变量，获得有实际意义的回归方程。可以得到的结果是，哪些自变量预测显著，哪些不显著，整个模型的预测效果精确度如何，等等。

（三）多重回归分析的一般步骤

（1）单因子模型分析。
（2）逐步筛选变量，建立多因素模型。
（3）综合单因子和多因素模型的结果，当两者矛盾时，结合专业知识分析原因（因素之间是否存在拮抗或协同作用）。

如：对某公共活动空间各类特性进行多重回归分析，探究社区户外活动场地空间环境特征对老年人吸引力，图 8-5-5、图 8-5-6 和图 8-5-7 为该分析中筛选变量、建立模型、假设检验的过程示意图。

(四) 多重线性回归模型与参数估计

1. 多重线性回归模型

设观察了 n 个对象，每个对象观察了因变量 Y 和 p 个自变量，

模型公式：$\hat{Y} = a + b_1 X_1 + b_2 X_2 + \cdots + b_p X_p$

标准回归系数：偏回归系数因各自变量值的单位不同不能直接比较其大小，对变量值作标准化变换，得到的回归系数为标准回归系数，可直接比较其大小，反映各自变量对因变量的贡献大小。

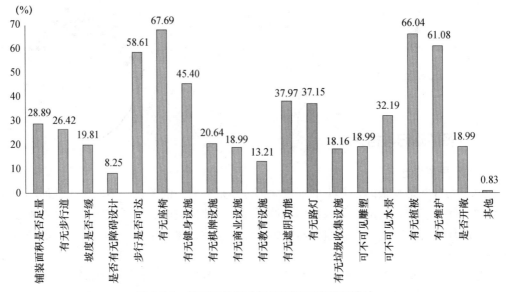

图 8-5-5　社区户外活动场地空间环境特征统计

指标	代码	容差	VIF	指标	代码	容差	VIF
场地面积	S_1	0.463	2.159	不规则休息座椅	F_4	0.771	1.297
可入草坪面积比例	S_2	0.316	3.169	遮蔽设施	F_5	0.733	1.365
可入林地面积比例	S_3	0.450	2.222	垃圾收集设施	F_6	0.796	1.256
不可入林地面积比例	S_4	0.389	2.572	照明设施	F_7	0.740	1.351
步道长度	S_5	0.492	2.032	可见水景	L_1	0.584	1.712
硬质铺地比例	S_6	0.242	4.140	可见雕塑	L_2	0.746	1.341
健身设施	F_1	0.588	1.702	维护情况	M_1	0.792	1.263
功能型设施	F_2	0.709	1.410	隐蔽感	M_2	0.560	1.785
规则型休息座椅	F_3	0.701	1.427				

图 8-5-6　社区户外活动场地空间环境特征共线性检验

变量		工作日回归模型		周末回归模型		4天总量回归模型	
		系数	T值	系数	T值	系数	T值
连续变量	场地面积 S_1	0.005	1.109	0.008*	1.828	0.013**	1.499
	可入草坪面积比例 S_2	−0.227	−0.673	−0.548	−1.633	−0.776	−1.177
	可入林地面积比例 S_3	−0.367	−0.767	−0.541	−1.135	−0.908	−0.971
	不可入林地面积比例 S_4	−0.608*	−1.733	−0.718**	−2.059	−1.326*	−1.936
	步道长度 S_5	0.070	1.008	0.091	1.303	0.161	1.180
	硬质铺地面积比例 S_6	−0.336	−1.236	−0.535*	−1.976	−0.871	−1.639
	健身设施数量 F_1	3.404*	1.971	3.354*	1.952	6.758**	2.003
	功能型设施数量 F_2	3.823**	2.239	2.693	1.585	6.516*	1.954
虚拟变量	规则型休息座椅数量 F_3	1.266	0.968	1.122	0.862	2.388	0.935
	有无不规则休息座椅 F_4	20.473*	1.809	15.450	1.372	35.922	1.625
	有无遮蔽设施 F_5	34.154**	2.534	24.900*	1.857	59.054**	2.243
	有无垃圾收集设施 F_6	−7.595	−0.658	−14.105	−1.227	−21.701	−0.962
	有无照明设施 F_7	−12.241	−0.896	−0.445	−0.033	−12.686	−0.475
	是否可见水景 L_1	5.362	0.385	5.430	0.392	10.792	0.397
	是否可见雕塑 L_2	1.557	0.121	0.983	0.077	2.540	0.101
	是否维护 M_1	31.870	1.457	35.849	1.646	67.720	1.585
	是否有隐蔽感 M_2	−1.005	−0.058	−0.706	−0.041	−1.711	−0.050
常量		16.025	0.549	36.191	1.246	52.216	0.916
R		0.631		0.643		0.640	
R^2		0.398		0.413		0.409	
调整 R^2		0.243		0.262		0.257	
F		2.570**		2.734**		2.691**⁰	

注:** $P<0.05$,* $P<0.1$。

图 8-5-7 社区户外活动场地空间环境模型回归系数及假设检验

2. 参数估计的方法

最小二乘法（又称最小平方法）是一种数学优化技术。它通过最小化误差的平方和寻找数据的最佳函数匹配。利用最小二乘法可以简便地求得未知的数据，并使得这些求得的数据与实际数据之间误差的平方和为最小。最小二乘法还可用于曲线拟合。其他一些优化问题也可通过最小化能量或最大化熵用最小二乘法来表达。

（五）多重回归的假设检验

1. 回归系数的假设检验

回归系数的假设检验是确定建立的回归方程是否成立，即因变量与自变量是否有直线关系，这是回归分析要考虑的首要问题。

2. 回归方程的方差分析

方差分析：通过随机抽样及数据处理，检验试验结果是否受试验条件这一类可控制因素显著影响，从而确认对质量指标影响主要来自哪一类因素，即用来鉴别所谓因素效应的有效统计分析方法。

因素（因子）：人为可以控制的实验条件称为因素或因子。

水平：因素或因子的不同等级或因素所处的不同状态称为因素的不同水平。

单因素试验：试验中如果只有一个因素或因子在变化，其他可控条件保持不变，这样的方差试验称为单因素试验。

多因素试验：试验中不止一个因素或因子在变化，称为多因素试验。若只有两个因素在变化就叫双因素试验。

3. 回归方程的系数计算

确定系数亦称测定系数、决定系数、可决指数。与复相关系数类似，它表示一个随机变量与多个随机变量关系的数字特征，用来反映回归模式说明因变量变化可靠程度的一个统计指标，一般用"R"表示，可定义为已被模式中全部自变量说明的自变量的变差对自变量总变差的比值。

由于引进变量越多，确定系数就越大，确定系数不能反映回归方程的优良性。特别是作模型间的比较时，用校正确定系数较好。

（六）回归分析中的变量筛选

多重回归分析时，不是引入模型的变量越多越好。与因变量不相干的变量引入模型不但不能改善模型的预测效果，可能还会增加预测误差。

因此筛选"较优"的模型是多重回归分析的重要任务之一。

（七）多重相关和部分相关

应用条件：同简单线性相关一样，仅当多个自变量与因变量为多元正态分布的随机变量时才能考虑相关分析。

偏相关系数的假设检验等同于偏回归系数的 t 检验。

复相关系数的假设检验等同于回归方程的方差分析。

多重回归分析应用：

（1）对某地区降水数据与地形高程、地形坡向、地形坡度因子进行相关性分析，建立拟合方程，以便分析地形参数对降水变化的影响程度，拟合结果如图 8-5-8 所示。

（2）对某公共活动空间各类特性进行多重回归分析，探究社区户外活动场地空间环境特征对老年人吸引力，空间环境吸引力得分空间分布如图 8-5-9 所示。

第六节 实验研究

一、实验研究法相关概念

实验研究是一种受控的研究方法，通过一个或多个变量的变化来评估它对一个或多个变量产生的效应。实验的主要目的是建立变量间的因果关系，一般的做法是研究者预先提出一种因果关系的尝试性假设，然后通过实验操作来进行检验，是利用仪器、设备，人为地控制或干预研究对象，使某种事件或现象在有利于观察的条件下发生或重演，从而获得科学事实和结论的研究方法。

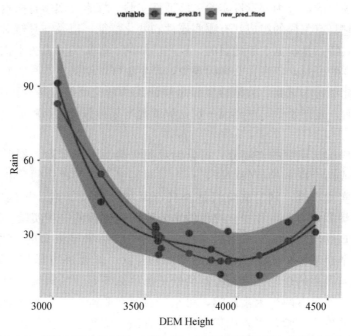

图 8-5-8　某地区降水量实况（鲜红色）与地形高度及拟合方程（天蓝色）

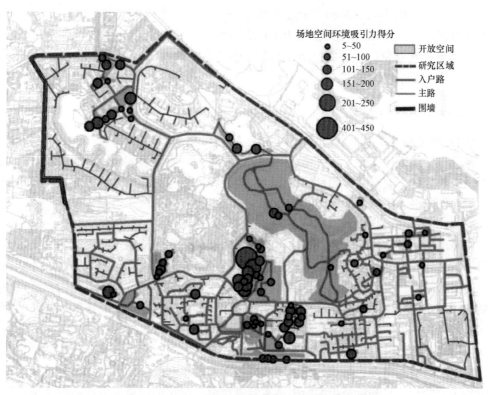

图 8-5-9　基于多重回归分析的某公共活动空间环境吸引力得分空间分布

根据实验的目的，分为探索性实验和验证性实验。探索性实验是探索研究对象的未知性质，了解它具有怎样的组成，有哪些属性和变化特征，以及与其他对象或现象联系的实验方法。其特点是根据实验的目的，利用已知的、外加的因素去干扰研究对象，看它会发生什么样的变化，出现什么样的现象，产生怎样的结果。这种实验一般都具有试探的性质，因此也称为试验。验证性实验是验证某一理论或假设是否正确的实验方法。当对研究对象有一定的了解，并形成一定认识或提出某种假设时，就需要用实验来证明其正确与否。

按实验在科学认识中的作用分，可分为对照实验、析因实验、摹拟实验。对照实验是设置两个或两个以上的相似组样，一个是对照组，作为比较的标准，其余是试验组，通过某种实验步骤，判定试验组是否具有某种性质或影响。析因实验是为了寻找、探索影响某事物的发生和变化过程的主要原因而安排的一种实验。这种实验的特点是结果是已知的，而影响结果的因素特别是其主要因素是未知的。进行析因实验，首先要尽可能全面掌握影响结果的各种因素。为此，就要进行详细、周密的调查研究，不放过任何微小的现象。因为有时恰恰是那些微不足道的因素，即是造成某种结果的重大原因。如果有两个因素影响，可采用对照实验确定其主要影响因素。对于有多个影响因素的析因实验，可采用逐步排除的方法，即每次在控制几种因素不变的情况下，只改变其中的一个因素，以确定每一个因素的具体影响，最后找出其主要原因。有时造成某种变化或现象的原因并不是哪一个因素单独起作用的结果，就要同时进行多因素的析因实验。摹拟实验是在科学研究中，由于受客观条件的限制，不允许或不能对研究对象进行直接实验，为了取得对研究对象的认识，人们可以通过摹拟的方法，选定研究对象的代替物（即模型），摹拟研究对象（即原型）的实际情况，对代替物进行实验。

二、实验方案设计

（一）确定实验目标

实验目标即通过实验要解决哪些问题。在实验前，要明确实验针对的问题，对问题进行讨论和分析，确定实验的目标。设计实验目标既要考虑实验本身的要求，又要合乎实际的工作条件、研究水平和时间。

（二）提出实验假设

明确了所要研究的问题后，要在实验前提出假设，即先猜想可能出现的结果，并做出自己的判断。假设是实验研究一个非常重要的环节，只有提出科学的假设，才能获得科学的实验结果。实验假设是根据已知的科学事实和科学原理，对所研究的自然现象及其规律性提出的一种初步的假定性的推测和说明，即实验问题的暂时答案。假设的建立使实验设计具有目的性、计划性和预见性。

（三）确定变量

变量是指随着条件、情景的变化而在数量或类型上起变化的方面，分为自变量、因变量和无关变量。自变量是指实验中由实验者操纵、给定的因素或条件。因变量也称反应变量，是指实验中由于自变量而引起的变化和结果。自变量是原因，因变量是结果。实验中要设法使一个自变量对应于一个因变量，然后解释这种前因后果就可得出结论。

无关变量是指那些不是实验要研究的自变量与因变量之外的一切变量，由于它将对实验结果产生影响，所以在实验过程中需要加以控制。

（四）实验过程设计

对实验过程必须预先有一个大致的安排，使所有实验的研究做到心中有数。研究的步骤、方法和时间进程都是确保实验研究方案实施的具体保证。没有这些研究工作的具体措施安排、时间保障，实验就会落空。因此，在确定实验研究步骤时要注意符合该实验的性质，在选择研究方法时更要兼顾实验要求和研究者的特长以及可能提供的研究条件。在规划时间进程时，要注意留出一定备用时间，以应付那些原先预料不及的特殊情况的产生，做到有备无患。

（五）实验总结阶段

实验总结阶段的主要任务是处理、分析实验数据，检验实验假设，得出实验结论，形成科学认识，并作为以后实验过程的理论指导。

实验研究方案主要包括上述几个方面内容，但在实际研究过程中，研究方案并不是一成不变的。在实施方案中，如果出现了一些预料不到的特殊情况而影响研究的正常开展，就必须迅速及时地对方案进行必要的修正。

三、实验方法选择

（一）单因素实验设计

单因素实验设计是当自变量为一个时所采用的实验设计方法，主要包括单一对照法与复合对照法。

1. 单一对照法

1）单一组后测法

单一组后测设计只有一组受试者接受实验处理，当受试者接受实验处理后，再进行依变项的观察或测量，以评估实验处理的成效。只对引入自变量后的反应值进行测量，而不测量引入自变量前的因变量值。

2）前-后测法

所谓前-后测法是指在引入自变量之前对被试进行测量并比较前后测结果的实验方法。

对被试引入单一自变量前与后均进行测量，并比较所测的结果。只对引入自变量后的反应值进行测量，而不测量引入自变量前的因变量值。

2. 复合对照法

复合对照法是较为普遍的实验法，具体方法是使用随机分派或配对法创设一个实验组、一个控制组，实验组引入自变量，并进行前后测比较。这种方法又可分为标准前-后测与交叉前-后测两种。

1）标准前-后测法

标准前-后测是最简单、最典型的实验设计。

具体方法是用随机法或配对法产生实验组和控制组各一组。两组均进行前后测。实验组引入自变量，控制组不引入自变量。

2）交叉前-后测法

交叉前-后测法的具体方法是：以随机或配对的方式产生实验组和控制组各一组；为了避免前测的干扰，实验组不进行前测，只作引入自变量后的测量；控制组只作前测，不引入自变量，不进行后测；以控制组的前测分数代替实验组的前测分数；最后用控制组的前测分数和实验组后测分数之差，来评价引入自变量的效果。

（二）多因素实验设计

所谓多因素实验设计，是指在一个实验中引入两个或两个以上的自变量的实验设计。

根据自变量的数目和每一自变量的水平，可以把多因素实验设计分为两因素实验设计和三因素实验设计等。

1. 两因素实验设计

所谓两因素实验设计，是指在一个实验中引入两个自变量的实验设计。

常用的两因素实验设计包括随机 2×2 因素实验设计、重复测量 2×2 因素实验设计、随机区组 2×2 因素实验设计、2×2 因素混合实验设计等。其中，随机 2×2 因素实验设计是最基本的设计之一。

随机 2×2 因素实验设计中的"随机"指的是根据随机原则把被试分派到各处理组合中去。而"2×2"中，第一个"2"指第一个自变量呈两个水平变化；第二个"2"指第二个自变量也呈两个水平变化。

具体自变量的组合如下：

		自变量 B	
		b_1	b_2
自变量 A	a_1	a_1b_1	a_1b_2
	a_2	a_2b_1	a_2b_2

其中，a_1、a_2 是自变量 A 的两个水平，b_1、b_2 是自变量 B 的两个水平。因此，引入实验的自变量组合包括 a_1b_1、a_2b_1、a_1b_2、a_2b_2。

2. 三因素实验设计

所谓三因素实验设计，是指一个实验中引入三个自变量的实验设计。按每个自变量的水平数目不同，它又可分为随机三因素、重复测量三因素等实验设计。

随机 $2 \times 2 \times 2$ 因素实验设计是最基本的三因素实验设计。

随机 $2 \times 2 \times 2$ 因素实验设计是两个随机 2×2 因素实验设计的结合。

具体变量组合如下：

（自变量）a_1				（自变量）a_2			
（水平）b_1		（水平）b_2		（水平）b_1		（水平）b_2	
（水平）c_1	（水平）c_2	（水平）c_1	（水平）c_2	（水平）c_1	（水平）c_2	（水平）c_1	（水平）c_2

从上表可以看出，随机 $2 \times 2 \times 2$ 因素实验设计的意含是自变量 a_1、a_2 各有两种水平 b_1、b_2，而这两种水平又呈水平 c_1、c_2 变化。因此，随机 $2 \times 2 \times 2$ 因素实验设计包含八个自变量组合。

四、实验案例应用

(一) 单因素实验案例——园林彩叶树紫叶稠李与紫叶李对比实验研究

研究主题：抗旱性对比实验

被试者：紫叶稠李与紫叶李

程序：采用单因素实验设计：实验设第一组控水 7 天，第二组控水 14 天，第三组控水 21 天，第四组控水 28 天共 4 个处理，每个处理 3 次重复，以正常浇水为对照。取不同的处理样本进行叶片丙二醛含量的测定。

实验结果：图 8-6-1 表明，不同干旱胁迫下 2 个树种丙二醛含量的变化情况。由图可知，随着干旱胁迫程度的增大，紫叶稠李和紫叶李叶片内的丙二醛含量都呈上升趋势。在干旱胁迫初期，丙二醛含量的增长幅度相对较小，到干旱胁迫后期（第四组），植物叶片内丙二醛含量骤然增加。紫叶稠李和紫叶李叶片内丙二醛含量分别比对照高出 268.85％、367％。在干旱胁迫下，紫叶稠李叶片内丙二醛含量的变化幅度小于紫叶李。由此得出，紫叶稠李的抗旱性优于紫叶李。

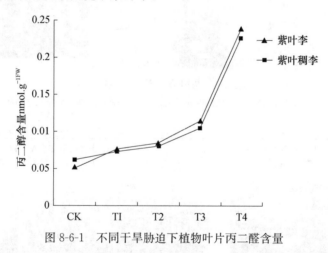

图 8-6-1　不同干旱胁迫下植物叶片丙二醛含量

(二) 多因素实验案例——中国古典园林造景手法的眼动实验研究

1. 两因素实验

研究主题：验证选择性知觉

被试者：大学生

方法：实验室实验

程序：在实验开始前随机选择 6 男 6 女阅读园林认知材料。实验开始前先播放"假设您在公园中游玩，看到以下景观"的提示语，先播放 1 张与本实验内容无关的图片，以使被试适应实验摹拟情景。每名被试随机分配实验 I 中的 1 张刺激图片，且保证每 1 张刺激图片在性别和阅读材料两个方面都有匹配的被试。每张刺激图片呈现前，播放 5s 的空白页幻灯片，以避免前后图片之间的影响。刺激图片呈现时间设定为 20s。眼动实验后，交替播放实验 I 的 2 幅图片，并请被试回答"更想去对面的哪个景观中游玩"。（图 8-6-2、图 8-6-3）

实验结果：丰富的景深层次能够引起更多注视行为的发生，带来更多的注视时间，而不会对注视点分布产生影响。实验 I 景深层次的变化对被试者总注视时间与平均注视时间均有明显影响，而注视次数几乎无差异。同时，随着观看时间的增加，景深层次多的景观更能留住人的注视行为。

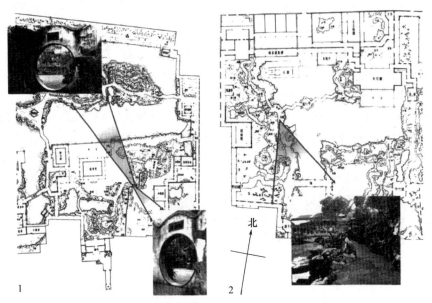

图 8-6-2　两组多因素实验观察对象

1—拙政园内枇杷园月亮门内外景观；2—狮子林中从曲桥西岸南望石桥

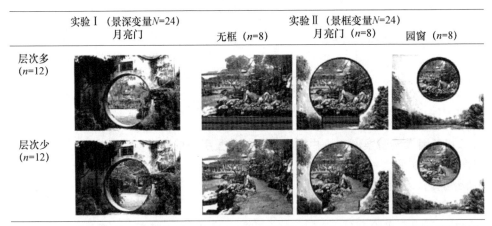

注：n 值为每个变量水平的被试人数，景深变量两个水平，每个 12 人，景框变量三个水平，每个 8 人，被试总人数 N=24 人。

图 8-6-3　实验 I 与实验 II 的刺激材料

2. 三因素实验

研究主题：验证选择性知觉

被试者：大学生

方法：实验室实验

程序：在实验开始前随机选择 6 男 6 女阅读园林认知材料。实验开始前先播放"假设您在公园中游玩，看到以下景观"的提示语，先播放 1 张与本实验内容无关的图片，以使被试适应实验摹拟情景。每名被试随机分配实验Ⅱ中的 1 张刺激图片，且保证每 1 张刺激图片在性别和阅读材料两个方面都有匹配的被试。每张刺激图片呈现前，播放 5s 的空白页幻灯片，以避免前后图片之间的影响。刺激图片呈现时间设定为 20s。眼动实验后，交替播放实验Ⅰ的 2 幅图片，并请被试回答"更想去对面的哪个景观中游玩"。（图 8-6-2、图 8-6-3）

实验结果：框景的手法会使观者的注视点更加集中，同时也会对注视时间产生积极影响。实验Ⅱ不同框景方式引起了注视点横向上分散度的明显差异，框景的手法缩小了被试者的注视范围，但月亮门和圆窗之间注视点的分散度并无明显差异；而在纵向上的注视点分散程度几乎无差异，这与刺激图片是横幅图面有关，也与人们习惯了在水平运动下观察景物的行为方式有关系。同时，随着注视点数量的增加，注视点分布总体上呈现一定的收放波动。框景手法的运用对园林景观吸引视觉关注起到了积极有效的作用。

第七节　计算机大数据研究

一、大数据研究相关概念

大数据分析是指对规模巨大的数据进行分析。大数据可以概括为 5 个 V，数据量大（Volume）、速度快（Velocity）、类型多（Variety）、Value（价值）、真实性（Veracity）。大数据作为时下最火热的 IT 行业的词汇，随之而来的数据仓库、数据安全、数据分析、数据挖掘等围绕大数据的商业价值的利用逐渐成为行业人士争相追捧的利润焦点。随着大数据时代的来临，大数据分析也应运而生。

在信息时代，基于城市大数据的全尺度数字化的城市空间分析技术及方法正逐步替代传统二维的、碎片化的规划设计方式，给城市规划与风景园林学科提供了全新的视野与机遇。

风景园林学的大数据是全方位体现的。海量数据（Volume）既可在各类数据的总量上得到体现，也可体现在单种数据的高频度、高密度上；数据的多样性（Variety）主要体现在各类影响因子上，但单一数据也存在着多样性解读的情况，如降雨量数据可用来进行雨洪管理的设计，也能用于植物景观养护用水的估算；数据的真实性（Veracity）则需要从数据获取途径、处理方法等方面进行考虑。此外，技术的发展，设备的普及也使得获取未知数据成为可能。例如可通过智能手机获取人们在开放空间中的行为特征，以便做出更合理的设计。

二、大数据研究分析步骤

（一）可视化分析（Analytic Visualizations）

不管是对数据分析专家还是普通用户，数据可视化是数据分析工具最基本的要求。可视化可以直观地展示数据，让数据自己说话，让观众听到结果。

（二）数据挖掘算法（Data Mining Algorithms）

可视化是给人看的，数据挖掘就是给机器看的。集群、分割、孤立点分析还有其他的算法让人们深入数据内部，挖掘价值。这些算法不仅要处理大数据的量，也要处理大数据的速度。

（三）预测性分析能力（Predictive Analytic Capabilities）

数据挖掘可以让分析员更好地理解数据，而预测性分析可以让分析员根据可视化分析和数据挖掘的结果做出一些预测性的判断。

（四）语义引擎（Semantic Engines）

由于非结构化数据的多样性带来了数据分析的新的挑战，我们需要一系列的工具去解析、提取、分析数据。语义引擎需要被设计成能够从"文档"中智能提取信息。

（五）数据质量和数据管理（Data Quality and Master Data Management）

数据质量和数据管理是一些管理方面的最佳实践。通过标准化的流程和工具对数据进行处理可以保证一个预先定义好的高质量的分析结果。

假如大数据真的是下一个重要的技术革新的话，我们最好把精力关注在大数据能给我们带来的好处，而不仅仅是挑战。

（六）数据存储，数据仓库

数据仓库是为了便于多维分析和多角度展示数据按特定模式进行存储所建立起来的关系型数据库。在商业智能系统的设计中，数据仓库的构建是关键，是商业智能系统的基础，承担对业务系统数据整合的任务，为商业智能系统提供数据抽取、转换和加载（ETL），并按主题对数据进行查询和访问，为联机数据分析和数据挖掘提供数据平台。

三、数据采集及解读

目前，就城市尺度而言，可通过相应的技术手段，获取互联网开放数据、POI 数据、手机信令等。但在街区或更小尺度的规划设计中，尚不能替代传统意义的空间数据采集手段，比如截面流量数据、大比例尺高精度三维形体数据等。考虑到不同层级数据精度需求不同，在实际工作中，应结合传统调研及数据采集手段，确定数据适合精度，同时进行多源数据交叉验证，最终作为城市设计的科学依据。

三维激光扫描最大特点是"非接触、高速度、高密度、全数字化"，实现了精度和尺度的全覆盖，目前已广泛应用在国民经济、测绘、工程领域。

无人机低空倾斜摄影属于测绘专业，在中等街区和小城镇尺度应用。运用无人机结合传统测绘手段，地形图可便捷的出现，通过无人机悬停技术可获取高清三维的构建级模型。

目前，采用地面站式三维激光扫描与空中无人机倾斜摄影技术相结合的方式可以高效率、低成本获取大尺度建筑物级别的高精度三维数据，两种技术取长补短、相互融合，同时解决了三维激光扫描难于获取高空数据及摄影测量难于获取建筑景深空间数据的问题。两项技术的结合在大尺度建筑群、传统村落保护、乡村振兴以及特色城镇建设领域得到了快速应用（图 8-7-1）。

四、大数据分析在风景园林学科中的应用

（一）基于移动通信大数据的研究

移动通信设备和移动通信手段已经相当普及，成为居民生活方式的有机组成部分。

图 8-7-1　无人机低空倾斜摄影建模成果

手机信令数据可以很好地反映居民或游客的时空活动方式，为规划设计提供人与场地之间的互动关系。例如以上海中心城为例，提出了利用手机定位数据识别城市空间结构的方法。通过使用移动通信基站地理位置数据和手机信令数据，采用核密度分析法生成工作日和休息日不同时段手机用户密度图，进一步识别城市公共中心的等级和职能类型，并识别就业、游憩、居住功能区及其混合程度，对于城市精细化规划设计具有辅助决策意义（图 8-7-2）。

图 8-7-2　城市人口密度分析图

（二）基于定位导航大数据的研究

定位导航数据是非常典型的位置服务（LBS）数据，其中包含的位置信息与轨迹信息，可以很好地刻画人群的时空行为模式，揭示人与场地的关系，以及人群与场地的时空特征。例如以卫星定位导航数据轨迹为基础，以旅游者参观景点类型为聚类要素，定量分析鼓浪屿景区的旅游者行为模式，研究表明旅游者在鼓浪屿景区的空间行为存在 4 种模式，即历史文化—海岛沙滩型、美食购物型、历史文化—美食购物型、美食购物—历史文化—海岛沙滩混合型，其中美食购物在典型行为模式占据较大比重，这对更好地理解鼓浪屿旅游空间结构和空间优化组织具有重要意义（图 8-7-3）。

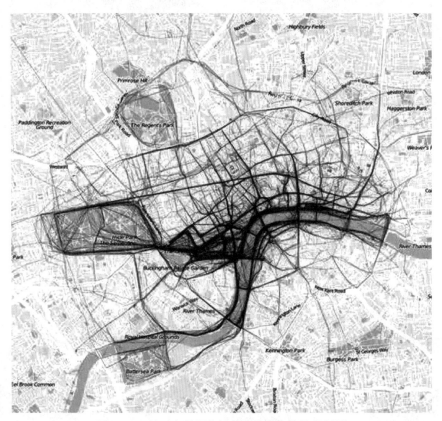

图 8-7-3　基于大数据分析技术的游客流线分析图

（三）基于环境感知大数据的研究

环境感知大数据包括遥感大数据及感知大数据两种类型，所获取的数据可以很好地揭示场地自然及人文环境或者资源状况，或者用户对于规划设计的反馈及响应状况，有助于改善或者优化景观规划设计，体现以人为本。前人的研究表明：城市植被覆盖是衡量城市生态状况和推进城市生态景观规划的重要基础，通过多时相航天遥感数据的对比分析，获得北京六环范围内从 1984—2014 年 30 年间的植被覆盖及其空间分布变化，对于进一步通过空间规划手段为北京城市生态系统建设提供了定量依据和新的思路（图8-7-4）。

（四）基于社交网络大数据的研究

社交网络大数据蕴涵着大量的时空信息、语义信息、情感信息、关联信息等，对其

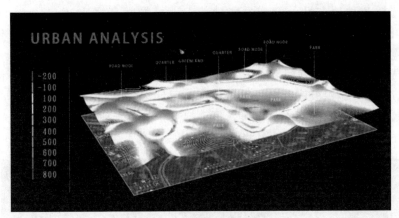

图 8-7-4　城市空间分析图

分析和挖掘可以在多个方面辅助我们认识景观规划设计场地（图 8-7-5）。例如利用新浪微博签到数据进行北京市中心城公园绿地使用研究；例如以黄山风景名胜区为例，研究构建了基于社交网络（SNS）数据的景区客流研究模型，通过获取国庆期间景区游客的新浪微博社交网络数据，分析了黄山景区客流的客源地构成、时间特性、空间分布和情感探测，在此基础上，对于智慧黄山景区精明规划、精细管理、精准服务方面提出了建议；例如利用蚂蜂窝和携程网网站上的游记大数据进行挖掘分析，揭示华山景区内旅游者的客源地构成、空间行为模式、对景点的偏好、满意度评价等，进一步分析华山与相关旅游节点的关联度强弱，为景区地规划设计提供支持。

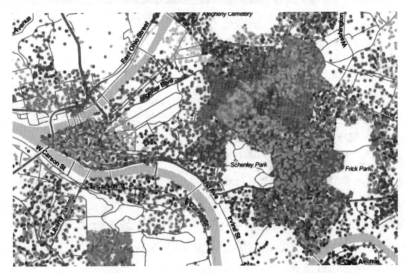

图 8-7-5　基于社交网络的城市 POI 分布图

（五）基于数值摹拟大数据的研究

数值摹拟分析是数字景观规划设计的重要手段之一，基于对景观规划设计要素特性及其环境效益的认识，可以设定多种不同的景观规划设计方案，并进行数值摹拟分析，进一步可以结合流体动力学方程进行温度场、湿度场、风场等进行三维摹拟仿真，并进行结果的定量评价，这也是数字景观规划设计的方向。例如基于武汉市典型居住小区建筑布局，选择 8 种地方性的代表乔木建模，以植物间高宽比（aspect ratioof trees，ART）量化描述植被布局，借助微气候模型，摹拟分析夏季8种植物在3种不同植被布局中的环境效益（降温通风效果），研究表明：乔木布局、植物物理属性（叶面积指数、冠幅和树高）均会影响绿地降温通风效果；叶面积指数大、树冠大的高大乔木，有较强的温度调节能力，能积极改善户外热舒适度；而且，当乔木以 ART＜2 布局时，小区绿地能有效降低居住小区内平均温度，显著提升户外热舒适度；当乔木以 ART≥2 布局时，居住小区中乔木对风速的阻挡最小（图 8-7-6）。

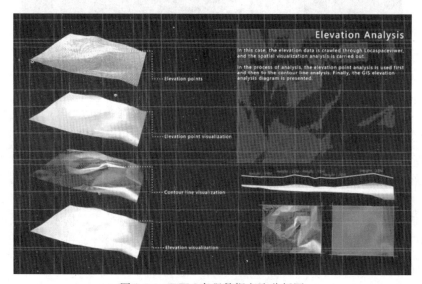

图 8-7-6　DEM 高程数据爬取分析图

（六）基于景观照片大数据的研究

智能手机照相功能的广泛应用，使得人们可随时随地照相、在网络上传输照片，其中包含大量的景观照片；不仅如此，这些照片具有地理编码或者位置信息（geotagged photos），于是利用这些景观照片辅助开展城乡景观规划设计便成为一种新的数字景观规划设计方向。图片城市主义这一概念被提出，用于研究图片城市主义的本质内涵及其规划设计价值，首先获取若干来源的城市景观图片，借助多种定量分析与可视化工具，在城市空间品质测度、街道绿化水平评价和城市意象分析等方面进行定量研究，提出城市意象研究模型，包括城市意象要素构成、城市意象主导方向、城市意象特色度和城市意象相似度等 4 个分析模块，通过定量的方式综合认知城市意象，以全国 24 个主要城市为研究对象进行实证，这种理论与方法对于景观规划设计过程中提升城市空间品质、街道绿化水平等具有积极意义。

第八节　图式语言研究

一、图式语言相关概念

"景观图式语言"试图揭示景观空间问题解决途径的多样性，强调图式在水平、垂直两个维度上的拼接、转换与嵌套，关注"图式语言"的普适性和地方性。景观图式语言是表达景观地方性和空间逻辑的新范式，景观是整体人文生态系统（Total Human Ecosystem），景观规划设计的核心和主体对象是整体人文生态系统。整体人文生态系统是指在人与自然相互作用过程中，人在特定自然环境中通过对自然的逐步深入认识，形成了以自然生态为核心，以自然过程为重点，以满足人的合理需求为根本的人-地技术体系、文化体系和价值伦理体系，并随着对环境认识的深入而不断改进，寻求最适宜于人类存在的方式和自然生态保护的最佳途径，即人地最协调的共生模式，综合体现出协调的自然生态伦理、持续的生产价值伦理与和谐的生活伦理。

图式语言是运用图形作为景观生态空间表达的语言形式，通过景观生态要素、景观空间单元、景观生态空间组合和景观生态过程的图式化，建立景观生态设计的图式语言体系。因此，语言学具有语境、语汇、语言的基本单元、语言的秩序、语言的意义和图形学具有形态学、构图学等方法，成为本研究的基本方法。同时，通过风景园林空间规划设计独特的学科方法，构建起服务于景观生态设计的图式语言体系。与模式语言不同，图式语言强调一个问题的不同解决路径，突出多样性、地方性和尺度嵌套性等（图 8-8-1）。

二、景观图式语言研究的方法论

（一）图式语言研究的方法论框架

从景观空间的生态特性和图式语言的研究方法来看，景观空间图式语言研究的方法论体系主要取决于景观空间的本质特征以及景观空间所承载的整体人文生态系统的总体特征（图 8-8-2）。总体来看，景观图式语言研究的方法论主要具有科学理论研究、应用研究与实践研究相融合的特点，是科学理论指导下的生态实践研究。方法论主要体现在结构主义与解构主义研究的方法论、自组织协同与逻辑设计的方法论、空间推理的方法论以及语言学与语用学研究的方法论。生态系统的内在性、空间性、结构性和嵌套性的特点决定了景观空间的结构性和嵌套性。同时，景观空间的结构性和嵌套性进一步决定了图式语言的结构性和嵌套性。景观的表意性也决定了图式语言的表意性和功能性。因此，语言学具有结构性、嵌套性和语义性成为图式语言研究的重要基础，加之生态系统的多样性和景观的语境化，语用学又为图式语言的研究提供了方法论基础。

（二）自组织协同理论与逻辑设计

在系统论中，系统可以自动实现由无序走向有序，并由低级有序走向高级有序的过程。景观空间的形成与演变过程是具有一定自组织特征的。在建成景观中，有的景观空间单元是自然存在和自然演变的，有的景观空间单元是人工建成的，但每个人工单元之间是孤立的和自发的，因此，多元化的景观单元在整体景观空间形成过程中相互影响、互为条件，从而成就了很多著名的景观。有的景观空间是在总体规划设计的脉络下形成的，这一类景观是在预期的设计逻辑下形成的。无论是完全在自组织过程中形成的景观，还是在逻辑设计中形成的景观，都会在景观形成过程中受到环境因素、景观要素和使用者的影响，从而进入到自我适应性的发展演变过程中，呈现出自组织的协同进化过程。图式语言对景观空间的认知、分析、评价和图式抽象的过程就是对景观高度自组织协同进化的优质高效空间的提取和总结。自组织协同进化是景观空间自我适应、优化和协调的结果。自组织协同进化是图式语言的语汇发展演变和调适的重要方法论基础。

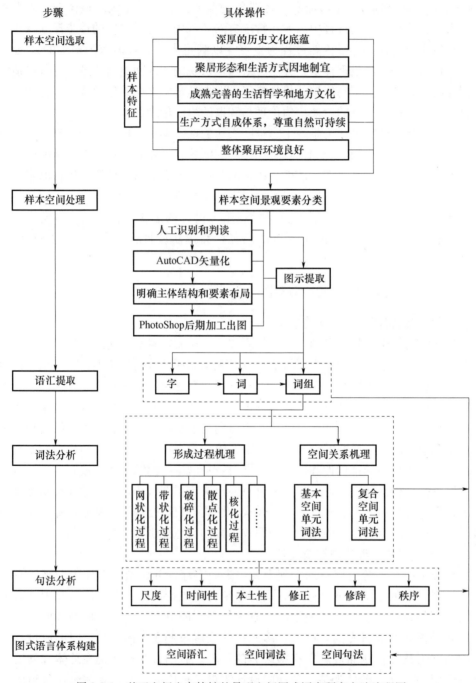

图 8-8-1　基于空间生态特性的景观空间图式语言研究方法流程图

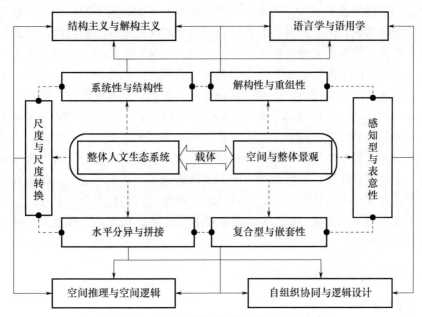

图 8-8-2　景观空间图式语言研究方法论框架

（三）空间生成过程与空间推理

　　景观空间的形成和演变就是空间的生成过程。在自然界景观空间的形成是自然环境中所有自然因子（地形、水文、光照、温度、植物、风、动物、土壤等）在稳定的系统相互作用形成的一个必然结果，也有的是在稳定关系的基础上因偶发原因而形成的偶然结果。无论是稳定关系下的必然结果，还是扰动因素下的偶然结果，景观空间的形成和演变都具有发生学上的必然性。而对于人工景观来说，表象上看景观空间的形成是设计师设计和营造的空间，是主观意志的表现。但从另一方面来看，设计师处在特定社会环境中，其价值观的形成具有较大程度的社会性，景观设计较大程度是社会需求的产物，因此一个时期景观空间的产生具有一个时期的必然性。景观空间形成的必然性是景观环境中自然和社会规律作用的结果。景观空间的生成过程反映一个时期景观空间认知、评价和利用的基本特征，同时空间单元之间的存在也具有相互结构、功能、表意与过程联系中的必然性或关联性。景观空间之间的关联性为图式语言开展空间逻辑研究提供了基础支撑。空间推理是建立在空间关联性（结构或功能）之上的一种空间逻辑研究方法。对现有景观空间关联过程和逻辑的总结提炼，可以建立一系列空间推理关系模式。空间推理方法为图式语言开展空间肌理和空间逻辑关系的研究，并建立图式语言的空间词法、句法和语法体系提供了基本方法和思路，成为图式语言理论方法重要的方法论基础。

（四）景观的多重表意与语用学

　　景观不仅具有语言学的结构和组织，同时也具有人类赋予景观的特殊含义和文化价值倾向。对于自然景观来说，自然景观所体现出的生境与栖息地价值、物种自由生长、平等竞争和适者生存（物竞天择）、生物多样性、动态变化与美丽风景以及食物链与生态关系等都成为自然景观存在的价值和向自然界表达的存在含义。文化景观更是依存于景观的价值和景观的表意，人工景观是文化价值驱使下的景观类型，价值和表意成为其最基本的功能和角色。由于景观的表意具有语境、时间和空间的制约性，因此景观的表意也具有多重性，景观的表意会根据语境、语气、时间、空间的不同而产生差异，从而偏离最初的景观价值本身。语用学是专门研究语言的理解和使用的学问，在特定语境中的话语，如何通过语境来理解和使用语言是关于人类语言本身的研究。景观空间的表意依托于景观的语境，图式语言是不同类型优质空间的直接反应，景观空间基本空间单元、复合空间单元和复杂空间单元成为图式语言的图式语汇的"字""词"和"词组"，每一个空间单元在具有空间基本属性、结构、形态、功能的基础上，每一个空间单元同时还具有一定的表意作用，发挥景观空间图式语言语汇的基本功能。因此图式语言的语汇必须在景观构成环境（语境）、尺度（语境）、习俗（语境）等条件下才具有准确的表意作用。因此语用学的研究方法是研究图式语言语汇的结构、功能和意义的基本理论和方法论基础。

三、图式语言研究方法关键点

（一）空间原型与高效空间

景观空间大多是建成景观环境，景观空间的形成都经历一个或长或短的历史过程。不同时期和不同类型的景观空间在不同的景观环境中生成、演变、适应和发展，最终的景观空间形式都存在于我们现实的景观环境中，成为我们认知、了解和学习、传承景观空间的重要源泉。亚历山大的"模式语言"（强调不同问题的共同解决路径，缺乏多样性、地方性和尺度嵌套的本质特征）就是在总结优秀样本空间的基础上形成的模式化认知思路和体系。因此，空间原型（prototype）成为建筑学、艺术和风景园林等设计学科重要的研究方法和空间表达途径。空间原型也成为图式语言最初开展典型空间研究的重要方法。在图式语言的研究过程中，建立一套景观空间原型选取的标准是一个决定景观空间原型的"真与伪"的重要依据。在原型空间"大与小"的尺度性、"局部与整体"的嵌套性、"简与繁"的复杂性、"自然与人工"的有机性、"单一与多元"的多样性等结构性特征之外，作为整体人文生态系统的载体，景观空间具有生态系统服务功能或景观服务功能特征，成为景观空间的最大价值。因此，基于生态系统服务（景观服务）功能高效的景观空间成为图式语言研究中"原型空间"选择的重要依据和标准。

（二）空间抽象与图式提取

1. 样本空间中的景观要素分类

景观空间主要由山、水、田、林、路和建筑等景观要素构成。根据要素的不同特征，可将景观空间中的景观要素划分成不同的类型。在遥感影像解读过程中，将按照已分类的景观要素类型进行识别，将遥感影像矢量化。

2. 典型图式的提取方法

在典型图式的提取过程中，针对不同类型的图式在矢量化原型图时应选择不同的表达方式。如在提取生产活动形成的典型图式时，应该重点强调农田类型和灌溉系统组成的要素内容，其他的植被、水体、建筑等要素应该相对弱化；在提取生活休闲形成的典型图式时，应重点强调聚落周边的环境要素，对于农田等生产要素可以相对弱化；在提取文化信仰形成的典型图式时，应该重点突出风水林、文化型绿地和宗教型绿地等组成的要素内容，其他内容可以相对弱化（图 8-8-3）。

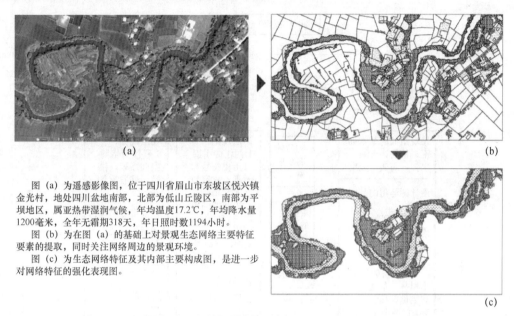

图（a）为遥感影像图，位于四川省眉山市东坡区悦兴镇金光村，地处四川盆地南部，北部为低山丘陵区，南部为平坝地区，属亚热带湿润气候，年均温度17.2℃，年均降水量1200毫米，全年无霜期318天，年日照时数1194小时。

图（b）为在图（a）的基础上对景观生态网络主要特征要素的提取，同时关注网络周边的景观环境。

图（c）为生态网络特征及其内部主要构成图，是进一步对网络特征的强化表现图。

图 8-8-3　景观生态空间网络原型与图式提取

（三）图式语汇与空间逻辑分析及体系构建

根据样本空间中的景观要素分类，从原型空间中提取景观语汇的"字""词"和"词组"。在"字"这个层面，主要提取的是景观基本空间具备的不同的形态特征，尽可能选择丰富的形态，为后续"词"和"词组"的类型丰富性提供可能。在"词"这个层面，主要是在"字"层面提取不同形态的单一景观要素的组合空间，可以根据组合形态类型将其归类，也可根据其组合空间的功能或价值对其进行分类。"词"层面提取的不同的单一景观要素组合空间复合的空间格局，已具备较为复杂的空间组合关系。词法分析主要由形成过程机理和空间关系机理构成。形成过程机理根据其在图式形态上表现的形态的不同可以将其主要归纳为网状化过程、带状化过程、破碎化过程、散点化过程和核化过程等；空间关系机理主要有基本空间单元空间关系和复合空间单元空间关系两大类，每大类中根据分析的样本空间的不同又可分成多种类型（图 8-8-4）。

图式语言是景观空间结构、特征、组织、逻辑、塑造与表达、语用与修辞的整体表达。图式语汇在景观空间过程、逻辑关系和生成机理的作用下构成一个完整有机的形意兼备的空间整体。图式语言理论体系包括图式语汇（Vocabulary）、空间词法（Morphology）和逻辑句法（Syntax）及景观语法（Grammar），其中空间词法和逻辑句法是整个空间图式语言体系的景观语法。空间语汇、空间词法和句法以及景观图式语言的地方性与普适性、时间性、尺度性、秩序性、修正性和修辞性这 6 种关系的作用下，形成一系列完整的空间序列，共同构成复杂的景观图式语言语汇体系。图式语言体系的形成是在场地认知和分析过程中对图式语汇、句法、语法等空间逻辑以及景观地方性表达的语言关系的学习和积累。景观图式语言体系是开放的，可以通过作品学习、生活阅历、实践经验的拓展和深入，不断积累和补充设计语汇和空间关系素材；同时也可以通过创新思维，形成具有时代特征的图式语言，不断地构建更完整的图式语言体系。

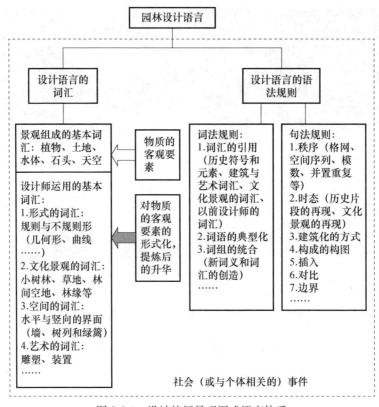

图 8-8-4　设计特征景观图式语言体系

参 考 文 献

第一章

[1] Stichweh R. Scientific Disciplines, History of [M] //Smelser N J, Baltes P B. International Encyclopedia of the Social and Behavioral Sciences. Oxford: Elsevier Science, 2001: 13727-13731.

[2] Geoffrey, Jellicoe S. The Landscape of Man [M]. London: Thames & Hudson Ltd, 1995: 261.

[3] Rogers E B. Landscape Design: A Cultural and Architectural History [M]. New York: Harry N. Abrams, Ins. 2001: 313.

[4] Charles A, Birnbaum, Karson R. Pioneers of American Landscape Design [M]. McGraw-Hill, 2000: 76.

[5] Melanie L, Simo. The coalescing of Different Forces: A History of Landscape Architecture at Harvard University [M]. Cambridge: The Harvard University Graduate School of Design. 2000: 1.

[6] Norman T. Newton. Design on the Land [M]. Cambridge: The Belknap Press of Harvard University Press, 1971: 273.

[7] 吴良镛. 人居环境科学导论 [M]. 北京: 中国建筑工业出版社, 2001.

[8] 丁绍刚. 风景园林概论 [M]. 北京: 中国建筑工业出版社, 2008.

[9] 王向荣, 林箐. 自然的含义 [J]. 中国园林, 2007, 23 (3): 6-17.

[10] 刘滨谊. 学科质性分析与发展体系建构——新时期风景园林学科建设与教育发展思考 [J]. 中国园林, 2017, 33 (01): 7-12.

[11] 林广思. 中国风景园林教育发展 30 年 [J]. 中国园林, 2014 (10): 33-34.

[12] 杨锐. 风景园林学科建设中的 9 个关键问题 [J]. 中国园林, 2017, 33 (01): 13-16.

[13] 杨锐. 论风景园林学发展脉络和特征——兼论 21 世纪初中国需要怎样的风景园林学 [J]. 中国园林, 2013, 29 (06): 6-9.

[14] 杨锐. 论 "境" 与 "境其地" [J]. 中国园林, 2014 (06): 5-11.

[15] 杨锐. 风景园林学的机遇与挑战 [J]. 中国园林, 2011 (05): 18-19.

[16] 沈洁. 从哲学美学看中西方传统园林美的差异 [J]. 中国园林, 2014 (3): 80-85.

[17] 李嘉乐, 刘家麒, 王秉洛. 中国风景园林学科的回顾与展望 [J]. 中国园林, 1999 (1): 40-43.

[18] 朱建宁, 杨云峰. 中国古典园林的现代意义 [J]. 中国园林, 2005, 21 (11): 1-7.

[19] 金柏苓. 中国传统园林文化与价值观的形成 [J]. 风景园林, 2018, 25 (01): 79-82.

[20] 杨滨章. 建设美丽中国与风景园林学的使命——关于风景园林学发展的政治学思考 [J]. 中国园林, 2018, 34 (10): 67-70.

[21] 杜春兰, 雷晓亮, 刘骏. 当代风景园林教育的发展挑战与思考 [J]. 中国园林, 2017, 33 (01): 25-29.

[22] 李嘉乐. 现代风景园林学的内容及其形成过程 [J]. 中国园林, 2002 (04): 4-7.

[23] 李景奇. 走向包容的风景园林——风景园林学科发展应与时俱进 [J]. 中国园林, 2007 (08): 85-89.

第二章

[1] Heyde S. History as a source for innovation in landscape architecture：the First World War landscapes in Flanders [J]. Studies in the History of Gardens & Designed Landscapes.

[2] Dümpelmann, Sonja. An Introduction to Landscape Design and Economics [J]. Landscape Research，2015，40（5）：555-565.

[3] Waldheim C. The Landscape Urbanism Reader [M]. New York：Princeton Architecture Press，2006：11.

[4] 周维权. 中国古典园林史 [M]. 3 版. 北京：清华大学出版社，2008.

[5] 彭一刚. 中国古典园林分析 [M]. 北京：中国建筑工业出版社，1986.

[6] 周武忠. 理想家园中西古典园林艺术比较 [M]. 南京：东南大学出版社，2012.

[7] 王其钧. 图解中国园林 [M]. 北京：中国电力出版社，2007.

[8] 刘海燕. 中外造园艺术 [M]. 北京：中国建筑工业出版社，2008.

[9] 丁绍刚. 风景园林概论 [M]. 北京：中国建筑工业出版社，2008.

[10] 丁绍刚. 风景园林概论 [M]. 2 版. 北京：中国建筑工业出版社，2018.

[11] 李小萍. 古典园林设计手法在现代风景园林中的体现与应用 [J]. 中国园艺文摘，2013，（11）：120-121.

[12] 朱建宁. 中国传统园林的现代意义 [J]. 广东园林，2005，（2）：6-13.

[13] 董京华. 传统园林设计理念在现代风景园林中的应用 [J]. 建筑工程技术与设计，2015，（18）.

[14] 刘玉文. 避暑山庄初建时间及相关史事考 [J]. 故宫博物院院刊，2003（4）：23-29.

[15] 曹汛. 网师园的历史变迁 [J]. 建筑师，2004（6）：104-112.

[16] 高珊，朱强，张一鸣，王沛永. 当时间与空间相遇——北京三山五园地区发展历程回顾 [J]. 北京规划建设，2018（05）：130-139.

[17] 张冬冬. 试从乾隆对西湖的改造探清漪园之相地 [J]. 中国园林，2015，31（06）：110-114.

[18] 朱建宁. 西方园林史 [M]. 北京：中国林业出版社，2008.

[19] 李宇宏. 外国古典园林艺术 [M]. 北京：中国电力出版社，2014.

[20] 王蔚. 外国古代园林史 [M]. 北京：中国建筑工业出版社，2011.

[21] 周向频. 中外园林史 [M]. 北京：中国建材工业出版社，2014.

[22] 张健. 中外造园史 [M]. 武汉：华中科技大学出版社，2009.

[23] 王英健. 外国建筑史实例集 [M]. 北京：中国电力出版社，2005.

[24] 李莉，周禧琳. 中外园林史 [M]. 武汉：武汉理工大学出版社，2015.

[25] TomTurner，特纳，程玺. 亚洲园林：历史、信仰与设计 [M]. 北京：电子工业出版社，2015.

[26] 刘庭风. 日本园林教程 [M]. 天津：天津大学出版社，2005.

[27] 宁晶. 日本庭园读本 [M]. 北京：中国电力出版社，2013.

[28] 刘庭风，张灵，刘庆慧. 对自然美的膜拜——日本古典名园赏析（一）桂离宫 [J]. 中国园林，2005（9）：6-7.

[29] 于冰沁，王向荣. 生态主义思想对西方近现代风景园林的影响与趋势探讨 [J]. 中国园林，2012，28（10）：36-39.

[30] 吴婷婷，赵梦蝶. 浅谈中日古典园林比较 [J]. 西部皮革，2017，39（04）：74-75.

[31] 焦海昕. 中日古典园林美学差异 [J]. 现代园艺，2017（04）：141-142.

[32] 牛艺杰. 中法古典园林差异探析 [J]. 大众文艺，2018（15）：73.

[33] 林箐. 当代国际风景园林印象 [J]. 风景园林，2015（04）：92-101.

第三章

［1］ 苏雪痕．植物景观规划设计［M］．北京：中国林业出版社，2012.

［2］ 尹吉光．图解园林植物造景［M］．北京：机械工业出版社，2007.

［3］ 夏晖，孟侠．景观工程［M］．重庆：重庆大学出版社，2015.

［4］ 诺曼·布思，曹礼昆．风景园林设计要素［M］．北京：中国林业出版社，1989.

［5］ 黄东兵．园林绿地规划设计［M］．北京：高等教育出版社，2006.

［6］ 重庆市园林局．园林景观规划与设计［M］．北京：中国建筑工业出版社，2007.

［7］ 高成广，谷永丽．风景园林规划设计［M］．北京：化学工业出版社，2015.

［8］ 贾建中．城市绿地规划设计［M］．北京：中国林业出版社，2001.

［9］ 同济大学，李铮生．城市园林绿地规划与设计（第二版）［M］．北京：中国建筑工业出版社，2006.

［10］ 陈其兵．风景园林植物造景［M］．重庆：重庆大学出版社，2012.

［11］ 张志全．园林构成要素实例解析［M］．辽宁：辽宁科学技术出版社，2002.

［12］ 李静．园林概论［M］．南京：东南大学出版社，2009.

［13］ 周长亮．景观规划设计原理［M］．北京：机械工业出版社，2011.

［14］ 郝鸥，陈伯超，谢占宇．景观规划设计原理［M］．武汉：华中科技大学出版社，2013.

［15］ 袁犁．风景园林规划原理［M］．重庆：重庆大学出版社，2017.

［16］ 姜虹，张丹，毛靓．风景园林建筑物理环境［M］．北京：化学工业出版社，2011.

［17］ 吴卫光．风景园林设计［M］．上海：上海人民美术出版社，2017.

［18］ 顾小玲，尹文．风景园林设计［M］．上海：上海人民美术出版社，2017.

［19］ Daniela Santos Quartino. 1000 TIPS by 100 Landscape Architecture［M］. Page One. 2011.

［20］ Foxley A. Distance & Engagement：Walking，Thinking and Making Landscape：Vogt Landscape Architects［J］. 2010.

［21］ Hock M. Landscape as an Attitude：Conversations with Gnther Vogt［J］. 2013.

［22］ Vernon，Siobhan. Landscape Architect's Pocket Book［M］. Routledge. 2013.

［23］ Adri Van. Research in Landscape Architecture Methods and Ethodology［M］. Routledge. 2017.

［24］ Heide Rahmann. Landscape Architecture and Digital Technologies［M］. Routledge. 2016.

［25］ Jonathon R. Anderson. Innovations in Landscape Architecture［M］. Routledge. 2016.

［26］ Jonathan Hill. A Landscape of Architecture，History and Fiction［M］. Routledge. 2016.

［27］ Bruce Sharky. Thinking About Landscape Architecture Principles of a Design Profession for the 21st Century［M］. Routledge. 2016.

［28］ Design Workshop. Landscape Architecture Documentation Standards：Principles，Guidelines and Best Practice［M］. WILEY. 2016.

［29］ Brittain-Catlin，Timothy. Architecture and Movement：the Dynamic Experience of Buildings and Landscapes［J］. The Journal of Architecture，2016，21（3）：465-468.

［30］ James Corner，Alison Bick Hirsch. The Landscape Imagination［M］. Princeton Architectural Press，2014.

［31］ Tom Turner. City as Landscape：A Post Post-Modern View of Design and Planning［M］. Taylor & Francis，2016.

第四章

［1］ 莫小云，林静瑜，林雪玲，郑郁善．私密性景观空间的设计元素研究［J］. 重庆科技学院学报

（自然科学版），2018，20（01）：115-120.

［2］姜晓军. 浅谈城市景观中的人性化设计［J］. 城市建设理论研究（电子版），2018（14）：168-169.

［3］姜博宇. 城市公共空间园林景观规划私密性思考［J］. 现代园艺，2018（18）：96.

［4］马雪梅，宋天明，王义. 可供性理论视角下的外部空间设计研究［J］. 中国园林，2018，34（10）：93-97.

［5］王晓. 环境心理学在园林设计中的应用及对其研究的影响［J］. 中国农业文摘，农业工程，2018，30（06）：61-63.

［6］张德顺，胡立辉，Evke. Schulte. Guestenberg. 德国园林的历史：从园艺到景观的嬗变［J］. 华中建筑，2018，36（12）：93-96.

［7］林静，杨建华，谢毓婧，窦微. 景观作为媒介的"空间生产"探索——以溪源江修复设计为例［J］. 华中建筑，2019（05）：96-101.

［8］李嘉霖. 变革的启示——麦克哈格所引发的风景园林设计范式转换［J］. 中外建筑，2019（03）：66-68.

［9］芦原义信. 外部空间设计［M］. 北京：中国建筑工业出版社，1985.

［10］姬彦涛. 园林景观设计的视觉元素应用［J］. 中外企业家，2015（24）.

［11］［美］诺曼·K. 布思. 风景园林设计要素［M］. 曹礼昆，曹德鲲，译. 北京：北京科学技术出版社，1989.

［12］李道增. 环境行为学概论［M］. 北京：清华大学出版社，1999.

［13］徐磊青，扬公侠. 环境心理学环境知觉和行为［M］. 上海：同济大学出版社，2002.

［14］刘福智. 园林景观建筑设计［M］. 北京：机械工业出版社，2008.

［15］Catherine Dee. To Design Landscape［M］. Taylor and Francis：2012-07-26.

［16］Tom Turner. City as Landscape［M］. Taylor and Francis：2014-04-04.

［17］Bruce G Sharky. Thinking about Landscape Architecture［M］. Taylor and Francis：2016-02-18.

［18］Susan Herrington. Landscape Theory in Design［M］. Taylor and Francis：2016-10-01.

［19］James Blake. An Introduction to Landscape and Garden Design［M］. Taylor and Francis：2016-12-05.

［20］Baker W L. Landscape Ecology and Nature Reserve Design in the Boundary Waters Canoe Area，Minnesota［J］. Ecology，1989，70（1）：23-35.

［21］Mehrhoff W A. The Image of the City［M］// The image of the city.

［22］Motloch J L. Introduction to Landscape Design［M］. Wiley，2001.

［23］Starke B，Simonds J O. Landscape Architecture［M］// Landscape architecture：. Oxford University Press，2014.

第五章

［1］Brown，R. D.，Ameliorating the effects of climate change：Modifying microclimates through design. *Landscape and Urban Planning* 2011，100（4），372-374.

［2］Brown，R. D.，Ameliorating the effects of climate change：Modifying microclimates through design. *Landscape and Urban Planning* 2011，100（4），372-374.

［3］Chen，X. Q.；Wu，J. G.，Sustainable landscape architecture：implications of the Chinese philosophy of "unity of man with nature" and beyond. *Landsc. Ecol.* 2009，24（8），1015-1026.

［4］Gazvoda，D.，Characteristics of modern landscape architecture and its education. *Landscape and Urban Planning* 2002，60（2），117-133.

［5］ Lenzholzer，S.；Duchhart，I.；Koh，J.，'Research through designing' in landscape architecture. *Landscape and Urban Planning* 2013，113，120-127.

［6］ Meijering，J. V.；Tobi，H.；van den Brink，A.；Morris，F.；Bruns，D.，Exploring research priorities in landscape architecture：An international Delphi study. *Landscape and Urban Planning* 2015，137，85-94.

［7］ Milburn，L. A. S.；Brown，R. D.，The relationship between research and design in landscape architecture. *Landscape and Urban Planning* 2003，64 (1-2)，47-66.

［8］ 丁绍刚．风景园林概论［M］．北京：中国建筑工业出版社，2008.

［9］ 黄东兵．园林绿地规划设计［M］．北京：高等教育出版社，2006.

［10］ 重庆市园林局．园林景观规划与设计［M］．北京：中国建筑工业出版社，2007.

［11］ 高成广，谷永丽．风景园林规划设计［M］．北京：化学工业出版社，2015.

［12］ 李铮生．城市园林绿地规划与设计［M］．2 版．北京：中国建筑工业出版社，2006.

［13］ 张志全．园林构成要素实例解析［M］．辽宁：辽宁科学技术出版社，2002.

［14］ 曾艳．风景园林艺术原理［M］．天津：天津大学出版社，2015.

［15］ 张俊玲，王先杰．风景园林艺术原理［M］．北京：中国林业出版社，2012.

［16］ 李静．园林概论［M］．南京：东南大学出版社，2009.

［17］ 周长亮．景观规划设计原理［M］．北京：机械工业出版社，2011.

［18］ 吕忠义．风景园林美学：简明读本［M］．北京：中国林业出版社，2014.

［19］ 郝鸥．景观规划设计原理［M］．武汉：华中科技大学出版社，2013.

［20］ 杨赉丽．城市园林绿地规划［M］．4 版．北京：中国林业出版社，2016.

［21］ 汪辉，汪松陵．园林规划设计［M］．2 版．南京：东南大学出版社，2015.

［22］ 周初梅．园林规划设计［M］．3 版．重庆：重庆大学出版社，2014.

［23］ 劳伦．景观设计学概论［M］．天津：天津大学出版社，2012.

［24］ 赵春林．园林美学概论［M］．北京：中国建筑工业出版社，1992.

［25］ 廖建军．园林景观设计基础［M］．3 版．湖南：湖南大学出版社，2016.

［26］ 洪丽．园林艺术及设计原理［M］．北京：化学工业出版社，2015.

［27］ 罗严云．园林艺术概论［M］．北京：化学工业出版社，2010.

［28］ 曹盼宫．中外园林艺术研究［M］．吉林：吉林出版集团股份有限公司，2018.

［29］ 王向荣，林箐．西方现代设计的理论与实践［M］．北京：中国建筑工业出版社，2002.

［30］ 周维权．园林·风景·建筑［M］．天津：百花文艺出版社，2006.

［31］ 彭一刚．中国古典园林分析［M］．北京：中国建筑工业出版社，1986.

［32］ 张洪，倪亦南．东西方古典园林艺术比较研究［J］．中国园林，2004 (12)：66-69.

［33］ 李悦．中西方园林美学碰撞下的现代园林探析［J］．现代园艺，2016 (20)：181-182.

［34］ 王福兴．试论中国古典园林意境的表现手法［J］．中国园林，2004 (06)：46-47.

［35］ 屠苏莉，范泉兴．园林意境的感知、时空变化与创造［J］．中国园林，2004 (02)：63-65.

［36］ 吴隽宇，肖艺．从中国传统文化观看中国园林［J］．中国园林，2001 (03)：85-87.

［37］ 陈巍．中国古典园林文化内涵的美学研究［J］．北京建筑工程学院学报，2001 (01)：65-69.

［38］ 刁克．谈植物景观的布局［J］．中国园林，2001 (01)：51-52.

［39］ 张高．园林中的动势——视觉赏景中的"力"浅析［J］．中国园林，1991 (01)：8-13.

［40］ 周武忠．园林·园林艺术·园林美和园林美学［J］．中国园林，1989 (03)：16-19＋53.

［41］ 周夔，邵健．园林曲水［J］．建筑与文化，2019 (04)：221-225.

第六章

［1］ 李永信．城镇绿地景观设计研究［M］．北京：中国林业出版社，2017：153.

［2］ 杨赉丽．城市园林绿地规划［M］．4 版．北京：中国林业出版社，2016.

［3］ 汪辉，汪松陵．园林规划设计［M］．2 版．南京：东南大学出版社，2015.

［4］ 周初梅．园林规划设计［M］．3 版．重庆：重庆大学出版社，2014：352.

［5］ 李铮生．城市园林绿地规划与设计［M］．2 版．北京：中国建筑工业出版社，2006.

［6］ 李仲信．城市绿地系统规划与景观设计［M］．济南：山东大学出版社，2009.

［7］ 刘静霞．现代环境景观设计初探［M］．北京：中国水利水电出版社，2015.

［8］ 上海园林有限公司．上海辰山植物园景观绿化建设［M］．上海：上海科学技术出版社，2013.

［9］ 侯红霞．没了动植物，我们不会有幸福［M］．兰州：甘肃科学技术出版社，2014.

［10］ 田建林，张致民．城市绿地规划设计［M］．北京：中国建筑工业出版社，2009.

［11］ 墨人．学生必备中国少年儿童百科全书［M］．北京：现代教育出版社，2011.

［12］ 路易斯·保罗·法利亚·里贝罗．郊野公园［M］．桂林：广西师范大学出版社，2015.

［13］ 中华人民共和国住房和城乡建设部．风景园林基本术语标准 CJJ/T 91-2017［S］．2017-07.

［14］（美）拉格罗．场地分析可持续的土地规划与场地设计［M］．武汉：华中科技大学出版社，2015.

［15］ 熊瑞萍，杨霞．园林初步设计［M］．北京：中国水利水电出版社，2017.

［16］ 雷明，雷丽华．场地设计［M］．北京：清华大学出版社，2016.

［17］ 林建桃，胡洋，曹磊．基于场地特征的城市湿地公园规划设计［J］．中国园林，2013（11）：104-108.

［18］ 约翰·O·蒙兹．景观设计学：场地规划与设计手册［M］．北京：中国建筑工业出版社，2000.

［19］ 韦爽真．景观场地规划设计［M］．西南师范大学出版社，2008.

［20］ 李勤．居住区儿童活动场地规划设计研究［J］．住宅科技，2010（10）：27-30.

［21］ 巴里·W·斯坦克，约翰·O·西蒙兹．景观设计学——场地规划与设计手册［M］．5 版．北京：中国建筑工业出版社，2013.

［22］ 李春晓，于海波．国家公园：探索中国之路［M］．北京：中国旅游出版社，2015.

［23］ 张云彬，吴人韦．欧洲绿道建设的理论与实践［J］．中国园林，2007，23（8）：33-38.

［24］ Sinden, J. A. Carrying capacity as a planning concept for national parks：Available or desirable capacity? ［J］．Landscape Planning，1975，2：243-247.

［25］ Papageorgiou, K. Brotherton, I. A management planning framework based on ecological, perceptual and economic carrying capacity：The case study of Vikos-Aoos National Park, Greece ［J］. Journal of Environmental Management，1999，56（4）：271-284.

［26］ Yapp, G. A., Barrow G C. Zonation and carrying capacity estimates in Canadian park planning. ［J］．Biological Conservation，1979，15（3）：191-206.

［27］ Bursic, M. S. Scitaroci, M. O. Physical plan of national parks by ante marinovic-uzelac ［J］．Postor，2013，21（2）：261-274.

［28］ The framework for international standards in establish national parks sand other protected areas ［J］．partnerships for Protection. New Strategies for Planning and Management for Protected Areas，1999：13-17.

［29］ Wild R G，Mutebi J．Bwindi impenetrable forest，Uganda：Conservation through collaborative management ［J］．Nature & Resources，1997，33（3-4）：33-51.

［30］ Shafer C L．National park and reserve planning to protect biological diversity：some basic elements ［J］．Landscape & Urban Planning，1999，44（2-3）：123-153.

［31］ Bennett, G. Mulongoy, K. J. Review of experience with ecological networks, corridors and buffer zones. CBD Technical Series No. 23 ［M］．Secretariat of the Convention on Biological Diversity，2005：5.

［32］ Bennett，G. Mulongoy，K. J. Review of experience with ecological networks，corridors and buffer zones. CBD Technical Series No. 23 ［M］. Secretariat of the Convention on Biological Diversity，2006：81.

［33］ Bennett，G. Mulongoy，K. J. Review of experience with ecological networks，corridors and buffer zones. CBD Technical Series No. 23 ［M］. Secretariat of the Convention on Biological Diversity，2006：15.

第七章

［1］ 韩炳越，沈实现. 基于地域特征的风景园林设计 ［J］. 中国园林，2005，21（7）：61-67.

［2］ 尹赛. 景观设计原理 ［M］. 北京：中国建筑工业出版社，2018.

［3］ 卢军. 构成艺术在现代风景园林设计中的应用 ［J］. 装饰，2005（3）：120-121.

［4］ 沈实现，SHENShi-xian. 风景园林设计的社会学属性——兼论 UnionPoint 公园的设计 ［J］. 中国园林，2008，24（3）：25-28.

［5］ 马铁丁. 环境心理学与心理环境学 ［M］. 北京：国防工业出版社，1996.

［6］ 徐磊青，扬公侠. 环境心理学环境知觉和行为 ［M］. 上海：同济大学出版社，2002.

［7］ 方佳蔚，吴晓婷. 符合游人行为心理需求的公园景观设计 ［J］. 大众文艺，2014（21）：123-124.

［8］ 徐茜茜，王欣国，孔磊. 园林建筑与景观设计 ［M］. 北京：光明日报出版社，2017.

［9］ 尹文. 风景园林设计 ［M］. 上海：上海人民美术出版社，2007.

［10］ 约翰·O·西蒙兹. 景观设计学：场地规划与设计手册 ［M］. 北京：中国建筑工业出版社，2000.

［11］ TunnardC，Eckbo G. Urban Landscape Design ［J］. Journal of Architectural Education（1947—1974），1964，19（3）：46.

［12］ Motloch J L. Introduction to Landscape Design ［M］. Wiley，2001.

［13］ Levinthal D A，Warglien M. Landscape Design：Designing for Local Action in Complex Worlds ［J］. Organization Science，1999，10（3）：342-357.

［14］ Travis B，Press I. Principles of Ecological Landscape Design ［M］ // Principles of ecological landscape design /. Island Press，2013.

［15］ Sara A. Gagn，EigenbrodF，Bert D G，et al. A simple landscape design framework for biodiversity conservation ［J］. Landscape and Urban Planning，2015，136：13-27.

［16］ Martin Kümmerling，Norbert Müller. The relationship between landscape design style and the conservation value of parks：A case study of a historical park in Weimar，Germany ［J］. Landscape and Urban Planning，2012，107（2）：111-117.

［17］ Bartuszevige A M，Taylor K，Daniels A，et al. Landscape design：Integrating ecological，social，and economic considerations into conservation planning ［J］. Wildlife Society Bulletin，2016.

［18］ Ingram D L. Basic principles of landscape design ［J］. Circular - Florida Cooperative Extension Service（USA），1982.

［19］ Jan W. Designing the garden of Geddes：The master gardener and the profession of landscape architecture ［J］. Landscape and Urban Planning，2018，178：198-207.

［20］ Jia M H D Z Y，Shuaizhang S. Given or Made How Two Danish Masters Support the Understanding of Landscape Architecture as "the Art of Cultivation" ［J］. Landscape Architecture，2010.

［21］ Miller M L. Ecotourism，Landscape Architecture and Urban Planning ［J］. Landscape ＆ Urban Planning，1993，25（1-2）：1-16.

［22］ Liu B. Theoretical Base and Evaluating Indicator System of Rural Landscape Assessment in China

［J］. Journal of Chinese Landscape Architecture，2002.

［23］Tischendorf L，Fahrig L. How should we measure landscape connectivity? ［J］. Landscape Ecology，2000，15（7）：633-641.

［24］Chen X Q，Wu J G，Musacchio L. Sustainable landscape architecture：implications of the Chinese philosophy of "unity of man with nature" and beyond．［J］. Landscape Ecology，2009，24（8）：1027-1027.

［25］Collinge S K. Ecological consequences of habitat fragmentation：implications for landscape architecture and planning ［J］. Landscape & Urban Planning，1996，36（1）：59-77.

［26］Simonds J O. Landscape architecture：a manual of site planning and design ［M］// Landscape architecture：A manual of site planning and design /-Comp. rev. ed. 1983.

［27］Lenzholzer S，Duchhart I，Koh J. 'Research through designing' in landscape architecture ［J］. Landscape & Urban Planning，2013，113：120-127.

［28］Thwaites K. Experiential Landscape Place：An exploration of space and experience in neighbourhood landscape architecture ［J］. Landscape Research，2001，26（3）：245-255.

［29］Bucher A. Landscape Theory in Design ［J］. Journal of Landscape Architecture，2018，13（1）：82-83.

［30］Lin X. On the Construction of Plant Landscape Form in Urban Landscape Architecture ［J］. Journal of Landscape Research，2017（03）：90-93.

第八章

［1］Kevin M G，Plunkett E B，Willey L L，et al. Modeling non-stationary urban growth：The SPRAWL model and the ecological impacts of development ［J］. Landscape and Urban Planning，2018，177：178-190.

［2］Wang C，Du S，Wen J，et al. Analyzing explanatory factors of urban pluvial floods in Shanghai using geographically weighted regression ［J］. Stochastic Environmental Research and Risk Assessment，2016.

［3］Yang Q，Huang X，Li J. Assessing the relationship between surface urban heat islands and landscape patterns across climatic zones in China ［J］. Scientific Reports，2017，7（1）：9337.

［4］Zhou Z，Smith J A，Yang L，et al. The complexities of urban flood response：Flood frequency analyses for the Charlotte Metropolitan Region ［J］. Water Resources Research，2017.

［5］Liu Y，Song W，Deng X. Understanding the spatiotemporal variation of urban land expansion in oasis cities by integrating remote sensing and multi-dimensional DPSIR-based indicators ［J］. Ecological Indicators，2018：S1470160X18300293.

［6］Tafesse B，Suryabhagavan K V. Systematic modeling of impacts of land-use and land-cover changes on land surface temperature in Adama Zuria District，Ethiopia ［J］. Modeling Earth Systems and Environment，2019.

［7］Yushanjiang A，Zhang F，Yu H，et al. Quantifying the spatial correlations between landscape pattern and ecosystem service value：A case study in Ebinur Lake Basin，Xinjiang，China ［J］. Ecological Engineering，2018，113：94-104.

［8］Sun X，Crittenden J C，Li F，et al. Urban expansion simulation and the spatio-temporal changes of ecosystem services，a case study in Atlanta Metropolitan area，USA ［J］. Science of The Total Environment，2018，622-623：974-987.

［9］Assessing public aesthetic preferences towards some urban landscape patterns：the case study of two different geographic groups［J］. Environmental Monitoring and Assessment，2016，188（1）：4.

［10］Feyisa G L，Dons K，Meilby H . Efficiency of parks in mitigating urban heat island effect：An example from Addis Ababa［J］. Landscape and Urban Planning，2014，123（2）：87-95.

［11］Lin Y P，Chen C J，Lien W Y，et al. Landscape Conservation Planning to Sustain Ecosystem Services under Climate Change［J］. Sustainability，2019，11.

［12］Fazeli Farsani I，Farzaneh M R，Besalatpour A A，et al. Assessment of the impact of climate change on spatiotemporal variability of blue and green water resources under CMIP3 and CMIP5 models in a highly mountainous watershed［J］. Theoretical and Applied Climatology，2018.

［13］Kim G W，Kang W，Park C R，et al. Factors of spatial distribution of Korean village groves and relevance to landscape conservation［J］. Landscape and Urban Planning，2018，176：30-37.

［14］Szulczewska B，Giedych R，Maksymiuk G . Can we face the challenge：how to implement a theoretical concept of green infrastructure into planning practice? Warsaw case study［J］. Landscape Research，2017，42（2）：176-194.

［15］王云才 . 论景观空间图式语言的逻辑思路与框架体系［J］. 风景园林，2017（4）：89-98.

［16］Zev Naveh，Arthur S. Lieberman. Landscape Ecology：Theory and Application［M］. New York：Springer-Verlag，1993：76-80.

［17］高晖 . 景观的语言——符号学在景观设计中的应用［J］. 建筑与文化，2016（12）：188-189.

［18］戴代新，袁满 . 象的意义：景观符号学非言语范式探析［J］. 中国园林，2016（2）：31-36.

［19］蔡凌豪 . 溪山行旅——景观语言转译与建构［J］. 中国园林，2016（2）：25-30.

［20］蒙小英 . 一种源自耕作景观的园林设计语言——丹麦现代园林大师布兰特的地域之路［J］. 中国园林，2015（6）：120-124.

［21］戴代新，袁满 . C. 亚历山大图式语言对风景园林学科的借鉴与启示［J］. 风景园林，2015（2）：58-65.

［22］王云才，崔莹 . 基于风景园林设计发展历史的伊丽莎白·伯顿图式语言思想［J］. 风景园林，2015（2）：50-57.

［23］黄瓴 . 景观设计的语言学分析方法［J］. 中国园林，2008（8）：74-78.

［24］肖遥 . 展园景观的语言学设计方法探析［J］. 建筑与文化，2016（4）：152-154.

［25］王敏，崔芊浬 . 基于罗曼·布什场地设计语言思想的景观设计策略［J］. 风景园林，2015（2）：66-73.

［26］蒙小英 . 基于图示的景观图式语言表达［J］. 中国园林，2016（2）：18-24.

［27］王云才 . 基于空间生态特性的景观图式语言研究方法与方法论［J］. 风景园林，2018.

［28］王珲，王云才 . 苏州古典园林典型空间及其图式语言探讨 以拙政园东南庭院为例［J］. 风景园林，2015（2）：86-93.

［29］傅长吉 . 论逻辑证明的功能［J］. 辽宁师范大学学报：社会科学版，2006，29（6）：11-13.

［30］唐权，杨振华 . 案例研究的 5 种范式及其选择［J］. 科技进步与对策，2017（02）：24-30.

［31］武宏志，刘春杰 . 批判性思维 以论证逻辑为工具［M］. 西安：陕西人民出版社，2005.

［32］文军，蒋逸民 . 质性研究概论［M］. 北京：北京大学出版社，2010.

［33］王云才，瞿奇，王忙忙 . 景观生态空间网络的图式语言及其应用［J］. 中国园林，2015，31（8）：77-81.

［34］次仁曲宗，益西拉姆，卓玛拉姆 . 藏南峡谷地形对山南市强降水的影响研究［J］. 高原科学研究，2018，2（04）：19-25.

［35］孙艺，戴冬晖，宋聚生，等 . 社区户外活动场地空间环境特征对老年人吸引力的多元回归模型［J］. 中国园林，2018.

［36］郭恒亮，刘如意，赫晓慧，等．郑州市景观多样性的空间自相关格局分析［J］．生态科学，2018，37（05）：160-167.

［37］党安荣，张丹明，李娟，等．基于时空大数据的城乡景观规划设计研究综述［J］．中国园林，2018.

［38］曹越皓，龙瀛，杨培峰．基于网络照片数据的城市意象研究——以中国 24 个主要城市为例［J］．规划师，2017（2）．

［39］肖中发．大数据背景下的城市空间分析［J］．中国建设信息化，2018（21）：22-23.

［40］王飒，李奕昂．中国古典园林造景手法的眼动实验研究——景深与景框［J］．新建筑，2018（03）：15-19.

［41］宋丹．园林彩叶树种紫叶稠李与紫叶李对比实验研究［J］．内蒙古农业大学学报（自然科学版），2014，35（02）：48-51.

［42］顾至欣，张青萍．近 20 年国内苏州古典园林研究现状及趋势——基于 CNKI 的文献计量分析［J］．中国园林，2018，34（12）：73-77.

［43］凯瑟琳·马歇尔，格雷琴·B. 罗斯曼．设计质性研究［M］．5 版．重庆：重庆大学出版社，2014.